ION MOBILITY SPECTROMETRY

离子迁移谱

第三版

[美] 加里·A. 艾希曼 (Gary A. Eiceman)

[以] 泽夫·卡尔帕斯 (Zeev Karpas)　　　　　　著

[美] 小赫伯特·H. 希尔 (Herbert H. Hill, Jr.)

主　译　金　洁　尤晓明

参　译　欧阳光　沈　俊　温亚珍　李维姣

　　　　李文博　姚鸿达　袁　曦　李诗骋

　　　　富　庆　尤雪纯

校　对　朱　弘　龙云腾

复旦大學 出版社

前　言

近 10 年前,在我们的《离子迁移谱》第二版出版之际,由于对原理有了新的理解,加之技术的创新和应用的拓宽,离子迁移谱(IMS)的变革已经开始萌芽。

IMS 在临床实践、药物与生物分子探索和研究领域中示范性应用的兴起,很好地补充了该技术在探测化学战剂的军事机构和检测爆炸物的安全组织,以及在发现非法药物的缉毒执法机构中的应用,该技术在这些机构中早已广泛使用。尽管在上一版中,我们认为具有不对称电场的新型迁移率方法和分析仪的小型化是发展趋势,但事实证明,近年来 IMS 最重要的发展是离子迁移谱与质谱的结合。10 年前,由于熟悉 IMS 领域的研究人员和用户相对较少,因此与 IMS 相关的所有出版物都可以被阅读,并且在某些情况下可以预测即将出版文献的内容。但随着 IMS 的全球化和仪器的商用化,相关出版物不再能被随意获得。

本著作将以全新的形式阐述 IMS 在各方面的创新和进步,全书包括概述、技术、基本原理、应用和总结五部分,共 19 章内容。第一部分由两章组成,介绍了 IMS 的定义、理论和实践,第 2 章从最初的离子研究,到现在的商业和学术活动现状,详细总结了 IMS 的发展历程。与本书之前版本相比,本版对这部分内容进行了精简和重新组织。第二部分从测量角度介绍 IMS 技术。该部分由进样方法(第 3 章)、离子形成(第 4 章)、离子注入(第 5 章)、电场和漂移管结构(第 6 章)和检测器(第 7 章)依序组成。在第二部分的最后介绍了测量的最终结果——迁移谱(第 8 章),以及离子迁移谱-质谱的发展趋势(第 9 章)。第三部分从本质含义(第 10 章)和实验参数的影响(第 11 章)的角度,探讨了 IMS 测量的核心要素——离子迁移率。本版有关 IMS 应用的部分令人振奋,共分为 7 章(第 12～18 章)来呈现其应用的广度和深度。基于迁移率的方法不再局限于挥发性物质;该技术简单、方便和成本低的巨大优点,以及分析速度快、具有独特的谱特征和热能化离子在环境压力下运行的测量优势,使其可以在广泛的人类活动中使用。

本书旨在为两类人群提供服务和帮助:一类是对 IMS 最新发展细节感兴趣的领域专家,另一类是希望对 IMS 技术有全面了解的研究人员和工程师。本书也可被视为研究生级大学课程的基础。对于那些刚刚了解 IMS 的人,我们相信你将会发现这一融合了化学、物理和工程的技术具有非常大的信息量,希望这能激励你在一个仍然充满发现和进步机会的领域开拓创新。

欢迎你来到第三版,真诚地希望我们的工作是有趣的,并给你带来帮助。

加里·A.艾希曼

泽夫·卡尔帕斯

小赫伯特·H.希尔

目　录

3

7

第 1 章
离子迁移谱简介

1.1 基础知识

1.1.1 离子迁移谱的定义

离子迁移谱(ion mobility spectrometry，IMS)一词是指在电场和支持气体环境中，根据物质群(定义为气态离子团)的速度来表征物质的原理、方法和仪器[1, 2]。这个简单的定义涵盖了气压、流量、气体成分、电场强度和电场控制，以及样品形成离子的方法等所有因素[3-7]。在过去的 10 年里，伴随着迁移谱分析仪器的样式、几何形状和尺寸的发展变化，迁移谱分析方法也在不断推陈出新。分析方法多样性出现的原因很复杂，其结果就是扩大了该方法的可测量范围，尤其是与 2005 年本著作第二版中的描述相比，测量领域有了明显的拓展[2]。图 1.1 总结了在这段活跃期基于不同气压和电场的迁移率研究进展。

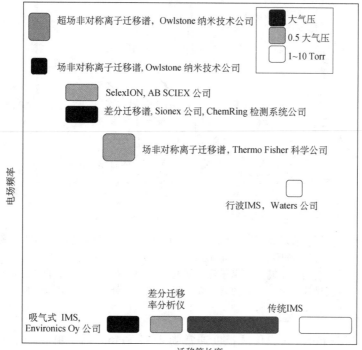

图 1.1 在过去的 10 年中，针对不同尺寸、气压和电场设计(恒定不变或时间依赖性)的迁移率方法数量激增。不同方法的测量压力范围由填充颜色深浅表示。

离子迁移率测量方法是目前在军事机构和机场中广泛使用的分析仪器所采用的方法[8]，它利用离子栅门将离子群注入漂移区域，从而建立测量时间基准[图 1.2(a)和1.2(b)]。如图 1.2(b)所示，漂移区中的离子群在环境气压和一定的电压梯度或电场(E, V/cm)作用下通过净化的空气，漂移速度 v_d 由离子栅门与检测器之间的距离(d, cm)和离子群流经该距离所需的时间(即漂移时间 t_d, ms)决定：

$$v_d = d / t_d \tag{1.1}$$

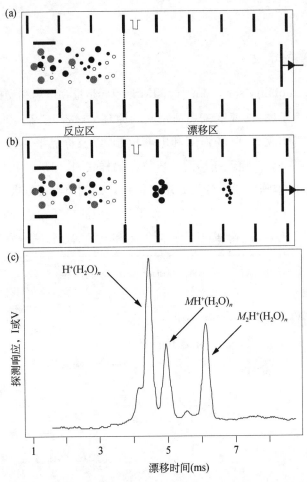

图 1.2 离子迁移谱仪的漂移管示意图。(a)漂移管由处于电场中的反应区和漂移区组成。两种类型的中性样品分子(用灰色大圆圈和白色小圆圈表示)被引入电离源区域。(b)样品分子被离子化(用黑色大小圆圈表示)，使用离子栅门将离子注入漂移区，并根据离子迁移率的差异进行分离。(c)2-戊酮在空气中的正极迁移谱。反应物离子峰出现在4.45 ms处，质子化单体和质子结合二聚体分别出现在 5.075 ms 和6.225 ms 处。

现代现场 IMS 分析仪的漂移区长度通常为 4～20 cm。离子群在 200 V/cm 的电场中漂移 6 cm，漂移时间为 15 ms，其漂移速度为 4 m/s。漂移速度对 E 的归一化产生了迁移率系数 K，即单位场强的离子群速度[cm²/(V·s)]：

$$K = v_{\mathrm{d}}/E \qquad (1.2)$$

同样的离子在 660 Torr 气压和 25 ℃时迁移率系数为 2.4 cm²/(V·s)。漂移管中的迁移速度受温度(T)和气压(p)影响，K 值可以归一到 273.15 K 和 760 Torr，产生了约化迁移率 K_0：

$$K_0 = K \cdot \frac{273.15}{T} \cdot \frac{p}{760} \qquad (1.3)$$

在上述条件下，K_0 为 2.0 cm²/(V·s)。在一个气压、温度和气体组成均不变的环境中，热能（热能化）离子群的迁移速度和电场强度的关系[式(1.2)]是固定的。当离子与支持气体大气碰撞获得的能量比热能低时，离子被热能化；在环境气压下，当电场强度小于等于 600 V/cm 时，就会发现这种情况。在此条件下离子的能量为 $\frac{3}{2}kT$，其中 k 是玻尔兹曼（Boltzmann）常数，T 是气体绝对温度。值得注意的是，离子迁移率测量仅适用于离子团，而不适用于单个离子，对于单个离子，其速度可能相对较大。例如，在 25 ℃的环境气压下，N_2^+ 碰撞的中值速度约为 450 m/s。

用 K_0 值来描述离子迁移率是一种常见而有用的方法，但同时也非常复杂，有时不易让人理解。迁移率公式是从研究非团簇大气中的离子运动得出的，通常是在 1～10 Torr 低压下。约化迁移率可以准确地解释低压环境下非团簇气体（比如氦气）的离子-分子过程。然而，仅对气压和温度做归一化不能解释在所有迁移率测量过程中观察到的变化，特别是在常压下的极化气体中。这种变化源自气体温度、压力和成分会影响离子种类和碰撞截面，最终影响了 K_0 值。迁移率测量对离子种类非常敏感，比如在氮气或空气等不同的气体中加成的极性中性粒子[9]，对 K_0 值的这种变化至今仍未有直接的解释。当实验参数固定不变或者可以得到很好的控制时，K_0 值可以理解为离子的质量和形状，并可被测量。第 10 章详细介绍了离子在气体中运动的基本理论。

1.1.2 离子迁移谱的测定

只有当样品中的化合物形成气体离子时，迁移谱测量实验才算开始。这通常是通过分析物分子和称为反应物或试剂离子电荷库之间的气相反应来实现的。反应产生的离子称为产物离子，当离子进入漂移区（图 1.2）时，在正常的迁移谱仪中就具有了迁移率特征，当离子到达漂移管的末端并与检测器[通常为法拉第（Faraday）盘]碰撞时，漂移时间被确定。离子与法拉第盘碰撞后就被中和，形成电流，并通过增益放大器转化为电压。比如，0.1～10 nA 范围内的电流一般转化为 0.1～10 V 范围内的电压。IMS 与质谱法（mass spectrometry，MS）最显著的区别在于，离子是在持续更新的支持性气体环境（也称为缓冲气体或漂移气体）中形成和表征的。它的主要实际用途是为在不断碰撞中运动的离子群提供纯净和稳定的气体环境。与 2～5 m/s 的群速度相比，气体的线速度通常为 0.05 m/s，因此，除了在极端条件或压力较低的情况下（例如 1～5 Torr），流量的变化不会明显改变测量值。

检测器响应与漂移时间的关系图称为迁移率谱[图 1.2(c)]，其中包含迁移率测量中所有可用的信息。包括漂移时间；用于衡量漂移管性能的峰形；以及次级光谱的详细信息，例如可提供有关漂移区域中离子分子反应信息的基线失真。尽管迁移谱也可能包含特定化学类别的碎片离子[10-12]，但由于化学电离主要是低能过程，即使是大分子和复杂分子，其谱峰也很简单。自 2000 年左右出现的基于离子迁移法产生的谱图与图 1.2(c)中的谱图会有明显不同，前者可获得电场中离子群的可比信息。包括场依赖性迁移率法、吸气式设计和行波技术等在内的相对较新的方法的技术实现、测量方法和参数影响将分别在第 6、10 和 11 章中进行介绍。

1.1.3　气相化学反应中样品离子的形成

在离子迁移谱中，大多数情况下离子的生成是通过样品分子与被称为反应离子的离子库进行化学反应来完成的。该化学反应受特定分子的特性影响，因此，响应的第一步就是选择不同的反应离子。在大气压环境下，当不存在试剂气体时，β 射线在空气中电离产生的正、负反应离子分别为 $H^+(H_2O)_n$ 和 $O_2^-(H_2O)_n$[13-17]。样品或分析物分子(M)通过与水合质子发生碰撞而被电离生成正极性络离子[式(1.4)]，络离子通过取代加成水分子而稳定，产生产物离子，即质子化单体：

$$M + H^+(H_2O)_n \leftrightarrow MH^+(H_2O)_n^* \leftrightarrow MH^+(H_2O)_{n-x} + xH_2O \qquad (1.4)$$

中性样品分子＋反应离子　　　团簇离子　　　产物离子/质子化单体 ＋ 水

当反应区中样品分子(M)蒸气浓度进一步增加时，中性样品分子将附着到质子化单体上，并取代水分子生成质子结合二聚体 $M_2H^+\text{-}(H_2O)_{n-x}$：

$$MH^+(H_2O)_n + M \leftrightarrow M_2H^+(H_2O)_{n-x} + xH_2O \qquad (1.5)$$

质子化单体＋样品分子　　　质子结合二聚体＋水

当电离源周围的样品浓度很高时，可能会形成质子结合三聚体和四聚体，但这些离子进入净化的漂移区后寿命很短，在环境温度或高于环境温度时几乎不产生迁移谱。

负产物离子是通过中性分子与氧离子相结合得到的，如式(1.6)所示：

$$M + O_2^-(H_2O)_n \leftrightarrow MO_2^-(H_2O)_n^* \leftrightarrow MO_2^-(H_2O)_{n-x} + xH_2O$$

样品分子 ＋ 负反应离子　　　团簇离子　　　产物离子 ＋ 水　　　　　(1.6)

如同正极性络离子一样，负极性络离子也可以通过置换水分子而稳定，形成产物离子 $MO_2^-(H_2O)_{n-x}$。

目前认为在大气压环境下发生的这些反应，是在没有激活势垒的热能化条件下发生的，此时，离子生成动力学过程受碰撞频率所支配，而碰撞频率则由离子的偶极相互作用强度进行调节。不同化学结构的化合物在不同极性的支持气体中的响应不同。IMS 中离子的高碰撞频率以及在反应区中相对较长的停留时间，使得 IMS 成为检测限达到亚皮克量级的痕量检测器，使其可以控制离子形成过程，并能对迁移率进行选择。这些反应的定量介绍在第 4 章和第 11 章中给出。

使用一系列可在环境压力下操作并易于与漂移管结合的电离源，增强了测量的选择性和通用性。在过去的 10 年中，用于测量液体和固体(不仅是气体)样品的技术被大量集成到 IMS 技术中，IMS 已从应用较窄的气体分析仪发展成为可广泛适用于半挥发性或非挥发性物质的测量技术。电喷雾电离(electrospray ionization，ESI)与漂移管的结合以及迁移率分析仪与质谱仪的联用，使得迁移谱作为分析方法被大家所熟知。将漂移管与 ESI-IMS-MS 在大气压和 1～10 Torr 的低压环境下进行结合，是全球范围内的研究人员为了表征和了解生物系统做出的努力。现在，使用 ESI 或激光解吸电离方式也很容易获得无机化合物和金属的信息。因此，当今的迁移谱技术可以看作是分析测量科学中的一部分。

1.1.4　电场中离子通过气体的迁移率

离子迁移率测量的核心问题是离子群的漂移速度与离子群中具体化学成分之间的关系，很大程度上与约化迁移率系数有关。早期研究离子种类或离子结构与迁移率系数之间关系的想法源于在低于环境压力的纯净气体中对单原子或双原子离子的研究[18]，并建立了 K 的模型[如式(1.7)所示][19]：

$$K = \frac{3e(2\pi)^{\frac{1}{2}}(1+\alpha)}{16N(\mu k T_{\text{eff}})^{\frac{1}{2}}\Omega_D(T_{\text{eff}})} \qquad (1.7)$$

式中，e 是电子电荷；N 是测量中的中性气体分子的分子数密度；α 是校正因子；μ 是离子和支持气体分子的约化质量；T_{eff} 是离子的有效温度，由其热能和从电场中获得的能量决定；$\Omega_D(T_{\text{eff}})$ 是在支持气体中离子的有效碰撞截面。

如图 1.3 所示，离子的质量和形状会通过碰撞截面强烈影响迁移率系数。由于漂移速

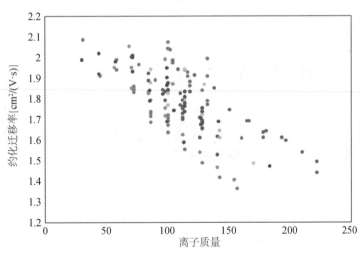

图 1.3　挥发性有机化合物约化迁移率与离子质量的关系图。假设仪器和化学的所有参数都可控，则迁移率系数是由离子大小和所带电荷量之比，以及支持气体中离子的约化质量决定的，因此 IMS 是一种对支持气体中离子结构和行为非常灵敏的测量方法。IMS 的一个主要特性是离子的结构形状和大小对迁移率都会产生影响。同时，迁移率系数也受离子质量的影响，并且同系物之间的迁移率存在线性关系；然而，质量相同但官能团不同的离子，甚至同一官能团不同几何排列(异构体)的离子，通常都具有不同的 K_0 值，这也反映了离子形状和大小对迁移率的影响效果。

度对离子群中离子的具体组成很敏感，离子的组成又受气体环境成分影响并随温度变化而变化，因此式(1.7)就变得复杂。对于大的有机离子而言，Ω_D 与漂移区中的极性中性分子或湿度有关，因此 K 和 Ω_D 之间的关系就描述得不准确和不完整。在极性气体中离子-中性分子是如何结合的，以及温度是如何作用于 Ω_D 并最终对 K 产生影响的，目前还没有一个模型可以解释并涵盖上述两种情况。大的有机离子中电荷的分布会影响络合反应的过程，从而对观测到的迁移率值产生影响，这在当前的迁移率公式中未能得到描述。因此，式(1.7)以及其他一些迁移率公式均不能对环境压力下在空气中测量得到的迁移率做出完整的描述。在很多实验条件下，对离子结构、碰撞截面 Ω_D 和迁移率 K 三者之间关系的研究都是不成熟的。

前面的讨论简要介绍了 IMS 的基本原理，并强调应将 IMS 理解为以下两个连续过程：

(1) 样品离子的产生；

(2) 确定这些离子在电场中的迁移率。

虽然从离子迁移谱中得到的分析结果一定是上述两个过程的总和，但这两个过程仍可以分别进行讨论和处理。尽管在环境压力下对离子群的迁移率的测量是基于复杂的物理和化学原理，但 IMS 的实践操作相对简单、快速、经济且可靠，在化学分析中具有重要价值。

1.2 离子迁移谱方法

在 2005 年即本书第二版出版之前取得的成果和发展[2]，包括 ESI-IMS 和一些新兴的非传统迁移谱测量方法，就已经极大地改变了 IMS 的实践、商业发展和应用方向，并迎来了一个见证众多创新、应用和技术诞生的时代。这些在当时并未意识到有所重复和相互佐证的研究和发展，共同拓展了 IMS 作为普遍概念的外延。

1.2.1 IMS 新技术、新构造和新方法

1.2.1.1 高场非对称离子迁移谱，差分迁移谱，离子漂移谱

1993 年的一篇期刊文章宣布了一种测量离子迁移率的新方法，其中离子在环境压力和热能化条件下不会移动[20]。这种方法基于离子在强电场条件下(N 恒定不变)迁移率系数会发生变化，因此大多数离子的迁移率应为

$$K(E/N)=K_0[1+\alpha(E/N)] \tag{1.8}$$

其中，α 是表述迁移率和电场强度与中性粒子密度比值之间关系的函数。在这一称为离子漂移谱、场离子谱、高场非对称离子迁移谱(field asymmetric IMS, FAIMS)或差分迁移谱(differential mobility spectrometry, DMS)的新方法中，离子被气流携带着通过导电表面之间的间隙。这些漂移管可以是弯曲的同心圆柱[21]，也可以是两块平行的平板[22]。在同心圆柱或平行平板之间施加非对称电场，强场大于 20 000 V/cm，弱场为 −1 000 V/cm，离子团按照式(1.1)、式(1.3)和式(1.8)的规律在电场中运动。当施加在平板之间的电场波形设计

使这两个区域的积分相等,离子的迁移率 K_0 与 E 无关时,这样即使在高场下离子也会通过分析仪的间隙[图 1.4(a)]到达检测器。与此相反,当离子的迁移率 K_0 依赖于电场强度 E 时,当电场强度和电场方向发生周期性变化,离子团将会朝着一个极板方向产生净位移。这个位移的大小取决于电场极值处的迁移率的差异,这个时候可以在极板上叠加一个相对较

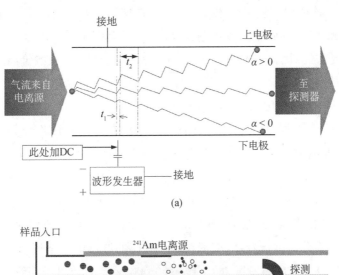

(a)

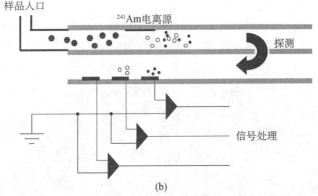

(b)

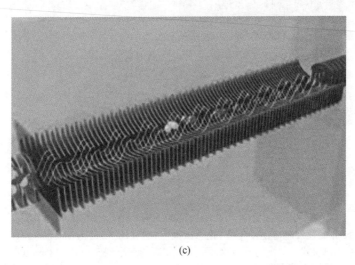

(c)

图 1.4　几种离子漂移谱方法示意图:(a)差分迁移谱(或 FAIMS);(b)抽吸器;(c)行波导纳测量方法。(经 Waters 公司的 Alistar Wallace 许可)

低的直流（direct current，DC）电压，以形成一个用来控制或补偿离子向极板运动的 DC 电场。被拉回到极板间隙中心的离子将到达检测器，通过对该电压的扫描（通常为 10~40 V 的电压或 100~500 V/cm 的电场）可以对特定波形分析仪中的所有离子进行测量。以上方法可以被看作迁移率过滤器而不是谱仪，是基于迁移率差异的分离，因此被称为差分迁移谱法，是 FAIMS 的一种替代方法。综述[6]和文献[7]均对该方法进行了全面的描述。

电喷雾电离源（特别是做生物或代谢样品时）有时会产生复杂的混合离子，在质量分析之前需要进行离子过滤，因此 FAIMS 和 DMS 方法可以作为小型、廉价离子过滤器，很好地满足减小 MS 测定中"化学噪声"的要求[21, 23, 24]。ESI-FAIMS 仪器于 2001 年通过 IonAnalytics 公司首次商业化，2005 年作为 Thermo 科学公司单四极杆质谱仪的前端继续商业化[25]。2010—2011 年，加拿大安大略省多伦多的 AB SCIEX 公司推出了一款名为 SelexION Technology 的小型平面 DMS，作为其质谱仪的附件[26]。不管是 Thermo 科学公司的 FAIMS 装置，还是名为 SelexION Technology 的 DMS，用于分析测量的目的是相似的——尽管 DMS 要小一些[图 1.5(a)]。英国牛津大学 Owlstone 纳米技术公司用硅蚀刻通道取代其他分析仪的间隙[27]研制的 μFAIMS 分析仪体积更小。他们的分析仪以微米而不是毫米[图 1.5(c)]为单位进行刻度，离子在 50 MHz 的波形电场下通过一个 30 μm 宽的间隙，场强可以达到 80 Td（在环境压力下约为 100 000 V/cm）。离子停留时间导致离子彻底去团簇化，表现出与负 α 方程密切相关。强电场导致离子被电加热到解离和碎裂[28]，可能提

图 1.5 过去 10 年的发展趋势是小型化，化学试剂监视器（chemical agent monitor，CAM）从手持式缩小到口袋式。传统的 FAIMS 漂移管(a)起初缩小到 5 mm×13 mm(b)，之后通过硅蚀刻技术进一步缩小到 10 mm(c)。图 1.5(b)和图 1.5(c)所示的小型化仪器分别由 Miller 和 Owlstone 纳米技术公司研制。

供比没有解离时更丰富的化学信息。μFAIMS 的一个重要用途,如同前面所提的 FAIMS 和 DMS,是在 MS 之前通过离子迁移率分离离子,特别是同质异构离子。

1.2.1.2 吸气式或气流-电场过滤式设计装置,差分迁移率分析仪

在吸气式 IMS(aspirator IMS, aIMS)方法中,离子被气流带入具有恒定电场的平行板之间[图 1.4(b)][29,30]。离子随层流气体向集电板移动,集电板上安装有几个检测器(法拉第)盘,位于离子进入漂移管时的前进方向上。离子团的迁移率是通过离子进入漂移区到离子到达检测器的距离来测量的。这个距离取决于离子在电场中的漂移速度和气体流速。高迁移率离子到达检测器时只经过了一小段距离,而低迁移率离子到达检测器的点离入口最远。

差分迁移率分析仪(differential mobility analyzer,DMA)是 aIMS 的一个变体,它是指气体在分析仪中以高速流动;高的气体速度和强电场被设计用来抑制离子团的扩散并提供更高的分辨力[31,32]。与 aIMS 不同的是,DMA 会在漂移区的恒定气流中施加与电场强度相关的扫描电压,最后将离子带到质谱仪的入口处。有关 aIMS 和 DMA 方法的详细信息,请参见第 6 章。

在迁移谱定义的边界上有一个电动气溶胶迁移率分析仪,通过测量迁移率来确定微粒或气溶胶的大小和分布[33]。值得注意的是,电动迁移率分析仪已被改造用以测量大型生物分子的迁移率[34]。大生物分子或完整的生物体可被放置于气流和电场中,完成生物颗粒大小的测量。

1.2.1.3 IMS 行波方法

在过去 10 年中,IMS 最令人惊讶的技术和商业发展之一,应该是将行波方法与飞行时间质谱(time-of-flight mass spectrometry, TOFMS)相结合用于生物分子的研究[35-38],这对 IMS 的大众接受度和应用广度产生了巨大影响。在行波方法中,在低气压环境下放置一组环,当样品离子被引入漂移管时,其中一个环上的电位升高,形成电场,引发离子群运动。当相邻环上的电位升高时,该环上的电位降低;在漂移管中,具有一定时间延迟的升高和降低电位的过程建立了一个电场"波",离子沿波的方向顺着漂移管向下移动。一旦第一个波启动并在管内移动,第二个波随即启动。离子群在漂移管中以一定的周期或速度传播,周期或速度与波的特性和离子的迁移率有关。所有的离子最终都会到达漂移管的末端,离子分离基于时间或离子群所经历的波数。离子通过漂移管前的离子阱积累并进入行波漂移区域,形成离子注入。在低压下工作的迁移率分析仪(在行波方法中用的是氮气)的分辨力相对较低,而 TOFMS 可以为迁移率分析仪提供强大的分析功能。除此之外,该仪器也为根据离子迁移率原理分离大型生物分子提供了研究工具。

1.2.2 串联漂移管

离子迁移率光谱仪是一种非常简单和廉价的仪器,可以将几个漂移管组合起来对离子进行连续测量,或利用正交性原理对离子进行表征。第一台串联 IMS 仪器诞生于 1970 年代后期,当时,在 PCP 公司与美国陆军签订的合同中规定,PCP 公司须研制 3 台 IMS/IMS

联用仪器[39, 40]。虽然串联 DMS-IMS 仪器显示出一定的正交性,但这种正交性最好描述为小有机离子的顺序性[41]。尽管 DMS-IMS 旨在通过正交特性分离离子峰,但测量的顺序性也是很有用的——在相对较大的离子质量范围内提供相对恒定的分辨力。如果认为在迁移率方法中用正交原理进行分离非常关键,则可以将离子-分子相互作用引入串联仪器中,文献[42]描述了一台 DMS-DMS 仪器,其中第一台 DMS 分析仪中的离子与试剂气体混合,然后在第二台 DMS 仪中进行表征。在这种情况下,选择不同的试剂气体可以形成不同的离子团簇、实现电荷剥离或改变 α 函数,以此来提供在 DMS 方法中的正交迁移率特性。最近,在基于 IMS/FAIMS/MS 装置开展的一项实验中,调换了 DMS 和 IMS 的顺序,采用双离子栅门在 DMS 之前使用 IMS 作为过滤器[43]。

几个团队已经验证了传统线性电场漂移管串联得到的迁移率。人们运用"动力学"IMS方法研究了在环境压力下漂移管中气体离子的碎裂或解离速率[44]。在该仪器中,在反应区形成的产物离子通过第一漂移区后,因为迁移率的差异而分开,然而离子到达的不是检测器而是第二组离子栅门。第一和第二组离子栅门之间的同步设置只允许由迁移率选择得到的单个峰或单个离子群进入第二漂移区。在第二漂移区,利用基线的扰动和峰形状的畸变情况来判断离子是否发生分解。最初使用离子迁移质谱仪（ion mobility-mass spectrometer,IM-MS）进行了演示[44],并利用带有法拉第盘检测器的 IMS-IMS 仪器进行离子分解研究[45]。在另一种 IMS-IMS 的装置中,人们设计了一个串联漂移管,用于一维离子群的分离,将特定迁移率的离子改变方向使其沿着垂直于原运动方向的速度进入第二漂移区[46]。原则上,整个第一漂移管中所有位置的离子团都可以被转移到第二漂移区,从而提供了几乎连续的全二维（2D）迁移率测量的可能性（尚未被证明）。还有一款 IMS-IMS-MS 装置采用线性或称为传统漂移管结构的串联 IMS 仪器开展实验,该漂移管在低气压非团簇气体中工作[47]。20 世纪 90 年代,利用 ESI 源结合迁移谱仪对生物分子进行的研究非常令人关注。

1.2.3 生物分子、制药研究与临床诊断中的迁移率测量

在 ESI 源和质谱仪之间使用迁移谱技术,可以对离子进行过滤,更重要的是可以探索生物分子气相离子的形状、大小和转变过程,因此人们对迁移谱技术在生物大分子领域的应用产生了浓厚的兴趣。人们利用市场上可获得的商用仪器开展了相关研究,包括 Thermo Fisher 公司的 FAIMS/MS、AB SCIEX 公司的 SelexION、Owlstone 的 μFAIMS/IMS 和 Waters 公司的 Synapt。在这些研究中,将生物材料溶解在溶液中作为样品,电离源是 ESI、纳米喷雾电离或基质辅助激光解吸电离,如第 4、9、15 和 18 章所述。用 Synapt 行波仪进行的研究揭示了气相中生物分子离子的细节,而单用 IM 或其他方法无法获得这些细节[35-38]。虽然,这一系列研究结果的意义尚不明确,生物分子离子的细节与体内生物分子活性是否存在相关性也在争论中,但 IM-MS 在探索生物分子中发挥的作用无疑会使人们更加关注迁移率这样一种测量方法,推动其技术水平的发展。而之前,由于受到药物学和医学领域的关注,这项技术已然有所发展。

电喷雾电离源的引入使得当前质谱在生物和医学上有了变革性的应用,尽管如此,电喷

雾电离的化学过程非常复杂,在复杂混合样品中由于存在干扰离子,有用离子不易被提取,进入质谱的有用离子数可能很少。置于 ESI 源和质谱仪之间的 FAIMS 和 DMS 可以分离重要离子,显著简化质谱谱图,提高定量测量中的信噪比[49-51]。最初是将 FAIMS 置于 ESI 源和质谱仪之间[23-25],现在 ultraFAIMS[27] 和 DMS[24] 也实现了与 ESI 源和质谱仪的级联。如 1.3 节所述,随着 IMS 在临床应用中的发展,IMS 在医学研究中也已得到了直接的应用。

1.2.4　微型漂移管与便携式离子迁移分析仪

1.2.4.1　微型与口袋式漂移管

几乎所有离子迁移谱仪器的小型化都是由商业团队完成的,以满足战争中出于军事或安全考虑对个人监测的需要。轻量级化学检测器(lightweight chemical detector,LCD)采用脉冲电晕放电取代了之前普遍使用的 10 mCi 放射性[63]Ni 箔片,这种放射性箔片在化学试剂监视器或快速报警识别装置(rapid alarm identification device,RAID)等手持仪器中使用。LCD 设备重 1.5 磅(含电池),体积为 10.54 cm×7.93 cm×4.72 cm,仅用一组普通的 5 号电池就可持续工作 75 h。另一个基于传统设计的小型仪器是由 Sandia 国家实验室开发的 MicroHound,它将柔性陶瓷卷成圆柱形。由通用动力武器和技术产品公司(General Dynamics Armament and Technical Products)生产的手持分析仪 JUNO 是一款 DMS 仪器,它坚固耐用,适合现场使用,现已受到 Chemring 检测系统公司的关注。手持吸气式漂移管 Chem Pro 100i 可能是目前最简单的小型迁移谱分析仪,它重 800 g,在芬兰和荷兰的军队以及挪威的急救部队中使用。

Sionex 公司的微型分析仪是一款小型化的气相色谱(gas chromatograph,GC)和 DMS 联用仪器,它的蒸气采样入口带有富集吸附剂。Owlstone 公司的迷你型 FAIMS 漂移管被商业化为 Lonestar 便携式气体分析仪,并由 SELEX Galileo 和 Owlstone 公司联合开发了它的衍生产品,即 Nexsense C 化学检测和识别系统,用于化学战剂检测。

1.2.4.2　手持或便携式爆炸物检测器

用于痕量高爆炸物检测的台式分析仪中的漂移管必须加热到 150 ℃或更高的温度,它们体积虽小,但还不能称为微型。大多数手持式分析仪的漂移管不加热或加热到略高于环境温度,以最大限度地减少对能量和电池的需求。因此,这些室温分析仪不能直接应用于测量烈性炸药。在过去的 10 年中,基于离子迁移率的痕量爆炸物检测器制造商已经开发出具有台式功能的手持式分析仪,如实现了对采样拭纸的热解吸。这些仪器具有加热的进样口和漂移管,同时还高度便携。如 Smiths 检测公司的 Sabre 系列分析仪,Morpho 检测公司的 Mobile Trace 系列,Sandia 国家实验室的 MicroHound,以及 Implant 科学公司的 Quantum Sniffer QS-H150。最后一个仪器比较特殊,它采用非接触取样器和光电离源代替 β 放射源和电晕电离源。另外还有 3 款仪器在 2000 年被开发,应该在此处提及:Thermo Electron 公司的快速 GC DMS 仪器 EGIS Defender,Implant 科学公司的 Quantum Sniffer™ QS-B220,以及 Bruker Daltonics 的台式 DE-tector。

1.3 离子迁移技术发展的新模式

从前面章节和本书目录可以明显看到迁移谱技术的发展很活跃，表明当今迁移谱探测技术充满了活力和创造力。与第二版《离子迁移谱》中提及的技术和当时的认知相比，现在的离子迁移谱技术和对离子迁移率的理解都有所提高，在应用、技术和科学领域仍有令人振奋的发展。接下来将介绍 IMS 在应用、科学研究和技术上的新发现和重要发展。

1.3.1 应用

离子迁移谱仪器在常规的临床和诊断测量中的应用前景令人期待。虽然有些临床和诊断应用需要相当复杂的蛋白质组学仪器，但也有其他一些应用只需要单独的手持式或台式仪器。通过对生物胺的检测，一台独立的 IMS 仪器实现了对常见的人类阴道感染的诊断[52]。该仪器已经获得了欧盟的技术批准，正在由妇科医生进行试验性的部署。该仪器还应用于检测影响家畜繁殖的阴道感染，初步结果鼓舞人心[53]。对家畜的初步试验表明，使用快速检测程序检测癌症生物标记物是可行的。

IMS 另一令人振奋的临床应用是 GC-IMS 联用仪器测定人类呼吸中的代谢物[54, 55]。该方法的关键是从呼吸气体中采集挥发性有机化合物（volatile organic compound，VOC），以帮助选择呼吸道感染的治疗方法，监测治疗过程，最终探测肿瘤。IMS 在临床诊断领域的应用得到了欧洲医学界的认可和赞誉[56]。

1.3.2 制药研究

在过去的 10 年中，迁移谱方法在制药工业中有了一些独特应用；在液相色谱-电喷雾-质谱测量药物和药物代谢物时，FAIMS 的使用显著降低了化学噪声[23-26]。随着 IMS 作为 Waters 公司商用质谱仪配件的出现，利用迁移率的选择性从复杂质谱中分离出代谢物的各类应用应运而生。当 SelexION 技术被用于 LC-ESI-DMS-MS 仪器进行样品表征时，迁移率测量的上述应用会进一步增加。

IMS 在制药工业中的一个用途是检验计划用于生产新制剂的生产线的清洁度，该应用是利用了 IMS 的超痕量检测限性能来检测分布在最小化基质中的已知分析物[57]。这种对现场样品进行快速分析的检测方法应该被广泛采用。

1.3.3 迁移率科学和技术

尽管目前已有很多方法和数十种仪器用于测量迁移率（图 1.1），漂移管技术和迁移率概念的原理仍是全世界各个实验室研究的主要课题。在过去的几十年中，脉冲电晕放电、ESI、光电离以及 20 多种其他方法已取代了放射性电离源。漂移管分辨力应是迁移谱技术发展进步的核心要素，人们也正在致力于探索提高分辨力的各种方法[58, 59]。在某些应用中，样品形成的离子团化学结构简单，只有一种或少数几种离子带电荷，因此形成的光谱图也相对简单,在这种情况下,迁移谱仪相对较低的分辨力就可以看成是一种优势。但当样品复杂或需要研究样品的详细结构时,漂移管的分辨力就可能成为限制因素。漂移管的另一个新兴特征是采用了基于微通道技术的检测器,用以取代法拉第盘,据说离子电流在大气压下将增大 10^4 倍[60],这不仅在近期,也将长期对 IMS 的发展产生影响。

由于挥发性有机分析仪(volatile organic analyzer,VOA)已停用,第一台 GC/IMS 联用分析仪器的出现是过去 10 年中迁移技术和应用方面的里程碑,该仪器内含环境空气采样器、浓缩或吸附阱、高效能毛细管柱和相对较小的高温漂移管。它的出现表明,迁移谱仪可以在相对复杂的仪器套件中进行工程设计和制造,并且可以在操作不便的环境中进行远程操控。

科学层面上的研究集中于探索迁移率概念,它将从根本上揭示离子性质,以及碰撞截面与离子形状/结构之间的关系。尽管这可能对 IMS 的应用影响很小,如第 4 章所述,但准确地阐明这些含义是有价值的。目前,实验参数、对实验参数的控制和对实验参数的准确理解,都在不同程度地影响着迁移率方法,特别是在大气压下的迁移率方法和迁移率的含义。研究人员对如何发展迁移谱技术尚未有定论,这恰恰也是拓展其实践领域、提高其应用价值的机遇。

1.3.4 新发现的传播

非营利学术组织——国际离子迁移谱学会(the International Society for Ion Mobility Spectrometry,ISIMS)以及 Springer 旗下期刊——《国际离子迁移谱杂志》的出现,表明离子迁移谱不再是一种新兴技术,迁移率测定方法也已被广泛接受。该学会每年会在欧洲或北美交替举行会议,进行为期一周的演讲、海报展出和技术展示。期刊涵盖了迁移率的各个方面,从化学到工程,以及该技术在各种方法和测量领域的应用。

IMS 的研究热度,由与其相关的出版物数量可见一斑,如图 1.6 所示。1980 年代之后,随着仪器的改进和学术团队的探索,文章的数量逐年增加。生物革命发生在 1990 年代,如该书第二版所预期的那样,在 1990 年代后期商业化仪器开始出现并不断增加。

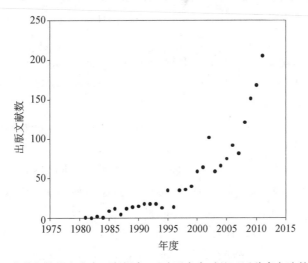

图 1.6 关于离子迁移谱文献的发表率不断提高,反映了大众对基于迁移率方法的兴趣、发现和应用。

1.4　小结意见

在经过数年实践（第 2 章）后，对 IMS 中响应的探索表明，大多数场合倾向于使用具有负极性炸药探测和正极性神经毒剂探测的电离化学方法的分析仪器。这促使 IMS 分析仪迅速发展成为军事和安全应用领域中的超痕量检测器并被广泛接受；直到今天，人们仍在继续研制更小、更通用的仪器。

直接从液体和固体样品中形成气相离子的生物学样品处理新方法提高了 IMS 的实用性。只要固体样品可以形成气相离子，就可以获得迁移率测量值。离子迁移谱仪与质谱仪联用后，增强了质谱的特异性，降低了测量噪声，并在质量测量之外提供了离子结构细节。一直以来，迁移率测量是一个活跃的独立分析领域。如今，IM-MS 作为该技术的补充，开始进一步应用于临床、环境和工业场所，如本章第四部分所述。IMS 在过去 10 年中令人振奋的发展是它被纳入了分析化学本科教科书中[61]，这表明 IMS 得到了广泛认可。另外，从相关出版物的数量和质量上，以及第 2 章所述内容，可看出与 IMS 相关的科学研究和商业活动是非常活跃和充满活力的。

参考文献

［1］Eiceman, G.A.; Karpas, Z., *Ion Mobility Spectrometry*, CRC Press, Boca Raton, FL, 1994.

［2］Eiceman, G.A.; Karpas, Z., *Ion Mobility Spectrometry*, 2nd edition, CRC Press, Boca Raton, FL, 2005.

［3］Borsdorf, H.; Eiceman, G. A., Ion mobility spectrometry: principles and applications, *Appl. Spectrosc. Rev.* 2006, 41, 323-375.

［4］Borsdorf, H.; Mayer, T.; Zarejousheghani, M.; Eiceman, G.A., Recent developments in ion mobility spectrometry, *Appl. Spectrosc. Rev.* 2011, 46(6), 472-521.

［5］Kanu, A.B.; Dwivedi, P.; Tam, M.; Matz, L.; Hill, H.H., Jr., Ion mobility-mass spectrometry, *J. Mass Spectrom.* 2008, 43, 1-22.

［6］Kolakowski, B.M.; Mester Z., Review of applications of high-field asymmetric waveform ion mobility spectrometry（FAIMS）and differential mobility spectrometry（DMS）, *Analyst* 2007, 132（9）, 842-864.

［7］Shvartsburg, A. A., *Differential Ion Mobility Spectrometry: Nonlinear Ion Transport and Fundamentals of FAIMS*, CRC Press, Taylor and Francis Group, Boca Raton, FL, 2009.

［8］Makinen, M. A.; Anttalainen, O. A.; Sillanpää, M. E. T., Ion mobility spectrometry and its applications in detection of chemical warfare agents, *Anal. Chem.* 2010, 82, 9594-9600.

［9］Berant, Z.; Karpas, Z.; Shahal, O., The effects of temperature and clustering on mobility of ions in CO_2, *J. Phys. Chem.* 1989, 93, 7529-7532.

［10］Bell, S.E.; Nazarov, E.G.; Wang, Y.F.; Eiceman, G.A., Classification of ion mobility spectra by chemical moiety using neural networks with whole spectra at various concentrations, *Anal. Chim.*

Acta 1999, 394, 121-133.

[11] Bell, S. E.; Nazarov, E. G.; Wang, Y. F.; Rodriguez, J. E.; Eiceman, G. A., Neural network recognition of chemical class information in mobility spectra obtained at high temperatures, *Anal. Chem.* 2000, 72, 1192-1198.

[12] Eiceman, G.A.; Nazarov, E.G.; Rodriguez, J.E., Chemical class information in ion mobility spectra at low and elevated temperatures, *Anal. Chim. Acta* 2001, 433, 53-70.

[13] Brosi, A.R.; Borkowski, C.J.; Conn, E.E.; Griess, J.C., Jr., Characteristics of Ni^{59} and Ni^{63}, *Phys. Rev.* 1951, 81, 391-395.

[14] Siu, K.W.M.; Aue, W.A., ^{63}Ni β range and backscattering in confined geometries, *Can. J. Chem.* 1987, 65(5), 1012-1024.

[15] Kebarle, P.; Searles, S.K.; Zolla, A.; Scarborough, J.; Arshadi, M., The solvation of the hydrogen ion by water molecules in the gas phase. Heat and entropies of solvation of individual reaction: $H^+ (H_2O)_{n-1} + H_2O = H^+ (H_2O)_n$, *J. Am. Chem. Soc.* 1967, 89(25), 6393-6399.

[16] Arshadi, M.; Kebarle, P., Hydration of OH$^-$ and O^{2-} in the gas phase. Comparative solvation of OH$^-$ by water and the hydrogen halides effects of acidity, *J. Phys. Chem.* 1970, 74(7), 1483-1485.

[17] Kim, S. H.; Betty K. R.; Karasek, F. W., Mobility behavior and composition of hydrated positive reactant ions in plasma chromatography with nitrogen carrier gas, *Anal. Chem.* 1978, 50(14), 2006-2016.

[18] McDaniel, E.W.; Mason, E.A., *The Mobility and Diffusion of Ions in Gases*, Wiley-Interscience, New York, 1973.

[19] Revercomb, H.E.; Mason, E.A., Theory of plasma chromatography/gaseous electrophoresis: a review, *Anal. Chem.* 1975, 47, 970-983.

[20] Buryakov, I.A.; Krylov, E.V.; Nazarov, E.G.; Rasulev, U.K., A new method of separation of multiatomic ions by mobility at atmospheric pressure using a high-frequency amplitude-asymmetric strong electric field, *Int. J. Mass Spec. Ion Proc.* 1993, 128, 143-148.

[21] Guevremont, R.; Purves, R.W., High field asymmetric waveform ion mobility spectrometry-mass spectrometry: an investigation of leucine enkephalin ions produced by electrospray ionization, *J. Am. Soc. Mass Spectrom.* 1999, 10, 492-501.

[22] Miller, R.A.; Eiceman, G.A.; Nazarov, E.G., A micro-machined high-field asymmetric waveform-ion mobility spectrometer (FA-IMS), *Sensor Actuators B Chem.* 2000, 67, 300-306.

[23] Kapron, J. T.; Jemal, M.; Duncan, G.; Kolakowski, B.; Purves, R., Removal of metabolite interference during liquid chromatography/tandem mass spectrometry using high-field asymmetric waveform ion mobility spectrometry, *Rapid Commun. Mass Spectrom.* 2005, 19(14), 1979-1983.

[24] Levin, D.S.; Miller, R.A.; Nazarov, E.G.; Vouros, P., Rapid separation and quantitative analysis of peptides using a new nanoelectrospray-differential mobility spectrometer-mass spectrometer system, *Anal. Chem.* 2006, 78(15), 5443-5452.

[25] Thermo Electron Corporation, Press Release: Thermo Electron Acquires Provider of Novel Mass Spectrometry Ion Filtering Device, Thermo Electron Corporation, Waltham, MA, August 11, 2005.

[26] AB SCIEX SelexION™ Technology. A new dimension in selectivity, brochure no. 2530311, 2011.

15

[27] Brown, L.J.; Toutoungi, D.E.; Devenport, N.A.; Reynolds, J.C.; Kaur-Atwal, G.; Boyle, P.; Creaser C.S., Miniaturized ultra high field asymmetric waveform ion mobility spectrometry combined with mass spectrometry for peptide analysis, *Anal. Chem.* 2010, 82(23), 9827-9834.

[28] Wilks, A., A Consideration of Ion Chemistry Encountered on the Microsecond Separation Timescales of Ultra-High Field Ion Mobility Spectrometry, 20th annual conference, International Society for Ion Mobility Spectrometry, Edinburgh, Scotland, July 23-28, 2011.

[29] Tammet, H., The Aspiration Method for the Determination of Atmospheric-Ion Spectra, Israel Program for Scientific Translations, Jerusalem, 1970; also see http://ael.physic.ut.ee/ tammet/am/.

[30] Tuovinen, K.; Paakkanen, H.; Hanninen, O., Determination of soman and VX degradation products by an aspiration ion mobility spectrometry, *Anal. Chim. Acta* 2001, 440, 151-159.

[31] de la Mora, J.F.; de Juan, L.; Eichler, T.; Rosell, J., Differential mobility analysis of molecular ions and nanometer particles TrAC, *Trends Anal. Chem.* 1998, 17(6), 328-339.

[32] Hogan, C.J., Jr.; de la Mora, J.F., Ion mobility measurements of non-denatured 12-150 kda proteins and protein multimers by tandem differential mobility analysis-mass spectrometry (DMA-MS), *J. Am. Soc. Mass Spectrom.* 2011, 22,158-172.

[33] Bacher, G.; Szymanski, W.; Kaufman, S.; Zollner, P.; Blass, D.; Allmaier, G., Charge-reduced nanoelectrospray ionization combined with differential mobility analysis of peptides, proteins, glycoproteins, noncovalent protein complexes and viruses. *J. Mass Spectrom.* 2001, 36(9), 1038-1052.

[34] Thomas, J.J.; Bothner, B.; Traina, J.; Benner, W.H.; Siuzdak, G., Electrospray ion mobility spectrometry of intact viruses, *Spectroscopy* 2004, 18, 31-36.

[35] Pringle, S.D.; Giles, K.; Wildgoose, J.L.; Williams, J.P.; Slade, S.E.; Thalassinos, K.; Bateman, R.H.; Bowers, M.T.; Scrivens, J.H., An investigation of the mobility separation of some peptide and protein ions using a new hybrid quadrupole/travelling wave IMS/oa-TOF instrument, *Int. J. Mass Spectrom.* 2007, 261, 1-12.

[36] Williams, J.P.; Bugarcic, T.; Habtemariam, A.; Giles, K.; Campuzano, I.; Rodger, P.M.; Sadler, P.J., Isomer separation and gas-phase configurations of organoruthenium anticancer complexes: ion mobility mass spectrometry and modeling, *J. Am. Soc. Mass Spectrom.* 2009, 20, 1119-1122.

[37] Scarff, C.A.; Patel, V.J.; Thalassinos, K.; Scrivens, J.H., Probing hemoglobin structure by means of traveling-wave ion mobility mass spectrometry, *J. Am. Soc. Mass Spectrom.* 2009, 20, 625-631.

[38] Shvartsburg, A.A.; Smith, R.D., Fundamentals of traveling wave ion mobility spectrometry, *Anal. Chem.* 2008, 80, 9689-9699.

[39] Stimac, R.M.; Wernlund, R.F.; Cohen, M.J.; Lubman, D.M.; Harden, C.S., Initial studies on the operation and performance of the tandem ion mobility spectrometer, presented at the 1985 Pittsburgh Conference and Exposition on Analytical Chemistry and Applied Spectroscopy, Pittcon 1985, New Orleans, LA, March 1985.

[40] Stimac, R.M.; Cohen, M.J.; Wernlund, R.F., Tandem Ion Mobility Spectrometer for Chemical Agent Detection, Monitoring and Alarm, Contractor Report on CRDEC contract DAAK11-84-C-0017, PCP, Inc., West Palm Beach, FL, May 1985, AD-B093495.

16

[41] Eiceman, G.A.; Schmidt, H.; Rodriguez, J.E.; White, C.R.; Nazarov, E.G.; Krylov, E.V.; Miller, R.A.; Bowers, M.; Burchfield, D.; Niu, W.; Smith, E.; Leigh, N., Characterization of Positive and Negative Ions Simultaneously through Measures of K and AK by Tandem DMS-IMS, 14th International Symposium on Ion Mobility Spectrometry, Chateau de Maffliers, France, July 26, 2005.

[42] Eiceman, G. A., Ion Preparation before Differential Mobility Spectrometry including DMS/DMS Analyzers, Pittcon 2010, Orlando, FL, February 2010.

[43] Pollard, M.J.; Hilton, C.K.; Li, H.; Kaplan, K.; Yost, R. A.; Hill, H.H., Ion mobility spectrometer-field asymmetric ion mobility spectrometer-mass spectrometry, *Int. J. Ion Mobil. Spectrom.* 2011, 14(1), 15-22.

[44] Ewing, R.G.; Eiceman, G.A.; Harden, C.S.; Stone, J.A., The kinetics of the decompositions of the proton bound dimers of 1, 4-dimethylpyridine and dimethyl methylphosphonate from atmospheric pressure ion mobility spectra, *Int. J. Mass Spectrom.* 2006, 255-256, 76-85.

[45] An, X.; Stone, J.A.; Eiceman, G.A., Gas phase fragmentation of protonated esters in air at ambient pressure through ion heating by electric field in differential mobility spectrometry and by thermal bath in ion mobility spectrometry, *Int. J. Mass Spectrom.* 2011, 303(2-3), 181-190.

[46] Wu, C., Multidimensional Ion Mobility Spectrometry Apparatus and Methods, Patent number 7576321; filing date December 29, 2006; issue date August 18, 2009; application number 11/618,430.

[47] Koeniger, S.L.; Merenbloom, S.I.; Valentine, S.J.; Jarrold, M.F.; Udseth, H.R.; Smith, R.D.; Clemmer, D.E., An IMS-IMS analogue of MS-MS, *Anal. Chem.* 2006, 78(12), 4161-4174.

[48] Ruotolo, B.T.; Robinson, C.V., Aspects of native proteins are retained in vacuum, *Current Opin. Chem. Biol.* 2006, 10, 402408.

[49] Klaassen, T.; Szwandt, S.; Kapron, J.T., Validated quantitation method for a peptide in rat serum using liquid chromatography/high-field asymmetric waveform ion mobility spectrometry, *Rapid Commun. Mass Spectrom.* 2009, 23, 2301-2306.

[50] Xia, Y.Q.; Wu, S.T.; Jemal, M., LC-FAIMS-MS/MS for quantification of a peptide in plasma and evaluation of FAIMS global selectivity from plasma components, *Anal. Chem.* 2008, 80, 7137-7143.

[51] Guddat, S.; Thevis, M.; Kapron, J.; Thomas, A.; Schanzer, W., Drug testing and analysis, *Adv. Sports Drug Testing*, 2009, 1(11-12), 545-553.

[52] Chaim, W.; Karpas, Z.; Lorber, A., New technology for diagnosis of bacterial vaginosis, *Eur. J. Obstet. Gynecol. Reprod. Biol.* 2003, 111, 83-87.

[53] Karpas, Z.; Marcus, S.; Golan, M., Method for the Diagnosis of Pathological Conditions in Animals, filing date June 18, 2009; application number 12/456, 591; publication number U. S. 2009/ 0325191 A1.

[54] Westhoff, M.; Litterst, P.; Freitag, L.; Urfer, W.; Bader, S.; Baumbach, J.I., Ion mobility spectrometry for the detection of volatile organic compounds in exhaled breath of patients with lung cancer: results of a pilot study, *Thorax* 2009, 64, 744-748.

[55] Baumbach, J.I., Ion mobility spectrometry coupled with multi-capillary columns for metabolic profiling of human breath, *J. Breath Res.* 2009, 3, 034001.

[56] Science Prize of the German Association of Pneumologists, 2006. Recipient: Jörg Ingo Baumbach.

17

[57] Strege, M.A.; Kozerski, J.; Juarbe, N.; Mahoney, P., At-line quantitative ion mobility spectrometry for direct analysis of swabs for pharmaceutical manufacturing equipment cleaning verification, *Anal. Chem.* 2008, 80, 3040-3044.

[58] Siems, W.F.; Wu, C.; Tarver, E.E.; Hill, H.H., Jr.; Larsen, P.R.; McMinn, D.G., Measuring the resolving power of ion mobility spectrometers, *Anal. Chem.* 1994, 66(23), 4195-4201.

[59] Tolmachev, A.V.; Clowers, B.H.; Belov, M.E.; Smith, R.D., Coulombic effects in ion mobility spectrometry, *Anal. Chem.* 2009, 81(12), 4778-4787.

[60] Denson, S.; Denton, B.; Sperline, R.; Rodacy, P.; Gresham, C., Ion mobility spectrometry utilizing micro-Faraday finger array detector technology, *Int. J. Ion Mobil. Spectrom.* 2002, 5-3, 100-103.

[61] Harris, D.C., *Quantitative Analysis*, 8th edition, Freeman, New York, 2010, pp. 518-519.

第 2 章
IMS 历史

2.1 引言

IMS 起源于在环境压力下空气或其他气体中离子的形成和行为的发现,以及对探索气体放电的化学过程和性质的关注。这些与 1700 年代后期开始的雷电研究[1]以及整个 1800 年代对电力的兴趣紧密相关[2]。今天,在以电晕放电作为电离源的 IMS 技术中仍可以窥见这段历史。在对流层中发生的离子-分子反应可能与环境压力下在迁移谱仪中发生的化学反应类似。IMS 已经在政府内、工业上和学术实验室进行了数十年的研究,并已应用于军事机构和商业航空安全领域。如今,离子迁移谱仪仍然是以上这些场合首选的解决方案,具有快速、耐用和可靠的特性。IMS 在生物分子测量领域非常具有吸引力,因为它不仅能提供分子的质量结果,还提供分子大小和形状这些详细信息,正因如此,IMS 技术在当今得到了蓬勃发展和创新,商业化和应用范围也在不断扩大。IMS 的发展主要经历了 4 个开发阶段,以下将分别介绍。

2.2 IMS 概念的形成——发现初期 (1895—1960 年)

探索和了解气体中离子的生成、行为和重要性的研究始于 1890 年代,当时展开了复杂的实验室实验,并在几十年内达到了相当成熟的水平(表 2.1)。实际上到 1900 年为止,当今 IMS 中关于电离源的所有原理和实践几乎都已进行了描述,并在 Thomson 1903 年的专著《通过气体的电传导》(*Conduction of Electricity through Gases*)[10]中进行了详细的总结。在他的指导下,关于离子、电子和气体的开拓性结果在英国剑桥的卡文迪许(Cavendish)实验室被持续发现。离子在电场中的迁移率早已被认为是气态离子的一种可测量的特征[5, 8]。在 20 世纪的前 10 年,Langevin 的离子-中性分子相互作用的复杂理论,对人们在认识常压或高压气体中的离子运动理论,以及基于该理论的仪器设计和实验发现都起到了很大作用[12, 13]。在接下来的 20 年中,离子迁移率技术和人们对它的认识进一步成熟,到了 1938 年,Tyndall 的专著《气体中正离子的迁移性》(*Mobility of Positive Ions in Gases*)[11]出版,又为迁移谱技术提供了大量的知识储备。但这一早期时代的技术却很少延续到即将要介绍的 IMS 第二个发展时代。一个值得注意的例外是带有共面平行线的离子栅门,今天称之为 Bradbury-Nielson 栅门[21],van de Graaff 最早对此进行了描述,他还首次公开了以漂移时间为横坐标轴的离子迁移谱图(图 2.1)[18]。

表 2.1　气相离子迁移谱作为现代分析方法的发展：1895—1960 年

年份	气相离子和电离方法	参考文献
1895	X 射线的发现	[3]
1897	利用 X 射线对环境空气进行电离研究	[4]
1898	辐射电离源形成的电离以及离子的迁移特征研究	[5]
	紫外电离形成气体离子	[6]
	气态离子在火焰中导电	[7]
1899	电晕放电电离干燥空气，形成的负离子迁移率为 1.8 cm²/(V·s)	[8]
	铀辐射产生离子	[9]
1928	在气态电的综述性专著中，部分章节描述了气态离子的化学和迁移率	[10]
1938	专著描述了离子受温度、压力、湿度和气体纯度的影响。早期的研究表明，气态离子迁移率与电场与压力的比值无关，而随着电场与压力的比值增大，一些离子特征曲线都表明迁移率与 E/p 的值变得相关了	[11]
离子迁移技术和原理		
1903	Langevin 认识到电荷对中性分子具有吸引力	[12]
1905	碰撞截面和离子-分子相互作用对迁移率的影响	[13]
1908	在干燥空气中形成的迁移率确定为 1.37 和 1.80 cm²/(V·s)	[14]
1912	大气中测量的离子	[15]
1911	水分含量对 X 射线产生离子的漂移速度 v_d 的影响	[16]
1913	测量干燥气体中离子群的速度	[17]
1929	带平行线的离子栅门用于离子注入，首次公开了具有漂移时间轴的迁移率谱	[18]
	通过电子附着生成负离子的形成速率的动力学研究	[19]
1933	总结卡文迪许实验室研究结果的专著	[20]
1936	具有早期方波积分器的 Bradbury 双栅门设计	[21]
1940 年代	Autolycus，柴油烟雾检测系统	[22,23]
1942	气体火花放电机理的研究	[24]
1949	Lovelock 发现空气中的蒸气会影响简易电离检测器，从而建立了空气中蒸气与环境空气监测的联系；电子捕获检测器的起源	[25,26]

　　在 1950 年代和 1960 年代，人们开始关注通过辐射使空气电离的现象，以及在探索宇宙空间过程中高空大气层的化学反应，此时，气体离子化学唤起了人们全新的、更深的兴趣。Langevin 在 1950 年代对离子-分子相互作用的描述进行了补充和扩展，他在物理学实验室中对稀有气体中的离子进行了低压处理，以避免离子形成团簇使相互作用过程变得复杂。

Lovelock 开展的对空气中蒸气响应的电离检测器研究,开创了空气中离子作为化学测量的先河[25, 26]。在他使用自建的蒸气风速计测量屋内微风的风力大小和方向时,发现在空气中人造物质的存在会引起电离检测器响应。该检测仪被称为电子捕获检测仪(electron capture detector,ECD),后来在气相色谱仪中广泛使用。尽管没有记录表明他的工作影响了 IMS 用于化学测量的概念发展,但是电子捕获检测仪与离子迁移谱仪中的离子化学存在相似性,已在 1970 年代初期得到了认可。

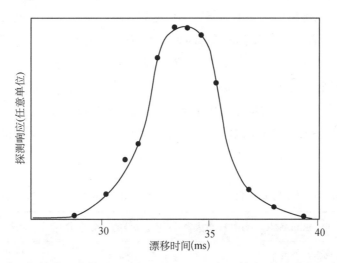

图 2.1　首次使用现代坐标轴的迁移谱图,van de Graaff,1929 年。他表示:这种呈现方式是为了展示先前一些实验方法在分辨力和绝对精度方面的显著改善,这些方法通过采用一种新型网格来产生周期性的所谓 Fizeau 的"栅门效应"。在薄玻璃板上先将一系列平行的狭缝网格化,再将玻璃表面完全镀银,然后在需要绝缘的地方刮掉银,这样就可以方便地构建用于实验的网格。(摘自 van de Graaff,Mobility of ions in gases,*Nature* 1929.)

2.3　离子迁移谱应用于化学测定 (1960—1990 年)

人们一直致力于利用离子的迁移率系数进行**化学测定**。1900 年代初期,漂移管内的气压是低压,到 1960 年代中期,已经发展到环境压力。该仪器作为大型实验室仪器在 1980 年不经意间迅速成为手持式军事级分析仪。到了 1990 年,可连续运行的现场爆炸物检测仪第一次面世。如今,离子迁移谱仪对于商业航空安全和军事准备至关重要[27-30]。1960—1990 年这一时期至少包括 4 个比较大的成就:

(1) 1970 年,佐治亚理工学院的 McDaniels 将部分 IMS 技术转让给了 Franklin GNO 公司,标志着 IMS 这种现代分析方法被引入商业仪器。

(2) 一个学术研究团队在 1970—1980 年持续出版研究结果,证明了迁移谱仪器对多种物质在超痕量水平下都有响应。

(3) 利用 MS 对离子与空气或其他气体中的气相分子之间的反应化学进行探索,并对离子进行质量鉴定。其中一些研究是利用环境压力下的电离源进行的,另一些研究是在高压下的电离源中进行的。

（4）IMS 作为一种坚固而可靠的技术，在军事中心和安全机构中被广泛接受并得到了发展，并顺势应用于生命攸关或涉及关键任务的领域。

这 4 个成就的年代顺序是交叉的，有些情况下还是相互促进发生的。

气相离子化学战剂探测仪器在 1960 年代得到了发展，当时美军 Edgewood 兵工厂的 Harden 和 Franklin GNO 公司签订了政府合同（表 2.2）。读者可以通过与 PCP 公司签订的合同的标题或摘要中得到一些关于漂移管的构造和处理痕量物质的过程的详细信息。1970 年代，加拿大安大略省滑铁卢大学的 Karasek 教授为他的实验室添置了一台 Beta VI 型 IMS 仪器（图 2.2）[31]，通过近 10 年的研究，IMS 技术和实践得到了完整的发展。在整个 1970 年代，除了军事和安全机构外，只有 Karasek 教授一直在开展关于 IMS 的研究项目，他的团队探索了对多种物质的反应。这里也引用了他的一小部分出版物中的迁移谱图和 K_0 值[32-38]。他的工作证明了 IMS 作为检测器对大范围内的化学物质都有响应，而且在当时看来检测限也是极低的。

表 2.2　1970 年代与商用 IMS 相关的名为等离子体色谱的部分专利（带注释）和出版物列表

Franklin GNO 公司（现意大利 PCP 公司）的部分军方合同记录表			
合同名称（合同概要）	合同号	军方代理	合同日期
"Experimental Investigation of Electron Attachment Characteristics of Certain Materials in Atmospheric Air"（*Studies of dimethylhydrogenphosphite, triethylphospate, and Sarin with a pulsed D2 lamp at 50 - 100 torr in negative polarity. The drift tube was in a glass chamber*）	Nonr-4977(00)	海军研究办公室	1965 年 5 月 1967 年 3 月
"Investigation of the Properties of Negative Ions Produced by the Interaction of Large Electronegative Gas Molecules with Free Electrons"（*Studies of ionization of SF₆*）	Nonr-4924(00)	海军研究办公室	1965 年 6 月 1967 年 7 月
Performance Study of the PC Marking System（*Study for personnel detection and chemicals for tracking and marking. This was the frst all-metal stainless steel drift tube equipped with 250-μs shutter pulses. Two-shutter coplanar design with continuous UV lamp*）	FO8635-67-C-0075	空军装备实验室，Eglin 空军基地	1967 年 4 月 1968 年 6 月
"PC Experimentation with Already Available PC Instrument：Design, Construct, and Laboratory Evaluate Modular Prototype PC"（*New drift tube with wide rings, high-temperature operation（200 ℃）, vibration rugged. Operated in truck and helicopter from batteries or generator*）	DAADO5-69-C-0139	陆军实验室，美国陆军 Aberdeen 实验场	1968 年 11 月 1970 年 5 月

Franklin GNO 公司获得关于 IMS 技术的部分专利记录表			
专利名称	发明人	美国专利号	申请和授权日期
"Apparatus and Methods for Separating, Detecting, and Measuring Trace Gases with Enhanced Resolution"	Carroll, Cohen, Wernlund	3,626,180	1968 年 12 月 3 日 1971 年 12 月 7 日
"Apparatus and Methods for Separating, Concentrating, Detecting, and Measuring Trace Gases"	Carroll	3,668,383	1969 年 1 月 9 日 1972 年 6 月 6 日
"Detecting a Trace Substance in a Sample Gas Comprising Reacting the Sample with Different Species of Reactant Ions"	Cohen	3,621,239	1969 年 1 月 28 日 1971 年 11 月 16 日
"Apparatus and Methods for Separating Electrons from Ions"	Carroll	3,629,574	1969 年 1 月 28 日 1971 年 12 月 21 日
"Gas Detecting Apparatus with Means to Record Detection Signals in Superposition for Improved Signal-to-Noise Ratios"	Wernlund	3,526,137	1969 年 2 月 11 日 1971 年 12 月 7 日
"Apparatus and Method for Improving the Sensitivity of Time of Flight Ion Analysis by Ion Bunching"	Cohen	3,626,182	1969 年 4 月 1 日 1971 年 12 月 7 日
"Time of Flight Ion Analysis with a Pulsed Ion Source Employing Ion-Molecule Reactions"	Cohen	3,593,018	1969 年 4 月 1 日 1971 年 7 月 13 日

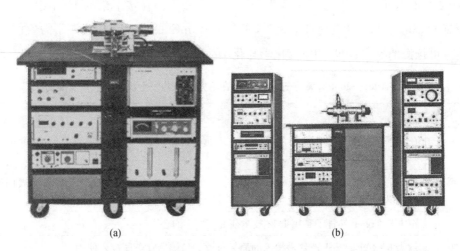

(a)　　　　　　　　　　(b)

图 2.2　1970 年代初的等离子体色谱仪 Beta VI(a)和 1970 年代的 Alpha II 型 IMS / MS 仪器(b)。Beta VI 带有双栅门漂移管和方波积分器以用于获取谱图。其中的一台仪器位于加拿大安大略省滑铁卢大学的 Karasek 教授的实验室中,并在 1970 年代用来建立广泛的 IMS 反应。Alpha II IMS / MS 仪器或后续产品被当时 IBM 的 Timothy W. Carr 和马里兰州 Edgewood 兵工厂的 C. Steve Harden 所采用。(摘自 PCP 公司 1972—1980 年的商业手册)

在几乎同一时期，即 1960 年代中期到 1970 年代初，IMS 技术有了一些开创性的研究。Shahin 利用 MS 对大气压下电晕放电电离的气相离子分子化学进行了研究[39-41]，而大气压下气相离子分子反应的动力学和热力学研究主要是由 Kebarle[42-44] 和 Meot-Ner (Mautner)[45-47] 等人开展的。尽管当时人们没有意识到这些研究对 IMS 的发展至关重要，但这一时期的确是 IMS 新发现层出不穷的时期，在这个时期，IMS 的响应原理得以建立。以上这些研究、调查获得的知识在现代 IMS 分析仪迁移谱的诞生过程中起到了非常重要的作用。对这一活跃时期做出贡献的研究者包括但不限于以下几位：Munson 和 Field[48]，Grimsrud[49]，Wentworth[50]，Ausloos[51]，Bowers[52]，以及其他人[53]。

在这一时期甚至更早，不少研究团队就已经利用迁移谱技术积极探索离子-中性分子相互作用机理，这些研究通常在非络合的大气环境或者低压环境下开展，研究团队主要有 Mason[54]，McDaniels[55,56] 和 Compton[57]。他们建立了分析性离子迁移谱的漂移管技术先例，以及非常精密的离子迁移谱模型，而大气压下极性气体中的电离模型尚未全面建立。描述离子-中性分子相互作用的平均偶极子定向理论的发展，是自 1900 年代初 Langevin 关于离子与分子之间的碰撞率模型之后的重大进步[58]。回顾过去，从 1950 年代后期开始的这一发现时期确立了描述离子生成和离子在气体中迁移率的化学原理。此类研究的实验方案对现代分析性离子迁移谱方法的参考意义不大。

在 1960 年代和 1970 年代，英国国防部和美国陆军在检测化学战剂方面开展了广泛的未公开开发计划（主要是针对美国陆军的 Edgewood 兵工厂和针对英国军方的 Porton Down 化学防护机构及其相关民用公司），最终在 1981—1983 年期间研发出了多款 CAM（表 2.3）。这些精心设计的手持式化学仪器成了一项史无前例的技术成就。随后，CAM 进行了大规模生产[图 2.3(a)]，并在英国、美国和欧盟的军队配备使用。在接下来的 10 年中，CAM 以及几乎所有 IMS 仪器都包含放射性电离源，通常为 10 mCi 的 ^{63}Ni，该电离源不需要供电，可提供稳定且可预测的响应。^{63}Ni 的电离化学与化学战剂、炸药和麻醉剂的电离特性非常匹配。

表 2.3　1965—2000 年离子迁移谱仪器在军方和公共安全机构的应用发展历史

年份	化学战剂检测器
1967 年起	在美国马里兰州 Edgewood，Harden 利用质谱仪开始了针对化学战剂（chemical warfare agent，CWA）的气相离子化学研究
	在英国索尔兹伯里的 Porton Down 化学防护机构，Blyth 探索了 CWA 对物质表面的探测效果以及气相反应
	军方与 Cohen 签订了利用 IMS 技术研究 CWA 的合同
1969	称为 M-8A1 的基于迁移谱技术的简易过滤型检测器在美国投入使用
1970—1972	对 Edgewood 兵工厂的 M-8A 进行改善离子迁移特异性的探索
	在英国，Blyth 开发了离子结合效应检测仪（detection by ion combination effect，DICE）
	Spangler 在美国陆军机动司令部探索 IMS

年份	化学战剂检测器
1973—1974	Harden 和 Blyth 交流成果并见面,同意共同开发 IMS 最终达成协议,美军负责生产一种连续的空气监测仪,称为自动化学战剂检测仪和警报器(automatic chemical agent detector and alarm,ACADA),英国则要开发一种个人监测仪,即 CAM,一种手持 IMS 分析器
1980	CAM 引入英国部队并最终引入美国陆军(1984 年)
1988	Environics Oy 公司发布了单次测量细胞抽吸检测器 M86,另一款 M90 于 1992 年发布
1994	Bruker Saxonia Analytik GmbH 公司着手开发 RAID 手持式仪器
1995	着手开发 LCD
2002	LCD 已在英国部队配备,后来(2006 年)在美国陆军配备
	爆炸物检测器
1985 年 6 月 23 日	印度航空 182 航班在蒙特利尔—伦敦—德里航线上(波音 747-237B 飞机),在大西洋上空 31 000 ft,Kanishka 引爆炸弹炸死 329 人 加拿大政府启动痕量检测技术
1987	加拿大的 Murray 和 Danylewich-May 开发基于离子迁移谱技术的快速炸药检测器(Barringer 研究公司交通发展中心,出版商:Barringer 研究公司,1987 年,44 页)
1988	IMS 原型麻醉品检测器的开发,合同号 25ST.32032-7-3271(Barringer 研究公司,向加拿大税务总局提交的最终报告,1988 年 8 月)
1988 年 12 月 21 日	泛美航空 103 航班,一架波音 747-121 海洋快船女仆号(*Clipper Maid of the Seas*)被炸弹炸毁,机上 243 名乘客、16 名机组人员和苏格兰洛克比的 11 名居民被炸死
1990	台式 IMS 分析仪用以检测痕量爆炸物:Barringer 研究公司(现为 Smiths 检测公司)的 IONSCAN 和 IonTrack 公司(现为 Morpho 检测公司)的 Itemiser

图 2.3　两款改变了对 IMS 认知和可见性的仪器。图(a)显示的是一位穿着防护服的士兵拿着一台手持式军用离子迁移谱仪——化学试剂监控器(CAM),来自英国沃特福德的 Graseby 动力公司。图(b)的台式分析仪用于痕量爆炸性痕迹的检测,型号为 400A IONSCAN,来自加拿大安大略省多伦多的 Barringer 研究公司。(由 Smiths 检测公司提供,这两家公司现在都隶属于 Smiths 检测公司)

　　痕量高爆炸物检测器的发展也同样经历了令人印象深刻的工程化过程(表 2.3)。爆炸物检测器的研发源于两次空难:1985 年从加拿大起飞的印度航空公司的一架民用航空飞机,以及 1988 年在苏格兰洛克比上空爆炸的泛美 103 号飞机。在这两次事件中,炸弹被带上了飞机,导致波音 747 飞机上的数百名乘客和机组人员被炸死。1990 年,加拿大的 Barringer 研究公司推出了台式高温 IMS 分析仪 IONSCAN[图 2.3(b)]。之后的数十年,这台仪器以及其他供应商提供的同类分析仪都在确保着国际商业航空旅行的安全。此时,关于 CAM 和 IONSCAN 在这一阶段的研究文件或报告通常对外保密,无法获取;因此,表 2.3 的时间顺序和内容无法记录。偶尔会有一些开源文档或简报,提供了一些关于爆炸物、化学战剂和违禁麻醉品的 IMS 探测技术发展的线索[59-62]。

CAM 和 IONSCAN 取得的巨大的成功和广泛的接受度引来了竞争者。很快,除 Graseby 动力(CAM)和 Barringer 研究(IONSCAN)以外的公司都积极生产同类仪器,包括 IonTrack 仪器公司、Bruker Daltonics 公司等。这些公司中的大多数都经历了一次或多次重组以及技术的稳步发展。实际上,CAM 和 IONSCAN 的原始公司现已被 Smiths 检测公司合并。性能具有可比性的同类产品在军事和安全领域的商业产量巨大,可能让一些人认为 IMS 在测量科学的其他方面几乎没有价值。技术上的快速发展显著扩大了离子迁移谱的应用范围,因此今天该方法可以被认为是通用的。既然离子可以在常压下形成,且能够存活足够长的时间跑完整个漂移区,那么就可以利用迁移率谱进行化学表征或定量测定。

2.4 军事和公共安全以外的迁移谱研究 (1990—2000 年)

IMS 作为一种可靠的分析方法得以不断发展的一项重要技术成就是漂移管的开发。在漂移管中离子化学的生成是可重复的,也可以避免或控制产物离子与样品中剩余中性分子的络合[63]。这种络合反应存在于 1970 年代的早期 IMS 仪器,使得人们对 IMS 的应用前景不乐观[64, 65]。之后对离子管进行创新,克服了以上缺点:漂移管采用气动密封,漂移气体单向流动,气体从检测器一端进入,流经整个漂移管和电离区后排出,实现了对电离源的清洁,同时带走残留的样品中性分子。这个设计确保了漂移区域的气体组成稳定,多余的样品蒸气随漂移气体一起从源区迅速排出。中性分子在反应区停留的时间确定且很短,这使得一旦样品进入漂移管,信号响应能迅速恢复到最初的状态。因此,迁移率测量摆脱了样品中性分子可能从源扩散到漂移区并在仪器中持续存在的难题。虽然不是所有的仪器制造商都采用了单向流动的概念,但这些离子管在设计上的改变使得 IMS 成为了一种在环境气压下被广泛接受的可靠的测量方法。这一创新是在 1980 年代初实现的[63],在这里提及,是因为这项工作可以看作是 IMS 跨入现代化阶段的决定性的一步。

为 IMS 带来扩展应用的第二项重要发展是 ESI 源,它在 1980 年代的生物分子 MS 研究中曾被广泛应用[66]。Dole 等人首先将电喷雾结合到迁移谱仪中,他们利用迁移率证明了使用电喷雾源直接从液体样品中形成气体离子的方法[67]。但是,这个方法得到的迁移谱很宽,离子表征的价值有限[图 2.4(a)]。虽然 ESI 可以对大分子进行 MS 分析[68],但会因为离子与溶剂形成的络合反应而导致谱线较差。这一问题由 Shumate 和 Hill 解决[69, 70]。他们在漂移区之前的去溶剂区域加入逆向加热气体,可显著改善峰形和分辨力[图 2.4(b)]。他们的研究表明,ESI 大分子的电离可以与 IMS 漂移管在环境气压下结合,这样就能将离子迁移方法扩展到生物分子和药物测量中。下一个进展是在环境压力下将纳米喷雾与 IMS 漂移管耦合[71]。Clemmer 和 Jarrold 使用长漂移管,在 1 Torr 的非络合气体环境下,用质谱仪作为检测器,获得了比这些方法更高的分辨力[72]。如第 4 章所述,为了进一步研究 IMS 在生物分子中的应用,还增加了其他电离源[73]。由于迁移谱测量技术能发现生物分子的大小和形状,具有重大的医学意义,因此人们越来越重视离子迁移率这种测量方法。

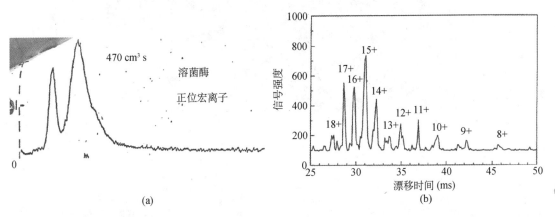

(a)　　　　　　　　　　　　　　　(b)

图 2.4　早期 ESI IMS 测量的大分子物质的迁移谱:(a)溶菌酶(Gieniec et al., Electrospray mass spectrometry, *Biomed. Mass Spectrom*. 1984. 经允许);(b)细胞色素 c(Wittmer et al., Electrospray ionization-ion mobility spectrometry, *Anal. Chem*. 1994. 经允许)。ESI 源与 IMS 的结合已成为利用 IMS-MS(或 IM-MS)进行生物和生物医学研究的基本特征。

　　最后,IMS 技术通过一项极具曝光度的应用发生了大变革,即在国际空间站上使用其制作的 VOA[74]。这是一种双气相色谱离子迁移率谱仪,用于监测分析突发事件前后的空气(图 2.5)。为使 IMS 仪器的构造符合航天飞行的资格,无疑可以将 IMS 这种融合了化学和物理方法的技术在成本、尺寸、功率和可靠性不尽相同的情况下设计成化学分析仪。在 VOA 应用在空间站之前,还进行了另一次 IMS 在太空中的应用,以证明 IMS 技术在微重力环境下的可靠性。这是一个肼选择性分析仪,用来检测宇航员在太空行走后进入美国航天飞机的气闸中时所穿太空服中的肼[75]。这是因为航天飞机推进器中使用的肼一旦泄漏容易被止回阀冻结,在太空行走过程中会凝结在宇航员的宇航服上。宇航员返回航天飞机内部后,吸收的肼会挥发,并将一种有毒化学物质带入航天飞机的空气环境中。研究人员使用反应气化学方法对源自 CAM 的手持式迁移谱仪进行了改进,使其能够通过迁移率分离氨、肼和单甲基肼[76]。

　　21 世纪初,在临床和实验室环境中使用的现场仪器被认为是离子迁移方法的新兴发展。这些分析仪可以及时地提供有关医疗状况或治疗进展的有价值的信息。关于这些发展的详细信息可以在本版《离子迁移谱》中找到,在第 4 章中会重点提及其应用部分。仪器的产业化使人们有更多机会可以使用 IMS 仪器,包括一些为了满足 IMS 在制药和生物分子研究方面不断增长的需求而专门设计的仪器,这也刺激和推动了离子迁移谱技术的蓬勃发展。

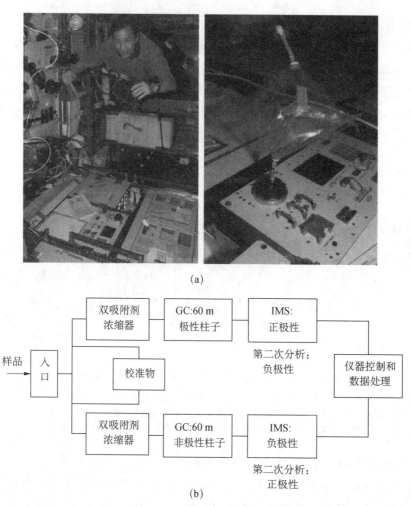

图 2.5 （a）国际空间站上的 GC IMS 系统，即 VOA，用于监测空气中污染物的存在，该仪器使用 10 年之久，这是在恶劣环境中以常规方式首次使用 GC IMS；（b）VOA 双管设计的内部架构。以上照片来自美国航空航天局，编号为 ISS007e5845，拍摄于国际空间站，经 Lu 博士许可在本书登出；示意图来自 Limero 博士。

2.5 迁移谱分析仪器的商业化生产（2000 年至今）

过去 10 年 IMS 发展的另一个显著特征是离子迁移率方法的商业化程度和仪器设计的多样性。现在，有 18 家公司拥有基于迁移谱技术的仪器，如表 2.4 所示，从而消除了扩展迁移率测量在现代分析化学中的应用的主要障碍之一，即不能便捷地使用离子迁移技术。在此期间，历史上大量使用的、应用于军事和公共安全领域的 IMS 分析仪继续占据单个产品的销售市场，并吸引新的公司投入研发；然而，具有离子迁移新技术、新概念和新仪器的小型初创企业正在改变离子迁移谱实践和应用的各个方面。这些公司分布在世界各地，例如以色列、中国、芬兰、德国、西班牙、英国、加拿大和美国。几家在分析化学领域享有广泛声誉的大型仪器公司开始提供仪器，包括一种迁移谱的部件，以配合质量分析；这一发展极大地改变了离子迁移率在化学和其他科学领域中的应用前景。

表 2.4　2004—2011 年 IMS 商业活动一览表（按字母顺序排列）

公司	公司近况和备注	产品
AB SCIEX	http://www.absciex.com/products DMS——Sciex LC ESI MS/MS 仪器的入口	SelexION™技术
Bruker Daltonics	http://www.bdal.com/ IMS 爆炸物检测器的最新发展	RAID——手持式检测器系列 基于 IMS 技术的分析仪，包括 μRAID，DE-tector™，固定式 IMS 仪器，如 RAID-AFM（automated facility monitor，自动化监控器）
Environics Oy	http://www.environics.fi/ 开环气流设计的吸气式迁移谱	Chem Pro 系列仪器，包括 Chem Pro 100i 和固定式 Chem Pro FX
Excellims	http://www.excellims.com/ 开发手性 IMS MS 和多维 IMS	GA-2100 电喷雾 IMS CIMS(chiral ion mobility spectrometry，手性离子迁移谱)-MS
G.A.S.	http://www.gas-dortmund.de/ 集成仪器，包括软件 8 种 IMS 仪器配置，包括通用 GC IMS	FlavourSpec® BreathSpec® μIMS®-ODOR
Implant 科学	http://implantsciences.com/ 基于光电离源非接触采样的技术	Quantum Sniffer QS-H150 Quantum Sniffer™ QS-B220
Morpho 检测	http://www.morpho.com/detection/ 最初是 IonTrack 公司，后来是 GE-Interlogix 公司，现在隶属于 Safran 集团	Itemiser® DX 增强型 Itemiser® 3 MobileTrace®
Nuctech	http://www.nuctech.com/templates/T_Second_EN/index.aspx? nodeid = 148	TR1000 手持式爆炸物检测器 R1000NB 手持式毒品检测器 TR2000DB 台式痕量检测器
Owlstone 纳米技术	http://www.owlstonenanotech.com/	Lonestar 便携式气体分析仪 LC/FAIMS/MS Nexsense C:军用 CWA 分析仪
RAMEM S.A.	http://www.ioner.eu/ DMA 方法用于 IMS	高分辨率 IMS
粒子测量系统	http://www.pmeasuring.com/ 粒子计数器/分子监控器 工业清洁空气监控	AirSentry® II 系列产品
3QBD	http://3qbd.com/English/ Q SCENT 公司的前身 用于细菌性阴道病的医学诊断产品	VGTest
Scintrex Trace	http://www.scintrextrace.com/ 现在隶属于 Autoclear 公司	E 系列:手持式爆炸物检测器 N 系列:手持式毒品检测器 EV 2500 和 3000:爆炸物蒸气分析仪 VE 6000:用于车载监控

公司	公司近况和备注	产品
Smiths 检测	http://www.smithsdetection.com/ 由 Grasby 动力公司和 Barringer 研究与环境技术小组组成	GID-3™：CWA 检测系统 LCD：轻型化学检测器 CAM：化学战剂监测器 MCAD：可携带的化学战剂检测器
Sionex（于 2010 年解散）	用于差分漂移谱的超精细漂移管；microAnalyzer 现在在 Draper 实验室生产	microDMx™ 传感器芯片 microAnalyzer Sionex 增值组件 SVAC™ DMS/IMS²
Thermo Fisher 科学	http://www.thermoscientific.com/faims 起源于 IonAnalytics，后者采用了 MSA 场离子谱仪，对原始设计进行了创新并增加了 ESI	FAIMS MS
Thermo Scientific（第二部分）	https://fscimage.fshersci.com/images/D00700～.pdf 最初是 Thermidics，之后改为 Thermo Electron	EGIS Defender：痕量爆炸物探测系统
TSI	http://www.tsi.com/scanning-mobility particle-sizer-spectrometers 通过差分迁移率方法扫描粒子	扫描迁移粒子粒度仪 3034 扫描迁移粒子粒度仪 3936
Waters	http://www.waters.com/waters/nav.htm? cid=514257&locale=en_US/	Synapt G2：行波迁移谱仪-质谱仪系列

这种新的商业化方向可能归因于在柱状 FAIMS 前增加了 ESI 源，然后将其与质谱仪结合使用[77]。在 ESI 和质谱仪之间进行如上所述的简单的改进即可简化 ESI 源产生的复杂离子混合物的响应。这种方法引起了热烈的反响，并先后由 IonAnalytics 公司（位于加拿大安大略省渥太华）和 Thermo Scientific 公司（收购了 IonAnalytics）将其商品化为 ESI FAIMS MS。这也推动了 FAIMS 作为离子过滤器的发展，特别是在利用液相色谱和质谱法对药物和代谢产物进行测量的过程中[78]。

另一家大型仪器公司 Waters，开创了一种新的离子迁移率方法，称为行波，并推出了离子迁移 TOFMS 仪器 Synapt G1，以及后续产品[79-81]。对那些不太可能自己建立起 IM-MS 系统的研究人员来说，他们可以通过购买这台 IM-MS 仪器来进行生物分子研究，由此，这台仪器对整个 IMS 行业产生了令人惊讶的正向的影响。研究人员利用 IMS 开展的诸多研究，以及 IMS 作为测量方法被更多的人看到，这两点特别应该作为 IMS 发展历史上的里程碑被强调。尽管 IMS 商业活动非常活跃，且主要针对生物分子和医药市场，但其在传统的化学战剂和爆炸物检测领域的应用没有停滞不前，而是仍然充满活力的。不管在哪个应用领域，IMS 分析仪未来的流行版本都会比现有仪器更小、更快、更有选择性。

就品牌和企业而言，这是一个活跃的时期。这一 IMS 商业领域的老牌公司都经历了销售或转售，如 IonTrack 公司被出售给了通用安防公司；2006 年，通用安防公司被出售给了 Safran 集团旗下的 Morpho 检测公司。Barringer 研究公司于 1990 年代早期被 Smiths 检测公司收购,至今仍是 IMS 商业领域的领军企业。值得注意的是,新兴的 IMS 分析仪制造商,如美国的 Implant 科学公司和中国的 Nuctech 公司,对爆炸物检测有了新的解决方法,如表 2.4 所示。随着爆炸物威胁清单的增加,这些可靠的分析仪器不断推出新版本。例如,Smiths 检测公司的 DT-500 配备了一个双漂移管以提供正负极性响应。一些重大的商业行为,如门式爆炸物痕迹检测仪、建筑空气监测仪、车票和文件扫描仪以及制药生产线的纯度检验设备等,或是失败了,或是没有得到广泛的接受,尽管不一定是技术上的原因,只是人们对最后一种应用似乎还有一些兴趣。

过去 10 年 IMS 发展的另一个特点是,人们越来越多地接受和改进 aIMS。aIMS 与离子迁移谱早有渊源,至少可以追溯到 1900 年[82, 83],并在过去 10 年中以小型仪器[84, 85]和大型实验室仪器(称为差分迁移率分析仪 DMA)[86, 87]的形式与主流 IMS 融合,应用于传统的安全和军事领域。小型仪器由芬兰的 Environics Oy 公司商业化,大型仪器则由位于西班牙的欧洲迁移谱差异分析协会(Sociedad Europea de Analisis Diferencial de Movilidad SL,SEADM)商业化。Environics Oy 公司的 Chem Pro 100 手持式检测器和新的 100i 是开环仪器,部署在多个国家和地区的军队中。如第 9 章所述,如果提高了这些分析仪的分辨力,则将来 aIMS 会很有应用前景,甚至市场会越来越大。

2000 年代的另一个发展特征是 FAIMS 的小型化[88, 89],并由 Draper 实验室和新墨西哥州立大学联合开发并改进[90]。由此,2001 年成立了一家名为 Sionex 的商业公司(见表2.4);Sionex 技术的主要优势是体积,它的分析区域由宽 5 mm、长 13 mm 的导电板组成,板间间隔 0.5 mm[见图 2.5(b)]。通用动力公司(现称为 ChemRing 检测系统公司)将这种 DMS 技术转化为化学战剂检测器 JUNO,以及如 CAM 或 LCD[91]这种具有特色包装、操作简单、坚固耐用的手持现场离子迁移谱分析仪。在开发项目的早期,DMS 与 GC 结合[92]得到了一款完全便携的 GC-DMS,在 GC 的入口处有样品富集装置,这就是 microAnalyzer[93]。Sionex 技术还在商用痕量爆炸物分析仪 EGIS 中取代了化学发光检测器,成为一种闪光 GC-DMS 仪器,称为 Defender。Defender 是首款基于改进的气体环境来调整补偿电压轴上峰值位置的商用 DMS[94]。2010 年,Sionex 公司解散,其知识产权出售、授权或返还给了 Draper 实验室以及今天的 AB SCIEX(其 MS/MS 的 SelexION 附件来自 Sionex 公司)[95]。

2003 年成立的英国 Owlstone 公司是 Advance 纳米技术的子公司,它的成立是为了将 FAIMS 或 DMS 小型化到一个前所未有的尺寸(第 1 章和第 9 章),这被称为纳米制造,Owlstone 纳米技术公司在他们自己的 FAIMS 基础上开发了好几款气体分析仪。该公司获得了多个行业奖项,并与 Agilent 公司合作开发一款能与 Agilent 的 TOFMS 连接的进样口。此外,它还与 SELEX Galileo 公司签署了一项协议,用以满足军事上对化学传感器的需求,还与太平洋西北国家实验室达成了技术开发协议。当前公司的重点是研制 ESI、μFAIMS 和 MS 的联用产品[96]。

位于多特蒙德的德国 G.A.S.公司于 1997 年由分析科学研究所(Institute for Analytical Sciences, ISAS)成立,生产带有传统漂移管的集成的 GC-IMS 仪器,这款仪器是该技术唯一已知的应用版本。它们的两款特色产品应用于特定场合(FlavourSpec 和 BreathSpec)——

食品中的气体分析和作为呼吸代谢物的挥发性有机化合物的测定。

Excellims 公司于 2005 年在美国成立，成立的目的是将华盛顿州立大学开发的 ESI-IMS 技术商业化，今天它提供独立式 ESI-IMS 仪器和 ESI-IMS-MS 仪器，以及作为研究工具套件的 IMS 部件。在以色列，一家名为 Q SCENT 的小型初创公司（2000 年更名为 3QBD），推出了 IMS 分析仪，这台分析仪通过检测生物胺来诊断最常见的阴道感染[97]。

在过去的 10 年里，西班牙已经成为两个迁移谱研究团体的发源地。位于巴尔赛罗的 SEADM 成立于 2005 年 2 月，成立的目的是基于其技术顾问和联合创始人、耶鲁大学 Mora 教授的研究开发 DMA，主要是进行 DMA/MS 方法研究。与此相对应，独立式 DMA 仪器由位于马德里的 RAMEM S.A.公司生产。带有多变量分析软件的独立式迁移谱分析仪在市场上可以买到；它默认的资料库里包含了标准，以及光电离、电晕放电和 ESI 中的其中一种非放射性电离源。

表 2.4 中所示的产品和商业活动表明 IMS 兼具商业竞争性和活力。10 年前，市场机会只会在安全和军事领域产生，而现在生物分子研究、药物开发和代谢物发现已经成为 IMS 仪器和方法的第二代应用。这些仪器使迁移谱 MS 向更大的用户社区开放，使离子迁移谱不再神秘。虽然 IMS 不再是只有少数个人或团队才知道的一种方法，但尚未达到与其他分析方法（如原子吸收光谱法或 LC）相当的广泛实用性和熟知程度。除少数大学之外，学术机构尚未将离子迁移谱作为标准分析化学课程的一部分进行教学。此外，新应用程序的很大一部分研究和开发都是由商业实体进行的，不一定是在学术界。

2.6 IMS 学会和国际学术会议

1992 年，美国陆军为 IMS 的研究人员和从业者发起了第一次会议，目的是要举办在国际上有代表性的会议（图 2.6）。人们参加会议的主要目的是介绍他们在 IMS 研究活动中的成果。在召开本次会议之前，IMS 的研究人员和用户已经在一些科学会议的座谈会上开展

图 2.6 1992 年 6 月在新墨西哥州梅斯卡罗举行的第一届离子迁移谱国际研讨会参会人员合影。

过交流,并在犹他州Snowbird召开的科学家和工程师核心会议上呼吁召开扩大会议。这些会议促成了 ISIMS 的成立,该学会于 1997 年在德国首次注册为学术团体。

ISIMS 机构规定,该学会应向使用 IMS 或对 IMS 作为分析技术有浓厚兴趣,以及对环境压力气相离子分子化学感兴趣的人开放。该协会提倡使用 IMS 和环境压力气相离子分子化学作为分析技术。学会通过举办关于 IMS 理论与实践的短期课程,为学员提供学习和培训的机会;通过年度会议、海报会议、供应商展览和出版期刊的方式,提供机会让人们可以自由交流与 IMS 相关的想法和信息;鼓励协会成员团结合作,以推动 ISIMS 目标的实现。

2010 年,ISIMS 被美国国税局认定为非营利组织,并在新墨西哥州注册。通过协助组织会议和管理社会结构(包括网站和 ISIMS 杂志)解决了现实的学会经济问题。今天,参加会议的人数已从 1992 年刚开始的 25 人发展到了来自世界各国的 100 多人(表 2.5)。

表 2.5　国际离子迁移谱学会年会举办的时间和地点

会议时间/年	会议地点	组织者和赞助机构
1992*	Mescalero, New Mexico, USA	Gary Eiceman and C. Steve Harden
1993	Quebec City, Quebec, Canada	Pierre Pilon and Andre Lawrence
1994	Galveston, Texas, USA	Tom Limero and Jay Cross
1995	Cambridge, England, UK	Alan Brittain
1996	Jackson Hole, Wyoming, USA	Herbert H. Hill and Dave Atkinson
1997	The Bastei, Germany	Jörg Baumbach and Joachim Stach
1998	Jekyll Island, South Carolina, USA	C. Steve Harden
1999	Buxton, England, UK	C. L. Paul Thomas and Hilary Bollan
2000	Halifax, Nova Scotia, Canada	Pierre Pilon and Andre Lawrence
2001	Wernigerode, Harz, Germany	Jörg Baumbach and Joachim Stach
2002	San Antonio, Texas, USA	Angie Detulleo and Tom Limero
2003	Umeå, Sweden	Sune Nyholm
2004	Gatlinburg, Tennessee, USA	Jun Xi
2005	Château de Maffliers, Paris, France	Christine Fuche
2006	Honolulu, Hawaii, USA	C. Steve Harden
2007	Mikkeli, Finland	Osmo Anttalainen
2008	Ottawa, Canada	Pierre Pilon
2009	Thun, Switzerland	Herbert Hill, Marc Gonin, and Katrin Fuhrer

会议时间/年	会议地点	组织者和赞助机构
2010	Albuquerque, New Mexico, USA	Gary, Mary, and Abigail Eiceman
2011	Edinburgh, Scotland, UK	Hilary Bollan
2012	Orlando, Florida, USA	C. Steve Harden
2013	Boppard, Germany	Wolfgang Vautz

* 第一次会议由马里兰州阿伯丁试验场的美国陆军化学研究、开发和工程中心资助,合同号为 DAAL03-91-C-0034,TCN 编号 92-057(DO.No.0127),科学服务计划。

《国际离子迁移谱杂志》是 ISIMS 的官方出版物,出版的是经过同行评审的、面向研究和应用的论文、评论、技术说明和热点主题。该期刊被美国化学文摘服务社(Chemical Abstracts Service,CAS)、Compendex、Google Scholar、在线计算机图书馆中心(Online Computer Library Center,OCLC)、SCOPUS 和 Summon by Serial Solutions 等多个数据库收录摘要或索引。期刊中的论文可以涵盖所有与迁移率、反应化学、离子在支持气体环境和电场中的行为等相关的研究。同样也包括生物分子研究、相对低压下的迁移率、现场和过程监测仪器,以及在工业、环境、医药和安全领域的样品测量。期刊涵盖的范围延伸到了基础研究和应用研究中的理论成果和实验发现,涉及化学、物理、地质、生命科学和工程学的相关方面。有关新仪器设计、相关的新应用及其验证的论文和注释也可在期刊中找到。

参考文献

[1] Franklin, B., A letter of Benjamin Franklin, Esq., to Mr. Peter Collinson, F. R. S. concerning an electric kite, *Trans.* 1751-1752, 47, 565-567.

[2] Charles V. Walker, Ed., *Proceedings of the London Electrical Society during the Sessions 1841-2 and 1842-3*, Simplkin, Marshall, London, 1843.

[3] Rontgen, W.C., On a new kind of rays, *Nature* 1895, 53, 274-276; also see *Science* 1896, 3, 726.

[4] Rutherford, E., The velocity and rate of recombination of the ions of gases exposed to Röntgen radiation, *Philos. Mag.* 1897, 44, 422-440.

[5] Curie, M.S., Rayons émis par les composés de l'uraniumet du thorium, *Comptes Rendus* 1898,126, 1101-1103.

[6] Rutherford, E., The discharge of electrification by ultraviolet light, *Proc. Camb. Philos. Soc.* 1898, 9, 401-416.

[7] McClelland, J.A., On the conductivity of the hot gases from flames, *Philos. Mag.* 1898, 46, 2942.

[8] Chattock, A.P., On the velocity and mass of ions in the electric wind in air, *Philos. Mag.*1899,48, 401-420.

[9] Rutherford, E., Uranium radiation and the electrical conduction produced by it, *Philos. Mag.* 1899, 47, 109-163.

［10］Thomson，J.J.，*Conduction of Electricity through Gases*，Cambridge University Press，Cambridge，UK，1903.

［11］Tyndall，A.M.，*The Mobility of Positive Ions in Gases*，Cambridge Physical Tracts，Editors Oliphant，M.L.E.；Ratcliffe，J.A.，Cambridge University Press，Cambridge，UK，1938.

［12］Langevin，P.，L'Ionistion des gaz，*Ann. Chim. Phys.* 1903，28，289-384.

［13］Langevin，P.，Une Formule Fondamentale de Théorie Cinétique，*Ann. Chim. Phys.* 1905，5，245-288.

［14］Franck，J.；Pohl，R.，A method for the determination of the ionic mobility in small gas volumes，*Ber. Phys. Ges.* 1908，9，69-74.

［15］McClelland，J.A.；Kennedy，H.，The large ions in the atmosphere，*Proc. R. Ir. Acad.* 1912，30，72-91.

［16］Lattey，R.T.，Effect of small traces of water vapor on the velocities of the ions produced by Röntgen rays in air，*Proc. R. Soc. London A* 1911，84，173-181.

［17］Lattey，R.T.；Tizard，H.T.，The velocity of ions in dried gases，*Proc. R. Soc. London A* 1913，86，349-357.

［18］van de Graaff，R.J.，Mobility of ions in gases，*Nature* 1929，124，10-11.

［19］Cravath，A.M.，The rate of formation of negative ions by electron attachment，*Phys. Rev.* 1929，33，605-613.

［20］Thomson，J.J.，*Rays of Positive Electricity*，Green，London，1933.

［21］Bradbury，N.E.；Nielsen，R.A.，Absolute values of the electron mobility in hydrogen，*Phys. Rev.* 1936，49，388-393.

［22］Anon.，Defense against the submarine，*Naval Rev.* 1970，58(1)，9-13.

［23］作者注：当 U 型潜艇浮出水面为电池充电时（通常在晚上），柴油燃烧产生的烟雾会释放到空气中。Autolycus 被认为是一种检测器（装载在诸如 Avro Shackleton 之类的反潜艇战斗机上），用来探测柴油燃烧释放到空气中的蒸气或颗粒。这项技术没有详细的文档记录，因此关于 Autolycus 探测器的描述须谨慎。但在参考文献中有提到：在希腊神话中，有两个叫 Autolycus 的人，一个戴着可以隐形的头盔，另一个是正在寻找羊毛的阿尔戈瑙人。这两种情况都有可能是 Autolycus 命名的由来。Autolycus 同样也是在 1917 年被一艘 U 型潜艇击沉的英国船只的名字。尽管 Autolycus 是一种通用探测器，但在二战后的 10 年中它仍作为柴油烟雾探测器在使用；参见 J. Marriott，Detecting the lone submarine，*New Sci.* 1971，50(754)，567-570.

［24］Loeb，L.L.，Statistical factors in spark discharge mechanisms，*Rev. Mod. Phys.* 1948，20，151-160.

［25］Lovelock，J.E.；Wasilewska，E.M.，An ionization anemometer，*J. Sci. Instrum.* 1949，26，367-370.

［26］Lovelock，J.E.，The electron capture detector—a personal odyssey，in *Electron Capture*，Editors Zlatkis，A.；Poole，C.F.，Elsevier，New York，1981，pp. 13-26.

［27］Eiceman，G.A.；Stone，J.A.，Ion mobility spectrometry in homeland security，*Anal. Chem.* 2004，76(21)，390A-397A.

［28］Karpas，Z.，Ion mobility spectrometry：a tool in the war against terror，*Bull. Israel Chem. Soc.* 2009，24，26-30.

［29］Eiceman，G.A.；Schmidt，H.，Advances in ion mobility spectrometry of explosives，in *Aspects of*

Explosive Detection, Editors Marshal, M.; Oxley, J., Elsevier, Amsterdam, 2009, pp. 171-202.

[30] Makinen, M.; Anttalainen, O.; Sillanpääin, M.E.T., Ion mobility spectrometry and its applications in detection of chemical warfare agents, *Anal. Chem.* 2010, 82(23), 9594-9600.

[31] Cohen, M. J., Plasma chromatography—a new dimension for gas chromatography and mass spectrometry, Pittcon 1969, Cleveland, OH, March 1969.

[32] Cohen, M.J.; Karasek, F.W., Plasma chromatography™—a new dimension for gas chromatography and mass spectrometry, *J. Chromatogr. Sci.* 1970, 8, 330-337.

[33] Karasek, F.W.; Kilpatrick, W. D.; Cohen, M.J., Qualitative studies in trace constituents by plasma chromatography, *Anal. Chem.* 1971, 43, 1441-1447.

[34] Karasek, F.W., Plasma chromatography of the polychlorinated biphenyls, *Anal. Chem.* 1971, 43, 1982-1986.

[35] Karasek, F.W.; Cohen, M.J.; Carroll, D.I., Trace studies of alcohols in the plasma chromatograph-mass spectrometer, *J. Chromatogr. Sci.* 1971, 9, 390-392.

[36] Karasek, F.W.; Tatone, O. S., Plasma chromatography of the monohalogenated benzenes, *Anal. Chem.* 1972, 44, 1758-1763.

[37] Karasek, F.W.; Kane, D.M., Plasma chromatography of the n-alkyl alcohols, *J. Chromatogr. Sci.* 1972, 10, 673-677.

[38] Karasek, F.W.; Tatone, O. S.; Kane, D. M., Study of electron capture behavior of substituted aromatics by plasma chromatography, *Anal. Chem.* 1973, 45, 1210-1214.

[39] Shahin, M.M., Mass-spectrometric studies of corona discharges in air at atmospheric pressures, *J. Chem. Phys.* 1966, 45(7), 2600-2605.

[40] Shahin, M.M., Ion-molecule interaction in the cathode region of a glow discharge, *J. Chem. Phys.* 1965, 43, 1798-1805.

[41] Shahin, M.M., Use of corona discharges for the study of ion-molecule reactions, *J. Chem. Phys.* 1967, 47(11), 4392-4398.

[42] Kebarle, P.; Hogg, A.M., Mass-spectrometric study of ions at near atmospheric pressures. I. The ionic polymerization of ethylene, *J. Chem. Phys.* 1965, 42(2), 668-674.

[43] Good, A.; Durden, D. A.; Kebarle, P., Ion-molecule reactions in pure nitrogen and nitrogen containing traces of water at total pressures $0.5-4$ torr. Kinetics of clustering reactions forming $H^+(H_2O)_n$, *J. Chem. Phys.* 1970, 52, 212-221.

[44] Kebarle, P.; Chowdhury, S., Electron affinities and electron-transfer reactions, *Chem. Rev.* 1987, 87 (3), 513-534.

[45] Meot-Ner (Mautner), M., The ionic hydrogen bond, *Chem. Rev.* 2005, 105(1), 213-284.

[46] Meot-Ner (Mautner), M., Competitive condensation and proton-transfer reactions. Temperature and pressure effects and the detailed mechanism, *J. Am. Chem. Soc.* 1979, 101(9), 2389-2395.

[47] Meot-Ner (Mautner), M.; Speller, C. V., Filling of solvent shells in cluster ions: thermochemical criteria and the effects of isomeric clusters, *J. Phys. Chem.* 1986, 90(25), 6616-6624.

[48] Munson, M.S.B.; Field, F., Chemical ionization mass spectrometry. I. General introduction, *J. Am. Chem. Soc.* 1966, 88, 2621-2630.

［49］Grimsrud, E.P.; Kebarle, P., Gas phase ion equilibriums studies of the hydrogen ion by methanol, dimethyl ether, and water. Effect of hydrogen bonding, *J. Am. Chem. Soc.*, 1973, 95(24), 7939-7943.

［50］Wentworth, W.E.; Chen, E.; Lovelock, J.E., The pulse-sampling technique for the study of electron attachment phenomena, *J. Phys. Chem.* 1966, 70, 445-458.

［51］Ausloos, S.P., Editor, *Ion-Molecule Reactions in the Gas Phase*, *Advances in Chemistry Series No. 58*, American Chemical Society, Washington, DC, 1966.

［52］Su, T.; Bowers, M.T., Ion-polar molecule collisions. The effect of molecular size on ion-polar molecule rate constants, *J. Am. Chem. Soc.* 1973, 95, 7609-7610.

［53］作者注:1960年代后期到1980年期间,离子分子化学呈现了爆炸式的发展,包括高压质谱、流动余辉质谱等,无法在此一一记录。

［54］Mason, E.A.; Schamp, H.W., Jr., Mobility of gaseous ions in weak electric fields, *Ann. Phys.* (NY) 1958, 4, 233-270.

［55］McDaniel, E.W., *Collisional Phenomena in Ionized Gases*, Wiley, New York, 1964.

［56］Albritton, D.L.; Miller, T.M.; Martin, D.W.; McDaniel, E.W., Mobilities of mass-identified H_3^+ and H^+ ions in hydrogen, *Phys. Rev.* 1968, 171, 94-102.

［57］Crompton, R.W.; Elford, M.T.; Gascoigne, J., Precision measurements of the Townsend energy ratio for electron swarms in highly uniform electric fields, *Austr. J. Phys.* 1965, 18,409-436.

［58］Su, T.; Bowers, M.T., Ion-polar molecule collisions: the effect of ion size on ion-polar molecule rate constants; the parameterization of the average-dipole-orientation theory, *Int. J. Mass Spectrom. Ion Phys.* 1973, 12, 347-356.

［59］Blyth, D.A., A vapour monitor for detection and contamination control, in *Proceedings of the Second International Symposium on Protection against Chemical Warfare Agents*, Stockholm, Sweden, June 17-19, 1983, pp. 65-69.

［60］Kilpatrick, W.D., Plasma chromatography and dynamite vapor detection, *Final Report FAA-RD-71-7, Contract DOT-FA71WA-2491*, Federal Aviation Administration, Washington, DC, January 1971, AD-903108/9.

［61］Wernlund, R.F.; Cohen M.J.; Kindel, R.C., The ion mobility spectrometer as an explosive or taggant vapor detector, in *Proceedings of the New Concept Symposium and Workshop on Detection and Identification of Explosives*, Reston, VA, October/November 1978, pp. 185-189.

［62］Fytche, L.M.; Hupe, M.; Kovar, J.B.; Pilon, P., Ion mobility spectrometry of drugs of abuse in customs scenarios: concentration and temperature study, *J. Forensic Sci.* 1992, 37,1550-1566.

［63］Baim, M.A.; Hill, H.H., Jr., Tunable selective detection for capillary gas chromatography by ion mobility monitoring, *Anal. Chem.* 1982, 54(1), 3843.

［64］Keller, R.A.; Metro, M.M., Evaluation of the plasma chromatograph as a separator-identifier, *J. Chromatogr. Sci.* 1974, 12(11), 673-677.

［65］Metro, M.M.; Keller, R.A., Plasma chromatograph as a separation-identification technique, *Sep. Sci.* 1974, 9(6), 521-539.

［66］Fenn, J.B., Electrospray ionization mass spectrometry: how it all began, *J. Biomol. Technol.* 2002,

37

13, 101-118.

[67] Gieniec, J.; Mack, L.L.; Nakamae, K.; Gupta, C.; Kumar, V.; Dole, M., Electrospray mass spectroscopy of macromolecules: application of an ion-drift spectrometer, *Biomed. Mass Spectrom.* 1984, 11(6), 259-268.

[68] Smith, R.D.; Loo, J.A.; Ogorzalek, R.R.; Busman, M.; Udseth, H.R., Principles and practice of electrospray ionization-mass spectrometry for large polypeptides and proteins, *Mass Spectrom. Rev.* 1991, 10, 359-452.

[69] Shumate, C.B.; Hill, H.H., Coronaspray nebulization and ionization of liquid samples for ion mobility spectrometry, *Anal. Chem.* 1989, 61, 601-606.

[70] Wittmer, D.; Chen, Y.H.; Luckenbill, B.K.; Hill, H.H., Electrospray ionization-ion mobility spectrometry, *Anal. Chem.* 1994, 66, 2348-2355.

[71] Bramwell, C.J.; Colgrave, M.L.; Creaser, C.S.; Dennis, R., Development and evaluation of a nano-electrospray ionization source for ion mobility spectrometry, *Analyst* 2002, 127, 1467-1470.

[72] Clemmer, D.E.; Jarrold, M.F., Ion mobility measurements and their applications to clusters and biomolecules, *J. Mass Spectrom.* 1997, 32, 577-592.

[73] Stone, E.G.; Gillig, K.J.; Ruotolo, B.T.; Fuhrer, K.; Gonin, M.; Schultz, A.J.; Russell, D.H., Surface-induced dissociation on a MALDI-ion mobility-orthogonal time-of-flight mass spectrometer: sequencing peptides from an "in-solution" protein digest, *Anal. Chem.* 2001, 73, 2233-2238.

[74] Limero, T.; James, J.; Reese, E.; Trowbridge, J.; Hohmann, R., The Volatile Organic Analyzer (VOA) Aboard the International Space Station, SAE Technical Paper Series 2002-01-2407, 32nd International Conference on Environmental Systems, July 2002, San Antonio, TX.

[75] Eiceman, G.A.; Salazar, M.R.; Rodriguez, J.E.; Limero, T.F.; Beck, S.W.; Cross, J.H.; Young, R.; James, J.T., Ion mobility spectrometry of hydrazine, monomethylhydrazine, and ammonia in air with 5-nonanone reagent gas, *Anal. Chem.* 1993, 65, 1696-1702.

[76] Bollan, H.R.; Stone, J.A.; Brokenshire, J.L.; Rodriguez, J.E.; Eiceman, G.A., Mobility resolution and mass analysis of ions from ammonia and hydrazine complexes with ketones formed in air at ambient pressure, *J. Am. Soc. Mass Spectrom.* 2007, 18(5), 940-951.

[77] Guevremont, R.; Purves, R.W., High field asymmetric waveform ion mobility spectrometry-mass spectrometry: an investigation of leucine enkephalin ions produced by electrospray ionization, *J. Am. Soc. Mass Spectrom.* 1999, 10, 492-501.

[78] Kapron, J.T.; Jemal, M.; Duncan, G.; Kolakowski, B.; Purves, R., Removal of metabolite interference during liquid chromatography/tandem mass spectrometry using high-field asymmetric waveform ion mobility spectrometry, *Rapid Commun. Mass Spectrom.* 2005, 19(4), 1979-1983.

[79] Schenauer, M.R.; Leary, J.A., An ion mobility-mass spectrometry investigation of monocyte chemoattractant protein-1, *Int. J. Mass Spectrom.* 2009, 287, 70-76.

[80] Morsa, D.; Gabelica, V.; De Pauw, E., Effective temperature of ions in traveling wave ion mobility spectrometry, *Anal. Chem.* 2011, 83, 5775-5782.

[81] Li, H.; Giles, K.; Bendiak, B.; Kaplan, K.; Siems, W.F.; Hill, H.H., Resolving structural isomers of monosaccharide methyl glycosides using drift tube and traveling wave ion mobility mass

spectrometry, *Anal. Chem.* 2012, 84, 3231-3239.

[82] Tammet, H., The Aspiration Method for the Determination of Atmospheric-Ion Spectra, Israel Program for Scientific Translations, Jerusalem, 1970; also see http://ael.physic.ut.ee/tammet/am/.

[83] Zeleny, J., The velocity of the ions produced in gases by Röntgen rays, *Philos. Trans. R. Soc. Lond. A* 1900, 195(262-273), 193-234.

[84] Utriainen, M.; Karpanoja, E.; Paakkanen, H., Combining miniaturized ion mobility spectrometer and metal oxide gas sensor for the fast detection of toxic chemical vapors, *Sens. Actuators B* 2003, 93, 17-24.

[85] Tuovinen, K.; Paakkanen, H.; Hanninen, O., Determination of soman and VX degradation products by an aspiration ion mobility spectrometry, *Anal. Chim. Acta* 2001, 440, 151-159.

[86] Fernandez de la Mora, J.; de Juan, L.; Eichler, T.; Rosell, J., Differential mobility analysis of molecular ions and nanometer particles, *Trend Anal. Chem.* 1998, 17(6), 328-339.

[87] Hogan, C.J., Jr.; Fernandez de la Mora, J., Ion mobility measurements of non-denatured 12-150 kDa proteins and protein multimers by tandem differential mobility analysis-mass spectrometry (DMA-MS), *J. Am. Soc. Mass Spectrom.* 2011, 22, 158-172.

[88] Miller, R.A.; Eiceman, G.A.; Nazarov, E.G., A micromachined high-field asymmetric waveform-ion mobility spectrometer (FA-IMS), *Sens. Act. B Chem.* 2000, 67, 300-306.

[89] Miller, R.A.; Nazarov, E.G.; Eiceman, G.A.; King, T.A., A MEMS radio-frequency ion mobility spectrometer for chemical agent detection, *Sens. Act. A. Phys.* 2001, 91, 301-312.

[90] Eiceman, G.A., Characterization of Draper Labs MEMS FAIM Spectrometer 1999, Annual Report on Grant No. AS99-0307 from Draper Laboratory University IR&D Grant, Office of Grants and Contracts, New Mexico State University, Las Cruces, NM, Dec. 1999.

[91] Wu, W.J.; Blethen, G.; Griffin, M.T.; Harden, S.; Ince, B.; McHugh, V.; Rauch, P.J., Differential mobility spectrometry (DMS) for the detection of explosive vapors, Poster Number 2450-1, PITTCON2012, Orlando, FL, March 15, 2012.

[92] Eiceman, G.A.; Nazarov, E.G.; Miller, R.A.; Krylov, E.V.; Zapata, A., Micromachined planar field asymmetric ion mobility spectrometer as gas chromatographic detectors, *Analyst* 2002, 127, 4, 466-471.

[93] Limero, T.; Reese, E.; Cheng, P., Optimization of the microanalyzer to detect trace organic compounds in a complex mixture, 17th Annual Conference on Ion Mobility Spectrometry, Ottawa, Canada, July 20-25, 2008.

[94] Eiceman, G.A.; Krylov, E.V.; Krylova, N.S.; Nazarov, E.G.; Miller, R.A., Separation of ions from explosives in differential mobility spectrometry by vapor-modified drift gas, *Anal. Chem.* 2004, 76 (17), 4937-4944.

[95] Levin, D.S.; Miller, R.A.; Nazarov, E.G.; Vouros, P., Rapid separation and quantitative analysis of peptides using a new nanoelectrospray—differential mobility spectrometer-mass spectrometer system, *Anal. Chem.* 2006, 78(15), 5443-5452.

[96] Brown, L.J.; Toutoungi, D.E.; Devenport, N.A.; Reynolds, J.C.; Kaur-Atwal, G.; Boyle, P.; Creaser, C.S., Miniaturized ultra high field asymmetric waveform ion mobility spectrometry combined with mass spectrometry for peptide analysis, *Anal. Chem.* 2010, 82(23), 9827-9834.

39

[97] Walter, C.; Karpas, Z.; Lorber, A., New technology for diagnosis of bacterial vaginosis, *Eur. J. Obstet. Gynecol. Reprod. Biol.* 2003, 111, 83-87.

[98] Eiceman, G. A., Workshop on Ion Mobility Spectrometry, Final Report, Task Control No. 92057, Delivery Order No. 0127, CRDEC SSP92-04, to Battelle Columbus Division, Research Triangle Park, NC, New Mexico State University, Las Cruces, NM Sept. 1992.

第3章
进 样 方 法

3.1　引言

　　本章重点介绍在离子迁移谱仪(IMS)中如何有效地将样品从原有状态输送到电离区的方法。样品能够被 IMS 成功地探测并识别取决于多个步骤,而最重要的一步是将样品有效地送入仪器的电离区。IMS 仪器被用于检测空气、水、生物体液和组织、工业溶剂等媒介中的物质,以及在一些物体表面发现的分析物。IMS 是一种通用的分析仪器,其取样方式多种多样,具体采用哪种取样方式主要取决于被分析的样品。在环境压力下操作使得 IMS 适合对接多种进样系统,不管是作为检测仪,还是作为质谱的过滤器。

　　由于 IMS 是一种通过气态离子与缓冲气体碰撞来实现分离的测量方法,所有被分析的样品在被分离和检测前必须被解吸气化成气态离子,因此样品引入方法很大程度上取决于被分析样品的物理特性。本章后面部分将根据样品的特性分成四部分进行介绍,分别是气体样品、半挥发性样品、液体样品和固体样品。由于这样分类会产生交叉重叠的样品,因此我们对 4 种状态做如下统一定义:挥发性样品视为在环境温度和压力下以蒸气形式存在或部分存在的化合物;半挥发性样品是指那些在环境温度和压力下可能挥发,但蒸气压太低,通过 IMS 无法检测的化合物;水性样品是指那些不挥发但可溶于水的化合物;固体样品则指不挥发的非溶液状态的化合物。表 3.1 根据本章中讨论的类别列出了系列示例分析物。

表 3.1　适用于 IMS 分析的样品分类

样品种类	气体	半挥发性	水性	固体
环境	VOC	杀虫剂	阴离子和阳离子	
安保	CWA			
有毒工业化学品 (toxic industrial chemical, TIC)	爆炸物			
法庭证据		爆炸物	代谢物	
临床医学	呼吸气体	药物	代谢物	蛋白和肽
法律实施		滥用药物		

3.2 气体样品

IMS 作为一种分析方法被研制出来,最初是用于气体探测。Cohen 和 Karasek[3] 描述了早期 IMS 的分析应用,如图 3.1 所示。

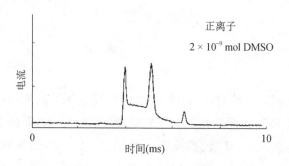

图 3.1 早期大气压下的离子迁移谱。约 2×10^{-9} mol DMSO 正离子在 760 Torr 和 150 ℃ 干燥空气中的迁移谱图。(Cohen and Karasek, Plasma chromatography — a new dimension for gas chromatography and mass spectrometry, *J. Chromatogr. Sci.* 1970,8,330-337.)

在此,干燥空气中大约十亿分之二体积(0.2 ppb_v)的二甲基亚砜(dimethyl sulfoxide,DMSO)气体样品被连续直接地注入一个标准气压的 IMS 电离区。漂移谱的横坐标是每种物质离子的迁移时间,单位是毫秒。漂移时间与图谱中各个峰代表的不同离子种类的迁移率成反比。

如图 3.1 所示,空气中 DMSO 样品产生的 3 个离子峰中,漂移时间约为 4 ms 的离子峰的迁移率最大,该峰被确认为是快速平衡的水合氢离子 $(H_2O)H^+$ 和 $(H_2O)_2H^+$。在 5 ms 及 6.5 ms 附近出现的两个峰是 DMSO 的产物离子,分别被确认为质子化单体 $(DMSO)H^+$ 及质子结合二聚体 $(DMSO)_2H^+$。本章将详细解读迁移谱图。图中,反应离子和产物离子之间的高背景本底被称为**桥联**或**离子剥离**,很有可能是因为漂移区中的产物离子和水发生了解离反应,又重新生成了反应离子,如式(3.1)所示。本章将详细讨论 IMS 中的离子-分子反应。

$$(DMSO)H^+ + H_2O \longrightarrow DMSO + (H_2O)H^+ \tag{3.1}$$

3.2.1 直接注射进样

向 IMS 里注入样品最简单的一种方法是通过载气直接将中性的气体样品分子带到 IMS 电离区。被 IMS 检测并分离的第一种混合物是一种混有 DMSO、马拉硫磷和亚磷酸三乙酯的空气混合物[4]。在这项首次将 IMS 作为有机混合物分离和探测方法的研究中,混合了以上 3 种化合物的空气被直接引入 IMS 的电离区,该电离区含有[63]Ni 源。混合物中每种中性物质与反应离子之间的离子-分子反应都产生了稳定的特征产物离子,随后这些离子在 IMS 中分离并被检测到。此方法也用于连续监测,与接下去所描述的离散的取样分析正好相反。

目前,IMS 中气体直接进样运用最成功的方法是图 3.2 所示的六通阀,这种方法可以用于"采样和检测"操作。与连续监测不同,采样和检测操作可用于离散测量。本章还将介绍用于连续监视和测量的系统。

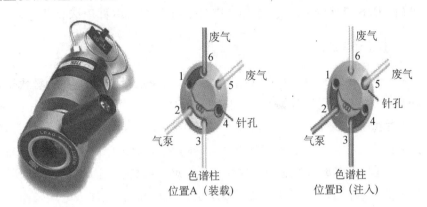

废气

废气

针孔

气泵

色谱柱

位置A（装载）

废气

废气

针孔

气泵

色谱柱

位置B（注入）

图 3.2　显示了一个用于 IMS 进样的六通阀。图为带有外部样品取样环的 Rheodyne 7725 型六通阀。位置 A 是样品"装载"区,在这个位置进样环里装满样品;位置 B 是样品"注入"区,在这个位置进样环里的样品直接注入色谱柱或 IMS 里。(来自 Rheodyne 网)

六通阀的操作方式如下。每个阀口都会连接一个传输管。阀口 1 直接连取样环,取样环可以接在阀内或者阀外。在图 3.2 中,所示的 Rheodyne 7725 阀外接一个 $20~\mu L$ 的取样环,该外接取样环的体积可以从微升到毫升变化。阀上的手柄用于切换阀的位置,可以从"装载"切到"注入"。在"装载"位置,来自气泵或者缓冲气罐的载气经阀口 2,通过色谱柱进入 IMS 或直接进入 IMS。样品从阀口 4 注入,使样品装满取样环(负载),流经阀口 1 后在阀口 6 排掉废气。当阀切换到"注入"时,载气通过阀口 2 进入,沿着环的方向进入阀口 1,与通过阀口 4 进来的样品分子充分混合,混合后通过阀口 3 进入色谱柱或 IMS 中。

3.2.2　膜进样

对连续监测而言,将含有大量水分(湿度)的样品气体直接注入 IMS 会对电离产生影响。当 IMS 用于检测真实样品气体时,样品气体中的湿度以及其他污染物的浓度会发生变化,从而干扰目标分析物的分析响应。为防止有害污染物或者杂质进入 IMS 电离区,可以在进样区和电离区之间放置一种半透膜。分析仪器利用半透膜实现选择性进样已经有 50 年的历史了[5]。人们最初在质谱上用膜将进样区与电离区隔离。无论直接进样还是通过 GC[6] 进样,这种半透膜对于选择性样品进样都是非常有效的。选择合适的半透膜,可以阻挡其他干扰物质(例如水),只通过目标分析样品(例如有机化合物)。半透膜也会阻止样品中的固体颗粒进入电离区。理论上,可以选择合适的半透膜实现对大部分污染物的隔离,然而实际上,小的极性分子无法通过有机硅膜,而挥发性或半挥发性有机物分子则很容易通过半透膜进入 IMS 电离区。进样区采用半透膜分离的应用包括药品质量控制[7]、环境分析[7, 8]、在线过程控制[9, 10],以及调味品、香料的检验[11, 12]。

膜入口温度可以采用与离子管体相同的温度,也可以高于离子管体温度。最近,有文章报道了膜入口温度与离子管温度分开控制的优点[13]。样品注入处对膜进行加热控制最大的优点就是能够浓缩样品,然后通过加热膜,使样品扩散进入离子管,提供低分辨率的分离。应用膜技术比较典型的案例是利用光电离差分离子迁移谱检验水中的苯[14]。使用膜最大的缺点是会降低 IMS 机器的灵敏度,增加响应时间和清洗时间(即记忆效果)。

3.2.3 主动进气和"嗅探"

IMS 技术一个潜在的应用就是以低成本、耐用且可供选择性强的设备,替代维护成本高且单一、不可选择的犬类,用以探测化学试剂、易爆炸物品、TIC、毒品以及其他痕量气体。IMS 设备已开发使用了多种采样方法,其中大部分用于军方探测化学战剂。通常,嗅探法是利用一个小型采样泵采集气体样品使其透过半透膜,探测效果取决于被分析样品渗透进入半透膜并扩散到迁移谱电离区的能力。这些进样口可以说具有"主动性",如前所述,膜进口处的温度可以被灵活控制,通过冷却浓缩样品,再通过加热将样品注入电离区。

Smiths 检测公司开发了另一种将气体样品"嗅探"到 IMS 的进样方式,应用于 LCD。在这种方法中,气体样品通过一个小风扇被吸入一个气体通道,通道上开一个进入电离区的小孔,样品就通过这个小孔进入电离区。为将样品注入 IMS,仪器采用振动扬声器膜片来瞬间降低 IMS 内部的气压,以此在进样通道内形成一股脉冲气流,将样品带入 IMS。可以将扬声器振膜的振动设置为特定频率,以进行连续快速的"采样"。单个 IMS 谱图可以在 20 ms 内获得,因此采样频率可以高达 50 Hz。通过直接对环境空气进行采样,可以实现某些应用所需的高灵敏度和快速响应时间,例如连续监测低浓度的剧毒化学气体。

3.3 半挥发性样品

前面已经提到,半挥发性样品与挥发性样品之间的区分有些随意。在这一章里,半挥发性样品定义为蒸气压太低而无法由 IMS 直接检测的化合物。由于 IMS 中的大多数电离源都只能对中性气体样品分子进行电离,因此在检测之前,必须将半挥发性样品转化为气态。样品气化最典型的实现方法是通过热解吸或加热色谱入口来提高进样通道的温度;也可以利用简单的化学处理来改变化合物的化学形式(例如使用碱性液体将酸性胺转化为挥发性游离碱)。加热和化学处理方法可以结合使用以增强样品气化。

3.3.1 样品富集

对于蒸气压太低而无法通过直接抽气方法被 IMS 检测到的挥发性和半挥发性物质,通常会采用富集技术。最常见的方法是在玻璃管或不锈钢柱中填充吸附材料(例如 Tenax® 或 Carbosieve®)。也有一些新的方法被提出,例如使用微型吸附剂,但由于这种微型富集装置较新,在现场使用得很少。不过,对于手持式和小型 IMS 仪器而言,这些预浓缩设备能够以低功率实现快速浓缩和解吸,很有应用前景[15]。

一个典型的富集过程是:蒸气样品以比直接吸入 IMS 时大得多的流速通过吸附材料。

例如,标准预浓缩装置中使用的流速约为 160 L/s,而小型预浓缩装置的流速约为 2 L/s。在机场使用的爆炸物检测器中,用于预浓缩的滤网是一种金属毡,由高密度的金属网制成,能够对样品气流产生最小的阻力,但可以有效地吸附空气样品中的有机气体。吸附完成后,金属毡被迅速加热到 200 ℃,被吸附的样品分子气化后随清洁载气输送到 IMS 电离区。载气流量与进样流量相比要小很多。经过上述吸附和解吸的过程,分析物浓度可以提升 10 倍或更多。Rodriguez 和 Vidal 的著作对快速发展的微浓缩装置进行了全面综述[16]。

应当指出的是,这些采样设备可与 IMS 直接连接使用,如前所述,也可先在现场进行样品收集,再在实验室进行后续分析。无论采用什么样的吸附材料,富集装置都有一些相同的特点:它们在吸附过程中的流速都较高,以便快速浓缩大量样品;它们都应具有较好的热稳定性,吸附的分析物可以释放到 IMS;它们对目标分析物应有选择吸附的能力,以使干扰物可以穿过收集装置而不被吸收。气体样品通过吸附剂浓缩到材料表面。吸附材料被转移到实验室进行热脱附,吸附的分析物转化为气体,然后通过惰性载气吹扫到 IMS 的电离区。微型预浓缩设备的优势在于它们可以直接连接到 IMS 并快速循环以将浓缩样品快速注入 IMS。

大多数预浓缩方法都聚焦于从蒸气样品中收集和浓缩分析物,而吹扫捕集法却是用于从液体(通常是水性)样品中收集和浓缩挥发性和半挥发性分析物。

图 3.3(a)中显示的是一种用于收集含水样品里挥发性分析物的吹扫捕集装置的示意图。纯净的空气被吹进含水样品里,通过不断吹气泡将水里的挥发性样品带出并吹送进 IMS。如果分析物的浓度太低而无法直接检测,那么在 IMS 与挥发的液体样品之间要插入一个捕集器(富集装置)。图 3.3(b)是用于校准 IMS 仪器进行定量分析的指数稀释系统示意图。在此系统中,校准气体或者挥发性液体以初始浓度 $C(0)$ 注入体积已知(V 以毫升为单位)的容器中。将载气注入容器中,气态分析物以流速 $F(\text{mL/min})$ 被吹扫进入 IMS,浓度随时间 t(以分钟为单位)呈指数下降,因此在 t min 之后为 $C(t)$[式(3.2)]。

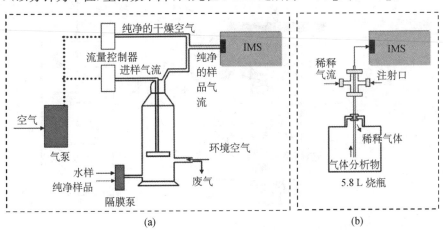

(a) (b)

图 3.3 (a)所示为用于从水样中提取挥发性有机化合物的玻璃烧瓶。(摘自 Borsdorf, H.; Rammler, A.; Schulze, D.; Boadu, K.O.; Feist, B.; Weiss, H., Rapid on-site determination of chlorobenzene in water samples using ion mobility spectrometry, *Anal. Chim. Acta* 2001, 440, 63-70.)(b)指数稀释系统。(摘自 Sielemann et al., Detection of alcohols using UV-ion mobility spectrometers, *Anal. Chim. Acta* 2001, 431, 293-301.经允许)

$$C(t) = C(0) \cdot \exp(-F \cdot t/V) \tag{3.2}$$

式(3.2)成立的条件是分析物不被容器表面吸附,且分析物气体与载气充分混合。实际上,分析物(特别是极性分子)信号强度下降的速度要比指数稀释所预测的慢。

3.3.2 热解吸

半挥发性化合物检测最常用的方法是将固态样品加热挥发成气体,然后将其引入需要研究的 IMS 中。第一种热解吸方法很简单,就是在铂丝上滴注 1 μL 或 2 μL 液体样品或溶解的样品溶液,待溶剂蒸发后,半挥发性成分便吸附在铂丝表面[17]。再将铂丝插入 IMS 的加热进样口,样品被热解吸并随载气进入 IMS 电离区。

半挥发性化合物取样方法发展的主要动力来源于对快速、高灵敏度爆炸物检测器的需求。这些爆炸物检测器的主要目的是探测被偷偷带上飞机、火车、公共汽车或带入人流量大的公共场所(例如体育场馆、购物中心和游乐园)的炸弹。爆炸物材料具有"黏性",容易黏附在很多材料的表面。人们一旦穿过被爆炸物污染的地板,鞋子上就会吸附痕量爆炸物。通过触摸、不小心的接触或气溶胶沉淀,爆炸物很容易被转移到其他各种材料的表面上。因此,爆炸物探测的典型方式是用经过特殊处理的布料擦拭如鞋子、公文包、电脑和手等可疑表面,这些布料能够有效地收集微量的半挥发性爆炸物颗粒,并将它们转移到 IMS 进行热解吸。

爆炸物探测的主要问题在于:第一,样品量少;第二,半挥发性化合物容易在较冷的入口表面或者输送管路表面冷凝;第三,需要快速检测[18]。因此,探测的难点就是需要快速、定量地蒸发爆炸物样品,并将其从现场转移到 IMS 电离区。图 3.4 显示了用于检测爆炸物和其他半挥发性化合物(例如滥用药物和杀虫剂)的典型 IMS[19]。

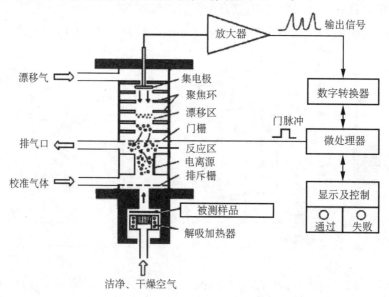

图 3.4 带热脱附样品进样的离子迁移谱仪框图。(摘自 Fetterolf and Clark, Detection of trace explosive evidence by ion mobility spectrometry, *J. Forensic Sci.* 1993, 38(1), 28-39.经允许)

尽管在本文的其他地方也描述了 IMS 仪器，但在这里我们想详细讨论进样部分，如图 3.4所示，因为它涉及半挥发性化学物质的热解吸和检测。图 3.4 所示的 IMS 进样方式包含以下几个部分：**洁净、干燥载气**的入口，用于将解吸的样品带入电离区；**解吸加热器**，将插入其中的样品收集器上的半挥发性样品加热气化，并与洁净干燥的进样气体混合；在**排斥栅**上施加电压形成电场，在电场作用下被电离的样品离子在 TOF 质谱中漂移；**校准气体**入口，用于通入 IMS 掺杂剂以实现选择性电离，也可作为用于校准仪器的校准气体入口。对于爆炸物探测，电离掺杂剂通常是二氯甲烷，它在迁移谱仪的电离区经历电子俘获解离后形成氯反应离子，再通过附着或形成团簇的方式选择性地电离爆炸蒸气(见第 12 章)。

解吸加热器和带有漂移气体的漂移管可以在各种温度下工作。通常，解吸器的温度设定为 210 ℃，但某些爆炸物在该温度下会分解，因此必须在稍低的温度下解吸。程序升温解吸是一种很有前景的解吸方法，它不仅可以获得大范围爆炸物的离子迁移谱图，而且还可以通过简单快速的分级加热来解吸具有不同挥发性的化合物。

3.3.3　固相微萃取

基于固相微萃取(solid phase microextraction，SPME)纤维的热解吸方法具有良好的应用前景，因其可以将半挥发性化学物质选择性地注入 IMS 中[20]。SPME 方法是一种简单的设计模式，出现在前面所介绍的铂丝热脱附系统之后。利用 SPME，半挥发性化合物被吸收或吸附在非挥发性聚合物涂层上或涂覆于小纤维表面的固体吸附剂上，从而被提取出来。通常，吸附纤维被装置在注射器的针头内，以保护纤维使其在从取样场景转移到 IMS 仪器期间免受污染，又便于穿刺样品瓶隔膜垫。待分析物吸附到 SPME 纤维上后，将纤维缩回针头中，然后按照常规的注射操作，将纤维延伸到 IMS 的加热区域，并将分析物从纤维中热解吸到 IMS 的清洁载气中。

SPME 通过预浓缩蒸气或溶解的化合物，提供了增强选择性和特异性以及增加灵敏度的方法。SPME 还可以将现场采集到的样品运送到可以进行分析的实验室。

在 SPME 方法之后，出现了包括搅拌棒吸附式提取器在内的其他提取和预浓缩方法，在该方法中，吸附材料被涂覆在搅拌棒上，当搅拌棒在溶液中搅拌时，选定的有机物或其他分析物就会吸附在搅拌棒的表面。与之前相同，这些搅拌棒被加热后会释放出吸附的样品到 IMS 中。

3.3.4　气相色谱法

当多种化合物混合后被直接注入 IMS 的电离区时，分析物之间会发生电荷竞争。在正模式下，如果样品中化合物 A 的质子亲和力大于化合物 B，则具有较大质子亲和力的化合物将优先被电离。因此，在平衡状态下，化合物 A 可能在化合物 B 获得电荷并质子化之前完全电离。例如，假设反应离子 H_3O^+ 与化合物 B 反应生成 BH^+，生成物 BH^+ 又与化合物 A 碰撞，那么当化合物 A 的质子亲和力大于化合物 B 时，就会发生 $A + BH^+ \longrightarrow AH^+ + B$，

结果只有 AH^+ 会被检测到——即使化合物 B 存在。由于分析物通常都是痕量的，且 $A +$ BH^+ 碰撞的概率较低，因此气相电离源并不总是处于平衡状态。所以，在单一样品中可能同时观察到 AH^+ 和 BH^+ 两种离子，尽管由于缺乏离子抑制过程的信息很难对两种化合物进行量化。色谱注入法的使用减少了 IMS（和质谱法）中电荷竞争的影响，使定量分析成为可能。

IMS 作为选择性检测器与 GC 匹配良好，可以直接与气相色谱仪的出口连接。由于离子迁移率谱图是在 $20\sim50$ Hz 的频率下获得的，因此每个色谱峰可以获得许多 IMS 谱。GC 作为 IMS 进样方法的第一个实例是通过 GC 分离氟利昂，当它们从 GC 填充柱洗脱到 IMS 中时，每个分离峰都有对应的离子迁移谱[21]。将毛细管色谱柱与设计独特的 IMS 直接对接，可以高分辨地分离复杂的汽油混合物，这也证明了 IMS 可用于高通量检测[22]。

图 3.5 显示的是首个毛细管气相色谱（capillary gas chromatograph, CGC）-离子迁移谱（IMS）联用仪的示意图。其中，漂移区完全密封，缓冲气从漂移区的尾部即检测器处进入，从电离区排出。

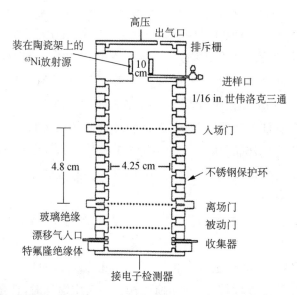

图 3.5 首个全密封离子迁移谱仪示意图。它被用作高分辨率毛细管气相色谱的色谱检测器，证明了 IMS 的高通量分析能力。（摘自 Baim and Hill, Tunable selective detection for capillary gas chromatography by ion mobility monitoring, *Anal. Chem.* 1982, 54(1), 38-43. 经允许）

从 CGC 流出的样品气体被垂直地注入离子门和 ^{63}Ni 箔之间的缓冲气流中，然后与缓冲气体一起全速扫过电离区。这种反向吹扫电离区的气流可以更有效地电离中性分析物，并减少电荷竞争对样品的影响。因此，即使在混合物中也可以实现极低的检测限。另外，通过将 GC 流出的样品气体轴向注入 IMS 管，可进一步提高灵敏度[23]。也有人建议改进轴向进样方法，即增加一路支路补偿气流以产生湍流，用以有效混合样品气流和反应物离子，以此来改善灵敏度[24]。

在对混合物中各个组分进行离子迁移率分析之前，CGC 可以先对复杂混合样品进行高分辨分离。CGC 之后的 IMS 有多种检测模式。首先,如果仅用于检测正反应离子,IMS 相当于火焰电离检测器,因为它对注入电离区的大多数化合物响应不具有选择性,对化合物的识别仅基于 GC 中的保留时间。对于水基离子化学,反应离子主要是水合氢离子 $(H_2O)_nH^+$,它与从 CGC 柱中洗脱出的中性分析物反应生成 MH^+ 离子,成为分析物的特征产物离子。IMS 中水合氢离子信号强度的降低表示检测到有物质,并与色谱峰的洗脱浓度曲线一致。如果用于连续监测产物离子(MH^+)的迁移率,IMS 就可以作为特定目标化合物的选择性检测器。如果用于连续监测负反应离子,IMS 则相当于 ECD;如果用于监测负产物离子,IMS 就是电子捕获化合物的迁移率专用检测器。遗憾的是,由于 IMS 的占空比仅约为 1‰,并且在漂移区存在离子损失,因此与 ECD 相比,IMS 的灵敏度要低 2 至 3 个数量级。当 IMS 被设定仅监测特定物质的迁移率时,它被称为离子迁移率检测器(ion mobility detector,IMD)。IMD 提供二维的检测和识别。

图 3.6 所示为 CGC 与 IMS 和 TOFMS 串联系统的示意图。

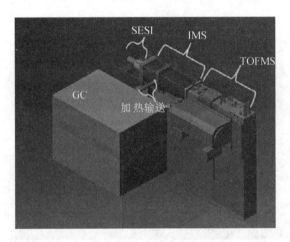

图 3.6 CGC-SESI(secondary electrospray ionization,二次电喷雾电离)-IM-TOFMS 联用示意图。CGC 与 IM-TOFMS 之间通过加热的传输管连接,用以将气体分析物注入 IMS 的反应区。经 CGC 分离后的分析物随后通过二次电喷雾进行电离。电离后的样品离子以脉冲形式进入 IMS 漂移区进行迁移率分离。在 TOFMS 中,不同荷质比的离子被进一步分离[48]。(摘自 Crawford et al., The novel use of gas chromatography-ion mobility-time of flight mass spectrometry with secondary electrospray ionization for complex mixture analysis, *Int. J. Ion Mobil. Spectrom.* 2010,14,23-30.经允许)

IMS 的检测速度非常适合与 CGC 和质谱仪连接。CGC 分离复杂混合物需要几分钟;高分辨率色谱中获取单个样品峰可能需要几秒钟;IMS 完整谱图通常在 $10\sim100$ ms,而质谱的整个飞行时间只需要 $10\sim100$ μs。因此,每一种分析样品都有可能获得 CGC 保留时间、离子迁移率和质量等 3 个维度的信息。图 3.7 是薰衣草油的二维 CGC-IMS 谱图。

如今,IMS 通常与多毛细管柱耦合,以便更好地匹配每分钟几毫升的流速,同时保持良好的色谱分辨力。图 3.8 显示了商用多毛细管柱,图 3.9 显示了该装置的示意图。

图 3.7 薰衣草油的保留时间（min）、漂移时间（ms）和总离子强度（任意单位）的谱图。在白色框中特别标出的峰分别表示仅通过 GC 分离、仅通过 IMS 分离以及 CGC 和 IMS 联用分离得到的分析物峰；CGC 和 IMS 联用技术使得复杂混合物的分离程度比单独使用任何一种技术都显著[48]。（摘自 Crawford et al., The novel use of gas chromatography-ion mobility-time of flight mass spectrometry with secondary electrospray ionization for complex mixture analysis，*Int. J. Ion Mobil. Spectrom.* 2010，14，23-30.经允许）

图 3.8 多毛细管柱的截面[49]。（摘自 Sielemann et al., *Int. J. Ion Mobil. Spectrom.* 1999，1，15-21.经允许）

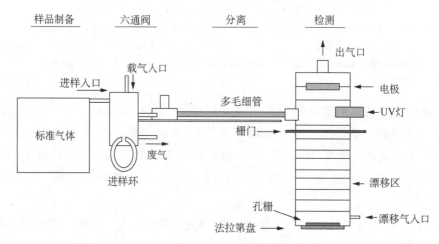

图 3.9 多毛细管柱 GC-IMS 示意图[49]。（摘自 Sielemann et al., *Int. J. Ion Mobil. Spectrom.* 1999，1，15-21.经允许）

GC 也被广泛应用于将复杂样品注入 FAIMS 和 DMS 仪器中。快速毛细管色谱可在不到 1 s 的时间内分离出相对简单的混合物，为 DMS 提供了一种快速的样品分离和注入方法[25]。FAIMS(或 DMS)作为气相色谱检测器的突出优点是可以同时监测 GC 中输出的正离子和负离子[26]。图 3.10 是一台典型 GC/DMS 仪器的示意图，在该仪器中，SPME 被用来将半挥发性化合物注入串接了 DMS 检测器的毛细管柱中。

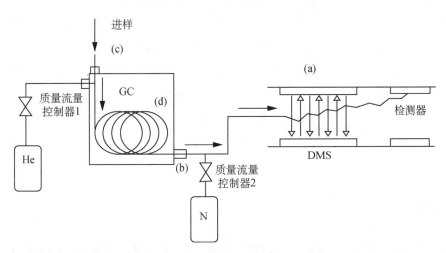

图 3.10 GC-DMS 系统的实验装置。采用 GC-DMS 法进行化学分析。选择了几个用户自定义的参数进行影响因数分析实验：(a)DMS 传感器的射频电压，(b)通过 DMS 的氮气载气流速，(c)固相微萃取(SPME) 过滤器类型，以及(d) GC 冷却曲线。(摘自 Molina et al.，*Anal. Chim. Acta* 368(2)，2008.)

在该结构中，SPME 纤维热解吸后，吸附的挥发性和半挥发性化合物蒸气与氦气载气混合，并随载气进入色谱柱中进行分离。混合物在色谱柱中分离后，250 mL/min 的 DMS 氮气载气与从气相色谱柱流出的 1 mL/min 的氦气混合以产生流经 DMS 的载气流。在 DMS 入口处，样品被放射源或 UV 电离源电离。

3.3.5 超临界流体色谱法

除气体外，在色谱后或萃取后还可以使用超临界流体直接将样品带入 IMS。超临界流体在样品引入方面主要有两个优点。首先，与气体不同，超临界流体为样品提供了一定的溶解性，可以溶解对于 GC 而言蒸气压过低的高分子量化合物。对于 IMS 等电离检测器，CO_2 是最常用的超临界流体。当工作温度高于其临界温度 31.3 ℃、工作压力高于其临界压力 73.9 bar 时，CO_2 将变成超临界状态。CO_2 作为超临界流体，缺点在于它是非极性的，主要用于溶解非极性化合物。还有一个经验是，如果分析物可溶于己烷，那么它应该可以采用超临界流体色谱法(supercritical fluid chromatography，SFC)和使用 CO_2 作为超临界流体的萃取剂进行萃取分离。诸如水等极性流体也被提出并作为超临界流体进行了研究，但是操作条件对于实际应用而言太过极端。比如水的临界温度(374.4 ℃)远高于 CO_2，临界压力(229.8 bar)也比 CO_2 高出许多。

CO₂ 作为超临界流体的第二个优点是它被认为是一种"绿色"技术。尽管在 SFC 或超临界流体萃取（supercritical fluid extraction，SFE）之后 CO₂ 会被释放到大气中，但由于它最初就来源于大气，因此是碳平衡的。与 LC 或溶剂萃取不同，在这些技术中使用的溶剂必须被回收并适当地处置，而 CO₂ 在色谱或萃取后则可以作为气体直接排放到大气中。最后，CO₂ 因高极化率成为 IMS 的一种独特的缓冲气体。相对于 He 或 N₂ 等具有低极化率值不易极化的缓冲气体，CO₂ 提供了独特的离子迁移率分离模式（见第 11 章）。

通过 SFC 对苯甲酸盐和酯类样品进行分离的例子，可以比较 IMS 和 UV 检测器的不同，表明 IMS 具有检测对 UV 检测器而言不具有敏感色团的化合物的能力[27]。通常，聚合物在 LC 或 SFC 后没有足够的紫外光可见吸收度用于检测，而 SFC-IMS 则可以有效检测和分离多种聚合物材料[28]。在 SFC 分离后，IMS 能检测如各种类固醇、鸦片制剂和苯二氮卓类等多种药物，表明在环境压力下很容易获取离子迁移谱[29]。虽然 SFC 在分离技术领域只占了一小部分，但因为 IMS 可以检测那些标准紫外可见方法不易探测的化合物，因此 IMS 可以作为 GC 的独立检测器。

3.4　水样

大部分可溶于非极性溶剂的化合物都是非极性的，并且可能具有很高的蒸气压。因此，可以将样品溶液直接注入 IMS，也可以将样品溶液沉积在物体表面，使溶剂蒸发，然后将分析物热解吸，将样品引入 IMS。虽然这种方法对于溶解在非极性溶剂中的半挥发性化合物很有效，但对于溶解在水中的重要的生物、环境和工业样品是无效的。水是地球上普遍存在的溶剂。因此，我们的生命系统是朝着尽可能利用水在我们的环境和生物体内运输化学物质的方向进化的。大多数对化学和地球上的生命至关重要的化合物都有一定的极性，这使得这些化合物的蒸气压很低或不蒸发，同时水溶性增加。因此，将 IMS 应用于水性样品将大大扩展其作为分析工具的实用性。

3.4.1　电喷雾

将极性和离子分析物注入 IMS 的主要方法是 ESI。1972 年，Dole 首次尝试将 ESI 与 IMS 连接使用，并首次获得了利用 ESI 源电离有机化合物得到的离子迁移谱图[30, 31]。在这些早期的研究中，液体流速非常大，载气的传热效率太低，以至于溶剂不会从分析物离子中蒸发，从而降低了漂移时间分离能力。

图 3.11 显示了电喷雾 IMS 的早期设计，其中使用加热缓冲气体逆流蒸发分析物离子中的溶剂，从而使离子从溶剂分子中分离出来，并被注入环境压力的 IMS 漂移区。

图 3.12 是首个成功获得的分子量大于 1 000 amu 的分析物离子迁移谱图。电喷雾源安装在 IMS 漂移管中，加热的氮气缓冲气体逆着电场方向流动。电喷雾液滴中的溶剂蒸发后，去溶剂化的离子被注入离子管的漂移区实现分离。在图 3.12 中，从电喷雾产生的背景离子中分离出了红霉素酯的产物离子（MW＝1 056 Da）。

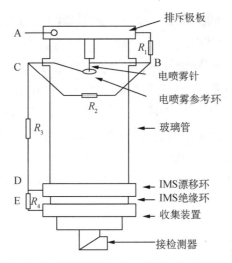

图 3.11 电喷雾原型:直径为 1 cm 的电晕环;R_1、R_2、R_3 和 R_4 分别表示电阻值为 1.25、2.5、6.2 和 50 kΩ 的电阻。电喷雾喷射所加的高压条件是(A) 4 000 V,(B) 3 500 V,(C) 2 500 V,(D) 20 V,(E) 接地。总电流的典型值是 7 nA。(摘自 Shumate, An electrospray nebulization/ionization interface for liquid introduction into an ion mobility spectrometer, thesis, Washington State University, Pullman, 1989.)

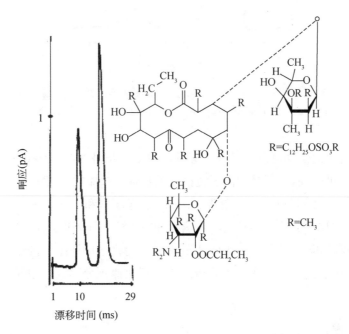

图 3.12 第一张电喷雾离子迁移谱图:红霉素酯(MW=1 056 Da)。(摘自 Shumate and Hill, Coronaspray nebulization and ionization of liquid samples for ion mobility spectrometry, *Anal. Chem.* 1989, 61 (6), 601-606.经允许)

其他早期的电喷雾离子迁移谱,包括肽在内,可以从电喷雾溶剂产生的反应物(或背景)离子中清晰地分辨出一个尖锐的肽离子峰。生物化合物(如胺类)的混合物,也可以很容易地被电喷雾到 IMS 中,并通过它们各自的迁移率进行分离。通过 ESI 将样品引入 IMS 的最大的优点在于大的生物分子也能被注入 IMS 中。例如，图 3.13 显示了第一个将蛋白质分子电喷雾到 IMS 中的例子。其中，蛋白质是细胞色素 c，在图谱中可以清楚地看到许多分离的电荷态。10 ms 左右的大峰是溶剂背景，右边的尖峰是纯细胞色素 c 引起的。每一个峰代表具有不同电荷态的细胞色素 c。在这个 IMS 谱图中，34 ms 附近的峰是该蛋白质带有 11 个质子的峰，而左侧较短漂移时间内的每个连续峰则分别对应于该蛋白质在 11 个质子上依次增加一个质子的离子峰。因此下一个更快的峰带有 12 个质子，再下一个有 13 个质子，依此类推。从该谱图中可以观察到细胞色素 c 在 $(M+11H)^{11+}$ 到 $(M+18H)^{18+}$ 之间的电荷状态。这些电荷状态最初是通过与细胞色素 c 的电喷雾质谱进行比较来确定的，后来又通过将 IMS 直接耦合到质谱仪来确定。

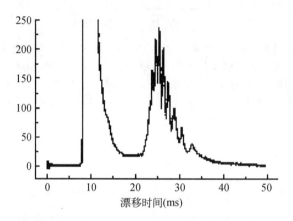

图 3.13 由 ESI 形成的细胞色素 c 展示的是首个被 IMS 分离的多电荷离子，11～18 个正电荷/离子[51]。（摘自 Wittmer，Workshop on Ion Mobility Spectrometry，Mescalero，NM，June 1992.）

无机离子和有机离子都可以通过电喷雾过程注入 IMS 中，从而为气相阴离子和阳离子的快速分离提供了可能性，而不是像离子色谱或毛细管电泳那样缓慢分离。在早期应用中，ESI 进样的 IMS 实现了对氯化物、亚硝酸盐、甲酸盐、硝酸盐和乙酸盐等阴离子的分离。

总之，通过使用加热的反向漂移气流来蒸发和防止溶剂气体进入 IMS 的漂移区，ESI 已成为 IMS 的一种常见电离源[32-35]。如今，ESI 源已成为将水性样品直接注入 IMS 中的最常用的进样方法，可用于独立分离或质谱分析之前进行快速预分离。它也是在 LC 和 IMS 之间的首选接口。

3.4.2 液相色谱法

将 LC 连接到 IMS 仪器的一种早期方法是旋转金属带。样品被沉积在色谱柱出口处的金属带上，随之转移到 IMS 的入口并通过热解吸方法吸到 IMS 中。金属带通过清洁器加热清洁之后被运送回色谱柱出口，用以转移另一种样品。保持金属带的旋转速度不变，就可以获得 LC 分离的离子迁移率曲线。一般来说，只有具有一定挥发性的化合物才能被 LC-IMS 分离和检测。

与质谱法一样,ESI 的出现使 LC 分离出的液体溶液能够直接注入 IMS 中[36]。今天,ESI-IMS 被用作 LC 的独立检测器,并作为 LC 和质谱法之间的有效连接方式,用于分离碳水化合物、蛋白质消化物和代谢组分等复杂的生物混合物。

关于电喷雾的一个独特发展是纸喷雾[37],这是一种软电离方法,其中样品以简单的方式电离到 IMS 中,无需泵或毛细管。其优点是,分析物可以直接从含有样品的滤纸上电离,或通过纸色谱分离后电离。纸喷雾 IMS 的使用示例包括氯丙嗪、利血平和 2,6-二叔丁基吡啶。

3.5　固体样品

将固体样品注入 IMS 的最常用方法可能是热解吸,如之前针对半挥发性化合物所述。当固体样品中存在半挥发性化合物(例如吸附在物体表面或惰性粒子上的药片或炸药)时,有效的进样方式就是加热使它们气化,并通过载气将气化后的样品输送到 IMS 中。然而本节中**固体样品**一词专指不易挥发(或挥发性极低)的目标分子,例如高分子生物和工业聚合物、离子化合物或极性化合物。

非挥发性固体样品可以是块状晶体样品或吸附在物体表面上的目标分析物。将固体样品转化为气相离子的一种方法是将含有样品的探针直接插入 IMS 的电离区。然而,最近发展了几种更方便的方法,电离过程可以直接在被分析样品的表面进行。在这种情况下,由于进入 IMS 的样品就已经是离子状态了,因此电离源同时也是样品引入装置。固体样品表面电离的 3 种常见方法是直接实时分析(direct analysis in real time,DART)、解吸电喷雾电离(desorption electrospray ionization,DESI)和基质辅助激光解吸电离(matrix-assisted laser desorption ionization,MALDI)。这里进样方法和电离方法会有重叠情况。同样都是电离固体表面的样品产生分析物离子,这 3 种方法在电离机理上有很大不同:DART 源使用高能中性粒子,DESI 使用离子,MALDI 则使用激光。接下来将对这些电离源进行更详细的讨论(详见第 4 章)。

3.5.1　直接实时分析

一种新型的电离源 DART 已被开发,其目标是替代如 CAM 等 IMS 系统中的放射性源[38]。如图 3.14 所示,DART 电离源是一个装有阴极和阳极的放电室,产生离子、电子和激发态物质等等离子体。

从等离子体中提取亚稳态氦原子或氮分子将其注入样品表面,此处 Penning 电离产生的产物离子可以通过质谱或 IMS 进行分析。DART 源已经被用来电离固体或吸附在各种表面上的多种化合物。

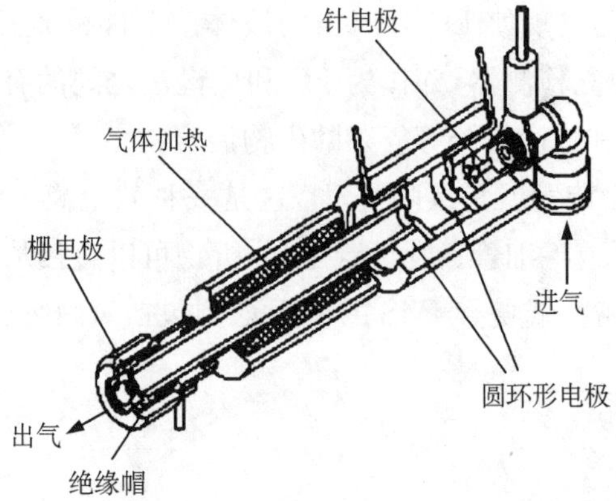

针电极

气体加热

栅电极

进气

圆环形电极

出气

绝缘帽

图 3.14 DART 源的剖视图。(摘自 Cody et al., Versatile new ion source for the analysis of materials in open air under ambient conditions, *Anal. Chem.* 2005, 77, 2297-2302.经允许)

3.5.2 解吸电喷雾电离

DESI 是与 DART 相似但在机理上有所不同的电离源[39]。它通过将电喷雾的带电液滴和溶剂离子引导到样品表面实现电离。图 3.15 为 DESI 源电离过程的示意图。

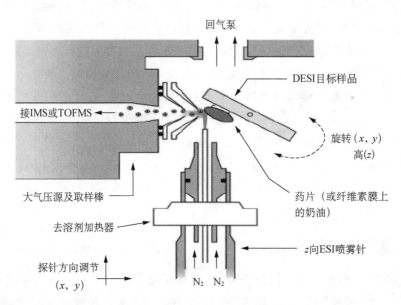

回气泵

DESI目标样品

接IMS或TOFMS

旋转(x, y)
高(z)

大气压源及取样棒

药片（或纤维素膜上的奶油）

去溶剂加热器

z向ESI喷雾针

探针方向调节
(x, y)

N₂ N₂

图 3.15 典型的 DESI 实验示意图。(摘自 Weston et al. Direct analysis of pharmaceutical drug formulations using ion mobility spectrometry/quadrupole-time-of-flight mass spectrometry combined with desorption electrospray ionization, *Anal. Chem.* 2005, 77(23), 7572-7580.)

DESI 电离源是一种典型的 ESI 源,使用水/甲醇/酸作为电喷雾溶剂,并从电喷雾针中产生带电的离子喷雾和液滴。氮气作为保护气用以辅助喷雾并将离子带到被分析物表面。DESI 特别适合检测药物等小分子,但也可以电离肽和蛋白质等较大的化合物。DESI 的一个特点是能够将化学试剂输送到被测样品表面进行选择性化学电离。例如,在喷雾溶液中添加酶底物,可在喷雾喷到含有酶的表面时生成酶-底物复合物离子用于分析[39]。DESI已证实可用于检测来自植物茎和活体组织表面的化合物[39]。

3.5.3 基质辅助激光解吸电离

光电离固体样品需要激光源或特殊的光发射源。长期以来,激光解吸电离(laser desorption ionization,LDI)一直用于表面样品的电离。尽管添加特定的基质来辅助 LDI 使得其样品制备比 DART 和 DESI 的样品制备更加困难,但它为质谱和 IMS 提供了重要的电离方式。MALDI 在大分子(例如肽和蛋白质)的高灵敏分析方面特别有用。尽管也有报道表示 MALDI-IMS 可以工作在环境压力[40],但大多数用于向 IMS 中注入非挥发性大分子气相离子的 MALDI 源都需要降低压力,因此比 DART 或 DESI 更复杂。从 MALDI-IMS 质谱实验中获得的数据是非常令人印象深刻的。图 3.16 显示的是第一台 MALDI-IMS 联用设备的示意图[41]。它由高压 MALDI 源(1~10 Torr)耦合低压 IMS(1~10 Torr),后接分辨力高达 200 的小 TOFMS。(注:1~10 Torr 对于 MALDI 是高压,对于 IMS 是低压。)

在此设计中,IMS 的分辨力约为 25。DART 和 DESI 是连续性电离源,在进入 IMS 漂移区之前,必须对产生的离子进行门控或将其聚集在离子阱中[42]。与之相比,MALDI 电离源的优势在于,可以对 MALDI 进行脉冲控制,以使 MALDI 源的占空比可以与 IMS 频谱的占空比匹配。使用如图 3.16 所示的设备,可通过插入探针将样品直接引入离子漂移管的漂移区。样品放置在探针的末端,从与漂移区轴线成 30°的方向照射 337 nm、20 Hz 脉冲频率的氮激光。激光的脉冲持续时间约为 4 ns,因此产生的尖锐的离子脉冲在没有离子门或光

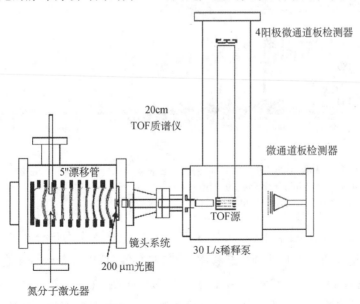

图 3.16 高压 MALDI/IMS-o-TOF 装置示意图。(摘自 Gillig et al., Coupling high-pressure MALDI with ion mobility/orthogonal time-of flight mass spectrometry, *Anal. Chem.* 2000, 7217, 3965-3971. 经允许)

闸的情况下就可实现漂移区中离子的分离。在最近设计的 MALDI-IMS-o-TOF 仪器中，IMS 和 TOF 的分辨力都得到了改进。此外，该仪器还集成了一个多采样轮，可以放置多个样品[43]。MALDI 样品制备采用的是传统的干滴法。

图 3.17 所示的多肽、脂类和核苷酸样品的离子迁移谱-质谱图，展示了 IMS 与质谱结合的一大优势，即形成了与迁移率-质量相关的"趋势线"。

在图 3.17 中，y 轴代表迁移信息，x 轴代表质量信息。由于离子迁移率测量的是离子的碰撞截面 Ω 与电荷 eZ 之比，而 TOF 测量的是离子质量 m 与电荷 eZ 之比，因此二维迁移率-质谱图提供了离子的 Ω/m 测量比值。一个较大 Ω/m 值的离子，其单位质量内的体积比一个较小 Ω/m 值的离子单位质量内的体积要大。也就是说，具有较大 Ω/m 值的离子比具有较小 Ω/m 值的离子密度小。例如，可根据 Ω/m 值确定蛋白质的三级结构为折叠（密度较大）或是展开（密度较小）。还可根据离子密度或 Ω/m 值对化合物进行分类。在图 3.17 中，脂质的迁移率-质量趋势线的 Ω/m 值最大，而核苷酸是密度最大的离子，因此 Ω/m 值最小。肽和蛋白质的离子密度介于脂类和核苷酸之间。

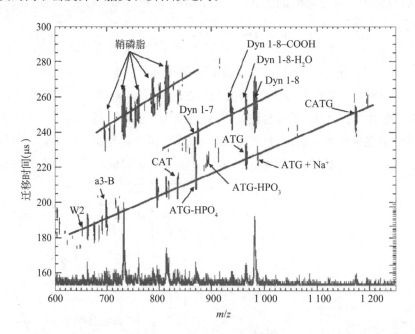

图 3.17 短寡核苷酸、肽和脂质的 IM-MS 二维谱图。注意这些化合物及其片段排列的各种趋势线。（摘自 Woods et al.，Lipid/peptide/nucleotide separation with MALDI-ion mobility-TOF MS，*Anal. Chem.* 2004，76(8)，2187-2195.经允许）

1978 年，Karasek、Kim 和 Rokushika 在研究约化迁移率作为化合物的分类函数时，首次证明了不同化合物种类有其特征迁移率-质量趋势线，可以用于区分化合物种类[44]。在这项研究中，他们证明 Ω/m 趋势线（报告中称为 K_0/m 线）按以下顺序排列：一级烷基胺＞二级烷基胺＞正构烷烃＞三级烷基胺＞苯衍生物。这些样品以气体形式进入 IMS。因此，使用 Ω/m 进行化合物分类识别似乎对所有类型的样品引入方式都有用。

3.5.4 激光烧蚀

在激光烧蚀中,当用激光脉冲辐照固体样品时,激光脉冲将烧蚀激光与固体的接触点,此时在该接触点上方的蒸气中将形成离子和中性粒子羽流。将这股羽流直接扫入电离源或将反应物离子电聚焦到该样品羽流中,则会形成产物离子。这些产物离子可以电聚焦到 IMS 中进行迁移率分析。激光烧蚀后,电子会形成 O_2^-,这点已被证实[45]。电晕电离[46]和 ESI[47]都已用于辅助激光烧蚀形成 IMS 分析物离子。

3.6 小结

IMS 是一种适用于各种样品检测的定性和定量分离检测器。对气体样品和热解吸后处于蒸气状态的分析物,标准 ^{63}Ni 放射性电离源或应用前景良好的 SESI 可以提供高灵敏的、稳定的、特征鲜明的电离过程(电离源的综合讨论见第 4 章)。蒸气或气体样本,如化学战剂和 TIC,可以通过半透膜渗透进样或通过六通阀离散取样。半挥发性化合物通常在样品收集器上被热解吸后以蒸气形式进样。气态、挥发性和半挥发性化合物经过 GC 或 SFC 后注入 IMS,可实现二维分离。在某些方法中,如 ESI、DESI 和 MALDI,进样是电离过程的一部分。例如,水性样品通常通过电喷雾雾化和电离注入 IMS,而固体样品则使用 DART、DESI 或 MALDI 源电离后注入 IMS。样品输送和电离方法的多种结合使 IMS 成为一种功能灵活的分析仪器。

参考文献

［1］Borsdorf, H.; Rammler, A.; Schulze, D.; Boadu, K.O.; Feist, B.; Weiss, H., Rapid on-site determination of chlorobenzene in water samples using ion mobility spectrometry, *Anal. Chim. Acta* 2001, 440, 63-70.

［2］Sielemann, S.; Baumbach, J.I.; Schmidt, H.; Pilzecker, P., Detection of alcohols using UV-ion mobility spectrometers, *Anal. Chim. Acta* 2001, 431, 293-301.

［3］Cohen, M.J.; Karasek, F.W., Plasma chromatography—a new dimension for gas chromatography and mass spectrometry, *J. Chromatogr. Sci.* 1970, 8, 330-337.

［4］Karasek, F.W., *Research/Development* 1970, March, 34-37.

［5］Hoch, G.; Kok, B., A mass spectrometer inlet system for sampling gases dissolved in liquid phases, *Arch. Biochem. Biophys.* 1963, 101, 160.

［6］Llewelynn, P.; Littlejohn, D. 1969.

［7］Creaser, C.S.; Stygall, J.W., *Anal. Proc.* 1995, 32, 7.

［8］Harland, B.J.; Nicholson, P.J., Continuous measurement of volatile organic chemicals in natural waters, *Sci. Total Environ.* 1993, 135, 37-54.

［9］Johnson, R.C.; Srinivasan, N.; Cooks, R.G.; Schell, D., Membrane introduction mass spectrometry in pilot plant: on-line monitoring of fermentation broths, *Rapid Commun. Mass Spectrom.* 1997,

11, 363.

[10] Bohatka, S., Process monitoring in fermentors and living plants by membrane inlet mass spectrometry, *Rapid Commun. Mass Spectrom.* 1997, 11, 656-661.

[11] Hansen, K.F.; Degn, H., *Biotechnol. Tech.* 1996, 10, 485.

[12] Wong, P.; Srinivasan, N.; Kasthurikrishnan, N.; Cooks, R.G.; Pincock, J.A.; Grossert, J.S., On-line monitoring of the phytolysis of benzyl acetate and 3,5-dimethoxybenzyl acetate by MIMS, *J. Org. Chem.* 1996, 61, 6627.

[13] Rezgui, N.D.; Kanu, A.B.; Waters, K.E.; Grant, B.M.B.; Reader, A.J.; Thomas, C.L.P., Separation and preconcentration phenomena in internally heated poly(dimethylsilicone) capillaries: preliminary modelling and demonstration studies, *Analyst* 2005, 130, 755-762.

[14] Kanu, A.B.; Thomas, C.L.P., The presumptive detection of benzene in water in the presence of phenol with an active membrane-UV photo-ionization differential mobility spectrometer, *Analyst* 2006, 131, 990-999.

[15] Hannum, D.W.; Parmeter, J.E.; Linker, K.L.; Rhykerd, J.C.L.; Varley, N.R., Miniaturized explosives preconcentrator for use in man-portable field detection system, *Sandia Rep.* 1999, SAND99-2000C.

[16] Rodriguez, J.; Vidal, S.L., Sampling Methods for Ion Mobility Spectrometers: Sampling, Preconcentration and Ionization (D300.2), *European Commission Report* 2009, Seventh Framework Programme (2007-2013) (Project No. 217925 Localisation of Threat Substances in Urban Society (LOTUS)), 1-43.

[17] Karasek, F.W.; Kim, S.H.; Hill, H.H., Mass identified mobility spectra of p-nitrophenol and reactant ions in plasma chromatography, *Anal. Chem.* 1976, 48, (8), 1133-1137.

[18] Conrad, F.; Kenna, B.T.; Hannuir, D.W., in *An Update on Vapor Detection of Explosives*, Nuclear Materials Management, 31st Annual Meeting, Los Angeles, 1990, Institute of Nuclear Materials, Northbrook, IL, 1990, p.902.

[19] Fetterolf, D.D.; Clark, T.D., Detection of trace explosive evidence by ion mobility spectrometry, *J. Forensic Sci.* 1993, 38(1), 28-39.

[20] Perr, J.M.; Furton, K.G.; Almirall, J.R., Solid phase microextraction ion mobility spectrometer interface for explosive and taggant detection, *J. Sep. Sci.* 2005, 28, 177-183.

[21] Cram, S.P.; Chesler, S.N., Coupling of high speed plasma chromatography with gas chromatography, *J. Chromatogr. Sci.* 1973, 11(August), 391-401.

[22] Baim, M.A.; Hill, H.H.J., Tunable selective detection for capillary gas chromatography by ion mobility monitoring, *Anal. Chem.* 1982, 54(1), 38-43.

[23] St. Louis, R.H.; Siems, W.F.; Hill, H.H.J., Detection limits of an ion mobility detector after capillary gas chromatography, *J. Microcol. Sep.* 1990, 2, 138-145.

[24] Eiceman, G.A.; Karpas, Z., *Ion Mobility Spectrometry*, CRC Press, Boca Raton, FL, 1994.

[25] Eiceman, G.A.; Gardea-Torresday, J.; Overton, E.; Carney, K.; Dorman, F., Gas chromatography, *Anal. Chem.* 2004, 76, 3387-3394.

[26] Cagan, A.; Schmidt, H.; Rodriguez, J.E.; Eiceman, G.A., Fast gas chromatography- differential

mobility spectrometry of explosives from TATP to Tetryl without gas atmosphere modifiers, *Int. J. Ion Mobil. Spectrom.* 2010.

[27] Rokushika, S.; Hatano, H.; Hill, H. H., Jr., Ion mobility spectrometry after supercritical fluid chromatography, *Anal. Chem.* 1987, 59(1), 8-12.

[28] Eatherton, R. L.; Morrissay, M. A.; Siems, W. F.; Hill, J. H. H., Ion mobility detection after supercritical fluid chromatography, *J. High Res. Chromatogr. Commun.* 1986, 9(March 2986), 154-160.

[29] Eatherton, R. L.; Morrissey, M. A.; Hill, H. H., Comparison of ion mobility constants of selected drugs after capillary gas chromatography and capillary supercritical fluid chromatography, *Anal. Chem.* 1988, 60(20), 2240-2243.

[30] Gieniec, J.; Cox, H.L.; Teer, D.; Dole, M., in *20th ASMS Conference on Mass Spectrometry and Allied Topics*, Dallas, TX, 1972, pp. 276-280.

[31] Dole, M.; Gupta, C.V.; Mack, L.L.; Nakamae, K., *Polym. Prepr.* 1977, 18(2), 188.

[32] Shumate, C.; Hill, H.H., Jr., Electrospray ion mobility spectrometry after liquid chromatography, presented at 42nd Northwest Regional Meeting of the American Chemical Society, Bellingham, WA, June, 1987.

[33] Shumate, C.B., An electrospray nebulization/ionization interface for liquid introduction into an ion mobility spectrometer, thesis, Washington State University, Pullman, 1989.

[34] Shumate, C.B.; Hill, H.H., Jr., Coronaspray nebulization and ionization of liquid samples for ion mobility spectrometry, *Anal. Chem.* 1989, 61(6), 601-606.

[35] Shumate, C.B.; Hill, H.H., Jr., Electrospray ion mobility spectrometry: its potential as a liquid stream process sensor, in *Pollution Prevention and Process Analytical Chemistry*, Editors Breen, J.; Dellarco, M., ACS Books, Washington, DC, 1992, pp. 192-205.

[36] Hill, H.H., Jr.; Siems, W.F.; Eatherton, R.L.; St. Lewis, R.H.; Morrissay, M.A.; Shumate, C.B.; McMinn, D.G., Gas, supercritical fluid, and liquid chromatographic detection of trace organics by ion mobility spectrometry, in *Instrumentation for Trace Organic Monitoring*, Editors Clement, R.E.; Siu, K.W.M.; Hill, J.H.H., Lewis, Chelsea, MI, 1991, pp. 49-64.

[37] Sukumar, H.; Stone, J.A.; Nishiyama, T.; Yuan, C.; Eiceman, G.A., Paper spray ionization with ion mobility spectrometry at ambient pressure, *Int. J. Ion Mobil. Spectrom.* 2011, 14, 51-59.

[38] Cody, R.B.; Laramee, J.A.; Durst, H.D., Versatile new ion source for the analysis of materials in open air under ambient conditions, *Anal. Chem.* 2005, 77, 2297-2302.

[39] Takats, Z.; Wiseman, J.M.; Gologan, B.; Cooks, R.G., Mass spectrometry sampling under ambient conditions with desorption electrospray ionization, *Science (Washington, DC)* 2004, 306, 471-473.

[40] Steiner, W.E.; Clowers, B.H.; English, W.A.; Hill, H.H., Jr., Atmospheric pressure matrix-assisted laser desorption/ionization with analysis by ion mobility time-of-flight mass spectrometry, *Rapid Commun. Mass Spectrom.* 2004, 18(8), 882-888.

[41] Gillig, K.J.; Ruotolo, B.; Stone, E.G.; Russell, D.H.; Fuhrer, K.; Gonin, M.; Schultz, A.J., Coupling high-pressure MALDI with ion mobility/orthogonal time-of-flight mass spectrometry, *Anal. Chem.* 2000, 72(17), 3965-3971.

[42] Henderson, S.C.; Valentine, S.J.; Counterman, A.E.; Clemmer, D.E., ESI/ion trap/ion mobility/time-of-flight mass spectrometry for rapid and sensitive analysis of biomolecular mixtures, *Anal. Chem.* 1999, 71, 291.

[43] Woods, A.S.; Ugarov, M.; Egan, T.; Koomen, J.; Gillig, K.J.; Fuhrer, K.; Gonin, M.; Schultz, J. A., Lipid/peptide/nucleotide separation with MALDI-ion mobility-TOF MS, *Anal. Chem.* 2004, 76 (8), 2187-2195.

[44] Karasek, F.W.; Kim, S.H.; Rokushika, S., Plasma chromatography of alkyl amines, *Anal. Chem.* 1978, 50, 2013-2016.

[45] Eiceman, G.A.; Young, D.; Schmidt, H.; Rodriguez, J.; Baumbach, J.I.; Vautz, W.; Lake, D.A.; Johnston, M.V., Ion mobility spectrometry of gas-phase ions from laser ablation of solids in air at ambient pressure, *Appl. Spectrosc.* 2007, 61, 1076-1083.

[46] Steiner, W.E.; Clowers, B.H.; English, W.A.; Hill, H.H., Jr., Atmospheric pressure matrix-assisted laser desorption/ionization with analysis by ion mobility time-of-flight mass spectrometry, *Rapid Commun. Mass Spectrom.* 2004, 18(8), 882-888.

[47] Harris, G.A.; Graf, S.; Knochenmuss, R.; Fernandez, F.M., Coupling laser ablation/ desorption electrospray ionization to atmospheric pressure drift tube ion mobility spectrometry for the screening of antimalarial drug quality, *Analyst* 2012, 137, 3039-4044.

[48] Crawford, C.L.; Graf, S.; Gonin, M.; Fuhrer, K.; Zhang, X.; Hill, H.H., Jr., The novel use of gas chromatography-ion mobility-time of flight mass spectrometry with secondary electrospray ionization for complex mixture analysis, *Int. J. Ion Mobil. Spectrom.* 2010, 14, 23-30.

[49] Sielemann, S.; Baumback, J.I.; Pilzecker, P.; Walendzik, G., *Int. J. Ion Mobil. Spectrom.* 1999,1, 15-21.

[50] Davis et al., *IEEE Sensors* 2010.

[51] Wittmer, Workshop on Ion Mobility Spectrometry, Mescalero, NM, June 1992.

第4章

电 离 源

4.1 引言

气相离子的形成必须先于离子分离和迁移率测量。电离过程可以发生在样品蒸气进入漂移管电离区或反应区之后，也可以与样品导入同时发生，这取决于所采用的电离源类型。在这里，我们介绍应用于 IMS 研究的常压电离源。分析型 IMS 的电离过程通常发生在环境压力下，因此，产生离子的方法与反应也必须在周围空气的湿度和氧气水平下进行。本章详细讨论目前主流的电离源，而对处在实验阶段的电离源仅做简要介绍。常见电离源包括放射性电离源、电晕放电（corona discharge，CD）电离源、光电放电灯、激光电离源以及各种电喷雾电离源。主要用于研究或实验目的的电离源则包括射频（radio frequency，RF）电离源、火焰电离源、表面电离源以及新型电离源，如辉光放电电离源、氦等离子体电离源等。对上述的各种电离源，本书将讲解其基本原理，介绍其在 IMS 中的应用案例，并总结其优点与局限性。过去的几十年间，在电离源的应用领域有几个趋势较为明显，即对非放射性电离源和可检测液体、固体的电离源的研究与应用增多。随着业界对半挥发性和非挥发性化合物，特别是对生物和环境中的大分子检测的兴趣日益浓厚，后一趋势尤其明显。表 4.1 概述了部分商用或研究用 IMS 中电离源的主要特性。针对 IMS 电离源较为系统的研究可以参考 Rodriguez 和 Lopez-Vidal 近期发表的一篇调研报告[1]。

表 4.1　用于离子迁移谱的电离源

电离源	可检测的化合物	维护成本	成本	备注
放射源电离	通用	低	中/低	需要环保许可
电晕放电电离	通用	高	中	电极需要更换
光致电离源（紫外光、激光）	有选择性	中	中	效率低
表面电离	选择电离（N、P、As、S）	高	中	复杂
电喷雾电离	液体样品	中	中	清洗时间长
DESI、DART	固体样品	中	中	
SESI	固、液、气	中	中	实验阶段
MALDI	大分子	高	高	主要用于生物领域

电离源	可检测的化合物	维护成本	成本	备注
火焰离子化	选择性	中	低	分子结构信息有损失
等离子体电离	通用	中	中	实验阶段
辉光放电电离	通用	中	中	实验阶段
碱金属离子化	选择性	中	中	实验阶段

4.2 放射性电离源：镍、镅和氚

放射性电离源具有稳定可靠的电离特性，能够适应目前绝大多数 IMS 的应用场合，因此在 IMS 分析领域广受青睐。另外，放射性箔片无需外部供电，且无活动部件及维护要求。目前，在 IMS 的所有电离源中，使用最广泛、最容易理解的仍然是长期使用的放射性 ^{63}Ni 源，它也在 GC 的 ECD 中被广泛使用。首选的放射源是将 10 mCi（3.7×10^8 Bq）的 ^{63}Ni 箔涂在通常是镍或金的金属条上[2]。^{63}Ni 发射电子的最大能量为 67 keV，平均能量接近 17 keV。在环境压力下，该放射源的电离能量几乎全部耗散在距离金属表面 10～15 mm 的空间里，这为将放射源制作成圆柱体时选择最佳直径提供了依据，圆柱体也是 IMS 分析仪中 ^{63}Ni 电离源的常见几何形状[3]。^{63}Ni 发射的电子与空气中的气体分子碰撞产生离子和二次电子（参见第 1 章），气体分子被电子撞击电离的过程会不断重复，直到二次电子能量不足以电离空气中气体分子。离子对形成所需的电离能量约为 35 eV，假设有 50% 的电子进入放射箔区域，则放射源每发射出一个 β 粒子，理想情况下可平均生成约 250 个离子[4, 5]。负离子也可通过电子附着的方式生成，当电子处于热能状态下时，大多数情况下，电子附着反应会有效进行，进一步提高离子的生成率。

IMS 漂移管已使用了除 ^{63}Ni 以外的其他放射性同位素，包括 β 源氚（T）和用于家用烟雾探测器的 α 源镅（^{241}Am）同位素[6]。^{241}Am 放射出的 α 粒子能量很高，大于 5.4 MeV，而在空气中的有效射程短，因此作为小体积的电离源是有效的[7]。T 源的辐射危害小于 ^{63}Ni，在环境监测领域已被用于空气中 ppb 级有毒化合物的监测[8]。

尽管放射源电离具有突出优势，但由于监管成本、组织和技术等原因，目前并不推荐使用 ^{63}Ni、^{241}Am 或 T 源。放射源需要获得特别许可证或许可程序，而具有适当活度的 α 源的通用许可证尤其难以获得。即使获得了许可证，使用放射源的漂移管仍需要定期进行放射性泄漏测量和实验室卫生检查，这种检测和保存记录的成本负担以及工作场所放射性卫生的法律问题都可能会困扰当前和潜在用户。

使用放射源的另一个问题在于须避免对漂移管的化学污染。比如，当提高空气中和酸性气体中漂移管的温度时，可能造成放射源金属薄膜的氧化，生成镍氧化物或者镍盐。这类镍氧化物和镍盐机械性质不稳定，如果在不使用粒子过滤器的情况下对漂移管通气，则极易被释放到周边环境中,造成辐射污染。在漂移管出气孔加装滤纸过滤器可防止放射性微粒流出。最后,对装有放射源的漂移管的报废和回收也需要许可,且成本昂贵。

4.3 电晕放电电离源

有关文献使用配备常压电离源的串联质谱仪对针-板 CD 电离源的离子化学性质和电学稳定性进行评估[9]。这种电离源采用直流供电,通过调节放电电流可连续放电,实验表明,针与板两电极之间在特定高压和距离下可产生稳定电离。电晕放电离子形成机理见图 4.1。

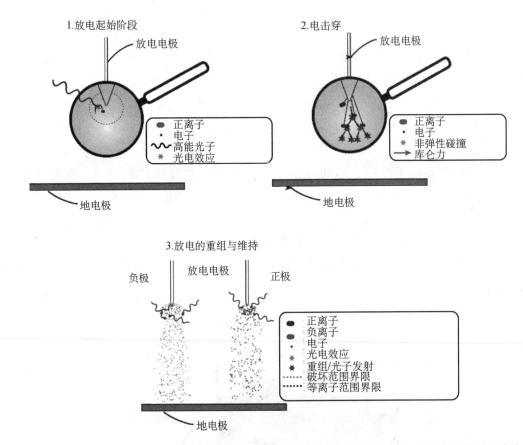

图 4.1 电晕放电机理示意图:①以高电场梯度将介质中的中性原子或分子电离,以产生正离子和自由电子;②电场分离带电粒子,并赋予它们动能;③带电粒子与中性原子碰撞,产生更多的电子/正离子对;④等离子体过程中产生的能量被转化为二次的初始电子解离,以引发进一步电离雪崩;⑤在一系列雪崩中产生的离子被吸引到未弯曲的电极上,从而形成回路使电流得以维持。(摘自维基百科;作者:Ernest Galbrun,原文法语。http://en.wikipedia.org/wiki/File:Corona_discharge_upkeep.svg)

在 IMS 领域,人们探索和开发了带有各式设计和控制功能的 CD 电离源[10-13],并将其应用于产品[14]。为形成电晕放电,将一根尖锐针或金属丝放置在距离一块金属平板或放电电极2~8 mm 处,针与板之间的电压差为 1~3 kV。在针或线与金属板之间的间隙处会发生放电现象,放电电离形成的离子与⁶³Ni 电离源中形成的离子极为相似。这些离子随后即参与到样品分子的离子-分子反应。

在纯氮气中,CD 电离源会形成负极性离子[12],产生大量电子使样品分子被电离。但是,氧气或臭氧等带负电的物质可以使电离发生猝灭。为了克服这一问题,人们设计了一个漂移管,并通过检测卤代甲烷和某些硝基化合物对其进行评估。正负离子的形成过程遵循 Townsend 公式(I/V 是 V 的线性函数),电晕放电电离源获得的总离子电流比⁶³Ni 源大 10 倍左右。尽管在 IMS 中可实现连续的直流 CD[11-12],但由于脉冲电晕放电所需功耗更低,因此更有吸引力。但是,脉冲电晕引入了与时间有关的化学变化,或者称为时间分辨化学变化,这种变化从放电起始就已经开始了。随着离子远离放电中心,离子组分也会发生变化[13]。这种复杂的化学反应主要发生在负极性电场中。电晕中形成的氮氧化合物和臭氧可能会干扰气相状态下的离子-分子反应,降低 IMS 分析仪对某些化学物质的响应程度。针对这个问题有两种解决方案:增加电极之间的距离[9],或使气流反向流过电晕放电针[10]。由于电针会受到腐蚀,因此 CD 电离源需要维护和更换。尽管如此,如水样中的氯苯检测[15]和空气中的丙酮监测等[16]应用场合中仍然使用了 CD 电离源的漂移管。采用 CD 电离源的漂移管还被用于表征唾液样本中的生物胺[17],其中,使用不锈钢注射器针头作为 CD 电离源的放电极。

减小上述影响的另一种方法,即在空气中利用极短的脉冲产生 CD[18],短脉冲电压 12 kV,上升时间 150 ns,脉宽 500 ns。利用这些短脉冲使得取消离子门成为可能,从而简化漂移管设计。有研究人员提出另一种常压负电离源的制作方法[19],即改变 CD 电离源尺寸,构造出两个小尺寸(0.16 mm 和 4 mm)的圆柱电极。

CD 中的离子也可以在雾化液体样品时形成的液滴喷雾中产生(图 4.2)。后续有望应用于 IMS 测量仪器中。

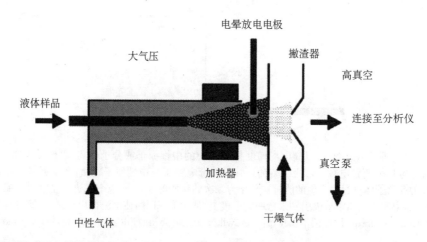

图 4.2 通过微喷雾电晕放电产生离子的过程。(摘自维基百科 http://en.wikipedia.org/wiki/File:Apci.gif)

总之,CD 电离源因具有无放射性、离子电流相对较高、设计与安装简便等优势而被认为很有价值,并且在某些应用场合(例如液体样品的直接分析)使用 CD 电离源是最佳选择。

CD 电离源也存在缺点，比如需要外部高压供电特别是电流可调节的高压供电，内部组件容易受腐蚀，放电单元需要维护，会形成 NO_x 和臭氧等化学腐蚀性气体。随着放电针的腐蚀，放电稳定性下降；这种腐蚀是逐步累积的，且由使用情况决定。

4.4 光致电离源：气体放电灯和激光

光电放电灯[20-27]和激光[28-37]可在常压状态下用于中性分子的电离。激光还可以用于气化固体样品，例如在电离之前气化吸附膜和固体样品[30-34]。放电灯内部充满气体，气体在高压下激发而释放出光子[38]，目前有 4 种光子能量分别为 9.5 eV、10.2 eV、10.6 eV 和 11.9 eV 的商用放电灯可供选择[39]。光子直接电离样品形成正离子，其反应过程如式（4.1）所示：

$$h\nu + M = M^+ + e^- \tag{4.1}$$

式中，$h\nu$ 代表光子能量，M 表示中性分子。有机物的电离能通常在 7～10 eV，一般芳香烃类化合物在放电灯作用下产生 M^+ 离子[30]。

对于高质子亲和性或能够释放质子的化合物，其在环境压力中的离子形成机制尚不完全清楚。例如，酮类物质在放电灯中电离后产生的是 MH^+，而不是 M^+。尽管并不清楚反应发生的机理，但可以推测这可能是由于在常压离子化的过程中，中间反应物起了作用。负离子不是由光致电离直接产生，而是由式（4.1）中产生的电子与目标化合物发生化学反应生成的。电子可能直接附着在分子上，也可能与化合物发生解离电离；或者先与氧反应，再通过缔合反应生成负离子（参见第 1 章）。

已有研究表明，使用 10.6 eV 的低压气体放电灯可实现对 1～100 ppmv（百万分之一）的酒精[26]和 BTEX（benzene, toluene, ethylbenzene, and xylene，苯、甲苯、乙苯和二甲苯）[27]的连续检测；也有研究将 UV 放电灯应用于脂肪烃和芳香烃的检测。光电放电灯电离的主要优点是，通过选择合适的电离能或波长可实现响应的选择性。不足之处是需要外部电源，灯的成本较高，寿命有限，需要定期更换。需要注意的是，放电灯的电离效率很大程度上取决于光吸收截面，因此可能会选择性地电离某些类型的化合物（如含有双键的化合物），而其他化合物的电离效率非常低。已有产品使用脉冲氪灯作为电离源，取消了离子栅门，并通过负离子检测对其性能和参数进行了表征[40]。该设计的检测性能与传统 IMS 漂移管的性能相当。在最近的一份文献中，真空 UV 氪灯被用作产生正负离子的双极性电离源 [产生的负离子假设为水合臭氧 $O_3^-(H_2O)_n$]，SO_2、CO_2 和 H_2S 等化合物均能在负模式下被有效检测[41]。

原则上讲，用染料激光器可提供紫外到红外波段的任何光子能量。而普通的 Nd-YAG（钇铝石榴石）激光器可以方便地提供基本波长为 1 064 nm 及谐波波长为 532 nm、355 nm 和 266 nm 的 4 种波长的激光。基于激光的单光子电离仅在 UV 光谱波段产生，在此能量范围内的激光主要是准分子激光。关于使用 IMS 进行激光气相电离的报道很少[28, 29, 42]，因此这里不做深入探讨。

4.5　电喷雾电离源及其衍生电离源

当针尖与栅网或平板之间存在气溶胶且二者之间加有几千伏的电压时,液体样品中细小液滴可能会发生电离,这就是 ESI(图 4.3)[43]。进入漂移管的样品已经电离,因此在漂移管内部无需额外电离源。Kebarle 和 Tang 对这种电离源的离子形成机制进行了详细阐述[44]。将被分析物质溶解在含有挥发性有机溶剂的水溶液中,形成液体样品,通过电喷雾使其以带电液滴的细小气溶胶形式分散在空中。随着溶剂的蒸发,带电雾滴的半径减小,进而发生库仑裂变。在 ESI 中,人们提出两种离子形成机制,即离子蒸发模型[45]和带电半径模型[46]。

图 4.3　质谱仪针孔入口的 ESI 源的照片。(摘自维基百科,http://en.wikipedia.org/wiki/File:NanoESIFT.jpg)

1987 年,Hill 在一次演讲中首次提及 ESI-IMS 技术[47],之后他的团队在一篇同行评审论文中详细描述了这一研究[48-51]。ESI 作为 IMS 在测定生物分子[52-57]和分析环境样品[58-61]时的电离方法,很具有吸引力。

一个例子是采用 ESI-IMS-MS 联用分析仪测定了水中 CWA 及其降解产物[58],从中可看出 ESI 电离源具有较大的应用价值。将水样通过 ESI 系统注入高分辨率的离子漂移管中,样品离子在漂移过程中因迁移率不同而分离。利用 TOFMS 可获得迁移谱中对应各峰的质谱图。这种方法可以快速检测和鉴定微量化学战剂及其降解产物。ESI 也可以用于检测水中的无机物离子,如乙酸双氧铀[60]。值得注意的是,ESI 电离源与在 IMS 中使用的其他电离源产生的离子的组成不同:其他电离源通常主要产生单一的单价(单电荷)离子,而 ESI 在电离蛋白质和其他大分子物质时,通常会形成多质子甚至是多阳离子的多电荷离子[62]。

ESI 电离具有以下优点:可对液体样品进行直接检测,软电离使得分子信息得以保存,以及某些情况下会产生多电荷离子。而对于实际 IMS 分析, ESI 的主要限制在于两次样品测量之间需要相对较长的清洗时间, 因为流体输送系统的记忆效应较严重。

人们在 ESI 的基础上开发了几款新型电离源, 如 SESI[63-64]、DESI[65] (图 4.4) 和纳米电喷雾电离 (nanoelectrospray ionization, nESI)[66]。在第 3 章进样方法中已详细描述了上述电离源, 此处仅做简要介绍。

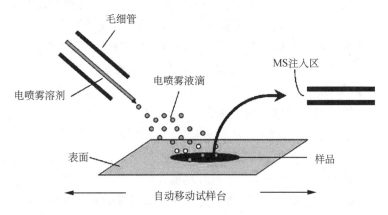

图 4.4 DESI 示意图。ESI 源的电喷雾液滴撞击样品表面, 表面解吸的离子通过 MS 或 IMS 分析。(摘自维基百科 http://en.wikipedia.org/wiki/File:DESI_ion_source.jpg)

标准 ESI 用于液体样品分析, 而 DESI 和 SESI 利用 ESI 电离源喷射的离子轰击分析物表面, 将表面解吸的样品离子导入 IMS 或 MS 中进行分析, 实现了直接表面采样和表面污染物的测定。nESI 采用离子漏斗使离子轴向聚焦、积累, 形成短时 ($10\sim30\ \mu s$) 离子脉冲, 该电离源已用于 IM-MS[67]。另一种固体表面取样技术是由 Cody 等人开发的 DART, 如图 4.5 所示[68]。DART 与 DESI 或 SESI 的主要区别在于, 前者利用的是激发亚稳态物质去撞击样品表面, 产生的离子被引入 IMS 或 MS 中进行分析。

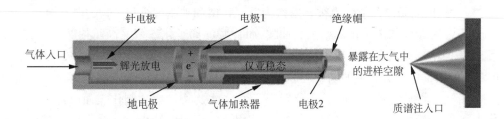

图 4.5 DART 原理示意图。样品中的离子是由亚稳态激发的物质产生的。(摘自维基百科 http://en.wikipedia.org/wiki/File:DESI_ion_source.jpg)

4.6 基质辅助激光解吸电离源

MALDI[69] 是激光电离源的另一种形式, 值得单独讨论。将样品放置在晶体基质上, 这样大部分的激光能量从一开始就会被基质吸收。只有小部分能量转移到分析物分子上, 使其电离和解吸而几乎不产生碎片。因此，如第 3 章所述，当利用强激光脉冲照射固体样品时，样品会在 IMS 漂移管中被直接解吸、蒸发和电离。MALDI 在与 MS 结合后很受青睐，可用于固体样品特别是非挥发性大分子的直接电离，也可用于将金属离子蒸发成气相，并且在各种 IMS-MS 研究中得到了应用[70-72]。

快速蒸发生物大分子样品可防止或降低其解离和破碎程度，是一种获取完整分子结构与信息的好方法。此外，MALDI 除了能提供通常在常压电离过程中形成的质子化物质外，还可以与 Li+、Na+、Cu+ 和 Ag+ 形成不同类型的阳离子化分子离子[70]。但使用 MALDI 的最大问题是合适激光器的价格以及应用的复杂性和局限性，即该电离方式只适用于特定的固体样品。尽管早期 MALDI-MS 中的电离区仅工作在真空状态下，但常压 MALDI 也可以与 MS 耦合使用，这促使人们开始研究开发 MALDI-IMS 联用技术。

利用 MALDI-IMS 联用仪器开展的研究包括在 MALDI 的作用下产生大量未裂解的寡糖的阳离子化母离子[70]以及阳离子化的缓激肽。上述研究得到了离子碰撞截面，并将其与分子力学或分子动力学计算的预测值进行比较[71]。在比较了 MALDI/IMS/TOFMS、MALDI/IMS/MS 和 nESI 质谱的分析结果后发现 3 种技术的结果基本一致[71]。另一个实例是利用由常压 MALDI 电离源、IMS 和正交 TOFMS 组成的系统分析二肽和生物胺，在这个实例中，研究人员在使用 MALDI 源的同时进行局部 CD，从而提高了灵敏度[72]。

4.7　表面电离源

基于表面电离原理的电离源主要由乌兹别克斯坦的 Rasulev 团队开发，并用离子迁移谱仪进行了验证[73-76]。该电离源由一个发射极组成，该发射极由掺杂铱（或其他铂族金属）的钼单晶制成，并被加热至 300～500 ℃。当某些类型的分子（主要是含氮分子）与受热的反应表面碰撞或接触时会发生电子转移，从而形成正离子。采用微机电技术（microelectromechanical system，MEMS）工艺制备的铂膜也可作为电离三甲胺的表面电离源[77, 78]。另外，离子热发射体也被开发作为氮、硫、磷和砷基有机化合物的电离源[79]。

研究表明，叔胺的离子化效率优于仲胺，而仲胺的离子化效率又高于伯胺。与传统 63Ni 源相比，表面电离源具有相对较大的动态范围，对某些类型的化合物具有选择性响应，并且不存在与放射性电离源相关的监管问题[80]。表面电离源对胺类、烟草生物碱和三嗪类除草剂的检测限均达到了皮克量级，动态范围为 5 个数量级[73]。成功制作表面电离源的关键在于设计简单、稳定可靠的发射极的制备[74]。使用该电离源的缺点之一是发射极接触某些化合物后将发生表面污染，污染的表面只能在受控气体环境这样特殊的条件下才能再生。对很多物质来说，使用这种电离源的另一个复杂之处在于其响应高度依赖于分析物的结构，一般来说，该电离源主要适用于 V 组（N、P、As）和 VI 组（S）化合物[79]。

4.8　火焰电离

火焰电离源是最早的常压电离源之一，早在 1978 年，有学者就对火焰中离子的迁移率进行了测量,以探索广泛应用于 GC 的火焰离子化检测器的性能。利用 IMS 研究表明,火焰中形成残余电流的离子是水合质子,将化学物质引入火焰中时并没有观察到诸如化合物质子化单体的离子[80]。然而,在 Atar 等人的研究中提出了火焰作为电离源的可能性,他们描述了使用氢或碳氢火焰产生离子和电子以电离样品分子,类似于火焰离子化检测器[81]。用火焰作为电离源有各种实现方式,例如可大幅降低燃料消耗的脉冲式火焰电离源。火焰电离可以提高某些类型化合物的检测灵敏度,并扩大 IMS 的应用范围,使其可以检测如微电子工业中使用的氢化物和氟化物等化学品。氢化物的质子亲和力较低[82],在 IMS 漂移管中不易形成稳定的正离子,但在火焰中可转化为相应的易形成负离子的氧化物。火焰电离源的优点是可产生较高的离子电流,且在不使用放射性电离源或光致电离源的情况下可以检测更多种类的化合物。主要缺点是增加了漂移管的复杂性,且由于燃烧形成了氧化物造成分子特征丢失,因此也失去了探测的特异性。尽管很有前景,但这种电离源目前还没有被整合到 IMS 漂移管中形成产品。

4.9 等离子体电离源

脉冲 RF 放电的电离方法可以延长放电针的寿命,提高电离源的可靠性,减少有害氧化物的干扰[83]。最近的实验已证明等离子体电离源也可以作为常压 IMS 电离源[84-86]。一种实现方法是在两个用一层电介质材料薄膜隔开的电极上施加 RF 高压,产生同时包含正、负离子的等离子体[84]。另一种方法是使用小型氦等离子体作为 IMS 的电离源[85-86]。在该方法中,等离子体喷射出的氦离子被用来电离空气分子,使空气分子成为反应离子,类似于传统 IMS 源[86]。

4.10 辉光放电电离源

图 4.6 为辉光放电管的示意图。常压下辉光放电管形成的离子可以作为 IMS 的电离源[87-90]。有学者利用这种电离源进行香水气味特征识别[87]。在另一项研究中,通过与 ^{63}Ni

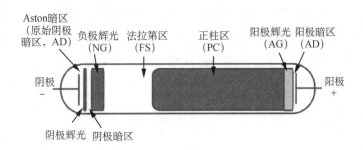

图 4.6 可作为电离源的辉光放电管示意图。(摘自维基百科 http://en.wikipedia.org/wiki/File:Electric_glow_discharge_schematic.png)

和CD源相比较，发现使用辉光放电管后间二甲苯检测灵敏度增强，动态范围扩大到 3 个数量级[90]。

4.11 其他电离源

一项专利描述了一种用于生成正离子的热离子发射器，该发射器集成了 β-氧化铝和惰性材料（如木炭）的混合物并被放置在灯丝上加热[91]。20 年后，人们提出了一种在石墨基体中嵌入碱金属离子形成碱金属阳离子发射体的方法[92]。当在炽热的灯丝上加热时，该电离源会从碱金属盐中释放出离子，该离子随后被用于形成产物离子。

真正具有创新意义的是一种基于纳米膜的软电离源[93]。在该设计中，气体样品穿过两侧涂有金属导体膜的多孔膜。在膜两端仅施加 10 V 的低电压就能产生较大的电场（大于 10^7 V/cm），从而使穿过膜的分子发生软电离，且电离效率高。尽管这种电离方法有明显的优点，但目前尚未商业化。

4.12 小结

人们已经开发了多种可在 IMS 中应用的常压电离方法。其中一些方法是通用的，可用于多种应用，而其他一些方法则仅限于特定类型的化合物（如表面电离）或特定类型的样品（气体、液体或固体）。有些方法成本很高且体积很大（如 MALDI），一些则特别适合用于手持设备（如放射性电离源）。有些可用于研究大分子物质，主要是具有生物学意义的大分子物质（如 ESI 和 MALDI），而另一些只能检测易形成气体或蒸气的挥发性化合物。有些电离源可配置在漂移管外部，用于样品导入，如所有基于 ESI 的电离源，包括 SESI、DESI 和 DART。

电离源发展的另一个重要方面是商业化程度。目前，有些电离源太新颖，处于研究阶段，尚未在现场和实验室进行测试；而另一些电离源则是被大家所熟知的、优点和局限性都很明确的成熟技术。

最后，附录给出了一些电离过程工作原理的示意图[94]，其中包括 ESI、常压化学电离（atmospheric pressure chemical ionization，APCI）和常压光电离（atmospheric pressure photoionization，APPI）等技术。附录中还给出了 APCI 和 APPI 源，以及 ESI-APCI 混合源的电离原理和典型实验条件。应注意的是，这些示意图中的电离源仅适合用于具有与 IMS 接口类似的接口的质谱仪。

附录

摘自德国瓦尔德布龙 Agilent 技术公司的 Naegele。

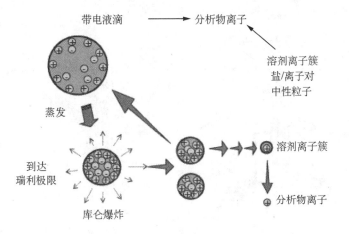

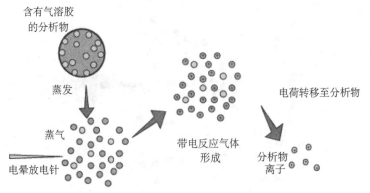

[溶剂+H]+A→溶剂+[A+H]

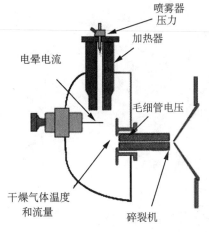

高效液相色谱流量 > 500 μL/min

喷雾器压力
· 60 psig

干燥气体温度
· 从350 ℃开始

干燥气体流量
· 4 L/min

蒸气温度
· 通过流动注射分析（flow injection analysis, FIA）进行优化

毛细管电压
· 通过FIA进行优化（2 000~6 000）
· 从2 500 V开始

电晕电流
· 通过FIA进行优化
· 从25 μA（负）或者4 μA（正）开始

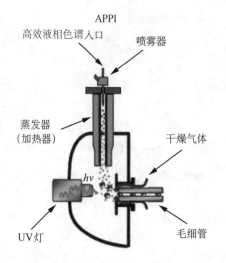

APPI

高效液相色谱入口　喷雾器

蒸发器
（加热器）

干燥气体

hv

UV灯

毛细管

高效液相色谱流量 > 500 μL/min
喷雾器压力
· 35 psig
干燥气体温度
· 从275 ℃开始
干燥气体流量
· 11 L/min
蒸发器温度
· 通过FIA进行优化
毛细管电压
· 通过FIA进行优化（2 000~6 000）
· 从2 500 V开始

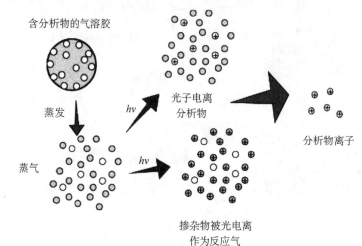

含分析物的气溶胶

蒸发

蒸气

hv

hv

光子电离
分析物

掺杂物被光电离
作为反应气

分析物离子

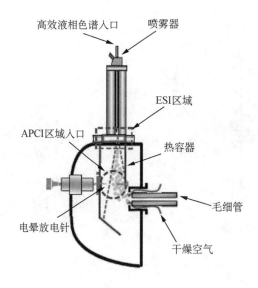

高效液相色谱入口　喷雾器

ESI区域

APCI区域入口

热容器

电晕放电针

毛细管

干燥空气

参数	ESI	APCI	混合模式
毛细管电压			
单离子极性	2 000 V	2 000 V	2 000 V
极性切换	1 000 V	1 000 V	1 000 V
放电电极	2 000 V	2 000 V	2 000 V
电晕电流	0 μA	4 μA	2 μA
干燥气体流速	5 L/min	5 L/min	5 L/min
干燥气体温度	300 ℃	300 ℃	300 ℃
喷雾器气压	60 psig	30～60 psig	40～60 psig
蒸发温度	150 ℃	250 ℃	200 ℃

参考文献

[1] J. Rodriguez, J. and S. Lopez-Vidal, S. D300.2 Sampling methods for ion mobility spectrometers: Sampling, preconcentration & ionization, Project No. 217925, LOTUS TR-09-007, 2009.

[2] Simmonds, P.G.; Fenimore, D.C.; Pettitt, B.C.; Lovelock, J.E.; Zlatkis, A., Design of a nickel-63 electron absorption detector and analytical significance of high temperature operation, *Anal. Chem.* 1967, 39, 1428-1433.

[3] Siegel, M.W., Rate equations for prediction and optimization of chemical ionizer sensitivity, *Int. J. Mass Spectrom. Ion Phys.* 1983, 46, 325-328.

[4] Thomson, J., Ionizing efficiency of electronic impacts in air, *Proc. R. Soc. Edinburgh* 1931, 51, 127-141.

[5] Jesse, W.P., Absolute energy to produce an ion pair in various gases by β-particles from sulfur-35, *Phys. Rev.* 1958, 109, 2002-2004.

[6] Yun, C.-M.; Otani, Y.; Emi, H., Development of unipolar ion generator—separation of ions in axial direction of flow, *Aerosol Sci. Technol.* 1997, 26, 389-397.

[7] Paakanen, H., About the applications of IMCELLTM MGD-1 detector, *Int. J. Ion Mobil. Spectrom.* 2001, 4, 136-139.

[8] Leonhardt, J.W., New detectors in environmental monitoring using tritium sources, *J. Radioanal. Nucl. Chem.* 1996, 206 (2, International Conference on Isotopes, Proceedings, 1995, Pt. 4), 333-339.

[9] Eiceman, G.A.; Kremer, J.H.; Snyder, A.P.; Tofferi, J.K., Quantitative assessment of a corona discharge ion source in atmospheric pressure ionization-mass spectrometry for ambient air monitoring, *Int. J. Environ. Anal. Chem.* 1988, 33, 161-183.

[10] Bell, A.J.; Ross, S.K., Reverse flow continuous corona discharge ionization, *Int. J. Ion Mobil. Spectrom.* 2002, 5, 95-99.

[11] Tabrizchi, M.; Khayamian, T.; Taj, N., Design and optimization of a corona discharge ionization

source for ion mobility spectrometry, *Rev. Sci. Instrum.* 2000, 7, 2321-2328.

[12] Tabrizchi, M.; Abedi, A., A novel electron source for negative-ion mobility spectrometry, *Int. J. Mass Spectrom.* 2002, 218, 75-85.

[13] Hill, C. A.; Thomas, C. L. P., A pulsed corona discharge switchable high resolution ion mobility spectrometer-mass spectrometer, *Analyst* 2003, 128, 55-60.

[14] Taylor, S. J.; Turner, R. B.; Arnold, P. D., Corona-discharge ionization source for ion mobility spectrometer, PCT Int. Appl. 1993, 32 pp. CODEN: PIXXD2 WO 9311554 A1 19930610.

[15] Borsdorf, H.; Rammler, A.; Schulze, D.; Boadu, K. O.; Feist, B.; Weiss, H., Rapid on-site determination of chlorobenzene in water samples using ion mobility spectrometry, *Anal. Chim. Acta* 2001, 440, 63-70.

[16] Khayamian, T.; Tabrizchi, M.; Taj, N., Direct determination of ultra-trace amounts of acetone by corona-discharge ion mobility spectrometry, *Fresenius' J. Anal. Chem.* 2001, 370, 1114-1116.

[17] Barnard, G.; Atweh, E.; Cohen, G.; Golan, M.; Karpas, Z., Clearance of biogenic amines from saliva following the consumption of tuna in water and in oil, *Int. J. Ion Mobil. Spectrom.* 2011, 14, 207-211.

[18] An, Y.; Aliaga-Rossel, R.; Choi, P.; Gilles, J.-P., Development of a short pulsed corona discharge ionization source for ion mobility spectrometry, *Rev. Sci. Instrum.* 2005, 76, 085105/1-085105/6.

[19] Tang, F.; Wang, X.; Liu, K.; Zhang, L., Ambient negative corona discharge ion source with small line-cylinder electrodes, *Guangxue Jingmi Gongcheng* 2009, 17, 1953-1957.

[20] Baim, M. A.; Eatherton, R. L.; Hill, H. H., Jr., Ion mobility detector for gas chromatography with a direct photoionization source, *Anal. Chem.* 1983, 55, 1761-1766.

[21] Leasure, C. S.; Fleischer, M. E.; Anderson, G. K.; Eiceman, G. A., Photoionization in air with ion mobility spectrometry using a hydrogen discharge lamp, *Anal. Chem.* 1986, 58, 2142-2147.

[22] Sielemann, S.; Baumbach, J. I.; Schmidt, H., IMS with non radioactive ionization sources suitable to detect chemical warfare agent simulation substances, *Int. J. Ion Mobil. Spectrom.* 2002, 5, 143-148.

[23] Borsdorf, H.; Nazarov, E. G.; Eiceman, G. A., Atmospheric pressure chemical ionization studies of non-polar isomeric hydrocarbons using ion mobility spectrometry and mass spectrometry with different ionization techniques, *J. Am. Soc. Mass Spectrom.* 2002, 13, 1078-1087.

[24] Xie, Z.; Sielemann, S.; Schmidt, H.; Li, F.; Baumbach, J. I., Determination of acetone, 2-butanone, diethyl ketone and BTX using HSCC-UV-IMS, *Anal. Bioanal. Chem.* 2002, 372, 606-610.

[25] Miller, R. A.; Nazarov, E. G.; Eiceman, G. A.; King, A. T., A MEMS radio-frequency ion mobility spectrometer for chemical vapor detection, *Sensor. Actuat. A: Phys.* 2001, A91, 301-312.

[26] Sielemann, S.; Baumbach, J. I.; Schmidt, H.; Pilzecker, P., Detection of alcohols using UV-ion mobility spectrometers, *Anal. Chim. Acta* 2001, 43, 293-301.

[27] Sielemann, S.; Baumbach, J. I.; Schmidt, H.; Pilzecker, P., Quantitative-analysis of benzene, toluene, and m-xylene with the use of a UV-ion mobility spectrometer, *Field Anal. Chem. Tech.* 2000, 4, 157-169.

[28] Lubman, D. M.; Kronick, M. N., Plasma chromatography with laser-produced ions, *Anal. Chem.* 1982, 54, 1546-1551.

[29] Lubman, D.M.; Kronick, M.N., Resonance-enhanced two-photon ionization spectroscopy in plasma chromatography, *Anal. Chem.* 1983, 55, 1486-1492.

[30] Young, D.; Douglas, K.M.; Eiceman, G.A.; Lake, D.A.; Johnston, M.V., Laser desorption-ionization of polycyclic aromatic hydrocarbons from glass surfaces with ion mobility spectrometry analysis, *Anal. Chim. Acta* 2002, 453, 231-243.

[31] Illenseer, C.; Lohmannsroben, H.-G., Investigation of ion-molecule collisions with laser-based ion mobility spectrometry, *Phys. Chem. Chem. Phys.* 2001, 3, 2388-2393.

[32] Gormally, J.; Phillips, J., The performance of an ion mobility spectrometer for use with laser ionization, *Int. J. Mass Spectrom. Ion Proc.* 1991, 107, 441-451.

[33] Eiceman, G.A.; Anderson, G.K.; Danen, W.C.; Ferris, M.J.; Tiee, J.J., Laser desorption and ionization of solid polycyclic aromatic hydrocarbons in air with analysis by ion mobility spectrometry, *Anal. Lett.* 1988, 21, 539-552.

[34] Huang, S.D.; Kolaitis, L.; Lubman, D.M., Detection of explosives using laser desorption in ion mobility spectrometry/mass spectrometry, *Appl. Spectrosc.* 1987, 41, 1371-1376.

[35] Laiko, V.V.; Baldwin, M.A.; Burlingame, A.L., Atmospheric pressure matrix assisted laser desorption/ionization mass spectrometry, *Anal. Chem.* 2000, 72, 652-657.

[36] Bramwell, C.J.; Creaser, C.S.; Reynolds, J.C.; Dennis, R., Atmospheric pressure matrix-assisted laser desorption/ionization combined with ion mobility spectrometry, *Int. J. Ion Mobil. Spectrom.* 2002, 5, 87-90.

[37] Steiner, W.E.; Clowers, B.H.; English, W.A.; Hill, H.H., Jr., Atmospheric pressure matrix-assisted laser desorption/ionization with analysis by ion mobility time-of-flight mass spectrometry, *Rapid Commun. Mass Spectrom.* 2004, 18, 882-888.

[38] Driscoll, J.N., Evaluation of a new photoionization detector for organic compounds, *J. Chromatogr.* 1977, 134, 49-55.

[39] Accessed August 31, 2012 from http://www.hnu.com/index.php? view=Portable&cmd= Home.

[40] Eiceman, G.A.; Vandiver, V.J.; Leasure, C.S.; Anderson, G.K.; Tiee, J.J.; Danen, W.C., Effects of laser beam parameters in laser-ion mobility spectrometry, *Anal. Chem.* 1986, 58,1690-1695.

[41] Begley, P.; Corbin, R.; Foulger, B.E.; Simmonds, P.G., Photo-emissive ionization source for ion mobility detectors, *J. Chromatogr.* 1991, 588, 239-249.

[42] Chen, C.; Dong, C.; Du, Y.; Cheng, S.; Han, F.; Li, L.; Wang, W.; Hou, K.; Li, H., Bipolar ionization source for ion mobility spectrometry based on vacuum ultraviolet radiation induced photoemission and photoionization, *Anal. Chem.* 2010, 82, 4151-4157.

[43] Fenn, J.F., Electrospray wings for molecular elephants (Nobel lecture), *Angew. Chem. Ind. ED.* 2003, 42, 3871-3894.

[44] Tanaka, K., The origin of macromolecule ionization by laser irradiation (Nobel lecture), *Angew. Chem. Ind. ED.* 2003, 42, 3861-3870.

[45] Kebarle, P.; Tang, L., From ions in solution to ions in the gas phase, *Anal. Chem.* 1993, 65,972A-986A.

[46] Iribarne, J.V.; Thomson, B.A., On the evaporation of small ions from charged droplets, *J. Chem.*

Phys. 1976, 64, 2287-2294.

[47] Dole, M.; Mack, L.L.; Hines, R.L.; Mobley, R.C.; Ferguson, L.D.; Alice, M.B., Molecular beams of macro ions, *J. Chem. Phys*. 1976, 49, 2240-2249.

[48] Hill, H.H., Jr., Electrospray ion mobility spectrometry, Society of Western Analytical Professors (SWAP), Utah State University, January 29-February 1, 1987.

[49] Shumate, C.B.; Hill, H.H., Jr., Coronaspray nebulization and ionization of liquid samples for ion mobility spectrometry, *Anal. Chem*., 1989, 61, 601-606.

[50] Hill, H. H., Jr.; Eatherton, R. L., Ion mobility spectrometry after chromatography: accomplishments, goals, challenges, *J. Res. Nat. Bur. Std*., 93, 1988, 425-426.

[51] St. Louis, R.H.; Hill, H.H., Jr., Ion mobility spectrometry in analytical chemistry, *CRC Crit. Rev. Anal. Chem*. 1990, 21, 321-355.

[52] McMinn, D.G.; Kinzer, J.A.; Shumate, C.B.; Siems, W.F.; Hill, H.H., Jr., Ion mobility detection following liquid chromatographic separation, *J. Microcol. Sep*. 1990, 2, 188-192.

[53] Shumate, C., Electrospray ion mobility spectrometry, *Trends Anal. Chem*. 1994, 13, 104-109.

[54] Wittmer, D.; Luckenbill, B. K.; Hill, H. H.; Chen, Y. H., Electrospray-ionization ion mobility spectrometry, *Anal. Chem*. 1994, 66, 2348-2355.

[55] Srebalus, C.A.; Li, J.W.; Marshall, W.S.; Clemmer, D.E., Gas-phase separations of electrosprayed peptide libraries, *Anal. Chem*. 1999, 71, 3918-3927.

[56] Henderson, S.C.; Valentine, S.J.; Counterman, A.E.; Clemmer, D.E., ESI/ion trap/ion mobility/time-of-flight mass-spectrometry for rapid and sensitive analysis of biomolecular mixtures, *Anal. Chem*. 1999, 71, 291-301.

[57] Hoaglund, C.S.; Valentine, S.J.; Sporleder, C.R.; Reilly, J.P.; Clemmer, D.E., 3-Dimensional ion mobility TOFMS analysis of electrosprayed biomolecules, *Anal. Chem*. 1998, 70, 2236-2242.

[58] Hudgins, R.R.; Jarrold, M.F., Conformations of unsolvated glycine-based peptides, *J. Phys. Chem. B* 2000, 104, 2154-2158.

[59] Steiner, W.E.; Clowers, B.H.; Matz, L.M.; Siems, W.F.; Hill, H.H., Jr., Rapid screening of aqueous chemical warfare agent degradation products: ambient pressure ion mobility mass spectrometry, *Anal. Chem*. 2002, 74, 4343-4352.

[60] Wu, C.; Siems, W. F.; Asbury, G. R.; Hill, H. H., Electrospray-ionization high-resolution ion mobility spectrometry-mass-spectrometry, *Anal. Chem*. 1998, 70, 4929-4938.

[61] Dion, H. M.; Ackerman, L. K.; Hill, H. H., Jr., Detection of inorganic ions from water by electrospray ionization-ion mobility spectrometry, *Talanta* 2002, 57, 1161-1171.

[62] Gidden, J.; Bowers, M.T.; Jackson, A.T.; Scrivens, J.H., Gas-phase conformations of cationized poly(styrene) oligomers, *J. Am. Soc. Mass Spectrom*. 2002, 13, 499-505.

[63] Lee, S.; Wyttenbach, T.; Bowers, M.T., Gas-phase structures of sodiated oligosaccharides by ion mobility ion chromatography methods, *Int. J. Mass Spectrom*. 1997, 167, 605-614.

[64] Chen, Y. H.; Hill, H. H., Jr.; Wittmer, D. P., Analytical merit of electrospray ion mobility spectrometry as a chromatographic detector, *J. Microcol. Sep*. 1994, 6, 515-524.

[65] Wu, C.; Siems, W.F.; Hill, H.H., Jr., Secondary electrospray ionization ion mobility spectrometry -

mass spectrometry of illicit drugs, *Anal. Chem.* 2000, 72, 396-403.

[66] Takats, Z.; Wiseman, J.M.; Gologan, B.; Cooks, R.G., Mass spectrometry sampling under ambient conditions with desorption electrospray ionization, *Science* 2004, 306(5695), 471-473.

[67] Colgrave, M., Nanoelectrospray ion mobility spectrometry and ion trap mass spectrometry studies of the non-covalent complexes of amino acids and peptides with polyethers, *Int. J. Mass Spectrom.* 2003, 229, 209-216.

[68] Sundarapandian, S.; May, J.C.; McLean, J.A., Dual source ion mobility-mass spectrometer for direct comparison of electrospray ionization and MALDI collision cross section measurements, *Anal. Chem.* 2010, 82, 3247-3254.

[69] Cody, R.B.; Laramee, J.A.; Durst, H.D., Versatile new ion source for the analysis of materials in open air under ambient conditions, *Anal. Chem.* 2005, 77, 2297-2302.

[70] Koomen, J.M.; Ruotolo, B.T.; Gillig, K.J.; Mclean, J.A.; Russell, D.H.; Kang, M.J.; Dunbar, K. R.; Fuhrer, K.; Gonin, M.; Schultz, J. A., Oligonucleotide analysis with MALDI-ion-mobility-TOFMS, *Anal. Bioanal. Chem.* 2002, 373, 612-617.

[71] Woods, A.S.; Koomen, J.M.; Ruotolo, B.T.; Gillig, K.J.; Russel, D.H.; Fuhrer, K.; Gonin, M.; Egan, T.F.; Schultz, J.A., A study of peptide-peptide using MALDI-ion mobility o-TOF and ESI mass-spectrometry, *J. Am. Soc. Mass Spectrom.* 2002, 13, 166-169.

[72] Steiner, W.E.; Clowers, B.H.; English, W.A.; Hill, H.H., Atmospheric pressure matrix-assisted laser desorption/ionization with analysis by ion mobility time-of-flight mass spectrometry, *Rapid Commun. Mass Spectrom.* 2004, 18, 882-888.

[73] Rasulev, U.K.; Khasanov, U.; Palitcin, V.V., Surface-ionization methods and devices of indication and identification of nitrogen-containing base molecules, *J. Chromatogr. A* 2000,896, 3-18.

[74] Rasulev, U.K.; Iskhakova, S.S.; Khasanov, U.; Mikhailin, A.V., Atmospheric pressure surface ionization indicator of narcotic, *Int. J. Ion Mobil. Spectrom.* 2001, 4, 121-125.

[75] Rasulev, U.K.; Nazarov, E.G.; Palitsin, V.V., Surface ionization gas-analysis devices with separation of ions by mobility, *Fourth Intern. Workshop Ion Mobility Spectrometry*, Cambridge, UK, 1995.

[76] Wu, C.; Hill, H.H.; Rasulev, U.K.; Nazarov, E.G., Surface-ionization ion mobility spectrometry, *Anal. Chem.* 1999, 71, 273-278.

[77] He, X.L.; Guo, H.Y.; Li, J.P.; Jia, J.; Gao, X.G., A micro electro mechanical system surface ionization source for ion mobility spectrometer, *Sensor Lett.* 2008, 6, 970-973.

[78] Guo, H.-Y.; He, X.-L.; Jia, J.; Gao, X.-G.; Li, J.-P., An ion mobility spectrometer with a micro-hotplate surface ionization source [in Chinese], *Fenxi Huaxue* 2008, 36, 1597-1600.

[79] Kapustin, V.I.; Nagornov, K.O.; Chekulaev, A.L., New physical methods of organic compound identification using a surface ionization drift spectrometer, *Tech. Phys.* 2009, 54,712-718.

[80] Bolton, H.C.; Grant, J.; McWilliam, I.G.; Nicholson, A.J.C.; Swingler, D.L., Ionization in flames. II. Mass-spectrometric and mobility analyses for the flame ionization detector, *Proc. R. Soc. London, A: Math. Phys. Eng. Sci.* 1978, 360, 265-277.

[81] Atar, E.; Cheskis, S.; Amirav, A., Pulsed flame—a novel concept for molecular detection, *Anal. Chem.* 1991, 63, 2061-2064.

[82] Lias, S.G.; Liebman, J.F.; Levin, R.D., Evaluated gas phase basicities and proton affinities of molecules; heats of formation of protonated molecules, *J. Phys. Chem. Ref. Data* 1984, 13, 695-808.

[83] Marr, A.J.; Cairns, S.N.; Groves, D.M.; Langford, M.L., Development and preliminary evaluation of a radio-frequency discharge ionization source for use in ion mobility spectrometry, *Int. J. Ion Mobil. Spectrom.* 2001, 4, 126-128.

[84] Waltman, M.J.; Dwivedi, P.; Hill, H.H.; Blanchard, W.C.; Ewing, R.G., Characterization of a distributed plasma ionization source (DPIS) for ion mobility spectrometry and mass spectrometry, *Talanta* 2008, 77, 249-255.

[85] Vautz, W.; Michels, A.; Franzke, J., Micro-plasma: a novel ionisation source for ion mobility spectrometry, *Anal. Bioanal. Chem.* 2008, 391, 2609-2615.

[86] Michels, A.; Tombrink, S.; Vautz, W.; Miclea, M.; Franzke, J., Spectroscopic characterization of a microplasma used as ionization source for ion mobility spectrometry, *Spectrochim. Acta B Atomic Spectrosc.* 2007, 62B, 1208-1215.

[87] Zhao, Q.; Soyk, M.W.; Schieffer, G.M.; Fuhrer, K.; Gonin, M.M.; Houk, R.S.; Badman, E.R., An ion trap-ion mobility-time of flight mass spectrometer with three ion sources for ion/ion reactions, *J. Am. Soc. Mass Spectrom.* 2009, 20, 1549-1561.

[88] Heng, L., Glowing discharge ion source of ion mobility spectrometry [in Chinese], *Liaoning Shifan Daxue Xuebao, Ziran Kexueban* 2008, 31, 485-486.

[89] Dong, C.; Wang, L.; Wang, W.; Hou, K.; Li, H., Dopant-enhanced atmospheric pressure glow discharge ionization source for ion mobility spectrometry, *Rev. Sci. Instrum.* 2008, 79(10, Pt. 1), 104101/1-104101/7.

[90] Dong, C.; Wang, W.; Li, H., Atmospheric pressure air direct current glow discharge ionization source for ion mobility spectrometry, *Anal. Chem.* 2008, 80, 3925-3930.

[91] Spangler, G.E.; Carrico, J.P.; Campbell, D.N., Thermionic ionization source, U.S. Patent Number 4,928,033, May 22, 1990.

[92] Tabrizchi, M.; Hosseini, Z.S., An alkali ion source based on graphite intercalation compounds for ion mobility spectrometry, *Measurement Sci. Technol.* 2008, 19, 075603/1-075603/6.

[93] Hartley, T.F.; Kanik, I., A nanoscale soft-ionization membrane: a novel ionizer for ion mobility spectrometers for space applications, *Proc. SPIE* 2002, 4936, 43. http://dx.doi.org/10.1117/12.484271.

[94] Naegele, E., Making your LC method compatible with mass spectrometry, technical overview. Agilent Technologies, Inc. Waldbronn, Germany. Accessed August 31, 2012 from www.chem.agilent.com/Library/technicaloverviews/Public/5990-7413EN.pdf.

第 5 章
离子注入与脉冲源

5.1 引言

当来自源或反应区的离子被连续地引入电场时,离子群的迁移率测量就开始了,例如在 FAIMS、DMS、DMA、aIMS 中;或周期性地被引入电场,例如在传统的 IMS 或行波法中。在传统的漂移管中,迁移谱中的峰分辨力定义为漂移时间与峰宽的比值,其峰宽最小值由离子栅门中离子注入的脉冲宽度决定。连续离子流方法的分辨力也是由相同的术语定义的,其最小峰值宽度由该分析仪的入口孔径尺寸决定。无论用何种离子迁移谱法,离子导入的方法和实践对于达到最佳性能至关重要;因此,离子导入方法应该在 IMS 中受到严格的审查和开发。奇怪的是,直到过去 10 年,人们才开始慢慢关注离子栅门以及环境压力下的离子流动力学,对栅门的极限性能有了新的描述,产生了离子注入的替代方法和更好的分析结果。这预示着离子迁移谱的分辨力、测量精度和漂移管设计等方面都将得到进一步提高。

尽管现在的栅门和孔板可能并不完美,但我们应该认识到现有的技术为今天的测量提供了足够的分辨力。然而,继续提高分辨力可以进一步改善测量的精度和准确度。1920 年代后期,出现了迁移谱中的最早的导线栅格式离子栅门,1938 年出版的一本专著[1]对离子栅门的起源和发展做了有价值的描述。作者 Tyndall 写道:

> 作者和 Grindley 设计了第一种方法,随后被 Bradbury 采用。之后,Powell、Starr 和作者又开发了第二种方法,该方法已在布里斯托实验室广泛使用。……实际的优先出版权必须由 van de Graaff 获得,他在牛津电子实验室独立开发了一种本质上相似的方法,但他没有把它应用于任何重要的研究实验上。

实际上,van de Graaff 不仅描述了[2]今天大家熟知的 Bradbury-Nielson(BN)离子栅门[3],还首次发布了检测器响应与漂移时间关系谱图,这也是现在广泛使用的标准谱图格式(第 2 章,图 2.1)。栅格是当今 IMS 中离子注入的通用技术——不管其实现方式如何。本章第一部分将描述离子栅门的设计、功能、性能和局限性。离子引入漂移管的其他方法,如 FAIMS、DMS 和 aIMS 等技术中采用的连续注入离子方法,将在本章后面几个部分分别介绍。

5.2 离子栅门的操作和结构

IMS 漂移管中的离子栅门通常由导线栅格或金属类似物蚀刻制成,它们通常位于反应

81

区和漂移区之间,贯穿漂移管的内部截面。利用相邻导线间的电压差[图 5.1(a)],在漂移管的横截面上建立电场,在漂移场为 $200\sim400$ V/cm 的漂移管内运动的离子将遇到 $\geqslant600$ V/cm 的栅门电场,并被吸引到导线表面。离子在栅门线上的碰撞导致离子的中和,中性产物被吹扫出漂移管,或跟随单向流动设计的漂移气流经电离源后被排出,或根据气流设计方式从其他地方排出。

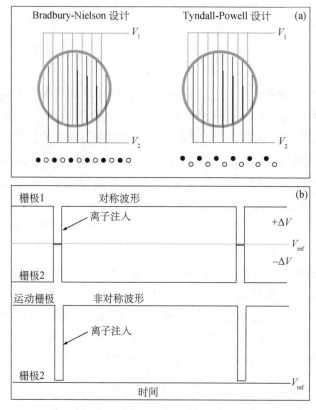

图 5.1 (a)图为离子栅门设计的端视图和侧视图,左侧为 Bradbury-Nielson,右侧为 Tyndall-Powell;(b)两个波形的示意图。每个栅格上加了电压波形。相邻导线上的电压差产生电场,离子被吸引到导线上并发生碰撞。中和后的中性粒子被来自分析仪的漂移气体吹扫带走。在每个设计中,两片栅格在开门期间会施加相同的电压,该电压以漂移管的分压为参考。

当导线栅格间的电场被消除,或减弱到足以使离子在外场的影响下穿过栅格进入漂移区,此时迁移谱测量开始。在这种情况下,栅门中所有导线的电压都是相同的,应位于漂移管的电压梯度中,该电压梯度与其在相邻漂移环之间的物理位置相称。虽然由于栅门和邻近的漂移环之间的电力线畸变会造成一些离子流的损失,但是离子在导线上的碰撞会造成更大的离子流损失,这取决于导线的厚度和栅格的质量,但损失仍可能高达 30%。经过一段时间(通常是 $100\sim400$ μs),栅格中导线之间的电场恢复到最大值,离子再次被阻止进入漂移区。用于对离子栅门中的导线施加电压的波形可以描述为方波,如图 5.1(b)所示,波形的上升沿和下降沿仅为几微秒或更短。根据离子在漂移管中的停留时间,离子脉冲将在 $10\sim30$ ms 或更长时间后再次进入漂移区。控制电场会有如图 5.1(b)所示的两种方式。第一种设计,"低场"栅格的电压升高,以阻止离子流进入漂移区,然后,该栅格上的电压降低以匹配另一栅格电压,此时离子被注入漂移区。在另一种设计中,栅格上的电压对称地位于梯度电压的两侧,开门时同时脉冲到这个共同的梯度电压。目前,这两种控制离子栅门电场的方法在性能方面没有明显的差异。

尽管 IMS 离子栅门在常压和相对较低的压力环境下是有用且有效的,但在实际操作和确定基准面方面都存在困难,前者需要制造机械强度高且耐温度波动的栅格,后者会影响采样时的迁移率偏差。更关键的是,传统的离子栅门在电离区会形成一个非常低的离子采样占空比周期,20 ms 的时间周期内,栅门脉冲仅为 200 μs,占空比低至约 1%。在过去 10 年中,栅格性能或操作方面的许多创新都是为了改善这种不理想的占空比以及由此得到的测量结果。此外,在导线选择、栅格设计和制造方面也存在差异,而在所有传统的漂移管中都发现了利用栅格电场脉冲栅门的基本概念。

5.2.1　Bradbury Neilson 的栅门设计

在 BN 离子栅门的设计中[3],导线被紧密地平行放置在一个平面上,如图 5.1(a)所示。导线被支撑在一个不导电的框架上,相邻的导线被机械隔离和电隔离。虽然这种式样的栅门被认为是性能最好的设计,但主要的限制是制造困难,特别是在高温下。例如,在加热和冷却循环过程中,由于框架或导线的热膨胀或收缩而导致导线折断或松弛,这种导线不平行或弯曲的情况经常发生在 IMS 分析仪中。如果电场不是均匀分布在整个横截面上,发生了变化的栅格引起的电场的畸变将影响离子栅门的性能。在极端情况下,当导线被折断或互相接触,导致栅门电子元件短路,离子栅门会失灵。

为了解决热膨胀的问题[4],框架由两个陶瓷半圆组成,将它们对齐,并由适合高温使用的弹簧分开。因为热膨胀的变化是由弹簧张力补偿的,所以导线被绷紧固定在陶瓷半片上。在新墨西哥州立大学[5]采用的另一种方法中,导线被放置在一个框架内承受张力,在导线连接到框架之前,在极端温度下反复循环,最后采用高温环氧树脂将导线粘接到框架上,其中一种 BN 栅门如图 5.2(b)所示。其他 BN 栅门则使用电路板的绝缘框架制成,但这种栅门不能在高温下使用。

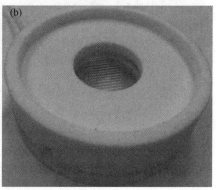

图 5.2　(a)Tyndall-Powell 离子栅门;(b)Bradbury-Neilson 栅门。

5.2.2 Tyndall Powell 的栅门设计

另一种使用导线的栅格设计是 Tyndall 和 Powell[6]（TP）描述的离子栅门。该栅门由一组含有平行导线的栅格组成,栅格被分别放置在两个平面上[图 5.1(a)],相距 0.01～1 mm。两个栅格之间的间隔距离由栅格之间绝缘体的厚度决定。当装置被组装并对齐后,从离子群的漂移方向看,栅格的导线看起来是平行的,并且呈交错的形式,就像 BN 的设计一样。TP 栅门设计的功能和电路控制可以做成与 BN 栅门相同,其主要优点是制造方便。在 TP 设计中,栅门可以由 3 个部分组成:两个空间上正确放置且相互独立的导线栅格,以及一个绝缘体,它们可以方便、经济地组装成一个功能性离子栅门,如图 5.2(a)所示。

在图 5.2(a)的 TP 设计中,栅格为直径 0.05 mm 的蚀刻金属平行线,线与线之间的中心距为 0.5 mm。导线的截面为矩形,平铺地嵌在外径为 30 mm、内径为 13 mm 的圆盘上。两个栅格之间用可在高温下使用的薄云母片隔开 0.3 mm,栅格的放置使得组合栅格的导线相互交错排列,从中心看下去线与线之间的距离为 0.25 mm[7]。这种栅门设计已经被广泛地建模和应用测试(第 5.3 节)。

对 TP 设计做一个简单且牢固的修改,用网格栅网代替导线栅格,如图 5.3 所示。一个离子栅门由两个网格栅网构成,栅网之间用一个薄的特氟隆环隔开,两个栅网的外圈重叠,并分别施加 BN 或 TP 设计中使用的电压。栅网在 45°方向上对齐,尽管这款栅网的一个吸引人的特点是栅网对齐的精度,但令人惊讶的是,它并不特别重要,而且无论栅网是重叠的还是错开的,栅门都能工作,这与 TP 设计中平行导线结构的特点不同,TP 设计的性能对导线错位很敏感。网格栅网的这个特点还没有被理解、建模,甚至没有被很好地描述。

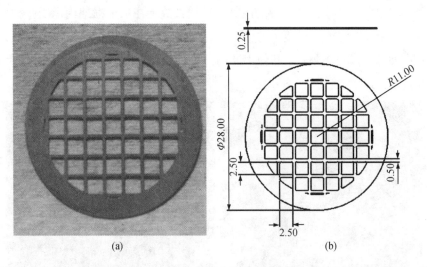

(a)   (b)

图 5.3 离子栅门的栅格。此设计的其中两个栅网已在以色列制造的 3QB 漂移管中使用。(图片来源: Karpas)

5.2.3 微加工离子栅门

原则上,微加工技术使得离子栅门的加工更方便、成本更低,应该能够大规模生产。可惜的是,硅材料的微加工技术在一定程度上限制了导线尺寸和栅格结构。在一项针对离子迁移谱仪的研究中[8],栅门是用绝缘体上的硅晶圆制作的,其上硅层的厚度为 $6\sim30$ μm;采用标准的各向异性湿式蚀刻,利用掩埋的氧化物实现自动停止蚀刻功能;用反应离子蚀刻法(reactive ion etching, RIE)制备导电线。栅门的设计参数以 $5\sim17.1$ V 电压差为限,导线高度或厚度为 $6\sim30$ μm,导线间距为 $10\sim81$ μm,导线之间的宽度为 $20\sim100$ μm。虽然这些微加工离子栅门还没有获得实际的实验数据,但按照以上参数电场建模后显示是可行的。

有文献详细介绍了尺寸和结构与上述参数可比拟的微加工离子栅门,并用于TOFMS[9]。在该结构中,导线或"电极"的间距为 $25\sim100$ μm,厚度为 20 μm,其他参数包括:总厚度 400 μm,电极深度 20 μm,电极间距 100 μm,电容 128 pF,传输率 80%,网格总面积 25 mm^2(5 mm×5 mm)。传输效率与线栅门相当,性能良好,上升和下降时间为 0.2 μs。

在 25 mm 长的微型 IMS 漂移管样机中,安装了几乎相同的离子栅门。因为离子通过栅门栅格距离只有几微米,离子注入可以缩短到几微秒[10]。微型栅门与比它大的导线栅门有很大的可比性,除了栅门尺寸小可以更快地注入外,其他的性能都是类似的,如图5.4 所示。微型栅门的缺点是离子流经的截面小,机械结构脆弱,触摸时容易被折断。一旦安装,这些离子栅门坚固耐用,不受漂移气体流量的影响。虽然微加工技术可能对小漂移管有用,而且未来的创新也很有趣,但目前对大漂移管的应用似乎既没有成本优势,也没有吸引力。

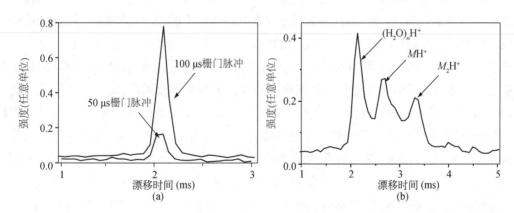

图 5.4 在一个小型 DMS IMS 仪器上,利用微制造离子栅门制得的迁移谱,该仪器的漂移区长度为 10 mm。(a)在离子栅门上具有两个脉冲宽度的反应物离子;(b)4-庚酮的迁移谱。(摘自未出版的 Eiceman et al., *Characterization of positive and negative ions simultaneously through measures of K and ΔK by tandem DMS-IMS*, 14th International Symposium on Ion Mobility Spectrometry, 2005.)

5.3　模型与操作模式

5.3.1　栅门性能与模型

　　施加到离子栅门中导线上的波形脉冲宽度，是决定迁移谱中峰宽度的关键参数。在离子进入漂移区进行正常扩散或受到其他因素影响之前，离子群的最小宽度就是由栅门脉冲时间决定的。即使是在设计制作精良的仪器中，脉冲的最短时间也是由离子在漂移管叠加电场的迁移率控制下，从栅门的一侧（反应区）到另一侧（漂移区）的时间确定的。对于在环境压力下工作、迁移率值为 $0.5 \sim 2.5 \ cm^2/(V \cdot s)$ 的现代漂移管来说，最小注入时间通常在 $100 \ \mu s$ 左右。当然，可以通过降低漂移管中的环境压力，以提高漂移速度来减少注入时间。目前，在 IMS 的应用或研究中，栅门脉冲宽度还没有标准值或通用值，注入脉冲宽度是根据所需的分辨力和信噪比（signal-to-noise, S/N）来选择的。1980 年代中期，研究发现 IMS 离子栅门除脉冲宽度外，还会受到其他变量的影响[11]，直到 2005 年才对其进行了全面的定量描述[12]。综上，我们阐明了通过控制离子栅门中的参数会对仪器响应产生影响，在下文将会对脉冲宽度做进一步的解释。

5.3.2　离子栅门性能与峰形

5.3.2.1　谱峰宽度和栅门脉冲宽度

　　离子栅门的性能受电场中离子漂移速度的控制和限制，这决定了栅门的最终性能。在一个简单的计算中，一个速度为 5 m/s，即 5 mm/ms 的离子群，需要 0.2 ms 的注入脉冲，才能使离栅门 $1 \sim 2 \ mm$ 远的离子到达栅门，此时假设栅门为无限薄。实际上栅门的宽度是有限值，离子通过 0.5 mm 厚的栅门至少需要 0.1 ms 的时间。当栅门脉冲低于这个时间时，离子强度迅速下降到零。然而，这种效果不仅是几何空间上的，漂移管和导线栅格的电场会形成一个栅门的"有效宽度"，这个有效宽度可变，且比几何空间上的宽度大。在漂移区内部的单极环境中，脉冲宽度的增加会产生一些结果，在 1975 年的文献中对这些结果进行了定量描述[13]。将 BN 设计离子栅门上的矩形脉冲建模为两个误差函数，误差函数简化为高斯峰值形状，如图 5.5 所示。常压下纯净气体中氯离子峰形是受栅门脉冲宽度、扩散效应和离子-离子排斥效应共同作用形成的。在电离源为 10 mCi 的 ^{63}Ni 箔的离子管内，当栅门脉冲时间超过 $200 \ \mu s$ 时，离子-离子排斥效应变得明显；而当离子密度为每立方厘米 5.26×10^7 或更高时，迁移谱上可以看到峰形变宽，如图 5.5 所示。对于迁移率系数为 $2.99 \ cm^2/(V \cdot s)$ 的氯离子，当栅门脉冲为 $200 \ \mu s$ 或更长时间时，首先可以看到离子-离子排斥的校正。当注入脉冲为 $500 \ \mu s$ 时，这一点变得很明显。在脉冲宽度仅为 $50 \ \mu s$ 时，峰值失真可以忽略不计，并且可以归因于漂移管的电子器件。第一项研究表明，在具有纯净气体的迁移谱仪中，峰形主要取决于栅门初始脉冲宽度，当漂移区中的离子数增加时，需要对扩散效应和离子-离子排斥进行校正。在这个早期的报告中，并没有说明离子通过栅门的运动,也没有说明栅门电场和漂移管之间的协同作用。

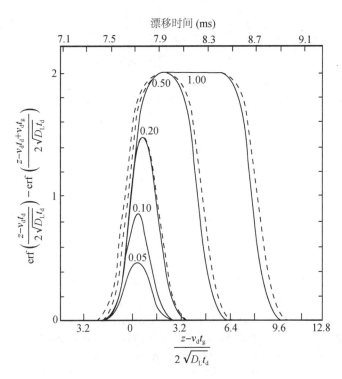

图5.5　实线表示理论预测的氯离子迁移谱与栅门宽度的函数关系[13]。虚线表示将理论与实验相结合的静电排斥的校正。(摘自 Spangler and Collins, Peak shape analysis and plate theory for plasma chromatography, *Anal. Chem.* 1975.经允许)

5.3.2.2　漂移电场和栅门电场对性能的影响

　　离子栅门的静态和动态模型的建立[12]需要考虑栅门中栅格线形成的电场,以及栅门在迁移电场中对电场产生的影响,同时将计算模型和实验测量结果结合起来。当导线间的电势差过小时,离子就会大量通过栅门,此时栅格线之间的电场本应阻止离子流通过,这在任何一个迁移谱中都被视为基线升高。此时检测器上偏置电流很大,离子信号就会很弱。而这个时候的峰宽仍主要由栅门脉冲波形决定,从峰形上看不出栅门中的离子穿透。随着栅格线间电势差的增大,导线间的离子流会渐渐停止,此时迁移谱峰的绝对强度与之前相当,但信号基线下降了。也就是说,连续离子泄漏引起的迁移谱 DC 分量将会减少,并且在一定的场强(导线间)下,E_s 将会消除。随着 E_s 的增加,被栅门阻止的离子百分比逐渐增大,直到所有离子都被阻止,这个时刻叫作最大离子停止率点,此时的峰值强度(峰尖值减去基线)和峰面积达到最大值。当栅门中的电场强度进一步增加,远远超过最大离子停止率点时,峰值强度和面积减小。这是因为栅格线之间的电场太强,引起栅门前后两个方向,即电离源方向和漂移区方向向外延伸的电场也发生了畸变,使得栅门附近的离子与栅格线碰撞后湮灭,离子总数下降。考虑以上两种情况,就得到了 E_s 的最大值,此时离子泄漏最少,且离子能在门前和门后都没有损耗的情况下快速通过栅门[图 5.6(a)]。

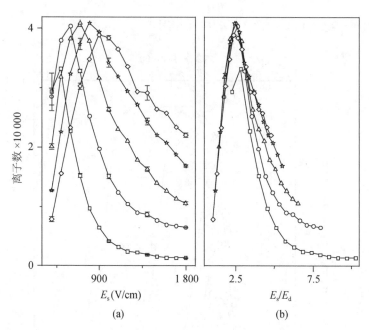

图 5.6 （a）环境温度下，反应离子计数与离子栅门电场 E_s 的函数关系图。E_s 值：正方形为 175 V/cm，圆形为 225 V/cm，三角形为 275 V/cm，星形为 325 V/cm，菱形为 375 V/cm。（b）反应离子计数与被相应的漂移场 E_d 归一化后 E_s 的函数关系图。（摘自 Tadjimukhamedov et al., A study of the performance of an ion shutter for drift tubes in atmospheric pressure ion mobility spectrometry: computer models and experimental findings, *Rev. Sci. Inst.* 2009.经允许）

离子栅门所在的漂移场 E_d 不是被动的，它控制着离子栅门和栅格线电场中的离子泄漏，使其达到最佳性能。外部施加的电场可以看作是平衡离子泄漏和离子通过的一个绝对电压，为了达到最佳性能，这个电场是可以根据情况变化的，如图 5.6（b）所示。在不同强度的迁移电场 E_d 中，不管漂移管电压和栅门电压是多少，最大峰高取决于离子穿透和离子损失之间的平衡。将两者归一化处理后显示，该最大值出现在 $E_s : E_d$ 为 2.5：1 时。因此，改变漂移管电场的同时应重置栅门内的电场，以达到栅门的最大性能。虽然这些研究使用的是 TP 设计，但使用 BN 设计得到的建模结果基本具有可比性[14]。对 BN 栅门的详细研究还揭示了栅格线直径对仪器性能的重要作用，另外，即使是用最优设计的栅格线栅门，形成的离子云或离子群都存在缺陷。迁移率会使离子群注入漂移区的行为发生畸变，并限制了 IMS 分析仪灵敏度和分辨力方面的整体性能。

5.3.2.3　栅门引起的离子群的排斥相互作用

在 IMS 中，在气相离子空间密度较高的单极条件下，库仑排斥是可以被预测的。根据本章先前所述的早期测量和建模中的理解，当谨慎操作漂移管时，几十年来库仑排斥一直被认为是可以忽略的[13]。有时，由于强电离源（例如激光电离或烧蚀），可以观察到由离子-离子排斥引起的峰宽变宽。然而，当使用离子栅门控制漂移区中的离子密度时，排斥效应被忽略或边缘化了。在一项详细的研究中，研究人员提出了离子群漂移时间的差异归因于普通或标准 IMS 测量中排斥力的影响[15]。漂移时间应该精确到 1 μs，才能观察到排斥力与漂移时间差异的相关性。但通常情况下研究人员在报告时是以 10 μs 间隔记录的,比如实际漂移时间是 6.016 ms,记录时写的是 6.02 ms。当离子群漂移时间比较接近时,观察存在 10～40 μs 的差异。由于时间测量的不精确,这些影响可能在过去的 40 年里被现代分析 IMS 所忽略。

5.3.3　漂移管中双栅门的运用

最早的迁移谱仪使用的是一对相同的 TP 型离子栅门或栅格,分别放置在漂移区域的前端和末端,以确定离子群的漂移距离。在两个栅门组件上分别施加正弦波,它们之间就建立了一个同相的振荡电场[1]。在波的一个部分,栅门中的电场相对于漂移场发生反转,离子被阻止进入漂移区。当正弦波电压与漂移场的方向一致时,用 Tyndall 的话说[1],"栅格中存在电场的正向偏置"时,离子通过第一个栅门被注入。离子在相同的场约束运动,当离子群的漂移时间与第二个栅门"打开"的时间一致时,离子才会通过第二个栅门到达检测器。离子的迁移率不是通过直接测量漂移时间得到的,而是通过控制正弦波的频率间接测量得到的。高频可能会导致泛音,因此对于给定的具有一定迁移率的离子,迁移率的测量由 f、$f/2$、$f/3$ 等处出现的几个峰组成。频率可转换为漂移时间从而得到迁移率。近半个世纪后,随着傅里叶变换(Fourier transform,FT)方法增加了占空比并改善了 S/N,双栅门操作的概念再次出现(第 5.3.4.1 节)。

虽然这种控制离子栅门和漂移管的方法在某些研究中很有用,但在更复杂的化学测量和分析应用中并不实用。尽管如此,1970 年首个商业化 IMS 仪器——Franklin GNO 公司的模型机 Beta VI,采用了几乎相同的策略[图 2.2(a)]。BN 设计的离子栅门采用矩形波而不是 Tyndall 正弦波。采用双栅门设计是因为当时的数据采集相对较慢,一个方波积分器控制两个栅门得到迁移谱,并通过 X-Y 绘图仪记录谱图。在方波积分器中,漂移区前端的离子栅门按一定的占空比和频率持续施加脉冲,通常分别为 1% 和 10 Hz。在漂移区的末端,第二个离子栅门与第一个栅门的占空比和频率相同,但比第一个栅门的脉冲有延迟;此延迟在每个波形上都增加了一个小值。离子群以给定的延迟(即漂移时间)到达并通过第二栅门,最终到达法拉第盘检测器。离子电流与延迟时间的关系就是一个迁移谱图,其中延迟时间和漂移时间是相同的。具有一定信噪比和峰宽的迁移谱可以在 2～5 min 内获得。该方法除了增加两个离子栅门的成本和离子流量损失外,还不能全面监测电离源中样品组成的快速改变。当预期有某种迁移率的物质会出现时,第二个栅门的延迟时间可以固定在适当值,并以 10～30 Hz 的频率波形连续监视信号响应。

虽然双栅门是早期 IMS 漂移管的一个常见特点,但对信号进行高速数字处理时,这种方法似乎没有什么价值;然而,在漂移管与 MS(如速度相对较慢的四极 MS)连接时,双离子栅门的设计可能是有用的。在这种 IM-MS 联用装置中,第二个离子栅门用于从迁移谱区域中分离出离子并传递到 MS 中,只有那些迁移率被选择的离子才能进行质谱分析。当采用慢速四极 MS 时,通过对单个漂移区的 MS 响应进行积分,可以补偿从大气压环境 IMS 通过带有针孔进气口进入真空环境 MS 之间的离子传输损失。IM-MS 中双栅门的概念被再次提及讨论[16]。在这种离子采样效率很低的 IMS-MS 结构中,双栅门的优点是可以在很长一段时间内对信号进行平均。对于慢四极 MS 的 IM-MS,另一种方法是同步 IMS 和 MS 的数据系统,并且只选择一个离子进行质量检测。这被 PCP 公司一系列的 IM-MS 仪器采用,并被称为质量分辨迁移谱。

今天,双离子栅门在动力学 IMS 的研究中仍然是有用的[16]。该 IMS 由一个反应区和两个漂移区组成,每个区域之间都有一个离子栅门。第一个离子栅门用于对反应区内的离子进行采样,第二个离子栅门与第一个栅门之间有一定的延迟,用于隔离第一漂移区内的特定离子群。只有特定的离子群可以通过第二个离子栅门进入第二漂移区。在该漂移区,离子群在漂移过程中经历热分解或解离,谱图的基线或峰形发生畸变。原始离子和在整个漂移区内产生的离子的反应速率,就可以在离子完全热能化的环境压力下被测定。这项技术的发展[17, 18]是为了探索离子的寿命,是探索离子以及其迁移谱形成的研究的一部分。

5.3.4 离子注入的其他模式

不管离子栅门制造存在缺点或由于导线上的离子碰撞而造成的离子传输损失,该技术的根本缺点是信号强度,其受占空比限制。一般情况下,每 $20 \sim 30$ ms 中仅 $100 \sim 300$ μs 样品离子从反应区取样;因此,只有 $0.5\% \sim 1\%$ 的离子从电离源或反应区注入漂移区。这极大地浪费了离子通量,从而限制了总信号强度,并且不利于提高信噪比。$500 \sim 1\,000$ μs 的栅门脉冲将允许更多的离子进入漂移区——尽管迁移谱分辨力会降低。因此,需要相对较窄的栅门宽度,以保持 IMS 分析仪在环境压力下可达到合适的谱分辨率。虽然可以在信号处理方面做出改进以降低噪声水平并快速提高信噪比[19],但文中提到的控制离子栅门的替代方法已在研究中,即在保持迁移谱的窄峰不变的前提下增大占空比,从而提高信噪比。通过 FT 和阿达马变换(Hadamard transform,HT)技术,即所谓的复用方法,以上问题得到了解决。在这种方法中,传统离子栅门中使用的简单的方波脉冲被复杂的栅门控制所取代。

5.3.4.1 采用离子栅门多路复用控制提高注入离子的占空比

1985 年,Knorr 等人采用 FT-IMS 来改进 IMS 仪器的占空比,结果使占空比提高了 25%,S/N 提高了 $3^{[20]}$。在他们的 FT-IMS 方法中采用了两个离子栅门,其方法与 Tyndall 在近半个世纪前描述的方法相似[1]。一个离子栅门用来将离子注入漂移区,另一个离子栅门位于漂移区末端、检测器正前方。两个栅门上同时施加 50% 占空比的方波。由于两个离子栅门之间的延迟为零,而离子漂移速度又相对较慢,因此离子通过第二个栅门时的波形脉冲与离子注入时的波形脉冲不是同一个,而是与随后的波形脉冲一致。当离子群的漂移时间与第二个栅门上的波形脉冲重合时,离子通过第二个栅门到达检测器。因此,波形频率和漂移时间必须一致,并且可以用几赫兹到 5 kHz 的扫频来测量一定范围的迁移率。如 Knorr 等人所述[20],当栅极调制频率为 υ 时,到达检测器的全强度离子的传输时间为 0、

$1/\upsilon$、$2/\upsilon$、$3/\upsilon$、$\cdots$，完全没有到达检测器的离子的传输时间则为 $1/2\upsilon$、$3/2\upsilon$、$5/2\upsilon$、$\cdots$。最后得到的信号是频率衍生波形的叠加，可以通过反向快速 FT 来恢复时域迁移谱。虽然随着栅门占空比的增加，S/N 预计应该提高 5 倍，但实际上只观测到增加了 3 倍。以上方法获得迁移谱需要 18 s。

FT-IMS 谱的一部分(0～1 ms)显示强度下降，这归因于"栅门损耗效应"。文献中这样描述[20]：由于栅门电压高，位于栅极进口处的离子浓度较低；在低方波频率下，取样延伸到反应区深处，但在高频率下，耗尽区提供了更大比例的样品；这一解释得到了栅极电压变化实验的支持。

Tarver[21]简化了 FT-IMS 仪器，他用一个"虚拟栅门"代替了漂移区末端的一个离子栅门，其中第二个栅门的功能由电子设备控制。同步脉冲虚拟栅门对离子信号进行拍频，产生干涉图，而不是对漂移管中的漂移离子进行拍频，避免了出口栅门导线上离子碰撞造成的离子损失。后测量信号分析降低了预期的传输效率，但与传统的单离子栅门测量相比，仍获得了 7 倍的 S/N 增益。这比 Knorr 用两个导线栅格离子栅门得到的 3 倍效果更好。

两个研究小组均报道了采用 HT 后占空比达到了 50%[22, 23]，实现了离子传输的增加，这也是大家期待已久的结果。FT-IMS 需要扫频，并且在任何给定时刻，升高的电流仅施加于特定漂移时间的离子。与 FT-IMS 不同的是，HT 的离子注入与离子栅门采用伪随机二进制模式。基于阿达马编码产生的信号可以反褶积为迁移谱，在相同的漂移管内，与采用谱信号平均方法相比，S/N 提高了 10 倍。HT-IMS 方法产生了迁移谱伪影，离子栅门附近离子耗竭的问题也没有解决。通过可变的数字多路复用方法，利用用户生成的随机二进制变量序列，将占空比从 0.5% 调整到 50%，可获得无人工干扰的迁移谱。当频率降低时，离子损耗的影响会减弱，而且"与标准的阿达马多路复用相比，不完美栅门引起的累积效应会减弱"[24]。与标准的 HT-IMS 方法相比，该方法也会产生在阿达马复用技术中出现的典型的假峰，并且未能得到与 HT-IMS 相同的 S/N 增益。到目前为止，这些方法还没有被任何商业 IMS 分析仪采纳，甚至还没有被 IMS 研究人员普遍使用。

5.3.4.2　反向 IMS

在反向 IMS 中[25]，离子通过离子栅门不断地进入漂移管。当脉冲作用于离子栅门，使其间的电场暂时阻止离子流进入漂移区，此时发生的是"注入"。离子信号的缺失会在漂移时间上显示出来，得到迁移率系数。不仅如此，据报道，该类漂移管的分辨力从 44 增加到 72，提高了 63%。反向模式下最佳分辨峰的高度是正常模式下最窄峰的 10 倍，改善的原因是库仑排斥。据报道如下[25]：

> 在正常运行的情况下，离子群在运动过程中向外扩散，导致离子群变宽。此外，离子群内部的离子相互排斥，导致峰进一步展宽。事实上，扩散和排斥都会造成离子群变宽。然而，在反向 IMS 情况下，由于浸入区外部离子之间的排斥作用，运动中的浸入区的宽度趋于减小。

研究人员使用两种在迁移谱中具有相邻离子峰的化合物测试了反向 IMS 技术，两个峰

在基线处就能分辨，而在传统 IMS 中，双峰只有部分是分辨的。在正常模式下，两个相邻峰之间的空间被填满被认为

是因为这两个相邻的离子群内的扩散和排斥力。然而，在反向模式下，当两个相邻的凹坑移动时，离子层被困在两个凹坑之间。凹坑受到两边离子云的夹心力。结果，被困住的凹坑变得更窄，增加了两个相邻凹坑的基线分辨率。

他们的发现与这一解释相一致。

Spangler 提出了一种反向 IMS 的理论，此理论基于空间电荷对环境压力下漂移管峰值展宽的影响[26]。他的结论是，在没有排斥力的情况下，峰展宽确实是由相互扩散系数决定的，随着离子密度的增加，离子之间不受扩散影响的相互排斥力，导致了传统 IMS 的峰展宽和反向 IMS 的峰变窄。相互排斥会产生额外的边缘速度，导致移动离子群扩散、模拟耗尽区收缩。该理论表明，反向 IMS 只有在离子密度较大、电离源强度较大时才有效，而分辨力可能明显取决于样品物质的浓度，即产物离子密度。

5.3.4.3 机械离子注入

ESI IMS 仪器通过采纳另一种分析方法中的技术手段，即原子吸收光谱法中的机械斩波器调制技术，实现了漂移管的离子注入[27]。斩波器是一个带有小孔的圆盘，小孔与电离源和漂移管对齐，用作离子注入器。圆盘上有第二个窗口，与光学传感器通过这个窗口同步离子注入和漂移时间，离子注入以 5～200 Hz 的脉冲频率进行，脉冲宽度为 200～500 μs。

漂移管尺寸特征如下：长度为 45.0 cm，分压电阻为 3.34 MΩ，电场强度约为 400 V/cm，具有 78 个漂移环（厚 0.12 cm，外径 4.90 cm，内径 2.55 cm）。将漂移管前法兰置于地电位，在检测器及漂移管壳体上施加悬浮电压－20.0 kV。由此，ESI 源的毛细管施加 5.0 kV 电压，斩波轮上施加 500 V 电压。ESI 源与斩波器入射窗口距离为 2 mm，斩波器入射窗口与漂移管入口法兰的距离为 5 mm。

这种基于斩波器的方法除了离子注入的时间短外，还有一个吸引人的特点是 ESI 喷雾器不在漂移管中。大多数情况下，气溶胶被阻止进入漂移管，从而保护漂移管免于承受大的质量流量。这使得该设计在本质上是干净的，不像其他 ESI IMS 设计，漂移管里充满富含气溶胶的离子流，必须将其去溶剂化并从漂移管中清除。可以采用金属胶带减小进样窗口面积来调整注入脉冲宽度。研究人员对选定的苯二氮卓类药物、抗抑郁药和抗生素进行了基线分离，分辨力约为 70。

5.4 基于不含栅格线离子栅门的离子注入方法

如果在漂移管的内横截面上存在导线，将会对机械结构和相关故障率有不利影响。如果取消离子栅门的线栅或网格设计，则可以显著改善制造 IMS 漂移管的成本和复杂性。这是开发无栅格线离子注入方法的主要动力之一。当电离源是周期性的或不连续的，并且离子形成时间短到接近离子注入时间时，则栅门可以被舍弃或考虑作为补充配件。这种源

介导的离子注入可以应用在某些 CD 或光致电离源中,如脉冲激光和基质辅助激光解吸与电离。

5.4.1　漂移场切换法

5.4.1.1　电离源区的场切换

1992 年,Jenkins 申请了一项漂移管设计专利,该专利中的离子被"捕获",然后传递到漂移区[28]。此设计中,样品蒸气通过电离源,在位于漂移管横截面中靠近反应区的栅格上施加与反应区周围表面相同的电压,以保持电离源或反应区内部的场自由空间。在靠近该第一级栅格的第二级栅格上施加合适电压以建立与漂移区相同的电场。当注入离子时,整个反应区和第一级栅格上的电压被迅速重置,使离子从电离源和反应区依次流过第一级栅格、第二级栅格并最终进入漂移区。本设计的目的是在 20 ms 内累积离子,然后将离子压缩成 0.2 ms 的脉冲。该研究显示可使离子密度和信号电流增加 100 倍。该设计已在 IonTrack 仪器公司(后来的通用安防公司,现在的 Morpho 检测公司)的 Itemiser 仪器中应用并商业化。

5.4.1.2　漂移管内的场交换

Blanchard 通过在没有导线栅格的情况下在漂移环上切换电场来实现离子注入[29, 30]。与 Jenkins 的方法不同,漂移管中的电压梯度或电场完全是传统的,只是在离子栅门外的漂移环上,将电压设置为远低于建立线性电压梯度所需电压[图 5.7(a)]。在此漂移环与相邻漂移环之间的漂移管空间中,离子从邻近的上场漂移环中快速流动,并被下场漂移环阻止。这种方法最初使用的术语是"离子井",实际上,离子流是可以预测的,它进入离子的井空间,而没有进入漂移管的其余部分。注入离子时,通过抬高两个环上的电压将井空间中离子推入漂移区。当上场环的电压被设置得较低时,就可以阻止离子进入井空间。Blanchard 正确地指出,离子根据迁移率进入漂移环之间的空间,且离子的积累是动态的。离子的流动的确是动态的,离子一旦进入井空间,就会向漂移管内壁移动,与内壁碰撞后离子湮灭并从测量中移除。在常压大气环境中,电离源(这里指的是 ^{241}Am)产生的离子大概需要 1～25 ms 的时间积累。人们围绕这一概念制造了演示仪器[图 5.7(b)],并获得了具有明显迁移率和峰形的峰[图 5.7(c)]。这种分辨力适合于先进的烟雾报警器,这也是本设备的初衷。虽然上述概念对漂移管的设计和构造要求简单,但是"保持"离子的高度动态环境表明需要计时和场控制,而演示仪器的技术无法做到这一点。

5.4.1.3　用于离子注入漂移管的离子阱

虽然 ESI 源可提供连续的离子流,但在漂移管中探测到的离子总量是受到离子栅门占空比的限制的。在低压环境下提高漂移管 S/N 的一种方法,是在源极和漂移管之间放置一个四极离子阱。来自电离源的离子在离子阱中累积后注入 IMS 漂移管[31]。据报道,S/N 提高了 10～30 倍,实验中占空比接近 100%。寡糖麦芽四糖的检测限为 1.3 pmol,时间为 10 s 或更短。

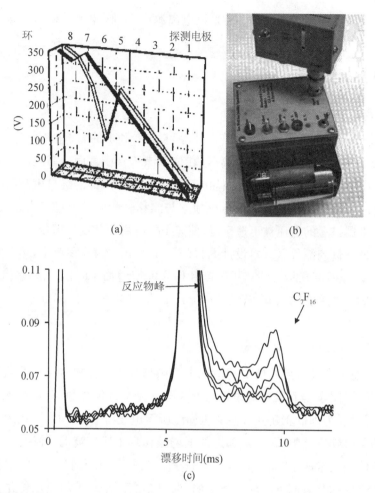

图 5.7　无导线栅格的离子注入。在此概念中，(a)环上的电压被放低以积累离子，然后高位脉冲将离子注入漂移区域；(b)为一个小型演示仪器；(c)展示了全氟庚烷负极性迁移谱。这种仪器被设计成烟雾报警器的廉价替代品。（摘自 Blanchard et al. *Int. J. Ion Mobility Spectrom.* 2002，5(3)，15-18；Blanchard ion detecting apparatus and methods，patent number 6924479，filed January 24，2003，issued August 2，2005.）

　　当捕集阱注入器工作时，离子通过直径 0.32 cm 的孔不断进入捕集阱，在环形电极上施加频率为 1.1 MHz 的电场，电极上的电压可根据被捕集离子的 m/z 在 0～5 kV 调整。当阱的偏置电压与 ESI 源出口处的电压差在几伏特($\leqslant$30 V)范围内时，离子被保留在阱内。当关闭 RF 并在入口电极上施加 0.6 μs 负脉冲时，离子就会从阱中被排出。只要脉冲电压在 40～400 V，RF 关闭和脉冲打开之间的延迟在 0.2～4 μs，都不会影响离子信号。控制捕获离子所需的偏置电压至关重要；否则，离子要么在注入脉冲期间没有被排出，要么没有被有效地捕获而从离子阱不断泄漏。当通过改变漂移管压力，离子阱内的压力在 5×10^{-4}～8×10^{-4} Torr 变化时，离子阱的性能没有受到明显影响。这种注入方法专门设计用于在低压环境工作的 ESI IM-MS 中的漂移管，而在环境压力下，将不会观察到明显的离子注入。

5.4.2　源介导注入

有些电离源不像 ESI 和 ^{63}Ni 那样是连续的,而是间歇性的,比如 CD 或多光子电离,需要电脉冲或光脉冲,才能从样品中生成离子。这样的电离源,离子注入和离子形成可以同时发生,且可以在没有离子栅门的情况下完成离子注入。在这种情况下,离子栅门是可选的或不必要的。虽然脉冲离子源可以降低漂移管的制造成本,并且设计简单,但脉冲源会将与时间有关的化学或离子强度引入迁移率测量,而这两者是研究人员不愿意看到的,也不容易控制。

5.4.2.1　脉冲电晕放电

通常在点对平面或点对表面放电周围的电场中,离子产生并骤然增加,形成脉冲 CD。常见的直流电压放电会随着电压或电场的增大迅速地历经以下过程:预燃击穿流光,稳定放电,CD(电流 $1 \sim 10 \ \mu A$),电弧。在脉冲电离源中,与时间有关的过程在物理和化学上可能更为复杂;在离子羽流中的反应按时间和位置顺序发生。在配备脉冲 CD 源的 IMS 中,在电晕尖端形成的离子可能在向检测器漂移的过程中发生化学变化,并在迁移谱图中反映出来。在一组关于脉冲电晕的研究中[32, 33],由于电晕脉冲持续了近 1 ms,对于小尺寸的漂移管来说作为离子注入的时间过长,因此在实验中加入了离子栅门,辅助脉冲 CD 将离子注入漂移区。在正电极下,空气中含量为 $2.39 \ \mathrm{mg/m^3}$ 的氨和含量为 $80 \ \mathrm{mg/m^3}$ 的水之间的反应化学并不复杂,可以预测。脉冲电晕中形成的正离子包括 $[(H_2O)_n NH_4]^+$ 和 $[(H_2O)_n(NH_3)NH_4]^+$,与任何直流电 CD 或放射性电离源一样。然而,负极形成的离子种类复杂,并与时间有关。包括 $[(H_2O)_n O_2]_2$、$[(H_2O)_n CO_3]_2$、$[(H_2O)_n HCO_3]_2$、$[(H_2O)_n CO_4]_2$ 和 $[(H_2O)_n NO_3]_2$ 等负离子在内,其离子信号增强还是衰减,取决于漂移离子群的采样位置,它是栅门开启相对于电晕脉冲开始时的延迟时间的函数。有趣的是,作为负极性反应中的一种有害物质,NO_3 负离子的 CD 信号很小,几乎不被检测,这可能是因为漂移气体反向吹扫,将中性气体分子从离子中分离了出来。

在另一种脉冲 CD 设计中,脉冲宽度为亚微秒,因此电离源既可以产生离子,又可以无需栅格型离子栅门实现离子注入[34],如图 5.8(a)所示。点对面放电形成一个上升时间为 $0.15 \ \mu s$、离子脉冲宽度为 $0.5 \ \mu s$、强度为 1.6×10^{10} 个离子的离子脉冲信号。离子空间密度大会导致离子-离子排斥和峰展宽,电荷密度被削减到 10^7 个正离子,在 65 mm 的漂移区中分辨力为 20。虽然此设计简单,性能也已被证明,但存在一些非核心问题,例如来自脉冲的高频电子伪影,为了解决这个问题可能会使工程设计更加复杂。这种设计会产生一个比较特殊的现象,就是放电会有声音,并被检测器-放大器放大。如果孔径栅格很灵敏,就会产生类似麦克风的放大效果,可能会引起迁移谱图的基线波动,如图 5.8(b)所示。尽管如此,基于无栅门漂移管的脉冲电晕电离源的首次演示很有希望,鼓励人们开启进一步的工程优化。

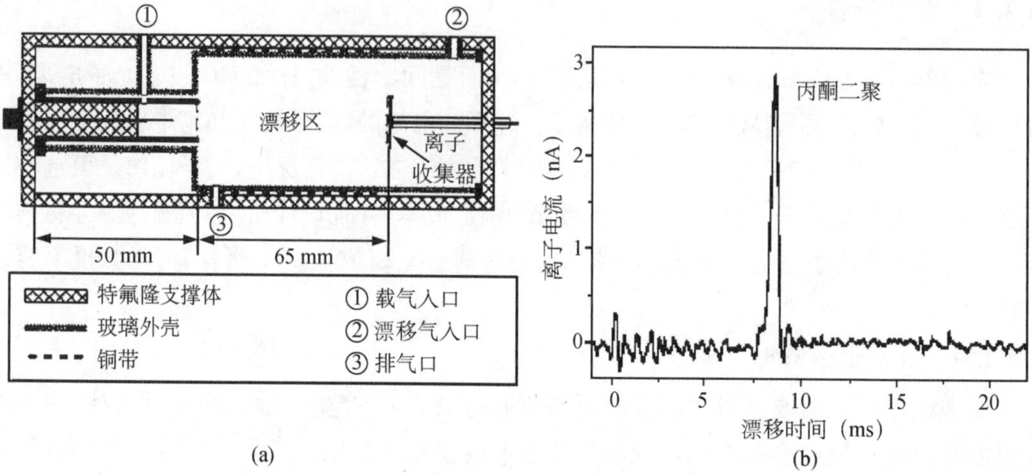

图5.8 （a）无离子栅门高速离子注入脉冲电晕电离源；（b）丙酮的迁移谱。（摘自 An et al., Development of a short pulsed corona discharge ionization source for ion mobility spectrometry, *Rev. Sci. Instrum.* 2005.经允许）

5.4.2.2 激光电离

激光可以使固体样品加热和气化，还可以将化合物电离，并在大气压环境下通过 IMS 漂移管进行表征。最初，在迁移谱中只是利用激光选择性电离气体[35, 36]，但当激光打在固体（包括金属和盐）表面时，也有离子被观测到。这被认为是烧蚀和电离，而非简单的加热蒸发[37]。在 LDI 中，窄脉冲光子束引起气体或固体基质电离，并触发迁移谱。LDI 电离产生的电荷量非常大，以致产生了库仑排斥效应，固体表面释放的离子动能可能太小，产生的谱峰很宽，大于几毫秒（图 5.9）[35-37]。

在纯净气体环境下的烧蚀完成了对物质的快速表征，并有望提供被烧蚀材料的深度信息[38]。很多金属和非金属物质的迁移谱具有独特性；然而，在普通大气条件下的烧蚀会因为产生过量的水合质子而变得复杂。在烧蚀和电离过程中产生的高能电子引起多级电离反应，并最终形成水合质子，使固体中离子的形成变得模糊，并可能抑制离子的形成。

当激光能量较低时，可以进行表面分子吸收物或薄膜的测量，而不会出现上文描述的问题，这在多环芳烃（polycyclic aromatic hydrocarbons, PAH）中得到了证明[39, 40]。一种设计精良的激光解吸装置在无离子栅门的情况下，测量了 19 种芳香族化合物（从苯到 C_{60} 富勒烯）的迁移率系数[39]。该仪器在纯氮条件下分辨力在 20~50，最优时可达到 75。一项相关工作强调了分析价值，表明在环境压力和 100 ℃的空气中使用 LDI-IMS 可以测定硼硅酸盐玻璃上吸附的 40 pg 或 5.5~7 pg/mm² 的 PAH（图 5.9）[40]。

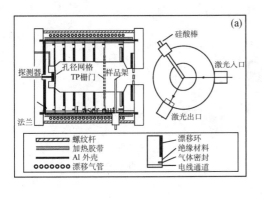
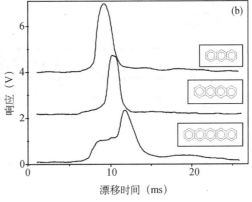

图 5.9 具有激光烧蚀和电离固体样品功能的迁移谱仪(a)。在净化气体中,激光烧蚀和电离固体样品是可行的。(b)在硼硅酸盐玻璃上制备单个多环芳烃薄膜得到的迁移谱。(摘自 Young et al. *Anal. Chim. Acta* 2002,453,231-243.)

5.5 离子连续注入漂移区时的迁移率方法

目前市面上已有的几种迁移率分析仪都是用连续的离子流从反应区进入迁移率测量区来设计的,尽管其分辨力被认为很低,但这些迁移率方法已经被用在实验室和现场测量中。这些方法分别是 FAIMS、DMS、DMA 和 aIMS 方法。

5.5.1 吸气式 IMS 设计

在 aIMS 的设计概念中,离子随流动的气体穿过由两块板组成的间隙,两板之间的电场将离子拉向其中一块板。离子在气流中的运动是基于迁移率的,迁移率最高的离子通过缝隙或通道或整个间隙的横截面到达离离子导入点最近的板。迁移率低的离子被气流携带到远离入口的那块板;不管随气流方向流动多少距离,离子最终都会到达待测板上的法拉第检测器。如图 5.10(a)所示,离子通过整个间隙的横截面进入分析仪区域,可能会产生复杂的响应,尤其是对于最靠近分析仪前端的检测器元件。减小孔径可以显著提高响应带宽和分辨力,已经有两种实验方法被采用,都取得了较好的效果。

在一种方法中[41, 42],离子"束"被机械地变窄,设计的孔径只允许一条细的离子带进入漂移区域[图 5.10(b)],并通过改变施加于间隙的电压来改变或扫描间隙中的电场。在特定电压下的电流 $I(V)$ 与 V 的关系图就是离子穿透曲线,其一阶导数形成了一个常见的迁移谱图。在这项研究中值得注意的是一种双流方案的开发,其中样品流进入一个 $100~\mu m \times 5~mm$ 的矩形孔径。漂移气体的体积流量大于样品气体的体积流量,并且分离区大部分为漂移气体;漂移管壁有一薄层样品流,样品气体的平均速度是漂移气体的 2 倍。可以采用计算模型对参数进行探索和优化。例如,检测器与底部电极之间的绝缘间隙的位置对分辨力有显著影响,分辨力最大值出现在距离样品进口 1 mm 处,约为 3.8。文献[42]描述了小型

aIMS 的结构,同时测量了小型 aIMS 在常压空气中的分辨力,其值为 5.5,这是迄今为止已报道的最佳的分辨力[图 5.10(c)]。

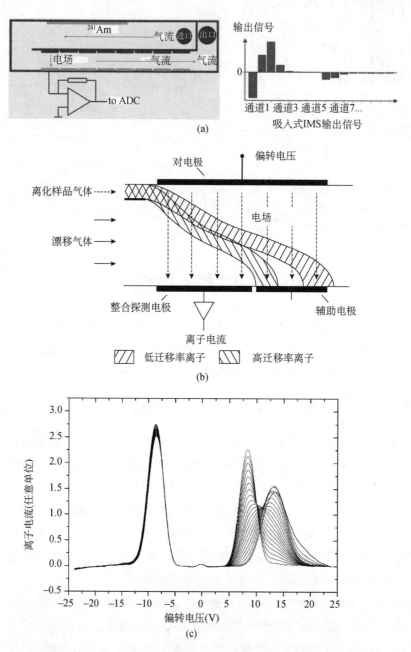

图 5.10 (a)一个 aIMS 的设计,离子通过了漂移管的几乎整个横截面,并在特定检测器上放电,产生柱状图;(b)为了提高分辨力,将入口孔缩小到漂移管流量横截面的一部分;(c)扫描间隙中的电压(电场)产生的迁移谱。[图(a)由 Anttalainen 提供,图(b)、(c)摘自 Zimmerman et al., *Anal. Chem.* 2008,80,6671-6676.经允许]

在第二种方法中[43],离子进入充满 aIMS 整个流动截面的分析区域,也穿过均匀分布在截面上的导线或条带。这些导线或条带之间的电场可以用来中和除中心通道外横截面上所有部分的离子。因此,进入 aIMS 的孔径宽度由中心的一对导线之间的距离来确定,有效地将离子入口孔径从横截面减小到窄的离子带。该方法进行了大量的概念验证测试,并取得了良好的效果。在第二项研究中,该团队对仪器中的离子流进行了建模,并演示了磷酸二甲酯产物离子的分离[44]。

5.5.2　差分迁移谱仪

微型 DMS 漂移管的早期设计比较简单,离子从反应区或电离源区随气流进入分析区,充满了分析板之间 0.5 mm×4 mm 的整个横截面[45]。如同简易的 aIMS,DMS 的进气孔也是完整的间隙,其峰形和分辨力是可预测为较差的。唯一显著的改进是从 RF 区域的一侧注入离子,以避免离子进入分析区边缘电场[46]。这种改进没有显著提高分辨力,但改进后允许使用较大的 RF 值,将离子推至接近 100 V 的补偿电压。

5.6　小结与结论

在离子群注入 IMS 分析仪漂移区的那一刻,离子峰形是最佳的,之后随着离子的扩散或受到其他因素的影响,峰形会不断变差。这是由离子栅门的质量和栅门脉冲波形控制的。因此,离子注入过程在很大程度上决定了漂移管的分辨力,不管是否在传统的飞行时间设计和连续流设计中。传统的基于导线栅格的离子栅门,如 TP 和 BN 的设计,提供了一种将离子引入漂移管以获得迁移谱的便捷方法,并已在实验室和便携式 IMS 分析仪中得到了有效的应用。这些设计,即使在最好的情况下,也受到占空比、最小脉冲宽度、工艺的复杂性和漂移管装配成本等方面的固有限制。为规避这些限制开展的研究包括:采用多种方法改进栅格,以电场切换取代导线栅格,以及脉冲电离源等。这些技术有一定的优势,但在电子复杂性、计算要求和当前技术下的测量速度方面需要做出权衡,目前还没有一种是商业化,或可在商业设备中运用的。尽管与本书第二版出版时相比,上述栅门技术在性能的局限性和细节方面有了更好的记录和描述,但如今导线栅格或栅网栅门仍然是 IMS 的通用技术。尽管改进的方向不确定,但也出现了一些替代方案,这些方案或全新设计的应用可能会在下一个十年出现。

在认识到 aIMS 仪器的分辨力是受入口孔径的尺寸所限后,连续离子流 aIMS 方法就取得了一些进展,人们开发了气动和电动两种方法将稀薄的离子流输入 aIMS 截面中。这些方法提高了 aIMS 仪器的性能,并为 IMS 的技术带来了额外的功能选择性。

参考文献

[1] Tyndall, A. M., *The Mobility of Positive Ions in Gases*, Cambridge Physical Tracts, Editors Oliphant, M.L.E.; Ratcliffe, J.A., Cambridge University Press, Cambridge, UK, 1938.

[2] van de Graaff, R.J., Mobility of ions in gases, *Nature* 1929, 124, 10-11.

[3] Bradbury, N.E.; Nielsen, R.A., Absolute values of the electron mobility in hydrogen, *Physical*

Review 1936，49(5)，388-393.

［4］作者注：这种由两片陶瓷组成的弹簧张紧式离子栅门至少到 1980 年代中期才成为 PCP 公司离子管的独有设计。目前还没有关于该设计的公开参考文献。

［5］Rajapakse，R.M.M.Y.；Eiceman，G.A.，Preparation of Bradbury Neilson shutter with temperature conditioning，2012，in preparation.

［6］Tyndall，A.M.；Powell，C.F.，The mobility of positive ions in helium. Part I. helium ions，*Proc. R. Soc. Lond. A.* 1931，134，125-136.

［7］Eiceman，G.A.；Nazarov，E.G.；Stone，J.A.；Rodriguez，J.E.，Analysis of a drift tube at ambient pressure：models and precise measurements in ion mobility spectrometry，*Rev. Sci. Instrum.* 2001，72，3610-3621.

［8］Salleras，M.；Kalmsa，A.；Krenkow，A.；Kessler，M.；Goebel，J.；Meuller，G.；Marcoal，S.，Electrostatic shutter design for a miniaturized ion mobility spectrometer，*Sens. Actuators B Chem.* 2006,118，338-342.

［9］Zuleta，I.A.；Barbula，G.K.；Robbins，M.D.；Yoon，O.K.；Zare，R.N.，Micromachined Bradbury-Nielsen gates，*Anal. Chem.* 2007，79(23)，9160-9165.

［10］Eiceman，G.A.；Schmidt，H.；Rodriguez，J.E.；White，C.R.；Nazarov，E.G.；Krylov，E.V.；Miller，R.A.；Bowers，M.；Burchfield，D.；Niu，B.；Smith，E.；Leigh，N.，Characterization of positive and negative ions simultaneously through measures of K and AK by tandem DMS-IMS，14th International Symposium on Ion Mobility Spectrometry，Chateau de Maffliers，France，July 16，2005.

［11］Eiceman，G.A.；Vandiver，V.J.；Chen，T.；Rico-Martinez，G.，Electrical parameters in drift tubes for ion mobility spectrometry，*Anal. Instrum.* 1989，18(3-4)，227-242.

［12］Tadjimukhamedov，F.K.；Puton，J.；Stone，J.A.；Eiceman，G.A.，A study of the performance of an ion shutter for drift tubes in atmospheric pressure ion mobility spectrometry：computer models and experimental findings，*Rev. Sci. Instrum.* 2009，10，103103.

［13］Spangler，G.E.；Collins，C.I.，Peak shape analysis and plate theory for plasma chromatography，*Anal. Chem.* 1975，47(3)，403-407.

［14］Puton，J.，Static and dynamic properties of the shutter grid for the ion mobility spectrometer，*Sci. Instrum.* (*Nauch. Apparat.*) 1989，4(1)，29-41.

［15］Iibeigi，V.；Tabrizchi，M.，Peak-peak repulsion in ion mobility spectrometry，*Anal. Chem.* 2012，84(8)，3669-3675.

［16］Sysoev，A.；Adamov，A.；Viidanoja，J.；Ketola，R.A.；Kostiainen，R.；Kotiaho，T.，Development of an ion mobility spectrometer for use in an atmospheric pressure ionization ion mobility spectrometer/mass spectrometer instrument for fast screening analysis，*Rapid Commun. Mass Spectrom.* 2004，18，3131-3139.

［17］Ewing，R.G.；Eiceman，G.A.；Harden，C.S.；Stone，J.A.，The kinetics of the decompositions of the proton bound dimers of 1,4-dimethylpyridine and dimethyl methylphosphonate from atmospheric pressure ion mobility spectra，*Int. J. Mass Spectrom.* 2006，255-256，76-85.

［18］An，X.；Stone，J.A.；Eiceman，G.A.，Gas phase fragmentation of protonated esters in air at ambient pressure through ion heating by electric field in differential mobility spectrometry and by thermal bath in ion mobility spectrometry, *Int. J. Mass Spectrom.* 2011, 303, 181-190.

[19] Bader, S.; Urfer, W.; Baumbach, J.I., Preprocessing of ion mobility spectra by lognormal detailing and wavelet transform, *Int. J. Ion Mobil. Spectrom.* 2008, 11(1-4) 43-49.

[20] Knorr, F. J; Eatherton, R. L.; Siems, W. F.; Hill, H. H., Jr., Fourier transform ion mobility spectrometry, *Anal. Chem.* 1985, 57, 402-406.

[21] Tarver, E. E., External second shutter, Fourier transform ion mobility spectrometry: parametric optimization for detection of weapons of mass destruction, *Sensors* 2004, 4(1-3), 1-13.

[22] Clowers, B. H.; Siems, W. F.; Hill, H. H.; Massick, S. M., Hadamard transform ion mobility spectrometry, *Anal. Chem.* 2006, 78, 44-51.

[23] Szumlas, A. W.; Ray, S. J.; Hieftje, G. M., Hadamard transform ion mobility spectrometry, *Anal. Chem.* 2006, 78, 4474-4481.

[24] Kwasnik, M., Caramore, J., Fernandez, F. M., Digitally-multiplexed nanoelectrospray ionization atmospheric pressure drift tube ion mobility spectrometry, *Anal. Chem.* 2009, 81,1587-1594.

[25] Tabrizchi, M.; Jazan, E., Inverse ion mobility spectrometry, *Anal. Chem.* 2010, 82(2), 746-750.

[26] Spangler, G. E., Theory for inverse pulsing of the shutter grid in ion mobility spectrometry, *Anal. Chem.* 2010, 82, 8052-8059.

[27] Zhou, L.; Collins, D.C.; Lee, E.D.; Lee, M.L., Mechanical ion gate for electrospray-ionization ion-mobility spectrometry, *Anal. Bioanal. Chem.* 2007, 388(1), 189-194.

[28] Jenkins, A., Ion mobility spectrometers, U.S. Patent 5,200,614; filing date January 16, 1992; issue date April 6, 1993; application number 821,681.

[29] Blanchard, W.C.; Nazarov, E.G.; Carr, J.; Eiceman, G.A., Ion injection in a mobility spectrometer using field gradient barriers, i.e., ion wells, *Int. J. Ion Mobility Spectrom.* 2002,5(3), 15-18.

[30] William, C., Blanchard ion detecting apparatus and methods, patent number 6924479; filing date January 24, 2003; issue date August 2, 2005; application number 10/351,107.

[31] Hoaglund, C. S.; Valentine, S. J.; Clemmer, D. E., An ion trap interface for esi-ion mobility experiments, *Anal. Chem.* 1997, 69, 4156-4161.

[32] Hill, C. A.; Thomas, C. L. P., A pulsed corona discharge switchable high resolution ion mobility spectrometer-mass spectrometer, *Analyst* 2003, 128, 55-60.

[33] Hill, C. A.; Thomas, C. L. P., Programmable gate delayed ion mobility spectrometry-mass spectrometry: a study with low concentrations of dipropylene-glycol-monomethyl-ether in air, *Analyst* 2005, 130, 1155-1161.

[34] An, Y.; Aliaga-Rossel, R.; Choi, P.; Gilles, J.P., Development of a short pulsed corona discharge ionization source for ion mobility spectrometry, *Rev. Sci. Instrum.* 2005, 76, 085105.

[35] Lubman, D. M.; Kronick, M. N., Plasma chromatography with laser-produced ions, *Anal. Chem.* 1082, 54, 1546-1551.

[36] Eiceman, G. A.; Vandiver, V. J.; Leasure, C. S.; Anderson, G. K.; Tiee, J. J.; Danen, W. C., Effects of laser beam parameters in laser ion mobility spectrometry, *Anal. Chem.* 1986, 58,1690-1695.

[37] Eiceman, G. A.; Anderson, G. K.; Danen, W. C.; Ferris, M. J.; Tiee, J. J., Laser desorption and ionization of solid polycyclic aromatic hydrocarbons in air with analysis by ion mobility spectrometry,

Anal. Lett. 1988, 21, 539-552.

[38] Eiceman, G.A., Young, D.; Schmidt, H.; Rodriguez, J.E.; Baumbach, J.I.; Vautz, W.; Lake, D. A.; Johnston, M.V., Ion mobility spectrometry of gas-phase ions from laser ablation of solids in air at ambient pressure, *Appl. Spectrosc.* 2007, 61, 1076-1083.

[39] Illenseer, C.; Loehmannsroeben, H.G., Investigation of ion molecule collisions with laser-based ion mobility spectrometry, *Phys. Chem. Chem. Phys.* 2001, 3, 2388-2393.

[40] Young, D.; Douglas, K.M.; Eiceman, G.A.; Lake, D.A.; Johnston, M.V., Laser desorption-ionization of polycyclic aromatic hydrocarbons from glass surfaces with ion mobility spectrometry analysis, *Anal. Chim. Acta* 2002, 453, 231-243.

[41] Zimmermann, S.; Abel, N.; Baether, W.; Barth, S., An ion-focusing aspiration condenser as an ion mobility spectrometer, *Sens. Actuators B Chem.* 2007, 125(2), 428-434.

[42] Zimmermann, S.; Barth, S.; Baether, W.; Ringer, J., Miniaturized low cost ion mobility spectrometer for fast detection of chemical warfare agents, *Anal. Chem.* 2008, 80,6671-6676.

[43] Anttalainen, O.; Pitkanen, J., New aspiration IMS cell structure, 17th annual meeting, International Society for Ion Mobility Spectrometry, Ottawa, Ontario, Canada, July 20-25, 2008.

[44] Anttalainen, O., New practical structure for second order aspiration IMS, 20th annual conference, International Society for Ion Mobility Spectrometry, Edinburgh, Scotland, July 23-28, 2011.

[45] Miller, R.A.; Eiceman, G.A.; Nazarov, E.G.; King, A.T., A micro-machined high-field asymmetric waveform-ion mobility spectrometer (FA-IMS), *Sensor Actuators B Chem.* 2000, 67, 300-306.

[46] Rorrer III, L.C.; Yost, R.A., Solvent vapor effects on planar high-field asymmetric waveform ion mobility spectrometry, *Int. J. Mass Spectrosc.* 2011, 300, 173-181.

第 6 章
离子迁移谱的漂移管

6.1 引言

漂移管是离子迁移率测试方法的核心部件,并由其他部件提供支持,如电源、加热部件、离子栅门控制、气流以及检测器电子元器件等。基于迁移率方法的迁移谱分析仪的通用设计如图 6.1 所示,其中将漂移管进一步定义为电离源和反应区(第 4 章)、漂移区(或迁移区)以及检测器(第 7 章)。今天,存在形式多样的设计、材料、电离源和漂移管,新的迁移率测量方法也在不断涌现。本章的目的是介绍在传统和新兴迁移率方法中的离子迁移谱原理和技术。

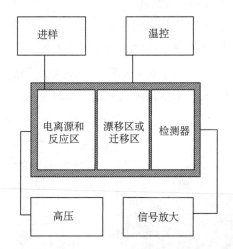

图 6.1 通用离子迁移谱仪主要部件的框图,这里不涉及迁移率方法。任何离子迁移谱仪都有漂移管,漂移管包括电离源、离子漂移区、检测器和测量所需的支持组件。通常包括净化的气体环境、供电和温度控制。第 4 章介绍了电离源的选择,第 5 章介绍了离子注入的方法。

本章首先介绍第一台商用离子迁移谱仪的漂移管设计,这台 IMS 仪至今仍应用于军事和安全领域。当前,基于这类漂移管的分析仪处于相当先进的发展水平,虽然分辨力和动态范围有限,但性能仍然稳定,可以提供有价值的服务。此外,在用于测量离子迁移率的其他设计和构造方面也有令人印象深刻的创新;创新的目的通常是小型化,或简化仪器,或提高分辨力,或将 IMS 与 MS 结合。

6.2　叠环设计的传统漂移管

6.2.1　研究级大口径常压漂移管

迁移谱仪中最容易理解的漂移管构造，是在管状结构中交替堆叠漂移环与绝缘环，并施加线性电压梯度构建迁移电场。虽然所有漂移管都有些共同特点，但在环的设计、电场的控制、反应区和漂移区的长度、离子栅门的选择、绝缘环的方法、内部气体流动的模式以及漂移管的外壳或机械支撑等方面不尽相同。第一种分类可以是基于支持气体压力（环境压力或接近 1 Torr），第二种分类可以以漂移管的设计或尺寸（大小、数量、材料）为依据。以下讨论旨在给予指导，并不全面，仅介绍部分漂移管的突出特征。讨论包括商业级和研究级的设计，对在本书其他章节有详细描述的部分只做简要描述。

Beta VI 及后续的设计。最早的商用仪器是 Beta VI（见本书第 2 章和前几版），它与 1970 年乔治亚理工学院 McDaniel 研究的漂移管为同一种结构[1]。漂移区几乎与 McDaniel 的设计一样，都采用了金属环，相邻金属环被 3 个绝缘的蓝宝石球隔开，叠加之后用弹簧压紧[图 6.2(a)]。与乔治亚理工学院的设计不同的是，Beta VI 反应区设计成可进气态样品，并且反应区很长，几乎与漂移区等长甚至超过漂移区。现在看来，这种延伸反应区长度的设计是超痕量检测的最佳设计，这使得早期的 IMS 作为一种检测方法受到关注。这种漂移管需要放置在真空室中，由于气流控制不稳，中性粒子会从反应区扩散到漂移区，使分析结果变得复杂。在后来的型号中，人们用特氟隆代替蓝宝石球绝缘环，这种情况得到了改善。

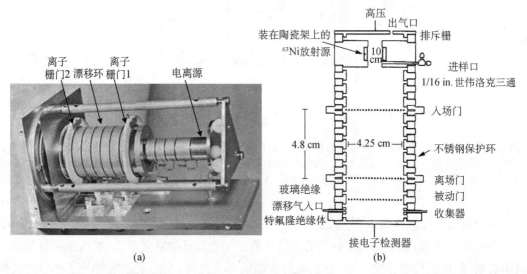

图 6.2　Beta VI 仪器(a)最初由 Franklin GNO 公司、后来由 PCP 公司生产，创建了一种通用的设计结构，并一直沿用至今；Beta VI 仪器有 β 射线源、反应区和带分压器的漂移区。由气动控制装置实现气流单向流动的漂移管(b)，气流带着样品流经电离源区并排出。（摘自 Baim and Hill, Tunable selective detection for capillary gas chromatography by ion mobility spectrometry, *Anal. Chem.* 1982, 54(1), 38-43. 经允许）

Baim 和 Hill。 1982 年，Baim 和 Hill 描述了首个适用于样品快速进入和排出的高速响应的漂移管，并与气相色谱仪结合，以 IMS 作为检测器。实现的方式是通过气动"密封"设计和迁移气单向流动[2]。不锈钢环和玻璃陶瓷环交替安装在一起，通过设计自动对准，如图 6.2(b)所示。在单向流动中，进入漂移管的样品中性分子与迁移气混合，并随同迁移气流经电离源，随即从漂移管中排出。样品中的中性样品气体不会再扩散到漂移区或停留在反应区。该设计表明 IMS 漂移管可以解决因离子与分子的不受控的结合产生的谱伪影问题，因此可实现快速响应；同时，该设计尺寸小、成本低。漂移管刚开始是由微处理器控制[3]。虽然该设计中漂移管采用的是^{63}Ni 箔源，但可以很容易地重新配置为光电离源和电喷雾电离源。迁移环被紧密地安装在温度可控的金属外壳内。

Eiceman 等。 Eiceman 等人保留了 Baim 和 Hill[2]的设计理念，进一步简化离子管，但采用了相同尺寸的漂移环和绝缘体环，并将压缩/对准杆置于堆叠环内部[4]。这样就可以将漂移管固定在外壳外，之后还做了修改，增加了导流板，并对环做了卡扣式配合设计[5]。这种外部叠加的卡扣式设计可以方便地调整反应区和漂移区的长度，也便于更换电离源。该设计基于不锈钢漂移环和特氟隆绝缘环，不锈钢漂移环可以作为垫圈商购获得。值得注意的是此设计对电场进行了评估，并尝试对性能进行建模和描述。Baumbach 等人对漂移管进行了的类似的建模，他们首先提出外壳接地会影响漂移管内部的电场[6]。

高分辨力。 20 世纪 80 年代末，Graseby 动力公司展示了一种具有高分辨力的漂移管技术，并且对 IMS 进行建模和参数研究[7]。如图 6.3(a)所示，该漂移管由一根长玻璃管组成，玻璃管的外表面附着有薄铜带作为漂移环，管长约 50 cm，内径约 12 cm。漂移管上安装了军用级 CAM 的部件，包括电离源、离子栅门和栅格孔/检测器组件。注入离子管中的离子群直径约 1 cm，仅占漂移管内径的一小部分，在环境压力下，这种长漂移管的分辨力可达 150。谱图如图 6.3(b)所示。

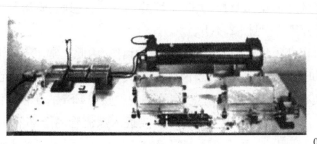

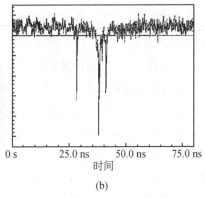

0 s　　25.0 ns　　50.0 ns　　75.0 ns

时间

(a)　　　　　　　　　　　　(b)

图 6.3 (a)1980 年代，Graseby 动力公司建立的常压下分辨力超过 150 的漂移管照片；(b)用该仪器获得的氯化苯酚的负极性迁移率谱。(来自 Brokenshire，由 Graseby 动力公司提供)

IONSCAN。 用于台式分析仪的漂移管出现在 1990 年代初的 IONSCAN 爆炸/麻醉品分析仪系列中。该漂移管如图 6.4 所示，体现了高水平的工程设计，并充分考虑了针对预期样品的处理接口。该仪器是一个专用分析仪器,用于检测烈性炸药微粒(第2.4节,表2.3);当用加热板紧压样品时,样品热解吸形成气态,气态样品被气流带入漂移管。这台仪器的特点是高温设置,具有多个型号,生产数量达到数千台。漂移区长约10 cm,分辨力约为20。仪器设计和制造坚固耐用,普通人只需经过短期培训就可以上手操作。

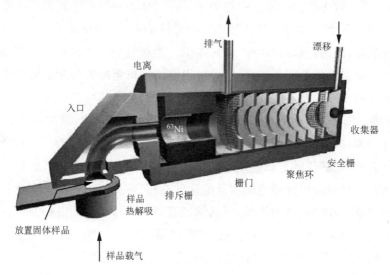

图6.4 Barringer公司IONSCAN 400B的进样口和漂移管的截面图。加热器和入口的设计可以支撑取了固态样品的纤维纸。当带有样品的纤维纸放置在加热器中时,加热器会把它压住,解吸出的样品蒸气被载气带入漂移管。(摘自Vinopal et al.,Finger printing bacterial strains using ion mobility spectrometry,*Anal. Chim. Acta* 2002,457,83-95.经允许)

采用电喷雾的IMS漂移管。 在华盛顿州立大学团队的另一项开创性研究中,研究人员将电喷雾电离源与IMS联用带来的低分辨力的问题正确地归因于离子的不完全溶解。解决的方法是延长漂移管(与反应区相连部分)长度,形成去溶剂区。冷却的ESI保持稳定的喷雾,加热的气流在离子群进入漂移区之前反向吹扫,去除中性溶剂分子,达到去除溶剂的目的,这种方法显著提高了离子管的分辨力[见图2.4(b)][8-10]。

在高达2 μL/min的流速下还可以获得稳定的响应和高质量的谱图,因此在常压下尚未开展采用全流量传统色谱柱的LC和IMS联用研究。当液体流量大于10 μL/min,或者液体中含有50%或更多的水分时,即使有一个去溶剂区,直接向漂移管中喷射ESI的迁移谱仪也无法工作。文献中描述了一种接口,该接口可以接受从LC直接进入漂流管的全部液体,该接口由特氟隆外壳包裹3个不锈钢环组成,第三个环上焊接有不锈钢网,用于截留电喷雾,去除较大的气溶胶。接口连接处的液体通过3个通道排出;此处使用了一个小型泵来辅助排出从接口处截留的液体,而不影响漂移管中的压力或漂移管的性能[11]。

侧流取样漂移管。 化学成分复杂的蒸气样品,例如从手提袋或人体表面(包括合成和天然聚合物)收集到的材料进行热解吸所获得的蒸气样品,可能会导致漂移管的长期污染。这可以归因于半挥发性物质在源区和反应区表面的冷凝,此时源区或反应区就相当于一个具有特殊污染表面的指数稀释室。在一个令人印象深刻的设计中,样品热解吸产生的蒸气进入垂直于离子流方向的漂移管,并从中抽出[12]。与其他此类漂移管一样,用纯净气体持续吹扫电离源,并通过气流和离子栅门方向的电场扫掠离子。同样地,净化气体从检测器处进入漂移区,来自源区和漂移区的气流从近离子栅门处排出。在此处,样品气流被引入该区域,并与其他气流一起排出。产物离子通过常规反应产生,将大量化学成分复杂的样品引入漂移管,仪器可在几秒钟内恢复至干净的响应。此设计功能尚未应用于任一商用仪器。

逆向源流设计。 漂移管设计中的另一项创新是采用了 CD,将反应区与样品蒸气隔离。显然,在电晕放电中形成的反应性气体与生成的氮氧化物阴离子有关。如果将反应的中性气体从电离区中清除,只保留 O_2^- 作为主要反应离子,则可以避免上述情况[13]。文献描述了这样一种设计,将来自电离源的离子从电离源区提取出来并与样品蒸气混合,以避免样品蒸气进入电离源区域与其中的气体发生混合[14]。

6.2.2　小型手持式设计

手持式 CAM[图 2.3(a)]作为商用仪器,其漂移管尺寸显著减小。该漂移管依旧采用传统的设计,离散的漂移环由绝缘陶瓷支座隔开,陶瓷支座套在漂移管内的 3 根杆子上,3 根杆子也用于压缩漂移环。漂移环的内径为 12 mm,外径为 25 mm;整个漂移管(包括源)的长度为 85 mm,放置在一个紧密配合的保护壳中[15]。来自膜入口的样品被吹扫进入一个装有 10 mCi ^{63}Ni 的圆筒中,之后流向 Tyndall-Powell 离子栅门。漂移气从检测器处进入,在栅门附近排出,并通过便携式气体净化系统循环过滤。该仪器是作为检测化学战剂设计并优化的,因此当其应用于一些消费级和非军事用途时收效甚微。

几个研究小组试图进一步减小漂移管的尺寸,最冒险的想法是将其作为不具有常规谱仪分辨率的离子迁移率传感器[16]。这些小型化漂移管被设计得很小巧、便宜、分辨力有限。橡树岭国家实验室制作了一个由 25 个漂移环组成、长度为 35 mm 的漂移管[17]。由于该设计中的电离源是脉冲紫外激光,脉冲能量低于 0.1 mJ/脉冲,因此不需要离子快门。这个设计虽然在功能上是有效的,但带宽较宽且分辨力低。

传统漂移管组件简化和小型化最成功的是被称为 LCD 的手掌式军用探测仪[18]。在 LCD 中,漂移环连接到电路板上,该电路板还包含其他的一些消费类电子产品中的电子元器件。这种结构类似于其他传统的漂移管,漂移管组件由侧面为 15 mm 的金属小正方块构成,漂移管长度为 50 mm。除了环之间的空隙外,没有绝缘体。LCD 采用脉冲 CD,漂移气流由一个小的内部风扇辅助"被动泵送"产生的气流混合而成。样品通过针孔引入,动力源来自一个小型音频扬声器,扬声器膜上的振动产生压力梯度,将样品蒸气吸入电离源腔体,引入的气流可根据需要调整。

6.2.3　低压漂移管

由于 IM-MS 在生物化学、生物学和材料科学研究中的应用,真空或低压下离子迁移率测量和离子表征技术成为 IMS 的重要特征。仪器在环境压力下工作,和在 1~10 Torr 的氦气下工作,其漂移管的设计和操作存在显著差异,因此必须对低压下的漂移管尺寸、电场强度以及装配方式进行调整。而在这些仪器中找到很多有趣的和精致的漂移管设计，值得在这里讨论。这些设计的其他一些细节见第 9 章。

ESI 离子阱离子迁移飞行时间质谱（TOFMS）。 印第安纳大学 Clemmer 小组设计的离子迁移管从最初的使用离子阱将离子注入迁移谱仪（第 5 章）的形式，逐步发展到复杂的离子阱/离子迁移率/TOFMS 方法，这些方法都与 ESI 源相结合[19]。设计理念是将高分辨力和质谱技术结合起来，从离子强度、漂移时间和质荷比（m/z）的曲线图中获取样品相关的信息。大型且分析功能强大的仪器已被用来识别肽和分离混合物（如泛素和肌红蛋白）中的电荷态分布。在下一个更复杂的设计中[20]，四极杆质量分析仪被放置于漂移管和 TOFMS 之间。在该离子阱/离子迁移率/四极杆/TOFMS 中，四极杆质量过滤器被用于分离特定的 m/z 值，以进行碰撞活化解离和随后的碎片离子质量分析。

基质辅助激光解吸电离（MALDI）IMS-TOFMS。 得克萨斯 A&M 大学的 Russell 小组介绍了另一种低压漂移管设计，该设计基于 MALDI 源，漂移管连接在质谱仪上用于正交离子提取。漂移管和质谱仪之间的接口处允许迁移率选择，碰撞诱导裂解（collision-induced dissociation，CID）后离子被有效传输到 MS 分析仪[21]。接口是一个叠环式离子导向器，可灵活调节场强和压力比，用于控制 CID 中的离子温度。IM-CID-MS 方法主要用于裂解肽离子。

软着陆漂移管。 在低压漂移管中最后要提到的是 Davila 和 Verbeck 设计的漂移管，他们使用激光烧蚀源形成离子，并使用漂移管选择沉积到基板上的离子，以用于新材料的制备和开发研究[22]。烧蚀后，使用惰性气体（例如 8 Torr 的氦气）使离子热化，漂移管则被用来分离选定的离子。在漂移区末端的离子光学，其独特的开环设计将离子引导到检测器或基底上，以进行软着陆。能量低于 1 eV 的离子降落到基底上，用以探索化学材料科学。

6.2.4　平面型常规漂移管

上述的圆柱形漂移管通常需要机械车间来准备零件，还需要技术经验以将零部件组装成漂移管。除了材料和生产成本之外，它还制约了漂移管设计创新和 IMS 方法开发。为了加快漂移管的制造速度，同时降低仪器制造成本，人们采用了光刻电路板的形式进行漂移和绝缘元件的平面设计[23]。与传统设计相比，漂移管的制造成本降至原来的 10% 或更低；且速度更快，从设计、制造到完成仪器，可能只需要几天，而不是几周或更长时间。

在本设计中，两块电路板被特氟隆垫片隔开，其漂移区域为 13 mm×25 mm×74 mm。平板上包含 9 块 5 mm 宽、均匀间隔 2.5 mm 的漂移板；漂移板与分压器共同决定了漂移区的电场。离子栅门为矩形（10 mm×30 mm）设计以适应漂移管横截面，检测器采用不锈钢板（20 mm×10 mm）。受栅门质量的限制，分辨力为 13。此前，Blanchard 曾使用平面漂移管在环境压力下利用专门的离子过滤或基于迁移率分离的概念在空气中实现离子迁移[24]。平面设计也是 Excellims 公司开发的串联迁移谱仪器的一部分（第 6.6.5 节）。

6.2.5　无人机机载漂移管

作为点传感器，所有 IMS 分析仪都存在一个固有的局限性，即当分析仪与样品相距一定距离时，必须采集样品并将其转移到分析仪。与无须移动就能测量广阔空间的对峙传感器相比,点传感器受限于很小的空间范围。如果漂移管能在感兴趣的区域或空间内快速移动,就会打破这个局限性。基于遥测的、由无人机携带的仪器已实现了这个目标,并应用于目标蒸气的浓度监测。而点分析仪是无法采集这些样本的。通过一个 CAM、一个带有 1 MB RAM 的 Compaq 386 主板、两个 H-Cubed 公司和 Tekk 公司的数字无线电发射机和接收机套件、CoSession(Triton 技术)通信软件和一个远程 386 级计算机工作站,可以对数据进行远程处理。所有配件加起来,便携式系统重量不到 7 kg,使用的电池功率不到 30 W。在 1~2 英里的典型范围内,每分钟大约记录 20 个光谱。这一点后来在基于 LCD 的分析仪的现场试验中得到了证实[25, 26]。

6.3 高场非对称漂移管

6.3.1 概述

对于传统的漂移管设计,在环境压力下进行高达 20 000 V/cm 的场依赖性迁移率测量是不切实际的,因为 10 cm 长的漂移区所需的电压是 200 kV。20 世纪 80 年代末,苏联通过平行平板或圆柱形的非对称场解决了这一现实困境,并于 1993 年初在西方杂志上进行了报道[27]。如今,基于以上方法的实施例得到了大力发展,用于在质谱仪之前过滤离子以降低化学噪声,以及选择感兴趣的离子以对特定物质进行定量测量。上述方法的优势在于无栅门设计,离子可以不间断地从源区移动到漂移区,因此源区中离子采样占空比为 100%。当在 ESI 源和 MS 之间装置 FAIMS 时,S/N 可提高 50 倍,这使得此类漂移管成为 MS 的有力补充,并应用于药物和生物医学测量中。同时,此类依赖于迁移率的漂移管也应用于独立的军事领域,以及与气相色谱仪组合使用。

6.3.2 圆柱形高场非对称离子迁移谱

第一款由苏联发明、最初引入北美的场依赖性迁移谱为圆柱形设计结构,如图 6.5(a)所示。在这个装置中,样品分子被电离并随气流在两个同心管(内电极和外电极)之间流动[28]。内外电极之间施加不对称电场或分离场。在之后的设计中,离子从样品气流中分离出来进入净化空气流。

早期研究发现,圆柱形设计对流经漂移区的离子有聚焦作用[29],这是由内、外管曲率不同导致横截面上的电场不均匀造成的。随着分离电压的增加,离子在两个同心圆柱之间聚焦,离子峰高或离子传输效率提高。加拿大的一个研究小组对该设计进行了改进,他们利用一股反向气流吹扫外部离子源产生的离子流,以去除离子流中的溶剂和中性物质。因此,将电喷雾电离源产生的离子引入分析仪时就不必担心会引入气溶胶[30]。他们将 ESI-FAIMS 与 MS 相结合,其中 FAIMS 采用了圆柱形设计,这种结合方式带来了巨大商机[31]。这同样也开创了在 ESI 源和 MS 之间的离子过滤器的新概念,今天人们就可以从市场上买到 Thermo Fisher 科学公司的半球形设计的 FAIMS。

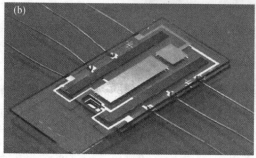

图 6.5 FAIMS 或 DMS 用漂移管，包括（a）Thermo Fisher 科学公司商业化的圆柱形装置（经 Thermo Fisher 科学公司授权许可）；（b）Sionex 公司商业化的第一个小型平面设计的 FAIMS（摘自 Miller et al.，A novel micro-machined high field asymmetric waveform ion mobility spectrometer，*Sens. Actuators B* 2000.经允许）；以及（c）Owlstone 纳米技术公司制造、超细加工、结构小巧的 ultraFAIMS（摘自 Owlstone 白皮书，2006）。

6.3.3　微结构差分迁移谱仪

　　Miller 等人开发了一种构建成本低、可以大批量生产的小型 FAIMS 分析仪的方法[32]，他们使用微加工技术将金属电极黏合到玻璃或陶瓷板上［图 6.5（b）］。两块镜面板被特氟隆垫片隔开，压缩在一个框架中形成漂移管。板间隙为 0.5 mm，密封垫或垫圈限定了气流范围和气流通道；分离板的尺寸为 5 mm×13 mm，法拉第检测器的尺寸为 5 mm×5 mm。检测器可以是 5 V 或 −5 V，因此可以在一台分析仪中同时检测正、负离子。该漂移管结合了多种电离源，包括光放电灯[33]、放射性 ^{63}Ni 源[34]和 ESI 电离源[35]。值得注意的是，AB Sciex 公司已经生产了一款用于 ESI 串联 MS 的漂移管版本（图 6.6）[36]。一个中国团队基于 Miller 等人的原始概念设计了一个改进的版本[37]。

6.3.4　UltraFAIMS

　　Owlstone 纳米技术公司介绍了另一种平面 DMS 仪器，它进一步缩小了场依赖性迁移谱设计，用了"芯片"形式［图 6.5（c）］，既带来收益，也带来挑战[38, 39]。随着板间距离的减小，分离波形中高电压的要求被放宽。例如，35 μm 的板间距只需要 270 V 就可以产生

差分迁移率单元
紧凑且简单的设计，不用任何工具，在两分钟内完成安装。

SelexION™帘板
最新版本的帘板，适配差分迁移率单元。保持与原始设计相同的鲁棒性和稳定性。

(a)

(b)

图 6.6　(a)AB SCIEX 公司基于 SelexION 技术将 DMS 和 MS 结合的商用产品,该技术作为一个单元集成在质谱仪系列中(照片由 AB SCIEX 公司提供);(b)一张连接到质谱仪入口的 ultraFAIMS 照片,这是最近 Owlstone 纳米技术公司发布的技术。这两种设计都是为了在电喷雾电离源和质谱仪之间分离或过滤离子,电喷雾电离源通常会在液体样品的喷雾中产生复杂的离子混合物。

80 kV/cm 的电场,而在上一节提及的小型平面 DMS 中,500 μm 的板间距等效电场为4 kV。目前,基于 ultraFAIMS 设计的仪器最高场强约为 75 kV/cm,频率为 27 MHz。漂移管由 50 块长度为 300 μm 的平板组成,在流速为 10 m/s 的情况下离子停留时间约为 20 μs。在 ultraFAIMS 中,离子在低电压区的时间太短,不足以让离子冷却并与极性分子络合,这种现象在 1 MHz 的 DMS 或 300 kHz 的 FAIMS 中也存在。因此在微型漂移管中,基于离子溶剂化-去溶剂化过程的正 α 相关性[40, 41]很弱甚至不相关。在这项技术的早期配置中,色散图主要受限于观察到的模式,而负 α 相关性影响着分析分辨力。然而,小尺寸和高电场有一个强大优势,即离子解离或碎裂相对容易。人们试图从微型分析仪中获得更多的分析信息,在一项最新进展中,高场色散图中观察到的离子解离和碎裂模式[39]被应用于化学物质的鉴定。

6.3.5 高场波形

在大多数 FAIMS 实验中,电场波形频率范围为 0.2~1 MHz,出于方便和成本的考虑,一般使用正弦波的叠加。理论上,矩形波可以使离子直接并完全地置于高场或低场中,因此能提供更好的性能。在非矩形波形中,只有在波形的某个阈值以上,即整个波形的一小部分,离子才被"加热"。这意味着预期在场极值处发生的离子行为减少,由此带来在给定的分离电压下分辨力的损失。增加离子加热的速度和时间会改善离子分离、分辨力,并可能降低对场强的要求。而频率为 1 MHz、电压幅度为 3 kV 的矩形波不容易产生,会受到诸如使用开关晶体管等过大的功率负载的限制。

目前,至少有 4 个团队试图优化[42-45]应用于 DMS 的波形:2 个团队致力于生成矩形波形和改进当前使用波形,另外 2 个团队试图探索理论上最佳的波形。结论如下:

(1) 矩形波形确实改善了峰分离,所需电压低于正弦波所需的电压,因此这是一个提升。

(2) 最优波形可能是离子特异性的,这将使以全局方式运行优化分离的任何努力变得非常复杂。

在实际应用中,与叠加正弦波相比,数字矩形波形在电气设计上更为复杂,对功率容限要求也更高。在高压开关技术能够提供可靠、经济和方便的替代方案之前,人们可能会采用叠加正弦波的技术。

6.4 吸气式漂移管

6.4.1 概述

在迁移率分析中最简单和最早的概念是 aIMS 方法,其中漂移管在没有离子栅门的情况下工作,离子测量的占空比可以达到 100%,分析仪具有平面几何结构,电子设备相对简单[46, 47]。虽然分辨力受到限制,但来自 Environics Oy 公司的手持 aIMS 仪器(图 6.7)已作为商用产品实现销售,并认为可应用于现场。导致低分辨力的原因可能与某些设计选择有关,例如开环设计,其中环境空气可被直接吸入分析仪,取决于诸如离子入口孔径尺寸等细节。在过去的 10 年中,aIMS 漂移管的建模和重建模型令人印象深刻,这表明在保持结构简单的同时,存在提高分辨力的可能性。

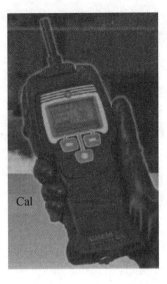

图 6.7 一个采用 aIMS 漂移管的商用产品 Chem Pro 100i（由 Environics Oy 公司的 Anttalainen 提供）。

6.4.2　小型低气流设计

研究人员为小型 aIMS 仪器确定了 3 种漂移管设计[48, 49]，它们的名称如下：

（1）一阶集成设计。该设计分辨率有限，可作为广泛迁移率范围内的离子快速指示器。

（2）多通道 aIMS。离子检测板上存在多个检测器通道，通道数一定程度上决定了化学检测的能力。

（3）扫描式 aIMS。改变电压来控制离子到达检测器，可扫描一个或多个场。

第四种设计是所谓的二阶设计，与漂移管内板间距离相比，进入分析仪的离子流很窄。控制入口孔径有效宽度的方法有以下两种：①改变漂移管的物理结构，例如 Zimmermann 等人将薄层离子引入迁移率测量的主通道[50, 51]；②改变电场，例如 Anttalainen 通过改变电场去除大部分离子，只保留选中横截面宽度的离子[48, 49]。

Zimmermann 将 4 个廉价组件堆叠在一起，以这种低成本的制造方式建模和演示 aIMS 设计。利用流体动力学和几何尺寸的约束（即小的入口孔径）使离子群的宽度变窄。样品流的孔径约为主流动通道孔径的 10%，建模显示，两股流体汇合产生的不均匀气流会对结果产生一些影响。尽管如此，正反应物离子峰的分辨力仍为 5.5，且反应物离子峰与甲基膦酸二甲酯（dimethyl methylphosphonate, DMMP）质子化单体峰之间有明显的分离。在 DMMP 的质子化单体和质子结合二聚体之间也观察到了分离——尽管在不使用模式识别方法的情况下未能分离几种相似的有机化合物。在本设计中，辅助气体经闭环清洁系统净化。

Anttalainen 设计了一种方法，通过改变气流截面的板间电场来缩小进入 aIMS 漂移管漂移区的离子团孔径。进入漂移区的离子被吸引并湮灭在板上，以限定在整个截面上只有很薄的一片区域有离子通过，从而有效减小孔径宽度。虽然这一新的设计并没有提高普通多通道 aIMS 的分辨力，但水合质子和二异丙基甲基膦酸盐（di-isopropyl methylphosphonate,

DIMP)产物离子(可能是质子化单体)的峰中心被大约一个峰宽隔开。仅这一个方面就已经是小型 aIMS 漂移管的一大进步,而且,不论在商用产品中还是发表的期刊文章中,我们都看到了 aIMS 的发展[52, 53]。

6.4.3 差分迁移率分析

DMA 可以看作 aIMS 的一种变体,其气体流速足够高,可以最大程度地减小离子团的扩散展宽,且分辨力很高。正因为 DMA 方法和技术与气溶胶或微粒的迁移率特性有关,DMA 与 MS 结合的实验室设计已开发用于分子研究[54]、大型聚合物[55]以及使用电喷雾电离源形成的生物分子的化学测量[56]。该 DMA 仪器与其他 aIMS 仪器类似,都是平面的设计[54],这是与经典的用于颗粒表征的 DMA 仪器最大的区别。至关重要的是,在离子注入和分离过程中需要大流量(高达 30 L/min)的净化气体使离子保持层流,而这对于分辨力必须大于 50 的实验室仪器来讲是很有利的。

6.5 行波漂移管

一种称为行波离子迁移谱(traveling wave ion mobility spectrometry,TW-IMS)的新迁移率方法作为 Synapt™ 高清质谱(high-definition mass spectrometry,HDMS)系统的一部分,由 Waters 公司作为商用产品发布,该系统由 3 个启用 TW 的堆叠式环形离子导向器结合正交四极杆加速 TOF 质谱分析仪组成[57]。虽然 Synapt 中迁移组件的分辨力不大,但由于 TOFMS 仪器本身的分析能力强大且已经商业化,使得该仪器及其后续的升级版本被广泛应用于生物分子研究[58, 59]。由于叠环设计是在 5 Torr 的氮气中运行的,这个压力范围下讨论 TW-IMS 可参见第 6.2.3 节介绍的亚大气压力的测量方法。然而,仪器内部电场和气体的非常规控制需要单独讨论。

在漂移管中,相邻的环上施加相位相反的 RF 电场,用以产生径向限制势阱[60]。在一个环(Synapt G1)或两个环(Synapt G2)上叠加几伏(比如 6 V)的电压脉冲,引起离子运动。脉冲转移到相邻的环上,以 300~1 300 m/s 的速度在整个环结构中依次传播,直到离子管末端。这一过程反复进行,离子以一定的迁移率沿 TW 方向移动。通过控制脉冲(或波)的速度、脉冲高度和气压等关键参数,实现了离子团的迁移分离。

TW-IMS 中的离子运动可以通过波的最陡处的离子漂移速度与波速的比值来理解。在给定的参数下,低迁移率的离子比高迁移率的离子在波上移动得更多,这为离子的迁移率分离奠定了基础。当这个比值较低时,离子传输速度正比于迁移率常数 K 和电场强度 E 的平方。在最高比值时,传输速度渐进地逼近波速,分辨力取决于迁移率,在低比值时,分辨力为 $K^{1/2}$,在高比值时,分辨力小于 $K^{1/2}$。离子阱用于将离子注入漂移区,也可以用于碎裂离子,为测量时的选择或控制提供了另一维度信息。

6.6 串联迁移谱仪

即使用最狭义方式定义串联,比如二维气相色谱或串联质谱,串联的化学测量方法也已被广泛接受和采用。串联或三重四极杆质谱仪在 20 世纪 80 年代初开始商业化,如今这些仪器早已成为线性四极杆分析仪或离子阱的常规仪器。串联或串接方式虽然会导致信号电流损失,但噪声信号损失更大,从而增加 S/N。与质谱仪相比,迁移谱仪相对便宜、简单且分辨力低,因此串联迁移谱仪带来的是相对较少的额外复杂性,且成本相对较低。

1980 年代中期第一次出现串联 IMS 的概念,当时美国陆军与 PCP 公司签订合同,采用传统 TOF 设计的四段式漂移管,这个漂移管是线性的几何结构,3 个电场区由 3 个离子栅门和 1 个电离源区隔开[61, 62]。在这个设计中[图 6.8(a)],源区内形成的离子通过第一个离子门注入到第一漂移区,并被分离。在第一漂移区的末端,装置了一个与第一个离子门同步的离子门;通过控制第二个离子门的延迟开启时间,使具有特定迁移率的离子被隔离并被传递到第二漂移区。在第三漂移区,可以通过加入蒸气产生选择性反应,也可以通过激光照射使离子碎裂。形成的离子随后通过第三漂移区来表征,而第三漂移区域前面也装有离子门。尽管该仪器是一个演示装置,但其开放式漂移环结构使中性样品气体不受控制地在漂移区内移动,导致分析结果复杂化,这与最初的 Beta VI 设计一样。到 20 世纪 90 年代中期,人们已经认识到需要一种双离子栅门串联仪器来研究离子解离动力学;今天,该仪器很好地配合了基于真空的 IMS-IMS-MS 仪器,以及迁移谱和差分迁移技术相结合的仪器,比如 DMS-IMS。

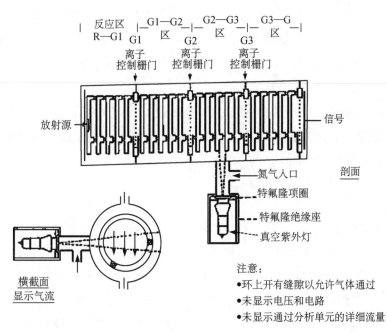

(a)

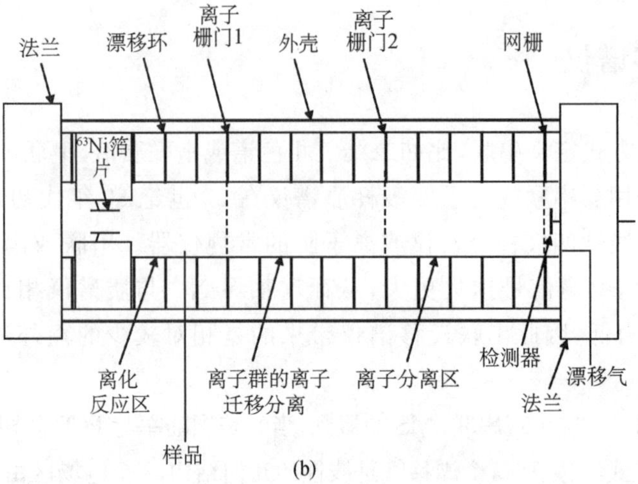

法兰　漂移环　离子栅门1　外壳　离子栅门2　网栅

^{63}Ni箔片

离化反应区　离子群的离子迁移分离　离子分离区　检测器　漂移气　法兰

样品

(b)

图 6.8　来自 PCP 公司的第一个串联离子迁移谱仪的原理图(a)，配置光电离灯。谱仪采用 3 个离子栅门分离具有特定迁移率的离子用于后续的化学反应，最后一个漂移区用于产物离子的迁移率分析。该设计更新的版本如(b)所示，用于测定环境压力下空气中热能化离子的解离或碎裂动力学。（摘自 Pollard et al.，*Int. J. Ion Mobil. Spectrom.* 2011，14(1)，15-22.）

6.6.1　IMS-IMS

6.6.1.1　动态 IMS

大气中气体离子在环境压力下的寿命由双栅门 IMS-MS 首次测量[63, 64]。一个漂移管用于分离离子团，而位于该漂移管末端的第二个离子栅门则用于选择目标离子（如质子结合二聚体），使其进入另一个漂移区后到达质谱仪。研究人员有足够的时间观察分解过程并获得速率常数。之后也出现了特制的装有法拉第盘检测器的 IMS-IMS 仪器[65]，该漂移管的示意图如图 6.8(b)所示；该仪器现在用于测定空气中爆炸物离子的寿命[66]。

6.6.1.2　低压 IMS-IMS

研究人员将工作在 3 Torr 氦气中的 IMS-IMS 仪器与 MS 相结合，采用 IM-MS 联用的方式提高分析性能[67]。研究表明采用二维 IMS 分析胰蛋白酶肽混合物时，分离效率确实提高了 8 倍。该漂移管长 100 cm。

6.6.2　DMS-IMS

一种基于 DMS 和 IMS 的串联迁移率分析仪已被设计、制造和运行，该分析仪中两个小型化 IMS 检测器和一个微型 DMS 分析仪以正交方式组合在一起[图 6.9(a)]，以同时检测正离子和负离子[68, 69]。离子在特定的补偿电压（compensation voltage，CV）下通过 DMS 漂移管，由于电场作用，离子从气流方向脱离，进入两个漂移管中具有合适极性的其中一个漂移管。离子栅门最初是一种在 1 cm 长的传统漂移管内的微加工设计（图 5.4）。DMS-IMS 实验中一个可预期的好处是可以对离子进行表征，基于 K 与 ΔK 的原理增加了测量的正交特征。虽然 DMS-IMS 联用仪器相较于 DMS 或 IMS,分辨率在一定离子质量范围内没有提升,但因为增加了测量正交性,可以说是对 DMS 或 IMS 的改进。2005—2010 年期间,Sionex 公司生产了约 20 台 DMS-IMS 仪器。

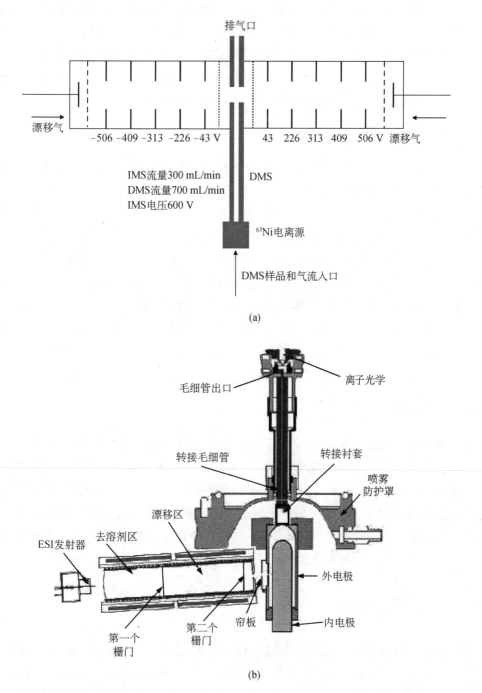

图 6.9　串联移动仪器的两种设计:(a)DMS-IMS 漂移管和(b)IMS-DMS-MS 仪器。(摘自 Pollard et al., *Int. J. Ion Mobil. Spectrom.* 2011,14(1),15-22.)串联离子迁移谱概念正处于研究和开发阶段。(由 Eiceman 提供)

6.6.3 IMS-DMS

可以改变 DMS-IMS 联用设计的先后顺序，将 IMS 漂移管置于 DMS 分析仪之前——尽管 DMS 的扫描频率(0.5~2 Hz)不能很好地匹配 IMS 漂移管的重复频率(10~30 Hz)。在这种情况下，IMS 的双栅门设计可以成功隔离目标离子群，以对其进行 DMS 表征。最近，漂移管与具有 MS^n 能力的 FAIMS-离子阱 MS 成功组合[70]，并在 IMS 漂移管中使用双栅门控制(第 5.3.3 节)。该仪器的一个重要成果是实现了对漂移管中酪氨酸-色氨酸-甘氨酸峰的分离，当样品被引入 FAIMS 后该单峰分离形成两个构象峰。

6.6.4 DMS-DMS

上文所描述的 DMS-IMS 测量由于 K 和 ΔK 太相近而几乎没有正交性，于是研究人员引入离子-分子反应迁移率漂移管来增加串联 IMS 方法的正交性，设计了一种将两个 DMS 漂移管和检测器按顺序串联并工作在常压下的迁移谱仪，试剂气体从两个漂移管中间进入[71]。每个漂移管采用独立电子控制，从而产生包括全离子通过、CV 扫描和窄 CV 范围内的离子选择等多种操作模式。这些模式中的任何一种都可以应用于漂移管，以进行一系列类似于串联质谱的分析测量。在这些研究中，漂移区之间的离子会形成团簇，或发生化学性的电荷剥离，或进入新的支持气体环境中，但不会发生离子解离。在一个实例中，DMS-DMS 展现出其优势，实现了对有机磷酸盐的质子结合二聚体分离。两种化合物离子在 DMS1 中的 CV 值都在 0 V 附近，当进入富含异丙醇的气体环境后，两种离子在 DMS2 中实现了基线分离。这项技术处于发展的早期阶段[71]。

6.6.5 多维 IMS

在一项专利中公开的多维 IMS[72]是 IMS 中较新的概念，正处于早期开发阶段，值得展开讨论。在这项设计中，第一漂移管对离子进行迁移率分离，使具有特定漂移时间的离子被正交地隔离，并引入垂直于第一漂移管的第二漂移管中。这是通过快速增加第一漂移管中的电压来实现的，从而在第二漂移管的方向上产生电场。然后，在温度和气体成分都与第一漂移管不同的第二漂移管中表征该离子群。该设计的优点是提供了一个完整的二维迁移率测量。但这个概念尚未得到实验证明。

6.7 其他漂移管设计

在本节中，我们将讨论基于非常规或非传统技术、材料科学或设计的漂移管设计，而这些在之前的章节中没有被提及。这些创新设计与历史上的漂移管方法有关，因为这些方法在过去 40 年发展最为广泛。

6.7.1　管内膜分压器

6.7.1.1　电阻油墨

20 世纪 80 年代初,人们提出了一种新的漂移管制造方法,这种漂移管是由铝瓷管和通常用于微电路的厚膜电阻材料制成的[73, 74]。在管的两端施加不同的电压,通过管壁的电阻油墨薄膜建立梯度电压。最初的设计人员测定了氧气中金属离子的迁移率系数,后来又测定了其他化学族系的迁移率系数,发现其性能与叠层环设计的漂移管性能相同[75]。这一设计理念包含在一款小型迁移谱仪[图 6.10(a)]中,该迁移谱仪由马里兰州巴尔的摩的环境技术集团(Environmental Technology Group, ETG)在 1980 年代中后期进行了商业化生产,没有其他团队开发同类型的仪器。尽管可以预见在涂层方法和均匀性方面的挑战,该技术依然有众多优点,如简易、节省劳力、制造便宜(尽管油墨和溶剂价格昂贵)和耐高温(油墨固化温度接近 900 ℃)。

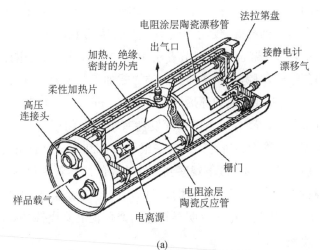

(a)

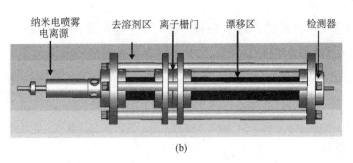

(b)

图 6.10　非传统结构的漂移管设计。(a)一个由半阻性油墨涂层陶瓷管制成的漂移管,在 1980 年代和 1990 年代初由马里兰州巴尔的摩的 ETG 商业化(摘自 Carrico et al., Simple electrode design for ion mobility spectrometry, *J. Phys. E: Sci. Instrum.* 1983.经允许)。(b)在第二次和最近的设计中采用了 Photonics 公司(现为 Photonis 公司)的表面处理玻璃(摘自 Kwasnik et al., Performance, resolving power and radial ion distributions of a prototype nanoelectrospray ionization resistive glass atmospheric pressure ion mobility spectrometer, *Anal. Chem.* 2007.经允许)

6.7.1.2 电阻玻璃

另一种具有传统迁移率方法的非常规技术是用单片电阻玻璃管作为漂移管［图6.10(b)］。漂移管的主体是电阻为 0.45 GΩ/cm 的单片电阻玻璃管（Burle 电子光学公司，现为Photonis 公司）。玻璃表面经过化学处理，即在氢气中发生还原反应使表面形成电阻层。在管的末端施加电压，建立贯穿整个去溶剂区和漂移区的电场。管内径为 3 cm，外径为 4 cm，去溶剂区和漂移区长度分别为 12 cm 和 26 cm。这项技术的特点是结构简单，径向电场均匀[76]。这种管如之前的电阻油墨管一样，都比较简单，但它与电阻油墨相比具有更高的精度和电场均匀性。实际使用关心的问题，如管道对高温空气的耐受度，以及与 IMS 一起使用的其他表面处理方法等，都未见描述。

6.7.2 其他设计

6.7.2.1 塑料漂移管

有些漂移管中的漂移环[6,77]采用了环氧基印刷电路板材料，有些漂移管采用平板设计[23]，这些仪器大多达不到高温，仅用于演示。人们尝试用廉价的材料制造漂移管的所有零件，整根离子管采用基于聚合物的制造方法生产[78]。原则上，使用传统制造方法不容易加工的漂移管的内部结构，可考虑用注塑成型的方式加工。塑料部件可以是导电的、绝缘的或静态耗散聚合物，比如碳载尼龙和环烯烃聚合物 Zeonex。塑料部件存在蒸气杂质释放的问题，因此对 Zeonex 封装的碳载尼龙进行挥发性有机化合物顶空分析，结果表明其杂质含量很低，可应用于 IMS 漂移管。研究人员对一根管长 4.25 cm 的卡扣式叠环式漂移管做了测试（图6.11），在高达 50 ℃的温度下观察到了在洁净的漂移管中观察到的水合质子。当温度高于 50 ℃时，氨的释放导致氨的质子团离子的形成。连续运行 4 h 后还是观察到了表面带电的影响，这可以通过用表面电阻率明显较低的聚合物尼龙代替 Zeonex 来加以控制。此设计理念目前尚未成熟。

6.7.2.2 无环漂移管

一种具有非常规漂移区的漂移管值得一提，因为这对漂移管的设计方式产生了影响。Irie 等人设计了一个无环的漂移管[79]。离子可以在没有漂移环的情况下从栅门移动到检测器，距离为 1~4 cm，电压为 1~5 kV。离子信号峰宽约为 45 μs，漂移时间约为 700 μs，漂移时间与峰宽之比约为 15。虽然这个比值很小，但简单的漂移区表明无需漂移环也可以确定迁移率。

6.7.2.3 非环网格

在所有迁移环的简易化设计中，另一个极端设计来自 1970 年 Stevenson 等人，他们只用网格来代替环[80]。在整个漂移长度内，在网格上建立正向和反向电位，因此电场是个具有漂移区长度的三角波形。网格间距为 1 cm，在相邻环上交替施加两个 0~1 000 V、频率为150 Hz~150 kHz 的锯齿波。迁移率常数与锯齿波的频率有关，只有某个迁移率的离子通过漂移区。该漂移管没有离子栅门，就像一个线性离子滤波器。峰位在 20 cm^2/(V·s)处的

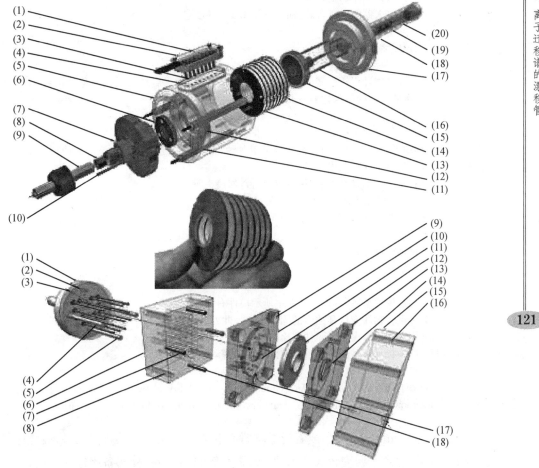

图 6.11 由各种具有绝缘特性或导电特性的塑料制成的迁移谱仪。离子迁移谱仪组件的分解图(上);用于封装绝缘体的注塑成型工具组件(下);已组装完成的漂移管照片(中)。上图:

(1) 电源引脚的印制电路板连接器。

(2) 注塑电源插头。

(3) 不锈钢"卡扣式"连接器插针。

(4) 特氟隆电源插座。

(5) 铝壳和电气屏蔽罩(透明视图)。

(6) 离子栅门。

(7) Graseby HTIMS 入口总管(包括第 6 项)。

(8) ^{63}Ni 电离源。

(9) 鞘流进样口。

(10) 辅助排气口。

(11) 筒式加热器。

(12) 机加工的特氟隆绝缘支架,用于固定并对准组件中的漂移区。

(13) 注塑导电电极。

(14) 注塑绝缘垫片。

(15) Graseby HTIMS 检测器和漂移气入口组件。

(16) 漂移气入口。

(17) 机加工特氟隆盖。

(18) 机加工和通风的特氟隆绝缘环。

（19）前置放大器印刷电路板。

（20）前置放大器的电气屏蔽,铜管处于 1.1 kV(透明视图)。

下图:

（1）钢顶推活塞。

（2）蜂窝状驱动器针座。

（3）顶针,这些针将模制零件"顶出"模腔。通过移动的平台块和动模来移动销钉,使之伸到(11)中零件腔体的最深处的表面。

（4）导销。

（5）浇口顶杆(比顶杆短 4 mm)。

（6）移动平台,一个带有孔的钢块,用于各种"销",包括定位销槽。该部分使用 4 个 6 mm 螺栓(未显示)支撑"动模"(11)。

（7）销钉,用于精确对准模具和移动平台,如箭头所示。

（8）6 mm 模具紧固件螺栓的螺纹孔。

（9）6 mm 模具紧固件螺栓的沉孔间隙。

（10）动模。

（11）移动模制件腔,其带有(12)中所示模制件左侧的负印痕。

（12）注塑件。

（13）固定模具。

（14）固定模件型腔,其带有(12)中所示模件右侧的负印痕。

（15）带聚合物注入口和通道的固定平台。此处也用 4 个 6 mm 螺栓支撑固定模具。

（16）用于 6 mm 模具紧固件螺栓的螺纹孔。

（17）箭头指示熔融聚合物流到零件腔体的流动路径。

（18）聚合物注入口。

（摘自 Koimtzis et al., Assessment of the feasibility of the use of conductive polymers in the fabrication of ion mobility spectrometers, *Anal. Chem.* 2011, 83(7).经允许)

峰的半高宽为 2 cm²/(V · s),或者说漂移时间和峰宽比为 10。尽管与分析级漂移管相比,这一数值较低,但离子密度较大。因此,该漂移管可以作为一种制备级迁移谱仪。

6.7.2.4　电喷雾 IMS 的新气流设计

1990—2000 年,华盛顿州立大学使用电喷雾源改进漂移管设计。近年来,伊朗的团队一直活跃在漂移管设计领域,并创造了高分辨率的 ESI-IMS,在这个方案中去溶剂化区域的直径减小了。另一项创新设计是在离子栅门附近添加去溶剂化气体,以保护漂移区域免受气溶胶或溶剂杂质的影响[81]。ESI 源位于漂移管的加热区域之外,在温度升高时没有出现针头堵塞或 ESI 过程中断的情况。据报道,在 11 cm 长的漂移管和 300 μs 的离子栅门脉冲的条件下,该设计利用更高的流速提高了去溶剂化效率,并得到了更高的分辨力(高达 70)。虽然这可能只是对技术的一种微小修改,但这个设计让人们认识到新颖、灵活的设计(在本案例中是气流设计)是如何完成对漂移管中反应过程的隔离或控制的。由于 IM-MS 一章以及本章中的讨论(6.2.1 节)都与 ESI 相关,因此在这里我们不对 ESI-IMS 做过多探讨。

6.7.2.5　双漂移管

早在 1980 年代后期就出现了双漂移管设计,其中电离源处于地电位,两个漂移管的检测器分别加载负高压和正高压[82]。漂移管设计为 T 形布局,样品入口与漂移管垂直,两个漂移管在一条直线上,相向排列。流经圆柱形金属箔(⁶³Ni)的气流将产生的离子带至两个漂移管之间的区域。在此处离子被吸入极性相反的漂移管中,例如正离子朝着负电位的检测器漂移。该仪器可以方便地提取样品中的正、负离子,并通过迁移率同时进行表征。该漂移管和先前描述的高分辨力 IMS 一样,是在政府资助下由 Graseby 动力公司开发的。尽管关于该漂移管披露的信息很少,但其零件以及尺寸信息都来源于 CAM 漂移管。GID-2A 化学战剂检测系统也基于本设计。

6.7.2.6　离子回旋漂移管

本节描述的漂移管具有不同寻常的设计,它由 8 个区域组成,包括 4 个长 30 mm、弯曲的漂移管,以及 4 个连接漂移管的离子漏斗(15.2 cm);整个漂移管工作在 2.8～3.2 Torr 的氦气中,温度为 300 K[83]。离子被保留在回旋加速器漂移管中,并利用两个 Y 形排列的漂移管引入或去除。来自 ESI 源的离子通过离子栅门注入,通过改变电场频率使离子群在回旋加速器中移动,该电场的频率与离子通过每个区域的漂移时间共振。那些具有谐振频率的离子通过了环,而其他离子则丢失。离子有可能绕着环跑 10 圈以上,通过扫描区域内电场(具有固有频率)来分离特定迁移率的离子。据报道,即使在明显增加循环次数的情况下,峰宽也保持不变,分辨力经计算大于 300。利用其中一个 Y 形漂移管区可将离子提取到 MS 中;肽的 $(M+2H)^{2+}$ 和 $(M+3H)^{3+}$ 离子验证了该漂移管的性能。

6.8　材料的选择

在前面的讨论中,我们介绍了大量的漂移管设计以及漂移管的组件。在这里或在 IMS 技术的综述中,用于构造漂移管的材料的相关描述很少。然而材料的选择又非常重要,它将决定漂移管可能工作的温度范围和漂移管的响应质量,而这些在某种程度上独立于漂移管的设计和形式。材料选择不当,或在不合适的操作条件下使用材料,可能会导致以下两种情况:第一,化学物质或杂质会从材料中散发或解吸出来,从而引起污染或改变气相电离化学反应;第二,样品也可能会因化学吸附或分解而被吸附到材料表面,引起样品损失。以下的讨论对于仪器制造商和 IMS 分析仪用户都具有重要意义。而用户应该更加注意这个问题,因为商用仪器是为特定应用而设计的,采用的材料与此应用具有最佳的兼容性。例如,CAM 中含有塑料部件的漂移管完全可以在室温下运行,但却不能在 80 ℃以上操作,因为材料释放的大量气体会干扰响应。相比之下,设计用于爆炸物和毒品探测的漂移管将采用在高温下不会释放气体的材料,理想的进样口材料表面对极性分子热蒸气不具有太强的吸附性或反应性。因此,药物或热不稳定化合物(例如炸药)在从样品转移到漂移管的过程中不会发生大量冷凝或分解。仪器制造商还应该意识到,即使在精心设计和制造的仪器中,反应离子峰实际上也可能由漂移管中使用的材料形成。被认为是水合质子的峰,实际上可能是离子管结构材料中释放的杂质的质子化单体或质子结合二聚体,尽管这被认为不太重要。在选择和使用合适的漂移管材料时,除了多加注意别无他法。

6.8.1 导体

传统 IMS 漂移管的设计中用了很多导电材料,比如漂移环、离子栅门、孔栅、检测器板、气体管路、保护外壳和漂移管组件的连接线。电离源组件(电喷雾针、CD 电离源中的电极和 ^{63}Ni 箔的保持架)以及作为样品传输管道的进样口也都用到了金属材料。不锈钢因其具有耐用性、耐化学腐蚀性(例如氧化)和低气体释放度的热性能,成为漂移管的首选金属材料。某些漂移管设计采用镀金,但被认为没有必要,反而增加成本和复杂性。尽管不锈钢具有良好的化学性能,但它是一种热的不良导体,需要长时间加热和冷却。尽管充分考虑到了从棒材、板材中加工不锈钢零部件的难度、时间和成本,人们还是喜欢用不锈钢来加工检测器板、孔栅和漂移环,这是因为有多种等级的不锈钢材料可供选择。冲压件或成形件可以降低成本。比如直接购买成品不锈钢垫圈,用车床对其内径和外径进行调整,就可快速、轻松地制作漂移环,这与从棒料中完整加工漂移环相比,大大节省了时间和成本。在德国 Baumbach 团队的一个漂移管设计中,漂移管由特氟隆管制成,漂移环套在特氟隆管的外部。在这种设计中,可以放宽对金属材料化学活性的要求,漂移环可以是铜、黄铜,甚至是铝。同样,在 20 世纪 90 年代早期制造的高分辨率漂移管由一个玻璃管组成,该玻璃管的外表面附着有薄铜带作为漂移环,该漂移管由 Brokenshire 介绍并由 Graseby 动力公司制造[7]。金属的电性能基本相同,因此多数情况下要考虑的是金属的化学性能、成本和物理耐久性。需要特别注意的是热膨胀性,当漂移管被加热时,热膨胀性就变得很重要。铝的热膨胀系数低,适合 IMS 漂移管,这在涉及铝制外壳或铝制法兰的设计时应充分考虑。

金属也可以是进样口的一部分,与样品接触。此类金属应仅限于不锈钢或镍;其他常见金属(如铜)会与有机化合物和腐蚀性气体反应或吸附,应避免使用。对于进样口表面,建议使用特氟隆;如果是金属,可以镀一层薄薄的金进行钝化,或者用内衬玻璃。相对便宜的金属(如铜)可以用于漂移管的原型制作,但仅限应用于低温和探测非吸收性化学物质。

离子栅门可能由不锈钢丝制成,且应考虑栅门组件的热膨胀问题(有关离子栅门的详细讨论,请参阅第 4 章)。一个完整的栅门由两个陶瓷片以及之间拉伸的金属丝组成。陶瓷片被热稳定的弹簧分开,这样即使由于温度变化引起膨胀或收缩,也不会因张力的变化而使金属丝松弛或折断。CD 电离源和其他电离源等专用部件是采用金属还是其他材料可参见它们最开始的介绍。我们发现标准的锥形不锈钢注射器针头就可作为一种廉价的 CD 电离源。

6.8.2 绝缘体

漂移管中的电场是通过导电片上的电压差建立的,这些导电片之间以设计好的固定距离被电绝缘地隔开。在最早的 Beta VI 漂移管以及同一公司的后续产品中,漂移环被 3 个直径约为 2 mm 的蓝宝石球分开,这些蓝宝石球围绕漂移环对称排列。在 CAM 中,漂移环由 3 个带特氟隆套筒的不锈钢杆固定。电极环之间由特氟隆绝缘,环之间的空间由长 4 mm 的陶瓷管填充,其内径足够大以便安装在套有特氟隆的固定杆上。在这两种设计中,绝缘体用的都是特氟隆、陶瓷或无机晶体固体。

出于相同的原因，绝缘体的选择对于分析性能的影响与导体一样重要，这些原因包括：化学性能、物理性能、成本和加工工艺性。除此之外，由于生产过程中残留有杂质或小的低聚物，或者由于聚合物的分解，塑料和其他材料容易随温度升高而释放出气体。绝缘体的另一个特性是导电率，以兆欧/厘米为单位。

漂移管中使用的绝缘体包括玻璃、可加工玻璃、陶瓷、可加工陶瓷、云母和塑料材料，如聚乙烯、聚酰亚胺和特氟隆。Macor™(55％氟金云母和45％硼硅酸盐玻璃)是一种具有高电阻、高耐热性和良好化学惰性的绝缘体，还具有可加工的优点。Macor可采用车、铣方式加工，但在加工过程中需要采取保护措施以避免吸入灰尘，另外须注意，车、铣过程中冲洗产生的废液可能会对车床和铣床的金属有腐蚀性。有一种可加工的柔性陶瓷在烧到超过600 ℃后可形成硬化陶瓷。但加热必须均匀且温度必须保持恒定(± 2 ℃)，烧成后的尺寸变化可能会超过10％，这使得这种陶瓷不适合在精密装配零件上应用。

聚丙烯和氟碳树脂(聚四氟乙烯聚合物系列)等聚合物具有易于加工和化学惰性等特点，只要工作温度够低，漂移管甚至可以采用尼龙或聚丙烯绝缘环。在温度稳定性方面，含氟聚合物中最好的是PTFE(polytetrafluoroethylene，聚四氟乙烯，即特氟隆)，其最高工作温度超过260 ℃。对于IMS漂移管的高阻抗要求，这些材料具有出色的电性能，并且在高压下不会电击穿。而缺点是PTFE的热膨胀系数大，需要考虑变形问题，由PTFE制成的漂移管如果在高温下使用，必须固定在结实的外壳内。最后，PTFE是一种热的不良导体，因此由PTFE制成的漂移管的加热过程必须缓慢，否则会出现局部过热而导致材料熔化或分解。然而，即使工作在250 ℃的高温下，PTFE材料仍因其加工方便和低成本成为制作漂移管的候选材料。

6.8.3　其他材料

前两节中在选择绝缘材料和导体时需要考虑的因素同样适用于其他材料，如管道、垫圈、密封件和黏合剂、外壳等特殊材料。在低温漂移管手持式分析仪中，管道和泵密封连接处以及其他连接的接头都由塑料制成。在研究级分析仪中，连接处通常采用管道-压缩接头或银焊连接。但是，对漂移管其他部分的材料的选择不能马虎，因为即使是很小的污染源也会使超灵敏的分析仪(如IMS漂移管)无法工作。

由于漂移区和反应区的气体温度会影响离子聚集和裂解，因此可以使用管道预热漂移气体。迁移谱会受到气体温度的影响；然而，获得可靠的气体温度并非易事。即使在现代分析IMS已经出现30年的今天，准确测量气体温度这个问题仍没有解决，这是因为缺乏对预热气体的系统性描述，即通过传感器监测整段气流以获取精确的气体温度。从漂移管体或法兰上获得的任何测量值都不能准确地反映离子温度。对于需要准确获取温度信息并保持均匀温度的实验室仪器来说，一种解决方案是将漂移管和管路等放置在烘箱中。

在实际中，热电偶常常被固定在漂移管的金属外壳上来间接测量气体温度，这样测得的温度值并不准确。在新墨西哥州立大学的一个设计中，长几米、外径 3.5 mm 的铝管（一个很好的热导体）被包裹在漂移管外。漂移气体在进入漂移管之前先通过这段管道（气体入口在检测器附近）。人们对该段管路进行了初步测试，研究表明，即使对气体进行了预热，气体温度与漂移管壁温度也不完全相同，通过在气体出口处放置热电偶还观察到了排出气体温度升高。必须保证管道充分加热和保温，否则气体可能会冷却。尽管气体在通过漂移管的过程中会被加热，但不能保证漂移管内没有温度梯度。对不锈钢没有开展类似的研究。由于铜管加热会形成铜氧化物，应完全避免使用。铜氧化物长期暴露在氧化性气体（如空气）和高温中会发生剥落，并形成颗粒被带入气流中。

负压漂移管必须经过密封设计，以防止周围空气进入漂移管。高温时可使用热塑性塑料或金属对金属的密封方式，环境温度下建议采用耐用的弹性体。外壳和法兰普遍采用不锈钢或铝。

6.9 小结和结论

迁移谱仪可以看作一个组件的一部分，本章旨在记录所有迁移率方法中不断涌现的、种类繁多的漂移管设计。这是一种有活力的、健康发展的分析方法，其应用价值不断增长，具有很好的发展前景。目前 IMS 的发展状况相当于 1960 年代和 1970 年代的气相色谱法、1970—1990 年的 MS 和 1990 年代的 LC。

简单的线性 IMS 至今仍会用于军事和安防领域。众多仪器已部署使用，并且功能还在不断改进。例如，爆炸物检测有手持式分析仪，化学武器探测则有掌式仪器。如大家所见，自本书第二版出版以来，迁移谱仪的类型、设计方式（如前所述）和商业可用性都有了很大的发展。由于有了更多可供选择的材料和更丰富的制造方法，仪器变得更加多样化。总之，在过去 10 年中，离子迁移谱技术在蓬勃发展，其应用和与其相关的科学文献也在同步增长（第2 章）。

参考文献

[1] Cohen, M.J.; Karasek, F.W., Plasma chromatography—a new dimension for gas chromatography and mass spectrometry, *J. Chromatogr. Sci.* 1970, 8, 330-337.

[2] Baim, M.A.; Hill, H.H., Jr., Tunable selective detection for capillary gas chromatography by ion mobility spectrometry, *Anal. Chem.* 1982, 54, 38-43.

[3] Baim, M.A.; Schuetze, F.J.; Frame, J.M.; Hill, H.H., Jr., A microprocessor controlled ion mobility spectrometer for selective and nonselective detection following gas chromatography, *Am. Lab.* 1982, 14, 59-70.

[4] Eiceman, G.A.; Leasure, C.S.; Vandiver, V.J.; Rico, G., Flow characteristics in a segmented closed-tube design for ion mobility spectrometry, *Anal. Chim. Acta* 1985, 175, 135-145.

[5] Eiceman, G.A.; Nazarov, E.G.; Stone, J.A.; Rodriguez, J.E., Analysis of a drift tube at ambient

pressure: models and precise measurements in ion mobility spectrometry, *Rev. Sci. Instrum.* 2001, 72, 3610-3621.

[6] Soppart, O.; Baumbach, J. I., Comparison of electric fields within drift tubes for ion mobility spectrometry, *Meas. Sci. Technol.* 2000, 11, 1473-1479.

[7] Brokenshire, J. L., High resolution ion mobility spectrometry, 1991 joint meeting FACSS/Pacific Conference and 27th Western Regional ACS meeting, Anaheim, CA, October 6-11, 1991.

[8] Wu, C.; Siems, W.F.; Asbury, G.R.; Hill, H.H., Jr., Electrospray ionization high-resolution ion mobility spectrometry-mass spectrometry, *Anal. Chem.* 1998, 70, 4929-4938.

[9] Lee, D.S.; Wu, C.; Hill, H.H., Detection of carbohydrates by electrospray-ionization ion mobility spectrometry following microbore high-performance liquid-chromatography, *J. Chromatog. A* 1998, 822, 1-9.

[10] Wu, C.; Siems, W.F.; Klasmeier, J.; Hill, H.H., Separation of isomeric peptides using electrospray ionization/high-resolution ion mobility spectrometry, *Anal. Chem.* 2000, 72, 391-395.

[11] Tadjimukhamedov, F.K.; Stone, J.A.; Papanastasiou, D.; Rodriguez, J.E.; Mueller, W.; Sukumar, H.; Eiceman, G. A., Liquid chromatography/electrospray ionization/ion mobility spectrometry of chlorophenols with full flow from large bore LC columns, *Int. J. Ion Mobil. Spectrom.* 2008, 11(1-4), 51-60.

[12] Schellenbaum, R. L.; Hannum, D. W., Laboratory evaluation of the PCP large reactor volume ion mobility spectrometer (LRVIMS), Technical Report No. SAND89-0461 * UC-515, Sandia National Laboratories, Albuquerque, NM, March 1990.

[13] Bell, A.J.; Ross, S.K., Reverse flow continuous corona discharge ionization, *Int. J. Ion Mobil. Spectrom.* 2002, 5(3), 95-99.

[14] Tabrizchi, M.; Khayamian, T.; Taj, N., Design and optimization of a corona discharge ionization source for ion mobility spectrometry, *Rev. Sci. Instrum.* 2000, 7, 2321-2328.

[15] Turner, R.B.; Brokenshire, J.L., Hand-held ion mobility spectrometers, *Trends Anal. Chem.* 1994, 13(7), 281-286.

[16] Baumbach, J. I.; Berger, D.; Leonhardt, J.W.; Klockow, D., Ion mobility sensor in environmental analytical chemistry: concept and first results, *Int. J. Environ. Anal. Chem.* 1993, 52(1-4), 189-193.

[17] Xu, J.; Whitten, W.B.; Ramsey, J.M., A miniature ion mobility spectrometer, *Int. J. Ion Mobil. Spectrom.* 2002, 2, 207-214; also see Xu, J.; Whitten, W.B.; Ramsey, J.M., Space charge effects on resolution in a miniature ion mobility spectrometer, *Anal. Chem.* 2000, 72,5787-5791.

[18] Snyder, A.P.; Harden, C.S.; Shoff, D.B.; Ewing, R.G.; Katzoff, L.; Bradshaw, R.; Turner, R.B.; Adams, J. N.; Taylor, S. J.; FitzGerald, J., Miniature ion mobility spectrometer monitor, in *Proceedings of the ERDEC Scientific Conference on Chemical and Biological Defense Research*, Aberdeen Proving Ground, MD, November 15-18, 1994, 145-151.

[19] Hoaglund, C. S.; Valentine, S. J.; Clemmer, D. E., An ion trap interface for ESI-ion mobility experiments, *Anal. Chem.* 1997, 69, 4156-4161.

[20] Hoaglund-Hyzer, C. S.; Clemmer, D. E., Ion trap/ion mobility/quadrupole/time-of-flight mass

spectrometry for peptide mixture analysis, *Anal. Chem.* 2001, 73, 177-184.

[21] Gillig, K.J.; Ruotolo, B.; Stone, E.G.; Russell, D.H.; Fuhrer, K.; Gonin, M.; Schultz, A. J., Coupling high-pressure MALDI with ion mobility/orthogonal time-of-flight mass spectrometry, *Anal. Chem.* 2000, 72, 3965-3971.

[22] Stephen, D.J.; Birdwell, D.O.; Verbeck, G. F., Drift tube soft-landing for the production and characterization of materials: applied to Cu clusters, *Rev. Sci. Instrum.* 2010, 81(3), 034104-034110.

[23] Eiceman, G.A.; Schmidt, H.; Rodriguez, J.E.; White, C.R.; Krylov, E.V.; Stone, J.A., Planar drift tube for ion mobility spectrometry, *Instrum. Sci. Technol.* 2007, 35(4), 365-383.

[24] Blanchard, W.C., Using non-linear fields in high pressure spectrometry, *Int. J. Mass Spectrom. Ion Proc.* 1989, 95, 199-210.

[25] Arnold, N.S.; Meuzelaar, H.L.C.; Dworzanski, J.P.; Cole, P.C.; Snyder, A.P., Feasibility of drone-portable ion mobility spectrometry, U. S. Army Chemical Research Development and Engineering Center Scientific Conference on Chemical Defense Research, Arberdeen Proving Grounds, MD, November 1991.

[26] Cao, L.; Harrington, P.B.; Harden, C.S.; McHugh, V.M.; Thomas, M.A., Nonlinear wavelet compression of ion mobility spectra from ion mobility spectrometers mounted in an unmanned aerial vehicle, *Anal. Chem.* 2004, 76, 1069-1077.

[27] Buryakov, I.A.; Krylov, E.V.; Nazarov, E.G.; Rasulev, U.K., A new method of separation of multi-atomic ions by mobility at atmospheric pressure using a high-frequency amplitude-asymmetric strong electric field, *Int. J. Mass Spectrom. Ion Proc.* 1993, 128, 143-148.

[28] Carnahan, B.; Day, S.; Kouznetsov, V.; Tarrasov, A., Development and applications of a traverse field compensation ion mobility spectrometer, in *Fourth International Workshop on Ion Mobility Spectrometry*, Cambridge, UK, July 1995.

[29] Guevremont, R.; Purves, R.W., Atmospheric pressure ion focusing in a high-field asymmetric waveform ion mobility spectrometer, *Rev. Sci. Instrum.* 1999, 70, 1370-1383.

[30] Purves, R.W.; Guevremont, R., Electrospray ionization high-field asymmetric waveform ion mobility spectrometry-mass spectrometry, *Anal. Chem.* 1999, 71, 2346-2357.

[31] Purves, R.W.; Guevremont, R.; Day, S.; Pipich, C.W.; Matyjaszczyk, M.S., Mass spectrometric characterization of a high-field asymmetric waveform ion mobility spectrometer, *Rev. Sci. Instrum.* 1998, 69(12), 4099-4105.

[32] Miller, R.A.; Eiceman, G.A.; Nazarov, E.G.; King, A.T., A novel micro-machined high field asymmetric waveform ion mobility spectrometer, *Sens. Actuators B* 2000, 67, 300-306.

[33] Eiceman, G.A.; Nazarov, E.G.; Tadjikov, B.; Miller, R.A., Monitoring volatile organic compounds in ambient air inside and outside buildings with the use of a radio-frequency-based ion-mobility analyzer with a micromachined drift tube, *Field Anal. Chem. Tech.* 2000, 4, 297-308.

[34] Eiceman, G.A.; Tadjikov, B.; Krylov, E.; Nazarov, E.G.; Miller, R.A.; Westbrook, J.; Funk, P., Miniature radio-frequency mobility analyzer as a gas chromatographic detector for oxygen-containing volatile organic compounds, pheromones and other insect attractants, *J. Chromatogr. A* 2001, 917,

205-217.

[35] Levin, D.S.; Miller, R.A.; Nazarov, E.G.; Vouros, P., Rapid separation and quantitative analysis of peptides using a new nanoelectrospray—differential mobility spectrometer-mass spectrometer system, *Anal. Chem.* 2006, 78, 5443-5452.

[36] Schneider, B.B.; Covey, T.R.; Coy, S.L.; Krylov, E.V.; Nazarov, E.G., Chemical effects in the separation process of a differential mobility/mass spectrometer system, *Anal. Chem.* 2010, 82, 1867-1880.

[37] Tang, F.; Wang, X.; Xu, C., FAIMS biochemical sensor based on MEMS technology, in *New Perspectives in Biosensors Technology and Applications*, Serra, A.P. (Ed.) ISBN: 978-953-307-448-1, InTech, Shanghai, China, 2011, pp. 1-32.

[38] White Paper, Owlstone Nanotech, OWL-WP-1 v3.0 21-3-06. Cambridge UK, 13 pp, copyright 2006, available at http://info.owlstonenanotech.com/rs/owlstone/images/ FAIMS%20Whitepaper. pdf.

[39] Shvartsburg, A.A.; Smith, R.D.; Wilks A.; Koehl, A.; Ruiz-Alonso, D.; Boyle, B., Ultrafast differential ion mobility spectrometry at extreme electric fields in multichannel microchips, *Anal. Chem.* 2009, 81, 6489-6495.

[40] Krylov, E.; Nazarov, E.G.; Miller, R.A.; Tadjikov, B.; Eiceman, G.A., Field dependence of mobilities for gas-phase-protonated monomers and proton-bound dimers of ketones by planar field asymmetric waveform ion mobility spectrometer (PFAIMS), *J. Phys. Chem. A* 2002, 106, 5437-5444.

[41] Krylova, N.; Krylov, E.; Eiceman, G.A.; Stone, J.A., Effect of moisture on the field dependence of mobility for gas-phase ions of organophosphorus compounds at atmospheric pressure with field asymmetric ion mobility spectrometry, *J. Phys. Chem. A* 2003, 107, 3648-3654.

[42] Papanastasiou, D.; Wollnik, H.; Rico, G.; Tadjimukhamedov, F.; Mueller, W.; Eiceman, G.A., Differential mobility separation of ions using a rectangular asymmetric waveform, *J. Phys. Chem. A* 2008, 112, 3638-3645.

[43] Krylov, E.V.; Coy, S.L.; Vandermey, J.; Schneider, B.B.; Covey, T.R.; Nazarov, E.G., Selection and generation of waveforms for differential mobility spectrometry, *Rev. Sci. Instrum.* 2010, 81, 24101-24112.

[44] Prieto, M.; Tsai, C.W.; Boumsellek, S.; Ferran, R.; Kaminsky, I.; Harris, S.; Yost, R.A., Comparison of rectangular and bisinusoidal waveforms in a miniature planar FAIMS, *Anal Chem.* 2011, 83, 9237-9243.

[45] Shvartsburg, A.A.; Smith, R.D., Optimum waveforms for differential ion mobility spectrometry (FAIMS), *J. Am. Soc. Mass Spectrom.* 2008, 19, 1286-1295.

[46] Sacristan, E.; Solis, A.A., A swept-field aspiration condenser as an ion-mobility spectrometer, *IEEE Trans. Instrum. Meas.* 1998, 47, 769-775.

[47] Ebert, H., Aspirations apparat zur bestimmung des Ionengehaltes der atmosphare, *Phys. Z.* 1901, 2, 662-666.

[48] Anttalainen, O., New practical structure for second order aspiration IMS, 20th annual conference,

129

International Society for Ion Mobility Spectrometry, Edinburgh, Scotland, July 24-28, 2011.

[49] Anttalainen, O.; Pitkaenen J., New aspiration IMS cell structure, 17th Annual Conference on Ion Mobility Spectrometry, Ottawa, Canada, July 20-25, 2008.

[50] Zimmermann, S.; Barth, S.; Baether, W., A miniaturized low-cost ion mobility spectrometer for fast detection of trace gases in air, *IEEE Sensors* 2008, 740-743.

[51] Barth, S.; Baether, W.; Zimmermann, S., System design and optimization of a miniaturized ion mobility spectrometer using finite element analysis, *IEEE Sensors* 2009, 9, 377-382.

[52] Tuovinen, K.; Paakkanen, H.; Hanninen, O., Determination of soman and VX degradation products by an aspiration ion mobility spectrometry, *Anal. Chim. Acta* 2001, 440, 151-159.

[53] Raatikainen, O.; Pursiainen, J.; Hyvonen, P.; Von Wright, A.; Reinikainen, S.-P.; Muje, P., Fish quality assessment with ion mobility based gas detector, *Mededelingen — Faculteit Landbouwkundige en Toegepaste Biologische Wetenschappen* (Universiteit Gent), 2001, 66,475-480.

[54] Rus, J.; Moro, D.; Sillearo, J.A.; Royuela, J.; Casado, A.; Estevez-Molinero, F.; de la Mora, J.F., IMS-MS studies based on coupling a differential mobility analyzer (DMA) to commercial API-MS systems, *Int. J. Mass Spectrom.* 2010, 298, 30-40.

[55] Ude, S.; de la Mora, J. F.; Thomson, B. A., Charge-induced unfolding of multiply charged polyethylene glycol ions, *J. Am. Chem. Soc.* 2004, 126, 12184-12190.

[56] Hogan, C.J., Jr.; de la Mora, J.F., Ion mobility measurements of nondenatured 12-150 kDa proteins and protein multimers by tandem differential mobility analysis-mass spectrometry (DMA-MS), *J. Am. Soc. Mass Spectrom.* 2011, 22, 158-172.

[57] Pringle, S.D.; Giles, K.; Wildgoose, J.L.; Williams, J.P.; Slade, S.E.; Thalassinos, K.; Bateman, R.H.; Bowers, M.T.; Scrivens, J.H., An investigation of the mobility separation of some peptide and protein ions using a new hybrid quadrupole/traveling wave IMS/oa-TOF instrument, *Int. J. Mass Spectrom.* 2007, 261, 1-12.

[58] Williams, J.P.; Bugarcic, T.; Habtemariam, A.; Giles, K.; Campuzano, I.; Rodger, P.M.; Sadler, P.J., Isomer separation and gas-phase configurations of organoruthenium anticancer complexes: ion mobility mass spectrometry and modeling, *J. Am. Soc. Mass Spectrom.* 2009, 20(6), 1119-1122.

[59] Inutan, E. D.; Wang, B.; Trimpin, S., Commercial intermediate pressure MALDI ion mobility spectrometry mass spectrometer capable of producing highly charged laserspray ionization ions, *Anal. Chem.* 2011, 83, 678-684.

[60] Shvartsburg, A.A.; Smith, R.D., Fundamentals of traveling wave ion mobility spectrometry, *Anal. Chem.* 2008, 80(24), 9689-9699.

[61] Stimac, R.M.; Wernlund, R.F.; Cohen, M.J.; Lubman, D.M.; Harden, C.S., Initial studies on the operation and performance of the tandem ion mobility spectrometer, Pittcon. 1985, New Orleans, LA, March 1985.

[62] Stimac, R.M.; Cohen, M.J.; Wernlund, R.F., Tandem ion mobility spectrometer for chemical agent detection, monitoring and alarm, Contractor Report on CRDEC Contract DAAK11 84 C 0017, PCP, West Palm Beach, FL, May 1985, AD B093495.

[63] Ewing, R. G., Kinetic decomposition of proton bound dimer ions with substituted amines in ion

mobility spectrometry, dissertation, New Mexico State University, Las Cruces, December 1996.

[64] Ewing, R.E.; Eiceman, G.A.; Harden, C.S.; Stone, J.A., The kinetics of the decompositions of the proton bound dimers of 1, 4-dimethylpyridine and dimethyl methylphosphonate from atmospheric pressure ion mobility spectra, *Int. J. Mass Spectrom.* 2006, 76-85, 255-256.

[65] An, X.; Stone, J.A.; Eiceman, G.A., Gas phase fragmentation of protonated esters in air at ambient pressure through ion heating by electric field in differential mobility spectrometry and by thermal bath in Ion Mobility Spectrometry, *Int. J. Mass Spectrom.* 2011, 303(2-3), 181-190.

[66] Rajapakse, R.M.M.Y.; Stone, J.A.; Eiceman, G.A.; Design and performance of ion mobility spectrometer for kinetic studies of ion decomposition in air at ambient pressure, 2012, in preparation.

[67] Valentinea, S.J.; Kurulugamaa, R.T.; Bohrera, B.C.; Merenblooma, S.I.; Sowell, R.A.; Mechref, Y.; Clemmer, D.E., Developing IMS-IMS-MS for rapid characterization of abundant proteins in human plasma, *Int. J. Mass Spectrom.* 2009, 283, 149-160.

[68] White, C.R., Characterization of tandem DMS-IMS^2 and determination of orthogonality between the mobility coefficient (K) and the differential mobility coefficient (ΔK), MS thesis, New Mexico State University, Las Cruces, NM, May 2006.

[69] Eiceman, G.A.; Schmidt, H.; Rodriguez, J.E.; White, C.R.; Nazarov, E.G.; Krylov, E.V.; Miller, R.A.; Bowers, M.; Burchfield, D.; Niu, B.; Smith, E.; Leigh, N., Characterization of positive and negative ions simultaneously through measures of K and ΔK by tandem DMS-IMS, ISIMS 2005, Chateau de Maffliers, France, July 2005.

[70] Pollard, M.J.; Hilton, C.K.; Li, H.; Kaplan, K.; Yost, R.A.; Hill, H.H., Ion mobility spectrometer-field asymmetric ion mobility spectrometer-mass spectrometry, *Int. J. Ion Mobil. Spectrom.* 2011, 14(1), 15-22.

[71] Menlyadiev, M.; Stone, J.A.; Eiceman, G.A., Tandem ion mobility measurements with chemical modification of ions selected by compensation voltage in differential mobility spectrometry/differential mobility spectrometry instrument, *Int. J. Ion Mobil. Spectrom.* 2012, 15, 123-130.

[72] Wu, C., Multidimensional ion mobility spectrometry apparatus and methods, U.S. Patent 7,576,321 B2, Aug. 8, 2009.

[73] Linuma, K.; Takebe, M.; Satoh, Y.; Seto, K., Design of a continuous guard ring and its application to swarm experiments, *Rev. Sci. Instrum.* 1982, 53, 845-850.

[74] Linuma, K.; Takebe, M.; Satoh, Y.; Seto, K., Measurements of mobilities and longitudinal diffusion coefficients of Na$^+$ Ions in Ne, Ar, and CH$_4$ at room temperature by a continuous guard-ring system, *J. Chem. Phys.* 1983, 79, 3893-3899.

[75] Carrico, J.P.; Sickenberger, D.W.; Spangler, G.E.; Vora, K.N., Simple electrode design for ion mobility spectrometry, *J. Phys. E Sci. Instrum.* 1983, 16, 1058-1062.

[76] Kwasnik, M.; Gonin, M.; Fuhrer, K.; Barbeau, K.; Fernandez, F.M., Performance, resolving power and radial ion distributions of a prototype nanoelectrospray ionization resistive glass atmospheric pressure ion mobility spectrometer, *Anal. Chem.* 2007, 79, 7782-7791.

[77] Bathgate, B.; Cheong, E.C.S.; Backhouse, C.J., A novel electrospray-based ion mobility spectrometer, *Am. J. Phys.* 2004, 72(8), 1111.

131

[78] Koimtzis, T.; Goddard, N.J.; Wilson, I.; Thomas, C.L., Assessment of the feasibility of the use of conductive polymers in the fabrication of ion mobility spectrometers, *Anal. Chem.* 2011, 83(7), 2613-2621.

[79] Irie, T.; Mitsui, Y.; Hasumi, K., A drift tube for monitoring ppb trace water, *Jpn. J. Appl. Phys.* 1992, 31, 2610-2615.

[80] Stevenson, P.C.; Thomas, R.A.; Lane, S., Ion-mobility spectrometer for radiochemical applications, *Nucl. Instrum. Methods* 1970, 89, 177-187.

[81] Khayamian, T.; Jafari, M.T., Design for electrospray ionization-ion mobility spectrometry, *Anal. Chem.* 2007, 79(8), 3199-3205.

[82] Atkinson, R.; Clark, A.; Taylor, S.J., Ion mobility spectrometer comprising two drift chambers, U.S. Patent 7994475, February 28, 2008.

[83] Kurulugama, R.; Nachtigall, F.M.; Lee, S.; Valentine, S.J.; Clemmer, D.E., Overtone mobility spectrometry: part 1. Experimental observations, *J. Am. Soc. Mass Spectrom.* 2009, 20, 729-737.

第 7 章

离 子 检 测 器

7.1 引言

离子检测的过程是将大量气相离子转化成同时包含到达时间信息和振幅信息的电信号的过程。离子检测器通常位于离子迁移率分离区之后,并且需要具备许多理想化的条件来完成迁移率分离离子信号的传导,以实现灵敏度和分辨力的损失最小化。

IMS 中的灵敏度是多个变量的函数,变量包括蒸气从样品到电离源的传输效率、电离效率、分析物离子在迁移谱仪中的传输效率,以及将离子转换成与到达时间相关的电信号的转换效率。理想情况下,高灵敏度离子检测器具有低噪声和稳定的离子探测效率。不管是在数分钟、数小时、数天或者数月内,离子响应都应该保证稳定,从而保证 IMS 检测仪能够长期、可靠、定量地运行。除具有高灵敏度和稳定性外,离子检测器还应具有较宽的质量响应范围,可以无差别、无歧视地检测任何大小或质量的离子。它应具有较宽的动态范围和较高的宽容度,以便可以准确地测量同时包含低丰度和高丰度离子的样品。使用飞行时间 IMS时,峰宽通常小于 1 ms,因此检测器的上升时间应在 10 μs 量级或更快。

IMS 的分辨力(峰位置与半峰宽度之比)是产生的离子脉冲在 IMS 中漂移时峰展宽的函数。当需要准确地跟踪大量基于迁移率分离的离子的上升沿和下降沿时,快速的响应时间和短的恢复时间就非常重要。应用于实际和日常操作的 IMS 仪器还应具有较长的使用寿命以及较低的维护要求。如果确实需要更换,则更换的部件应成本低且易于安装。

离子检测器类型的选择主要取决于离子检测的压力条件。通常环境气压 IMS 的检测器与真空条件下的检测器是不同的。因此,本章分为两个部分,分别来描述常压和低气压下使用的离子检测器。

7.2 环境压力下经迁移率分离的离子的检测

7.2.1 法拉第杯和法拉第盘检测器

大部分 IMS 仪器都工作在常压或所谓的环境大气压下,离子的检测是通过将撞击在检测器上的离子转换为电流,中和收集器电极上的电荷来完成的。这种通用的离子检测器以迈克尔·法拉第(Michael Faraday)的名字命名,在真空环境下称为法拉第杯,在常压检测时称为法拉第盘。法拉第杯如图 7.1 所示。当离子撞击杯的内表面时,离子被中和,形成电流在金属中流动。当正离子在杯上被中和时,电子流向法拉第杯,当负离子被中和时,电子流向静电计。

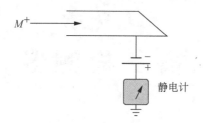

M^+

静电计

图 7.1 法拉第杯示意图(摘自维基百科)

法拉第杯最初设计用于在真空中捕获离子。在真空条件下,离子具有足够能量撞击金属表面以产生其他离子或电子。如果这些二次离子或电子逃逸,在集电极上被中和,离子检测的效率就会降低。杯形设计用于捕获二次离子和电子,为在低压或真空条件下的离子检测提供一种定量计数方法。

然而,常压下的离子收集器无须设计成杯形,因为撞击在收集器上的离子没有足够的能量产生二次离子,所以二次离子的潜在损失对于定量测量不造成影响。在常压条件下,可以用一种叫作法拉第盘的简单平板设计来收集离子。在离子分离区之后,法拉第盘可以很容易地以平面终端极板的形式连接到 IMS 上。

假定收集效率为 100%,测量的电流和收集的离子数之间的关系可简单表述为

$$\frac{N}{t} = \frac{I}{e} \tag{7.1}$$

式中,每秒撞击法拉第盘表面的离子数 N 等于电流 I(单位安培)除以基本电子电荷 e,即 1.60×10^{-19} C。在 IMS 中检测到的离子电流通常在 nA(10^{-9} A)量级。1nA 相当于每秒有 6×10^9 个离子。环境温度在 25 ℃时,约翰逊噪声(即由于法拉第盘中电子的随机热运动及其伴随的电连接而产生的电子噪声)约为 1×10^{-12} A,因此常压离子收集器的检测限约为每秒 2×10^6 个离子,对于宽度为 0.2 ms 的单个离子迁移谱峰,检测限约为 100 个离子。

对于漂移管 IMS 系统,离子的有效收集并不是离子检测唯一需要考虑的因素。当离子群接近法拉第盘时,盘上会产生感应电荷,与盘相连的检测器会有诱导电流流入。也就是说,当一群带正电荷的离子靠近法拉第盘时,金属盘中的电子会被吸引到盘的表面。电子从金属盘的主体到离离子群最近的金属盘表面的运动,即形成离子电流,可用静电计测量并被记录。这种电流是在离子群到达法拉第盘表面**之前**、由靠近的离子所感应的。换句话说,靠近的电荷将被"镜像"在法拉第盘上,导致检测器在离子群接触法拉第盘之前做出响应。结果就是表观上离子群到达的脉冲宽度增大了,从而降低了迁移谱仪的测量分辨力。

为了解决镜像问题,人们在法拉第盘前放置一个"孔径网格"来屏蔽入射电荷的影响。图 7.2 显示了带有孔径网格栅极的法拉第盘组件的示意图。在本设计中,法拉第盘是一层薄金属箔,它夹在作为孔径栅极的电隔离的金属筛网和作为 IMS 末级电极的金属板之间,并通过带屏蔽的引线直接连接到放大器。末级电极的电势适当高于法拉第盘,而孔径栅极

的电势则低于法拉第盘。离子一旦通过孔径栅极,它们就会被孔径栅极和末级电极聚焦到法拉第盘上。

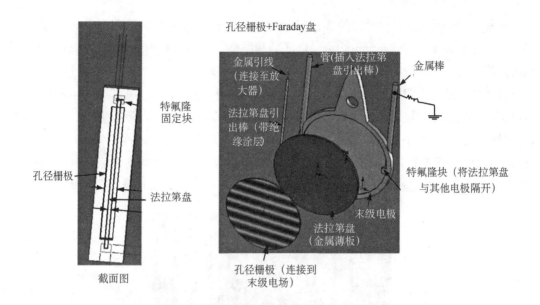

图 7.2 法拉第盘与孔径栅极结构示意图(由 Lamabadusuriya 绘制)。

基于时间分离的 IMS 检测仪的漂移管需要在法拉第盘之前设置孔径栅极,以保持仪器的分辨力,而离子过滤型和扫描型的迁移率谱仪,如 DMS、FAIMS、DMA 和 aIMS,则不需要孔径栅极,仅需要法拉第盘就可以有效地探测离子。在这些装置中,离子不以离散群的形式运动,并且离子的确切到达时间不重要。图 7.3 显示了一个典型的差分离子迁移率谱仪(differential ion mobility spectrometer,DIMS)的示意图,其中离子通过离子过滤器连续地传输到法拉第盘。由于离子没有在时间上分散,因此不需要像在测量飞行时间(漂移时间)IMS 中那样安装孔径栅极来防止诱导电流引起的峰形展宽。

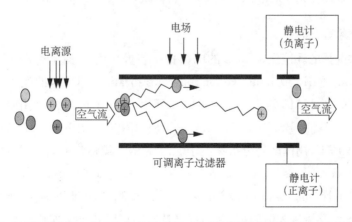

图 7.3 采用正/负双极性法拉第盘的 DIMS 的示意图,用于检测通过可调离子过滤器的离子。由于离子是连续检测的,所以不需要孔径栅极。(摘自 Sionex 公司)

7.2.2 新型常压离子检测器

7.2.2.1 电容-跨阻放大器

在常压 IMS 仪器中，一种新的提高灵敏度的方法是将微法拉第阵列与电容-跨阻放大器（capacity-transimpedance amplifier，CTIA）相结合[1]。图 7.4 为该类型检测器中使用的微法拉第阵列。微法拉第阵列每个单元可看作是多路复用器的一个独立可寻址通道，这个通道可选择性地将 CTIA 的输出传输到模数转换器进行记录。法拉第阵列的主要优点是：接收强离子束的通道可以单独读取，可以经常性地重置，而接收弱离子束的通道则可以收集较长时间再读取。单个 CTIA 检测器可以检测到 90 个单电荷离子，当采用多通道集合平均时，检测限可低至 8 个单电荷离子。微法拉第阵列与传统 IMS 仪器结合后，环四甲撑四硝胺（octogen，HMX）的检测限可降至 6×10^{-15} g[2]。

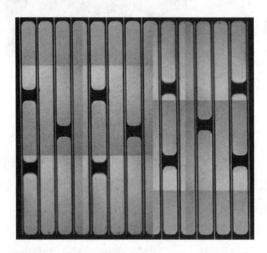

图 7.4 单个探测单元的可视化图像。像素具有 5.00 mm、2.45 mm 和 1.60 mm 三种长度，宽为 145 μm，间距 10 μm。两个探测单元之间有一个 10 μm 的保护电极。（摘自 Babis et al.，Performance evaluation of a miniature ion mobility spectrometer drift cell for application in hand-held explosives detection ion mobility spectrometers，*Anal. Bioanal. Chem.* 2009，395，411-419. 经允许）

7.2.2.2 辐射离子中和

另一种可供选择的环境压力 IMS 的电荷检测装置采用了辐射离子中和（radiative ion-ion recombination，RIIR，或 radiative ion-ion neutralization，RIIN）的概念[3]。图 7.5 显示了一个带有 RIIN 检测 IMS 的示意图。IMS 单元由 30 个电极组成，其中 8 个位于反应区，22 个位于漂移区，两者由 Bradbury Nielsen 离子栅门隔开。SESI 针头工作在相对 IMS 漂移管 -3 kV 的负偏压下，用以产生分析物离子。而在 IMS 漂移管末端装置有偏压为 3.25 kV 的电晕放电电离（corona discharge ionization，CDI）针，用以产生正离子，正负电荷中和产生的光通过光电倍增管（photomultiplier tube，PMT）检测到，以此来测定分析物。第二个离子栅门位于 IMS 漂移管的末端附近，并始终保持在"打开"状态。加热气流流过沉积在玻璃棉上的目标分析物，产生的气态样品通过加热的进样通道被引入反应区域。

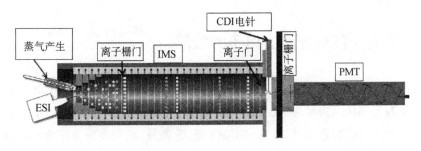

图 7.5　IMS-RIIN 原理图。离子中和时发出的光可表征检测响应。(摘自 Davis et al., Radiative ion-ion recombination: a new gas-phase atmospheric pressure ion detector mechanism, *Anal. Chem.* 2012, May 11[Epub ahead of print].经允许)

　　图 7.6 描绘了首次记录的未使用电荷检测装置的离子迁移谱图。在该谱图中,负反应离子和产物离子均与阳离子结合,以产生使用 PMT 测量的光。PMT 由玻璃窗密封,内部可抽成真空,光子透过玻璃进入倍增管。因此,PMT 可在大气压下使用。检测来自辐射离子中和产生的光的潜在功能就是进行大气压下的离子计数。此外,所探测的光波长与物质种类相关,可提供有关分析物离子的定性信息。

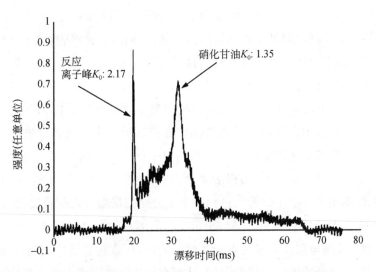

图 7.6　首个来自离子复合发出的光的离子迁移谱图。两个峰分别为峰形相对尖锐的反应离子峰[$K_0 =$ 2.17 cm²/(V·s)]和硝化甘油的样品峰[$K_0 = 1.35$ cm²/(V·s)]。(摘自 Davis et al., Radiative ion-ion recombination: a new gas-phase atmospheric pressure ion detector mechanism, *Anal. Chem.* 2012, May 11[Epub ahead of print].经允许)

7.2.2.3　云室检测器

　　在云室检测器中,大气压下的离子被电聚焦到充满冷水或辛烷蒸气的云室中。离子成了小液滴的核心,这些小液滴使穿过云室的激光束发生散射。当迁移率分离的离子进入云室时,通过 PMT 可以检测到因离子核液滴的形成引起的激光扰动。当云室充满饱和的水时,散射光强度在离子存在时增强,但当云室被辛烷过饱和时,散射光强度在离子存在时减弱。研究人员已使用云室检测并报道了二氟二溴甲烷的迁移谱[4]。

7.3　低压下经迁移率分离的离子的检测

　　IMS 中的低压离子检测器是质谱分析中常用的检测器。实际上，在 IMS 中使用低压离子检测方法基本上都是因为要与质谱仪连接。IMS 之后的质谱仪在低压离子检测之前用作质量过滤器或质量分散装置即可，没有必要进行质量区分，因为在仅使用 RF 的四极杆质谱仪中已获得完整的离子迁移谱。有关离子迁移谱与质谱联用的优缺点的更详细讨论，可参见第 9 章。本章的讨论着重描述传统用于质谱分析的常规低压离子检测器。

　　图 7.1 中描述的法拉第杯是最早的质谱检测器，离子检测通过直接电荷（电流）测量完成。法拉第杯是一个固定的检测器，必须扫描各个质谱仪才能将离子聚焦到检测器杯中。由于质谱离子束可能低至几个 fA（1 fA＝6 242 个离子/s），因此电子放大器的增益需要高达 $10^9 \sim 10^{13}$。法拉第杯离子信号放大所需要的高输入阻抗和大反馈电阻会产生缓慢、稳定的信号，但电子噪声较高。由于受到噪声和速度的限制，法拉第杯检测器的灵敏度相对较低、速度较慢，无法应用于扫描或时间分离的质谱仪中。

　　二次电子倍增（secondary electron multiplier，SEM）检测器取代了用于扫描质谱仪的法拉第杯检测器。电子倍增器基于光电倍增器的概念，但没有玻璃膜，离子（电子）可进入检测器的放大区域。由于电子倍增器没有密封且对大气开放，必须在真空条件下运行，因此不能直接在常压 IMS 中使用。

　　SEM 的第一级称为转换打拿极。正离子或负离子会被聚焦并撞击在涂有低表面逸出功材料的表面上，导致表面发射电子进入周围的真空区域。由转换打拿极产生的电子称为二次电子，并在电场中被加速到达电子倍增器的第一倍增极。这些二次电子从电场中获取能量，当它们撞击第一倍增极时，倍增极表面会溅射出更多的电子。上述电子加速、电子撞击、从倍增极表面溅出更多电子的放大过程在多个分立的倍增极之间重复进行，最后整体放大倍数将大于 10^6。分立的打拿极 SEM 如图 7.7 所示，展示了电子倍增过程。

　　在绝缘表面上涂敷电阻膜制成的电子发射倍增极，可以构建效率更高的 SEM。在这种设计中，倍增管的入口处施加一个偏置电压，从而在倍增极表面建立电压梯度。当电子级联通过倍增极表面形成的电场时，它们会在这些表面发生随机碰撞而倍增。具有这种倍增极的 SEM 被称为连续倍增极电子倍增器（continuous-dynote electron multiplier，CDEM）。

　　微通道板（multichannel plate，MCP）是一种 CDEM，在其盘形装置的一系列微通道内涂覆电子发射材料，当电子级联通过微通道时会产生 $10^2 \sim 10^4$ 的放大倍数。MCP 可以以堆叠的方式连接以增加放大倍数，也可以将其聚焦到荧光表面上进行离子束成像。由于使用 MCP 获得的电子脉冲宽度很短（约 1 ns），因此它们是飞行时间质谱仪的首选离子检测器。

　　无论电子倍增器是离散倍增极还是连续倍增极设计，它都可以在模拟和脉冲计数两种模式下工作。对于模拟检测器，次级离子电流通过电流-电压转换放大器转换为电压，然后数字化进行数据分析。或者将每个离子产生的大约 10^6 个电子脉冲计为一个离散事件。噪

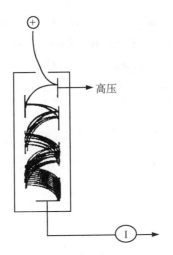

图 7.7 分立打拿极电子倍增器示意图。（摘自 Babis et al.，Performance evaluation of a miniature ion mobility spectrometer drift cell for application in hand-held explosives detection ion mobility spectrometers，*Anal. Bioanal. Chem.* 2009，395，411-419.经允许）

声产生的电子脉冲通常强度较小（<10^5 个电子/离子），通过脉冲强度的差别可以与有效事件区分开来。虽然脉冲计数模式比模拟模式更灵敏，但模拟模式具有更宽的动态范围。这两种方法都是通用的，信号较弱时进行脉冲计数，信号较强时进行模拟检测。当 IMS 与质谱仪连接时，离散倍增极型和连续倍增极型的电子倍增器均可用于检测基于迁移率分离的离子。

7.4 小结

综上，应用于 IMS 的离子检测器非常简单。常压 IMS 使用的是法拉第盘检测器。在定量有效的同时，它们的检测限受限于设备本身连接电子元件的 Johnson 噪声（热噪声）。对于时间区分型 IMS，必须通过使用与法拉第盘相连的孔径栅极来减小带宽展宽。对于诸如 DMS、FAIMS、aIMS 和 DMA 等连续型 IMS 则不需要孔径栅极。当 IMS 与质谱联用时，则需要使用低压离子检测器。检测器通过离子与低电子逸出功的表面进行高能碰撞，产生离子级联，实现信号放大。目前质谱分析中最常用的两种离子检测器是连续倍增极电子倍增器和 MCP。这两种检测器都可以在较大的动态响应范围内将离子电流转换为模拟信号，也可以在离子计数模式下运行以检测非常弱的信号。

参考文献

［1］Babis，J. S.；Sperline，R. P.；Knight，A. K.；Jones，D. A.；Gresham，C. A.；Denton，M. B.，Performance evaluation of a miniature ion mobility spectrometer drift cell for application in hand-held explosives detection ion mobility spectrometers，*Anal. Bioanal. Chem.* 2009，395，411-419.

［2］Denson，S.；Denton，B.；Sperline，R.；Rodacy，P.；Gresham，C.，Ion mobility spectrometry utilizing micro-Faraday fringe array detector technology, *IJ IMS* 2002, 5(3), 100-103.

[3] Davis, E. J.; Seims, W. F.; Hill, H. H., Jr., Radiative ion-ion recombination: a new gas-phase atmospheric pressure ion detector mechanism, *Anal. Chem.* 2012, May 11 [Epub ahead of print].

[4] Kendler, S., Ion detection in IMS devices: a new concept, in Israel Institute for Biological Research Conference, Ness-Ziona, Israel, 2010.

第 8 章
IMS 谱图

8.1　引言

离子迁移谱的形式虽多样,但它们都有一个共同的特征:离子电流强度是离子在气体中的迁移率的函数。和其他类型的谱一样,离子迁移谱也是通过谱参数的变化来表征离子的物理特性。在光谱中,光子数记录为光子能量的函数;在质谱中,离子数记录为质量的函数;在离子迁移谱中,离子数记录为离子碰撞截面的函数,后者与离子的迁移率相关联。离子迁移谱的类型取决于通过变化来获得强度与迁移率关系谱图的仪器参数。要了解各种类型的迁移谱,我们必须先研究迁移率、场强和大气压之间的关系。

8.2　迁移率、场强和大气压

离子迁移率定义为一簇离子的平均速度与场强的比值。公式如下:

$$K = \frac{v_d}{E} \tag{8.1}$$

其中, K 代表离子迁移系数(或者离子迁移常数), v_d 表示离子群的平均速度, E 表示离子群在其中迁移的电场场强。离子迁移系数单位为 $cm^2/(V \cdot s)$ 。

除了场强,温度和大气压也影响着离子速度。在恒定大气压下,离子群的速度会随着温度的升高而增大。在恒定温度下,离子群的速度会随着大气压的增强而减小。为了校正离子群的速度随温度 T 和大气压 p 的变化,通常将处于标准温度($T_0 = 273.15$ K)、标准大气压($p_0 = 760$ Torr)和标准密度($N_0 = 2.687 \times 10^{19}/cm^3$)时的迁移率称为约化迁移率。公式如下:

$$K_0 = K \cdot \frac{N}{N_0} = K \cdot \frac{p}{p_0} \cdot \frac{T_0}{T} \tag{8.2}$$

然而,离子群在电场和缓冲气体中的迁移方式很复杂,其约化迁移率会随着电场场强和缓冲气体气压的变化而变化。图 8.1 展示了离子群的迁移率与 E/N 之间的依赖关系,其中 K_0 代表离子群的迁移率, E 代表电场场强, N 代表缓冲气体密度[1]。当 E 的单位是伏特、 N 的单位是每立方厘米的粒子数时,二者比值的单位定义为Td。1 Td 等于 1×10^{-17} V $\cdot$ cm ^{2} 。

计算公式如下：

$$Td = \frac{E}{N} \times 10^{17} \ V \cdot cm^2 \qquad\qquad (8.3)$$

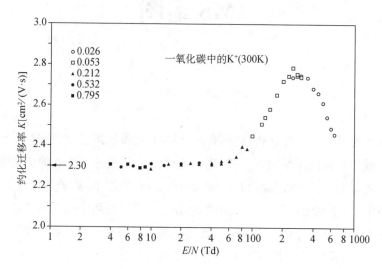

图 8.1 K_0 与 E/N 的函数关系。（摘自 Thomson et al.，Mobility，diffusion，and clustering of potassium （＋）in gases，*J. Chem. Phys.* 1973，58，2402-2411.经允许）

例如，在 20 ℃ 及标准大气压下，$N = 2.5 \times 10^{19}/cm^3$。因此，1 Td 的电场强度为 250 V/cm。

在图 8.1 中，标记出了 E/N 从 1 到 1 000 Td 时，钾离子在一氧化碳气体中的约化迁移率[1]。可以看到，当 E/N 在 50 Td 左右的时候，约化迁移率基本不变。当 E/N 在 50 Td 和 300 Td 之间时，约化迁移率处于增加状态；当 E/N 大于 300 Td 时，约化迁移率随着 E/N 的变大而减小。由于迁移率 K_0 的值与离子和缓冲气体有关，所以图 8.1 中的 K_0-E/N 曲线图适用于所有的离子和缓冲气体。因此，会有 3 种不同的区域：①低电场区域，约化迁移率保持不变；②中电场区域，约化迁移率随着 E/N 的增大而增大；③高电场区域，约化迁移率随着 E/N 的增大而减小。在低电场区域，离子从电场接收到的能量比从缓冲气体热能接收到的能量小很多。在中电场区域，离子从电场接收到的能量与从缓冲气体热能接收到的能量接近。在高电场区域，离子从电场接收到的能量比从缓冲气体热能接收到的能量要大。尽管迁移率会随着 E/N 的增大有不变、增加、减小 3 种状态，但是离子群的速度总是随着电场场强的增强而增大。在恒定大气压下，如果电场场强增强，离子速度是不可能减小的。迁移率不跟随 E/N 变化的区域，是常规使用的漂移管离子迁移谱（drift tube ion mobility spectrometry，DTIMS）、aIMS 和 DMA 等。DMS 和 FAIMS 技术处于迁移率跟随 E/N 变化的区域。此外，液相离子迁移谱和电泳处于 $E/N \ll 1$ 的区域；质谱处于 $E/N \gg 1\,000$ 的区域。

8.3　离子迁移谱

通过气相迁移来实现离子分离的方法有 3 种：时间、空间和聚焦。时间分离方法记录了离子脉冲轴向通过电场的时间；空间分离方法记录了离子通过正交电场的路径；聚焦分离方法是通过改变电场场强，使不同的离子聚焦在法拉第盘或质谱仪的入孔。时间分离的典型应用有 DTIMS、TW-IMS；空间分离的应用是 aIMS；聚焦分离的应用有 DMA、DMS、FAIMS。接下来将讨论每一种离子迁移分离方法形成的离子迁移谱图。

图 8.2 展示了离子流随到达时间变化的谱图，它的数据来自爆炸性检测的 IMS-DTIMS[2]。在该负极性谱图里，法拉第盘的电流强度与离子栅门开启、离子群进入 IMS 漂移区后的时间成函数关系。当离子群到达电极后，突然出现的电流峰值代表了离子群的到达时间。到达时间轴以毫秒为单位，测量到的迁移率表达式如下：

$$K = \frac{L}{E t_{\mathrm{d}}} \tag{8.4}$$

式中，L 表示漂移管的长度，以厘米为单位，E 表示电场强度，单位是伏特每厘米，t_{d} 表示离子群的到达时间，单位是秒。

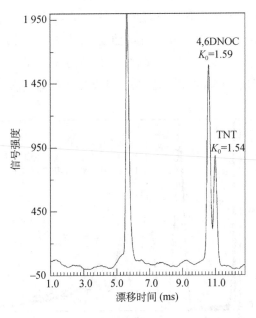

图 8.2　TNT 和 4,6-二硝基邻甲酚（4,6-dinitro-o-cresol，4,6DNOC）的漂移管离子迁移谱。（摘自 Wu et al., Construction and characterization of a high-flow, high-resolution ion mobility spectrometer for detection of explosives after personnel portal sampling，*Talanta* 2003，57，123-134.经允许）

在迁移谱上可以看到 3 个峰。第一个峰位于漂移时间 6 ms 附近，叫作反应离子峰（reactant ion peak，RIP），即使没有样品，该峰也会出现在迁移谱中。接下来的两个峰分别是 4, 6 - 二硝基邻甲酚和 TNT，前者是烟雾中的一种常见污染物，约化迁移率为 1.59 cm²/(V·s)，后者的约化迁移率为 1.54 cm²/(V·s)。为了检测 TNT，可以设置窗口监控 TNT 的预期到达时间。当在这个时间监测到电流时，就可以报警 TNT。

TW-IMS 的离子迁移谱与 IMS 看起来类似，但是由于电场是作为连续波施加的，因此，无法通过将离子扫向检测器的方法，直接从 TW-IMS 计算出迁移率和碰撞截面，而是必须根据 DTIMS 仪器进行校准。

图 8.3 展示了从 aIMS 读取的数据[3]。谱仪包含了一系列离散电极，每个电极的响应以直方图方式展示。aIMS 的分辨力比较低，因此，直方图模式仅用来检测目标化合物是否存在，而不检测离散峰。

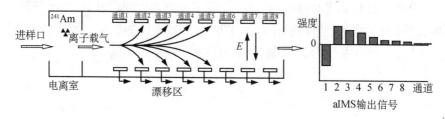

图 8.3 吸气式离子迁移谱仪的离子迁移谱。谱图是以直方图方式显示的法拉第盘阵列[3]。

DMA 设备的操作与 aIMS 类似，区别在于它只包含一个集电极。在离子穿过漂移区时，通过扫描正交电压使离子聚焦到法拉第盘上，聚焦的信号与扫描的正交电压成函数关系。谱图绘制为法拉第盘上离子电流随 $1/K$ 变化的曲线，其中 K 代表离子迁移率。在 DMA 文献中，Z 替代 K 表示离子迁移率。与 aIMS 类似，DMA 的分辨率很低，但可以区分单质和二聚体。例如，图 8.4 显示了从 DMA 获取到的 9.2 kDa 聚苯乙烯树脂的离子迁移谱图[4]。

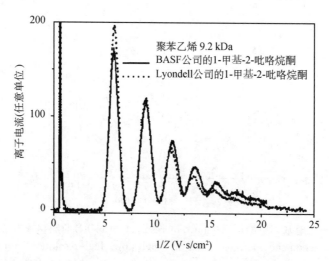

图 8.4 9.2 kDa 聚苯乙烯的 DMA 谱图。左边的尖峰来自电喷雾引起的少量本底离子。从 $1/Z$ 值为 5 的位置开始，峰依次为单体、二聚体、三聚体等[4]。该谱图的分辨力约为 2。（摘自 Ku et al., Mass distribution measurement of water-insoluble polymers by charge-reduced electrospray mobility analysis, *Anal. Chem.* 2004，76，814-222.经允许）

DMS 与 FAIMS(它们统称为差分离子迁移谱,DIMS)的谱图是相似的——尽管参数的幅度可能不同。图 8.5 显示了典型的 FAIMS 谱图,其中,撞击在检测器上的离子电流强度为补偿电压 C_v 的函数,补偿电压 C_v 从 -30 V 扫描到 0 V。该分析所用的检测器是 LCQ XL 线性离子阱,其中 FAIMS 对质量选择为 477 Da 的离子有响应。FAIMS 提取的离子轨迹展示了分离等值线。聚乙二醇(polyethylene glycol, PEG)单体已通过 FAIMS 与目标同量异位化合物洛哌丁胺显著分离。而仅通过质谱仪这两个同量异位化合物是无法分离的[5]。FAIMS 和 DMS 光谱也可以通过简单的法拉第盘检测器进行检测。与 DTIMS 类似,可以设置一个检测目标化合物的窗口,使其变成一款用于监控和检测的小型、多功能的IMS 设备。

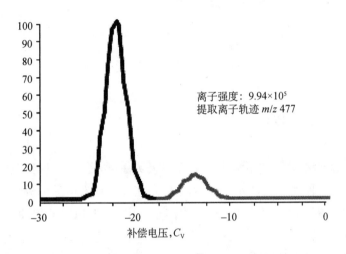

离子强度: 9.94×10^5
提取离子轨迹 m/z 477

补偿电压, C_v

图 8.5　混合了聚乙二醇的洛哌丁胺 FAIMS 谱图。谱图的分辨力约为 4。(摘自 Hoener and Phillips, The use of FAIMS to separate loperamide from PEG prior to ms analysis using an LTQ XL, Thermo Fisher Scientific Application Notes 2008,Application Note 395.经允许)

当补偿电压随分离电压变化时,可以获得更完整的表征离子混合物的二维 DIMS 谱图[6]。图 8.6 是在 1.55 atm 高压下对 DIMS 进行的 CV-DV 扫描。该图显示了在 DIMS 仪器中离子行为的完整谱图。RF 电压(也叫分离电压)的峰值位于坐标轴的 y 坐标,变化范围是 700~1 500 V。该混合物中存在 3 种离子:反应离子,即水合氢离子$[(H_2O)_nH^+]$;磷酸二甲酯(DMMP)单体离子 MH^+;DMMP 二聚体离子 M_2H^+。当射频电压比较低,例如800 V时,在 2D 离子迁移谱图中可以清晰地看到,3 个离子没有被低射频电压分离,而是出现在相同的补偿电压下。随着射频电压增大,3 个离子逐渐分离,这样较轻的离子(反应离子)被移动到负补偿点电压,DMMP 中的单体离子也被移动到负补偿点电压,而比较大的二聚体离子不受分频电压影响。随着射频电压的增大,离子分离加剧,灵敏度降低。所以,与大多数的分析方法一样,这种方法不可能同时达到最好的分辨率和灵敏度,而是必须优化电压来实现满足分析需求的最佳分辨率和灵敏度。当射频电压保持在 1 470 V 时,3 种离子均达到基线分离。

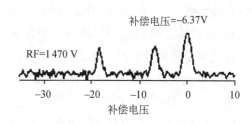

图 8.6 DMMP 在 1.55 atm 下的色散/补偿谱图。右面显示的谱图是 RF 的分离电压（dispersion voltage，DV）加上 1 470 V 峰值电压时的补偿电压谱图。（摘自 Nazarov et al.，Pressure effects in differential mobility spectrometry，*Anal. Chem.* 2006，78，7697-7706.经允许）

8.4 IMS 作为分离装置

作为一种分析方法，IMS 的价值不仅在于其高灵敏度，还在于其能够从迁移率中获取定性信息的能力。在某种程度上，IMS 可以看作类似于色谱或者电泳的分离技术。事实上，在 IMS 的早期，该技术被称为等离子色谱，因为离子与中性、近稳态的缓冲气体之间有选择性的相互作用，从而提供了样品分离和样品的定性信息。因此，这一章节采用通用的色谱术语来描述离子迁移谱。采用色谱法来描述 IMS，提供了一种可以将 IMS 与其他分析仪器进行对比的方法[7]。

与色谱一样，IMS 中峰的位置也反映了定性的信息。离子群离开漂移区时的位置，取决于所用的仪器类型。对于漂移管仪器，是离子群到达法拉第盘或质谱仪孔口的时间；对于 DMS，是在仪器中建立稳定路径所需的补偿电压；对于吸气型仪器，是与电场强度成函数关系的法拉第盘的位置。所有的这些定性测量数据都与离子的迁移率有关——尽管在某些情况下，它们之间的关联很复杂，而且还不是很容易理解。在本书的其他地方已经描述了 K、K_0 和 Ω 与离子迁移率的关系，并作为 IMS 的定性基础。只有充分理解了离子-分子的相互作用关系，用以模拟离子在 IMS 仪器中的行为，IMS 标准才可以用来校准各种 IMS 平台。

IMS 作为一种分离装置，分离性能取决于峰的位置和宽度。峰的位置取决于离子的迁移率，而峰的宽度与离子注入方式、扩散效应、电场均匀性和迁移单元的设计有着复杂的函数关系。离子迁移率谱图的"优缺点"可以用 3 个指标来衡量：分辨力、分离的选择性和分辨率。

8.4.1 分辨力

分析仪器识别复杂混合物成分的能力很大程度上取决于其分辨力，即该方法将化合物中的多种成分分离为独立的分析对象的效率。对于 DTIMS,分辨力 R_p 定义为到达时间 t_d 与到达检测器的离子群的半峰宽度 w_h 的比值:

$$R_p = \frac{t_d}{w_h} \tag{8.5}$$

在图 8.7 展示的离子迁移谱图中,由甲基苯丙胺产生的离子的到达时间为 24.94 ms,半峰宽为 0.154 ms[8]。因此,这个 DTIMS 的分辨力为 24.94/0.154=161。

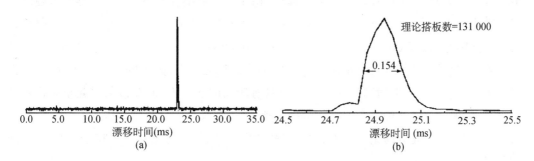

图 8.7　测量 IMS 的分辨力。(a)大气漂移管 IMS 对接四极杆质谱仪获得的甲基苯丙胺的质量选择的离子迁移谱图;(b)谱图(a)放大。(摘自 Wu et al.,Electrospray ionization high-resolution ion mobility spectrometry-mass spectrometry,*Anal. Chem.* 1998,70(23),4929-4938.经允许)

理论上,分辨力与表现为理论搭板数有关的谱图效率有关,公式如下:

$$n = 5.55 R_p^2 \tag{8.6}$$

n 表示谱图的理论搭板数,R_p 表示 IMS 的分辨力。对于图 8.7 所示的情况,IMS 的分辨力为 161,相当于 144 000 个理论搭板。在这里应该注意的是,IMS 不是色谱技术,分离的机理是完全不同的。但是,使用这种直接的方法来比较这些分离技术的分离效率非常方便。

之前的讨论仅涉及低场漂移管类型的 IMS。对于其他类型的 IMS,概念相同,但是具体的测量数据可能会有些不同。对于 TW-IMS,R_p 的定义与漂移管 IMS 相同,都是 t_d/w_h。但是对于 FAIMS 和 DMS,$R_p = CV/\Delta CV_h$,其中,CV 表示峰值最大处的补偿电压,ΔCV_h 表示在半峰高位置的补偿电压的全宽。对于 DMA,分辨力定义为 $V/\Delta V_h$。通常,商用 IMS 的分辨力的范围在 aIMS 的 2 和线性 IMS 的 80 之间。商用 IMS 漂移管的分辨力为 20~40,即理论塔板数为 2 220~8 880。

8.4.2　分离选择性

分离选择性定义为两个离子群在迁移谱中的相对位置,公式如下:

$$\alpha = \frac{X_2}{X_1} \tag{8.7}$$

其中，X_1 表示迁移谱中离子群 1 的位置，X_2 表示迁移谱中离子群 2 的位置，因此，α 的值总是大于等于 1.00。当 IMS 的分辨力太低而无法分辨两个离子时，可以改变 α 来分辨离子。例如，图 8.5 中的迁移谱的分辨力非常低，约为 2，但是 α 值很高，因此两个峰（洛哌丁胺和聚乙二醇的离子）均可以基线分离。在此例中，$\alpha = C_{v2}/C_{v1} \sim 22.5\ V/14\ V = 1.60$。利用高分辨力的 IMS 系统，即使分离选择性值很小的离子也可以分离。

IMS 的分离选择性会通过很多方式被影响。最直接的方法是调节或改变缓冲气体（参见第 11 章）。例如，二氧化碳作为缓冲气体时，由于其较高的极化率，可以分离出单独使用氮气无法分离的离子。IMS 中 4 种常见的缓冲气体是氦气、氩气、氮气（空气）和二氧化碳，其极化率分别为 0.205 debye、1.641 debye、1.740 debye 和 2.911 debye。碘代苯胺中的氯苯胺分离，证明了缓冲气体对分离度是有影响的[9]。在氦气中，离子的大小占主导地位，因此氯苯胺这种具有较高电荷密度的较小离子具有较高的迁移率；而在极化率起重要作用的二氧化碳中，像碘苯胺这种电荷密度较低的大离子，具有较高的迁移率。因此，在氦中，氯苯胺可与碘苯胺分离，先分离出氯苯胺；而在二氧化碳中，氯苯胺也可与碘苯胺分离，但碘苯胺先被分离。

缓冲气体选择性的例子还包括在：精氨酸在二氧化碳中与苯丙氨酸分离，而不是在氮气中分离[10]；劳拉西泮在氦气和二氧化碳中与苯甲二氮䓬分离，而不是在氩气和氮气中分离[11]；碳水化合物异构体的分离，例如从甲基-α-D-甘露吡喃糖苷中分离甲基-β-D-甘露吡喃糖苷，也是在二氧化碳中而不是在氮气中[12]；在商用 IMS 仪器中，使用一氧化二氮作为缓冲气体从 THC(tetrahydrocannabinol，四氢大麻酚)中分离海洛因[13]。

通过混合缓冲气体或添加痕量的改性剂对缓冲气体进行改性，也会影响 IMS 分离的选择性。IMS 中使用的最常见的混合缓冲气体是空气——虽然其他混合物也可能会改变 α 值。如果无法通过混合或改变缓冲气体来完成 IMS 分离，那么向缓冲气体中添加改性剂可能会增强离子-分子相互作用的选择性，从而实现分离。例如，图 8.8 显示了将 2-丁醇添加到氮气缓冲气体中时，缬氨醇从丝氨酸中分离出来[14]。手性改性剂的加入，导致了对映体的气相离子迁移分离，例如 D-蛋氨酸、L-蛋氨酸、S-阿替洛尔、R-阿替洛尔，L-色氨酸、D-色氨酸，L-甲基吡喃葡萄糖苷和 D-甲基吡喃葡萄糖苷[15]。

分离选择性也会因目标化合物形成的离子类型而发生改变。阳离子或阴离子加合物会对分离产生重大的影响。在正离子模式下，大多数通过电喷雾或任何化学电离方法形成的离子都是质子化阳离子。但是，如果将 Na^+ 添加到电喷雾溶液中，那么磺化加合物可能会成为主要的反应离子。例如，在 DTIMS 中，甲基-β-吡喃葡萄糖苷和甲基-α-吡喃葡萄糖苷这两种异构体的质子化离子不能进行基线分离，但是它们的磺化加合物就可以实现基线分离[16]。图 8.9 显示了阳离子加成引起的分离选择性。这些 IMS 谱图是与乙酸钴、银和乙酸铅加成的甲基-β-D-吡喃半乳糖苷和甲基-α-D-吡喃半乳糖苷异构体。乙酸钴加合物的分离系数为 1.02，银加合物的分离系数为 1.05，乙酸铅加合物的分离系数为 1.07。

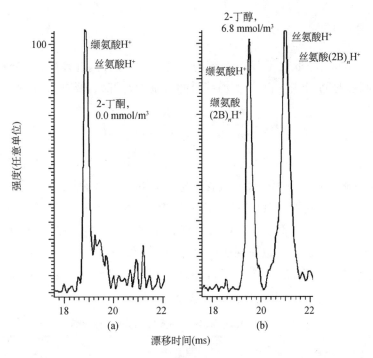

图 8.8　将 2-丁醇引入缓冲气体中来分离缬氨醇和丝氨酸的混合物。(a)混合物在氮气中的 IMS 光谱,仅在 18.9 ms 处显示出一个两种化合物的重叠峰;(b)将 1.7 mmol/m³ 的 2-丁醇改性剂引入缓冲气体中来分离混合物。(摘自 Fernandez-Maestre et al.,Using a buffer gas modifier to change separation selectivity in ion mobility spectrometry,*Int. J. Mass Spectrom.* 2010.经允许)

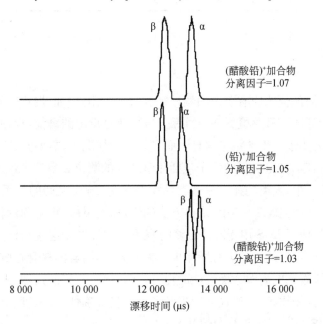

图 8.9　阳离子加成引起的选择性。使用不同的阳离子加合物将甲基-β-D-吡喃半乳糖苷从其异构体甲基-α-D-吡喃半乳糖苷中分离出来。(摘自 Dwivedi et al.,Rapid resolution of carbohydrate isomers by electrospray ionization ambient pressure ion mobility spectrometry-time-of-flight mass spectrometry(ESI-APIMS-TOFMS),*J. Am. Soc. Mass Spectrom.* 2007,18,1163~1175.经允许)

8.4.3　分辨率

离子迁移率的分辨率取决于 IMS 系统的分辨力 R_p 和分离选择性 α。分辨率 R 取决于两个峰之间的间隔时间，其中两个峰的漂移时间分别为 t_1 和 t_2，峰宽为 w_1 和 w_2，公式如下：

$$R = \frac{2(t_2 - t_1)}{w_2 + w_1} = \frac{R_p}{1.74}\left(\frac{\alpha - 1}{\alpha}\right) \tag{8.8}$$

通过该公式，当分辨率为 1.00 时，两个离子之间的重叠率为 2%。如果我们知道谱图仪的分辨力，就可以确定可以分离的相对迁移率值。表 8.1 显示了分离选择性、分辨力和分辨率的比较关系。例如，如果特定仪器的分辨力仅为 10，那么 IMS 仪器的相对迁移率值必须大于 1.2，才能在两个离子之间实现 1 的分辨率。在图 8.5 的例子中，两种化合物的相对分离为 1.60，因此，分辨力为 2 足以实现两种化合物的基线分离。另一方面，对于复杂的样品混合物，例如环境或生物样品，许多离子可能具有相似的迁移率。如果相对迁移率差异为 1%（$\alpha = 1.01$），就需要以大于 174 的分辨力来分离这些离子，但是会有 2% 的重叠率。

表 8.1　IMS 分辨率、分离选择性和分辨力的比较

分辨率	分离选择性	分辨力
1.00	1.20	>10
1.00	1.10	>19
1.00	1.05	>36

8.5　定量响应

IMS 在一些仅对阈值响应有要求的领域被成功地应用，例如，爆炸物的检测和含有滥用药物的可疑物品的筛选。只要检测到的目标分析物超过设定的阈值，即使处于痕量水平，也会触发警报，且不需要进一步的定量信息。而在另一种情况下，需要知道某些物质是否存在和定量数量。IMS 仪器定量应用的例子包括化学战剂的测定和空气中挥发性有机化合物的筛查。在这两个例子中，人类的死亡率或存活率与剂量-响应之间的关系密切相关，而且剂量水平至关重要。在过去的 10 年中，采样方法的改进，更灵敏、更坚固的仪器的开发以及更好的数据处理技术，使得 IMS 用于阈值报警的应用得到发展。这些在检测爆炸物的手持式以及固定式或台式分析仪的进展中有所体现。另一方面，随着漂移管在响应快速、低记忆效应、可重复将样品输送到电离源方面性能的提升，需要定量测定的仪器和程序得到了同步发展。与前几代分析仪相比，这些改进共同提升了仪器的准确性、灵敏度和线性范围。在以下各节中，将讨论 IMS 分析仪定量行为的基本原理。

8.5.1　样品浓度对响应的影响

IMS 响应的第一步是中性分析物分子的电离，这是发生在漂移管中的一系列其他后续

过程的起点,它决定了定量响应的范围。IMS 定量方面所有讨论的核心是可用于离子形成的有限电荷库。该电荷量实际上受电离源强度、生成反应离子的反应顺序、最终产物离子的生成速率的限制。在典型的使用^{63}Ni 电离源的操作条件下,^{63}Ni 电离源中离子密度的上限为 $10^9 \sim 10^{10}$ 个离子/(cm^3 · s),这是能够形成产物离子的最大电荷量。实际上,由于电场和气流通道设计不良而导致的离子损失,该值可能会降低。此外,实际测量中还可能会因为杂质的存在、竞争反应的进行以及目标产物离子的分解或裂解而引起化学损失。

在低浓度的分析物下,根据式(8.9),反应物离子的消耗与中性分子的密度成比例,公式如下:

$$速率 = k[M][\text{H}^+ (\text{H}_2\text{O})_n] \tag{8.9}$$

式(8.9)中的速率常数 k 是反应速率常数,它控制产物离子的生成。如图 8.10 所示,对于恒定浓度的样品,产物离子的密度取决于样品在电离源中的停留时间及其浓度。反应物离子的消耗源于式(8.9)中的动力学,随着产物离子的生成,反应物离子减少。该关系实际上是符合计量关系的。当样品分子在反应区域中的停留时间一定时,产物离子的数量及其在迁移谱中的峰强度与样品分子的浓度成正比。同样地,如果电离区的样品蒸气未达到饱和,那么增加样品(M)在电离区中的停留时间将导致产物离子数量增加。一旦储备的反应物离子电荷被消耗殆尽,即使进一步增加样品分子浓度,产物离子强度也不会再增加。实际上,这限制了在环境压力下与电离源相关的线性范围的上限。

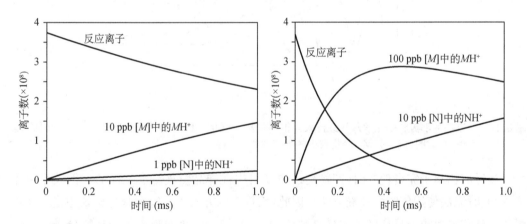

图 8.10　在环境温度和压力下,离子数与反应时间或离子和中性粒子混合时间的关系图。曲线显示对质子亲和力相当的两种分析物的响应。分析物的浓度相差 10 倍,说明了形成产物离子的动力学基础。

迁移谱中一个公认的定量模式是质子化单体和质子结合二聚体之间的关系,这种关系是几种类型的化合物(包括酯、酮、醇、胺和有机磷化合物)共有的。随着离子源中分析物 M 的蒸气浓度增加(图 8.11),质子化单体峰首先出现,而反应物离子峰强度相应降低。随着分析物浓度的进一步增加,出现第二个峰,即质子结合二聚体。此时,反应离子和质子化单体的峰强度都降低。当从电离源中去除分析物蒸气并且分析物浓度降低时,将会发生逆反应:质子结合二聚体峰的强度下降,质子化单体峰的强度增加。最终,质子化单体峰强度下降,反应物离子峰恢复到原来的强度。这些变化的动态过程如图 8.11 所示。尽管这种模式通常与正极性 IMS 相关，但是使用负离子（如 $M \cdot Cl^-$ 和 $M_2 \cdot Cl^-$）可能也会观察到类似的模式，如在观察挥发性卤化麻醉药[17]和其他形成长寿命负离子群的化学药品时所看到的。

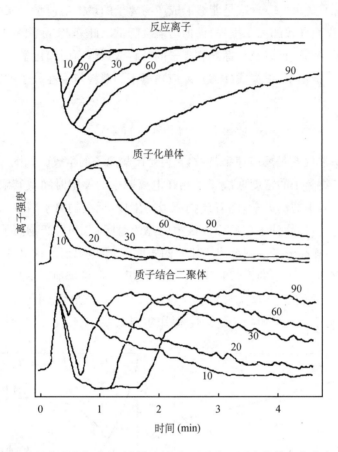

图 8.11 对流动的羽流状的化学蒸气进行采样得到的离子强度。图中的数字代表产生羽流的时间（以秒为单位）。图例显示 IMS 分析仪中的动态过程。

当反应物离子完全耗尽时，产物离子浓度与中性样品蒸气浓度之间的比例关系将不再成立，此时无法使用传统的校准方法。因此，用现有的方法不再能解释分析仪中进一步的定量值。随着电离源或反应区域中样品浓度的增加，另一个负面现象是分析物分子会扩散到漂移区域。在漂移区，中性样品加合物可能与该样品的产物离子缔合，形成 $M_n H^+ (H_2O)_x$ 类型的簇离子，其中 $n \geqslant 3$。离子群中的簇离子在穿越漂移区时会经历快速失去、又快速结合中性加合物的过程[18]，因此观察到的此类离子的约化迁移率，是在这种平衡过程中所有单个离子或团簇离子的约化迁移率的加权平均值。这种现象的实际含义是：产物离子的漂移时间可以在较大范围内变化，而这又与漂移区域中中性样品的浓度有关。由于中性样品分子在漂移区的分布不均匀，且与样品浓度相关，因此使用 K_0 值来区分离子是很困难的。因此，应避免反应物离子完全耗尽，并保持反应物离子有一定的峰强度，以保证样品分子在反应区域没有饱和，否则将导致产物离子的漂移时间与浓度有关且无法定量。最现代的

IMS 漂移管设计会避免这种情况的发生,但用户的不小心操作可能会使好的设计发挥不了作用。

8.5.2　检测限

在实践中,当考虑使用 IMS 技术时,要先定义检测限(limit of detection,LOD)或最低检测限(minimum detectable level,MDL)。在连续监测环境空气或可控制的大气时,MDL是在迁移谱中高于背景噪声水平(S/N＞3)时可以观察到的最低分析物的浓度。对于挥发性化合物,常用的 MDL 的单位是每百万分之一体积、每十亿分之一体积、毫克每立方米或微克每立方米。当样品以滤纸擦拭物或固相微萃取纤维的形式离散采样时,MDL 表示为皮克/样品或纳克/样品。这种方法通常应用在半挥发性化合物,以及将 IMS 漂移管用作色谱检测器的时候。

IMS 分析仪有着极好的检测限,这是源于常压下的高碰撞速率产生的高化学电离效率、较长的停留时间以及离子分子碰撞形成被激活中间体的高转化效率。在过去的 10 年中,用于 IMS 测量的 MDL 的定量报告已经很普遍了。用传统的漂移管进行定量响应的一个基本特点(即,使用离子栅门的线性电势梯度)是仅利用了反应区域中总离子电荷的一小部分。在 20 ms 的工作周期内,离子栅门仅在 0.1~0.3 ms 内对离子开放反应区和漂移区之间的通道;因此,仅对离子总量的大约 1% 进行了采样,而检测到的离子甚至会更少。随着电离源强度的增大,离子栅门的宽度或栅门的占空比有限,因此漂移管中的离子-离子斥力在高于约 10^5 个离子/mm^3 的水平上变得明显,同时库仑排斥力导致峰宽变宽,峰高下降[19]。

IMS 中有关 MDL 的最早报道之一是 DMSO;使用带有 GC 进样口的 IMS-MS,可以看到 10^{-10} mol(约 8 ng)的 DMSO 峰[20]。此后不久,使用 GC-IMS-MS 检测了 10^{-8} g 麝香[21],据报道,分离的或独立的 IMS 的 MDL 甚至更好,为 10^{-10} g。但是,具有这种 IMS 配置的样品传送方法需要在传输线上沉积溶液并将传输线插到加热的 IMS 入口,在这里样品蒸气会被吸收,这种样品传送方式对确定样品的精确重量有些影响。另一方面,以上研究还没有充分利用 S/N 的概念,而检测限的定义是基于 S/N 的[22]。毛细管色谱柱和快速响应的漂移管的成功组合,可以准确地测量低 MDL。Baim 和 Hill 研究得到 S/N 值为 3 时,2,4-D(二氯苯基乙酸)甲酯的 MDL 为 6 pg[23],二正己基醚的 MDL 为 28 pg[24]。具有强质子亲和力的有机磷化合物,其质子化单体离子的检测限约为 10 pg[25]。最早对 IMS 作为独立仪器进行 MDL 的严格评估,是用于检测生物组织中的仲丁基氯二苯醚,据报道 MDL 约为 20 pg[26]。

IMS 对蒸气的连续采样做了其他的测试,在这些应用中由于 IMS 对分析物固有的敏感性而被认为很具吸引力,典型的代表是空气中的羰基镍,据报道检测限为 0.2~0.3 ppb[27]。在另一份连续监测得到的实际 MDL 的报告中,Karpas 指出了化工厂周围空气中溴的检测限为 10 ppb[28]。其他连续监测的检测限包括 MDL 为 0.1~1 000 ppb[18]的挥发性卤代麻醉药和 MDL 为 50 ppb 的尼古丁[29]。IMS 检测限中最有吸引力的领域可能是爆炸物探测(另请参见第 12 章)。Karasek 首次报道在 S/N 大于 1 000 时检测到 10 ng 的 TNT,据此可以通过外推法预测出 MDL 在低皮克范围[30]。Lawrence 和 Neudorfl 的研究表明，二硝酸乙二醇酯(ethylene glycol dinitrate, EGDN)经过电离，与 O_2^- 发生反应生成 EGDN·NO_3^-，这使得分析蒸气的利用效率低下，但可以通过使用 Cl^- 作为反应离子来增强电离作用，生成 EGDN·$Cl^{-[31]}$。当存在氯反应离子时，EGDN 的检测限为 500 pg；当不存在氯反应离子时，其检测限为 30 pg。据推测，这是由于单一反应物离子氯化物简化了电离途径，不会形成在空气作为反应气体时常形成的复杂混合物，也可能是由于形成了长寿命的氯化物化合物。空气中 TNT 和 RDX(cyclonite，黑索今炸药)的最终检测限为 3 ppt (v/v)，在大型反应器上进行信号平均后，最终检测限为 0.3 ppt[32]。这些低 MDL 值是在非常洁净的漂移管中通入纯氮气而获得的，不应作为常规筛查仪器的要求。在我们的整个讨论中，MDL 必须是针对特定分析仪给出的，而且样品不经过任何事先准备或浓缩。例如，Sandia 的一个团队报告指出，当采样管中装有浓缩气体时，空气中爆炸物的 MDL 为 0.03 ppt[32]。

与大多数的实验室设备不同，现场设备在室温条件下运行，并配备了膜入口，以保持内部再循环气体的洁净。样品蒸气必须通过一个膜，该膜的选择性与膜的分子结构、分析物中存在的官能团、膜的温度和分析物的蒸气压相关联。膜的效率很少会达到 100%，因此，配备有膜仪器的 MDL 比将样品直接沉积到反应区域的 MDL 要差。研究发现，使用手持式 IMS 并连续采样蒸气流，测得空气中的肼和一甲基肼(火箭推进剂)的 MDL 约为 10 ppb[33]。当此类配备膜的手持式分析仪通过一个气流注射样品入口在短时间内接收蒸气时，苯胺的 MDL 为 2 ng[34]，邻苯二甲酸二烷基酯的 MDL 为 5 ng[35]。膜将检测限降低至原来的 1/100～1/10，这表明穿过膜屏障渗透的分子数在 1%～10%。

8.5.3 可重复性、稳定性和线性范围

在 1990 年之前，关于信号强度和漂移时间的可重复性尚未在 IMS 的报告或期刊文章中得到重视，这可能是因为检测限是当时所面临的主要问题。因此，文献中关于 IMS 测量的可重复性的研究只有相对简短的记录，而这是所有定量分析方法的关键。现有的几个例子涉及短期可重复性，在这些示例中，峰面积的相对标准偏差(relative standard deviation, RSD)为 5%～25%[34]。一项手持式 IMS 分析仪的研究表明，5～2 500 ng 邻苯二甲酸二烷基酯的重复性为 6%～27%RSD，如表 8.2 所示[35]。使用同一台仪器测量 10～200 ppb 具有高反应性和吸附性的肼蒸气时，其精度约为 3%～16%RSD[33]。

表 8.2　迁移谱设备对邻苯二甲酸酯从滤纸中热脱附的定量响应

峰面积量 (μg)	平均值 ($\times 10^3$)	标准偏差 (%RSD)	峰面积量 (μg)	平均值 ($\times 10^3$)	标准偏差 (%RSD)
	2.01	1.49		2.36	2.27
0.005	1.40	(27)	0.005	2.02	(8.0)
	1.05			2.42	

峰面积量（μg）	平均值（×10³）	标准偏差（%RSD）	峰面积量（μg）	平均值（×10³）	标准偏差（%RSD）
0.05	1.95	1.79	0.05	2.90	3.15
	1.71	(70)		3.28	(6.0)
	1.70			3.27	
0.25	4.61	3.90	0.25	5.92	5.49
	3.91			5.39	(6.0)
				5.16	
0.50	10.5	8.42	0.50	8.19	7.55
	6.86	(18)		6.25	(12)
	6.88			6.22	
1.0	8.42	13.4	1.0	12.5	11.0
	16.2	(26)		9.75	(10)
	15.5			10.8	
2.5	23.3	23.6	2.5	19.9	20.2
	24.1	(2.0)		22.5	(9.0)
	23.2			18.1	

标准偏差包括样品制备过程和热解吸过程中产生的标准偏差[38]。

第四个例子是通过滤纸的热脱附测定苯酚。在 10~10 000 ng 的范围内，对应的可重复性分别为 42%~0.7%RSD；实验结果如表 8.3 所示，其中包括了样品处理产生的误差[36]。所有这些研究都是在严格控制的实验室条件下进行的。

表 8.3　气体脱附-离子迁移谱法 5 次重复测定苯酚

苯酚含量(ng)	峰面积和	RSD(%)
0	1 235	22.9
10	3 934	31.7
20	3 395	42.1
30	5 313	36.6
40	5 526	36.6
50	6 486	13.8
60	9 481	11.1
70	10 426	14.8
80	12 800	9.0

（续表）

苯酚含量(ng)	峰面积和	RSD(%)
90	14 252	12.9
100	17 495	7.6
200	30 389	10.6
300	38 872	10.0
400	39 904	11.5
500	43 049	6.9
600	47 225	7.0
700	51 181	4.3
800	53 888	7.4
900	54 753	8.0
1 000	66 087	3.4
2 000	74 663	3.8
3 000	81 964	1.4
4 000	84 101	1.4
5 000	89 207	6.1
6 000	96 092	1.8
7 000	98 844	1.4
8 000	103 834	2.2
9 000	103 831	0.7
10 000	100 320	11.7

在使用 VOA(参见第 5 章)进行的 GC-IMS 测量中可以看到 IMS 中常规测量值的重复性。对于大多数化学品而言,VOA 的漂移时间重复性 $(1/K_0)$ 优于 0.1% RSD,最差的是 0.4% RSD。对于 18 种挥发性有机化合物和校准物的混合物而言,3 次测量的峰面积的重复性平均 RSD 为 10%,如表 8.4 所示[37]。这和基于实验室的 GC-IMS 相比具有优势,在该实验中,有机磷化合物混合物中选定的化合物的测定值为 $88\sim1\,390$ pg,在两种反应气(水和DMSO)中分别进行 $4\sim6$ 次测量,重复性分别约为 6% 和 25% RSD[25]。

表 8.4　国际空间站中挥发性有机物分析仪的定量响应

	浓度(mg/m³)							
	目标值	1	2	3	平均值	标准值	RSD(%)	错误率(%)
甲醇	170	200	194	204	199	5	2.5	17.3
2-丙醇	717	833	597	672	701	121	17.2	2.3

	浓度(mg/m³)						
	目标值	1	2	3	平均值	标准值	RSD(%)	错误率(%)
1-丁醇	702	442	421	393	419	25	5.9	40.4
乙肝病毒	202	223	216	205	215	9	4.2	6.3
对二甲苯	1 793	1 625	1 943	1 839	1 802	162	9.0	0.5
邻二甲苯	633	587	633	727	649	71	11.0	2.5
甲苯	414	425	561	440	475	75	15.7	14.8
2-丁酮	480	298	269	270	279	16	5.9	41.9
乙酸乙酯	279	199	315	236	250	59	23.7	10.4
二氯甲烷	177	197	191	191	193	3	1.8	9.0

尽管 VOA 作为唯一公开示例,表明了校准曲线在可重复性范围内可能在数月内是稳定的,但是关于 IMS 中校准的长期稳定性很少有文献记录,很难提供数据支持。Dam 提出了一种创造性的解决方案,可以在不断变化的基质中校准 IMS 分析仪,用于监控烟囱排放[38]。该监控系统已经在 DuPont 化学生产工厂安装并运行了 10 多年,在稳定性方面没有严重的缺陷,该系统同时配备了一套进样系统,可以在监控目标化学品的同时接收到标准流量的目标化学品。这就构成了一种流动的校准物添加标准,能够补偿由于基质变化引起的定量的复杂性。在军事上,要求 IMS 可以放在一个密闭容器里 10 年,当再次取出来时,可以在几分钟之内达到工作状态。在数周之内保持校准稳定性的鲜少示例之一,是在美国 STS-37 航班上,比较了基于 GC-IMS 系统的手持设备在飞行之前和之后的肼校准。在 6 周的时间间隔内,肼校准的重复性为 5%～10%,优于实验室中测得的 RSD[33]。

灵敏度定义为每增加单位浓度引起的响应的变化,或检测器的响应与浓度的关系曲线的斜率。我们感兴趣的是不同化合物在一定浓度范围内的定量反应。通常,IMS 的线性范围为 10～100,工作范围可以接近或大于 1 000。图 8.12 显示了迁移谱设备对苯酚的响应曲线[36]。在低于响应阈值(4 ng)附近,只能观察到产物离子峰面积非常轻微的增加。当苯酚的量从 40 ng 增加到 100 ng 时,峰面积从 6 个单位线性增加到 16 个单位[图 8.12(a)],即浓度加倍时强度同样加倍。当苯酚的量增加到 200 ng 时,响应曲线的斜率发生变化。当苯酚从 200 ng 变化到 1 000 ng 时,峰面积从 30 个单位变化到 65 个单位[图 8.12(b)],即浓度 4 倍时强度 2 倍。当苯酚从 2 000 ng 变化到 10 000 ng 时,峰面积从 70 个单位增加到 105 个单位(即浓度增加 500%,而峰面积增加 50%)。这里是将苯酚放在滤纸上,由于热脱附过程以及苯酚通过手持式分析仪进样膜的效率较低,因此,气相苯酚含量是远远低于以上这些值的。尽管如此,图中曲线的趋势比绝对质量校准更加重要。图 8.12(c)中的曲线叫作 IMS 的校准曲线,它显示了 40～1 000 ng 的线性范围、1 000～2 000 ng 的第二线性范围以及 2 000 ng 以上的第三范围。在第三范围,电离源几乎饱和(反应离子被耗尽)。因此,它的工作范围是 40～10 000 ng。图中的重复性说明，在阈值附近信号强度是有区别的，在 60～80 ng 的 RSD 为 10％～40％，表明在该浓度范围内信号强度变化明显，是很容易区分的。在响应的中间范围，RSD 为 5％～10％；在响应的较高范围，RSD 降低到大约 2％。

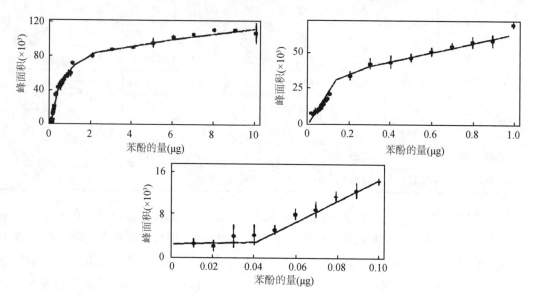

图 8.12　用 IMS 测定滤纸上的苯酚的定量响应（包括了精度）。苯酚以溶液形式加到滤纸上，烘干并进样到 IMS 漂移管中。

8.6　小结

综上，离子迁移率的分离可以通过多种方法进行。在所有的分离方法中，都有控制离子分离的扫描参数。例如，在漂移管谱仪中，它是离子的到达时间；对于吸气式谱仪，它是法拉第盘的位置；对于迁移率分析仪，它是正交电压的强度；对于 DMS，它是补偿电压。两个离子的这些扫描参数相对值称为分离因子 α，谱仪的分辨力是由这些扫描参数与离子群对应的扫描参数宽度的比值决定的。

IMS 中两个离子峰的分辨率取决于仪器的分辨力以及缓冲气体和离子相互作用的分离选择性。分离选择性可以通过调节漂移气体的极化率、向漂移气体中添加改性剂以及控制离子化过程中产生的离子和离子化合物的类型来控制。因此，IMS 仪器存在大量的参数，这使得该方法当作为一种分析技术时是很复杂的，但是，当对参数进行优化时，IMS 便成为一种可以适用于多种分析物的强大而灵活的分析测量设备。

参考文献

[1] Thomson, G. M.; Schummers, J. H.; James, D. R.; Graham, E.; Gatland, I. R.; Flannery, M. R.; McDaniel, E. W., Mobility, diffusion, and clustering of potassium (＋) in gases, *J. Chem. Phys.*

1973, 58, 2402-2411.

[2] Wu, C.; Steiner, W.E.; Tornatore, P.S.; Matz, L.M.; Siems, W.F.; Atkinson, D.A.; Hill,H.H., Jr., Construction and characterization of a high-flow, high-resolution ion mobility spectrometer for detection of explosives after personnel portal sampling, *Talanta* 2002,57, 123-134.

[3] Makinen, M. A.; Anttalainen, O. A.; Sillanpaa, M. E. T., Ion mobility spectrometry and its applications in detection of chemical warfare agents, *Anal. Chem.* 2010, 82, 9594-9600.

[4] Ku, B.K.; Fernandez de la Mora, J.; Saucy, D.A.; Alexander, J.N., Mass distribution measurement of water-insoluble polymers by charge-reduced electrospray mobility analysis, *Anal. Chem.* 2004, 76, 814-822.

[5] Horner, J.; Phillips, J., The use of FAIMS to separate loperamide from PEG prior to ms analysis using an LTQ XL, Thermo Fisher Scientific Application Notes 2008,Application Note 395.

[6] Nazarov, E. G.; Coy, S. L.; Krylov, E. V.; Miller, R. A.; Eiceman, G. A., Pressure effects in differential mobility spectrometry, *Anal. Chem.* 2006, 78, 7697-7706.

[7] Asbury, R.G.; Hill, H. H., Jr., Evaluation of ultrahigh resolution ion mobility spectrometry as an analytical separation device in chromatographic terms, *J. Microcol. Sep.* 2000,12(3), 172-178.

[8] Wu, C.; Siems, W. F.; Asbury, G. R.; Hill, H. H., Electrospray ionization high-resolution ion mobility spectrometry-mass spectrometry, *Anal. Chem.* 1998, 70(23), 4929-4938.

[9] Asbury, G. R.; Hill, H. H., Using different drift cases to change separation factors(alpha)in ion mobility spectrometry, *Anal. Chem.* 2000, 72(3), 580-584.

[10] Asbury, R. G.; Hill, H. H., Jr., Separation of amino acids by ion mobility spectrometry, *J. Chromatogr. A* 2000, 902(2), 433-437.

[11] Matz, L.M.; Hill, H.H., Jr.; Beegle, L.W.; Kanik, I., Investigation of drift gas selectivity in high resolution ion mobility spectrometry with mass spectrometry detection, *J. Am.Soc. Mass Spectrom.* 2002, 13(4), 300-307.

[12] Dwivedi, P.; Bendiak, B.; Clowers, B.H.; Hill, H.H., Rapid resolution of carbohydrate isomers by electrospray ionization ambient pressure ion mobility spectrometry-time-of-flight mass spectrometry (ESI-APIMS-TOFMS), *J. A. Soc. Mass Spectrom.* 2007, 18(7),1163-1175.

[13] Kanu, A. B.; Hill, H. H., Jr., Identity confirmation of drugs and explosives in ion mobility spectrometry using a secondary drift gas, *Talanta* 2007, 73(4), 692-699.

[14] Fernandez-Maestre, R.; Wu, C.; Hill, H.H., Jr., Using a buffer gas modifier to change separation selectivity in ion mobility spectrometry, *Int. J. Mass Spectrom.* 2010.

[15] Dwivedi, P.; Wu, C.; Matz, L.M.; Clowers, B.H.; Siems, W.F.; Hill, H.H., Jr., Gas-phase chiral separations by ion mobility spectrometry, *Anal. Chem.* 2006, 78(24), 8200-8206.

[16] Dwivedi, P.; Bendiak, B.; Clowers, B.H.; Hill, H.H., Jr., Rapid resolution of carbohydrate isomers by electrospray ionization ambient pressure ion mobility spectrometry-time-of-flight mass spectrometry (ESI-APIMS-TOFMS), *J. Am. Soc. Mass Spectrom.*2007, 18, 1163-1175.

[17] Eiceman, G.A.; Shoff, D.B.; Harden, C.S.; Snyder, A.P.; Maritinez, P.M.; Fleischer, M. E.; Watkins, M.L., Ion mobility spectrometry of halothane, enflurane, and isoflurane anesthetics in air and respired gases, *Anal. Chem.* 1989, 47, 403-407.

[18] Preston, J.M.; Rajadhyax, L., Effect of ion-molecule reactions on ion mobilities, *Anal.Chem.* 1988, 60(1), 31-34.

[19] Spangler, G.; Collins, C.I., Peak shape analysis and plate theory for plasma chromatography, *Anal. Chem.* 1975, 47, 403-407.

[20] Cohen, M.J.; Karasek, F.W., Plasma chromatography—a new dimension for gas chromatography and mass spectrometry, *J. Chromatogr. Sci.* 1970, 8, 330-337.

[21] Karasek, F. W.; Keller, R. A., Gas chromatograph/plasma chromatograph interface and its performance in the detection of musk ambrette, *J. Chromatogr. Sci.* 1972, 10, 626-628.

[22] Long, G.L.; Wineformer, J.D., Limits of detection: a closer look at IUPAC definitions, *Anal. Chem.* 1983, 55, 712A-714A.

[23] Baim, M.A.; Hill, H.H., Jr., Determination of 2,4-dichlorohenoxyacetic acid in soils by capillary gas chromatography with ion mobility detection, *J. Chromatogr.* 1983, 279, 631-642.

[24] St. Louis, R.H.; Siems, W.F.; Hill, H.H., Jr., Evaluation of direct axial sample introduction for ion mobility detection after capillary gas chromatography, *J. Chromatogr.* 1989, 479, 221-231.

[25] Eiceman, G. A.; Harden, C. S.; Wang, Y.-F.; Garcia-Gonzalez, L.; Schoff, D. B., Enhanced selectivity in ion mobility spectrometry analysis of complex mixtures by alternate reagent gas chemistry, *Anal. Chim. Acta* 1995, 306, 21-33.

[26] Tou, J.C.; Boggs, G.U., Determination of sub parts-per-million levels of sec-butyl chlorodiphenyl oxides in biological tissues by plasma chromatography, *Anal. Chem.* 1976, 48, 1351-1357.

[27] Watson, W.M.; Kohler, C.F., Continuous environmental monitoring of nickel carbonyl by Fourier transform infrared spectrometry and plasma chromatography, *Environ. Sci. Technol.* 1979, 13, 1241-1243.

[28] Karpas, Z.; Pollevoy, Y.; Melloul, S., Determination of bromine in air by ion mobility spectrometry, *Anal. Chim. Acta* 1991, 249, 503-507.

[29] Eiceman, G.A.; Sowa, S.; Lin, S.; Bell, S.E., Ion mobility spectrometry for continuous on-site monitoring of nicotine vapors in air during the manufacture of transdermal systems, *J. Hazard. Mater.* 1995, 43, 13-30.

[30] Karasek, F. W.; Denney, D. W., Detection of 2, 4, 6-trinitrotoluene vapours in air by plasma chromatography, *J. Chromatogr.* 1974, 93, 141-147.

[31] Lawrence, A. H.; Neudorfl, P., Detection of ethylene glycol dinitrate vapors by ion mobility spectrometry using chloride reagent ions. *Anal. Chem.* 1988, 60, 104-109.

[32] Schellenbaum, R.L.; Hannum, D.W., Laboratory evaluation of the PCP large volume ion mobility spectrometer(LRVIMS), *Sandia Rep.* March 1990, SAND89-0461 * UC515.

[33] Eiceman, G.A.; Salazar, M.R.; Rodriguez, M.R.; Limero, T.F.; Beck, S.W.; Cross, J.H.; Young, R.; James, J.T., Ion mobility spectrometry of hydrazine, monomethylhydrazine, and ammonia in air with 5-nonanone reagent gas, *Anal. Chem.* 1993, 65, 1696-1702.

[34] Eiceman, G. A.; Garcia-Gonzalez, L.; Wang, Y.-F.; Pittman, B.; Burroughs, G.E., Ion mobility spectrometry as flow-injection detector and continuous flow monitor for aniline in hexane and water, *Talanta* 1992, 39, 459-467.

[35] Poziomek，E. J.；Eiceman，G. A.，Solid-phase enrichment，thermal desorption，and ion mobility spectrometry for field screening of organic pollutants in water，*Environ. Sci. Technol.* 1992，26，1313-1318.

[36] Smith，G.B.；Eiceman，G.A.；Walsh，M.K.；Critz，S.A.；Andazola，E.；Ortega，E.；Cadena，F.，Detection of *Salmonella typhimurium* by hand-held ion mobility spectrometer：a quantitative assessment of response characteristics，*Field Anal. Chem. Technol.* 1997，4，213-226.

[37] Limero，T.F.；Reese，E.；Trowbridge，J.；Hohman，R.；James，J.T.，The Volatile Organic Analyzer（VOA）aboard the international space station，Society of Automotive Engineers 2002，Paper Offer Number 021CES-317.

[38] Dam，R.，Analysis of toxic vapors by plasma chromatography，in *Plasma Chromatography*，Editor Carr，T.W.，Plenum Press，New York，1984，pp. 177-214.

第 9 章
离子迁移质谱

9.1　与质谱联用

质量信息与迁移率信息的融合,使得 IMS 和 MS 两种技术都提升到了一个新高度。由质量和迁移率组成的谱图提供了离子结构的信息,这是单独使用任何一种方法都无法实现的。通过将离子迁移率信息添加到质量信息中,可以测量离子的大小及质量。例如,由于基质中化学噪声和混合物中同分异构体/同分异位体的存在,MS 通常对复杂混合物中的低浓度的离子没有响应。因此,如果能在质量信息之外增加尺寸信息,就能扩展用于离子检测的参数。

很显然,IMS 联接 MS 的主要优势是离子迁移谱在质谱之前提供了一个快速预分离步骤。基于离子大小和质量的分离为每个离子提供了 2D 分析,与单独使用 MS 相比,扩大了峰容量。与 MS 类似,可以使用以下公式编写 IMS 的扫描规则,该规则使用横截面积与电荷的比 Ω/z 代替质荷比 m/z：

$$\frac{\Omega}{z} = 0.265 \left(\frac{\pi}{kT}\right)^{\frac{1}{2}} \left(\frac{1}{m} + \frac{1}{M}\right)^{\frac{1}{2}} \cdot \frac{t_d E}{L} \cdot \frac{760}{p} \cdot \frac{T}{273.15} \cdot \frac{e}{N_0}$$

其中,Ω 是离子的碰撞截面(以 Å^2 为单位),z 是离子所带电荷数,k 是玻尔兹曼常数,T 是缓冲气温度,m 是离子质量,M 是缓冲气质量,t_d 是离子漂移时间(以 ms 为单位),E 是离子漂移管中的电场,L 是漂移管的长度(以 cm 为单位),p 是漂移区中缓冲气体的压力(以 Torr 为单位),e 是电子电荷,N_0 是在标准温度和标准压力条件下的数密度。

与真正意义上的正交分离方法不同,IMS 和 MS 只通过离子大小发生关联,即通常质量较大的离子具有较大的尺寸。假设生物分子离子是刚性球体,则离子的碰撞截面 Ω 与质量 m 的 2/3 次方成正比,即 $\Omega \propto m^{2/3}$。

但是,生物分子不是刚性球,它们具有不同的形状,从而具有不同的碰撞横截面 Ω。通过初步近似,当 Ω 被绘制成 m 的函数时,不同类别的化合物将产生唯一的迁移率-质量相关曲线(通常称为趋势线)。趋势线是由 Karasek[1] 在 1970 年代首次观察到的,并由 Karpas[2] 在 1980 年代后期进行了更详细的评估,Woods 最近阐明了它们在生物基质中的特殊应用优势[3]。

图 9.1 为离子碰撞截面 Ω 与质荷比 m/z 的函数关系的二维图[4]。在此图中,可以观测到 4 类生物分子(脂质、肽、碳水化合物和核苷酸)的迁移率-质量相关性。但是,特定类别的离子并不完全落在该类别的趋势线上,而是形成了一个趋势带,可以在其中找到某个类别中

的化合物。例如,如图 9.1 的展开区所示,特定肽离子的碰撞截面分布在肽平均趋势线附近。如 Russell 等人[5]和 Clemmer 等人[6]所指出的,可以从肽段相对于平均趋势线的位置获得肽段的结构信息。例如,β-折叠和螺旋结构的肽出现在肽平均趋势线上方,而磷酸化和桥联肽则出现在肽平均趋势线之下。

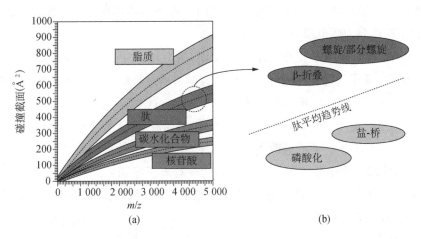

图 9.1 迁移率-质量相关曲线(趋势线)。(摘自 McLean et al., Ion mobility-mass spectrometry: a new paradigm for proteomics,*Int. J. Mass Spectrom*. 2005, 240, 301-315.经允许)

比截面(specific cross section, SCS)是根据离子在迁移率-质量相关空间中所处位置获得的重要定性指标。类似于三维上的比体积,此值是所测离子的碰撞截面(以 Å² 为单位)与该离子的质量(以 Da 为单位)的二维比率 (Ω/m)。该值以 Å²/Da 为单位,对于给定类别的化合物,基本上是趋势线的斜率。属于特定类别的离子将具有相似的 Ω/m 值。如上文关于肽所述,化合物的 Ω/m 值与其所属化合物类别的 Ω/m 平均值的微小差异提供了有关离子结构的信息。

如前几章所述,离子迁移方法有很多不同的类型,包括 DTIMS、TW-IMS、DMS、DMA 和 alMS。所有这些 IMS 方法都已实现与 MS 连接。

除了可用于测量离子迁移率的多种类型谱仪外,还有许多仪器可以测量离子质量。IMS-MS 实质上是联用仪器。目前,IMS 已实现了与四极杆质谱仪(quadrupole mass spectrometer, QMS)、离子阱 MS、TOFMS、Fourier 变换离子回旋共振 MS 等质谱仪的对接,最近又与 Waters Synapt G2 质谱仪连接,该质谱仪含四极杆离子过滤器,将 TW-IMS 与 TOFMS 耦合。通过多种 IMS-MS 组合配置,高分辨率 IMS-MS、IMS-MS²、IMS-MS³、IMS-MS-IMS-MS、IMS-MS²-IMS-MS 和 IMS-MS-IMS-MS² 等谱仪均已面世。在以下各节中,我们将描述各种类型的离子迁移质谱。

9.2 低压漂移管离子迁移谱-质谱仪

传统的离子迁移谱或 DTIMS 技术测量的是离子群在恒定电场中漂移的速度。当电场较低（<10 Td）时，离子的速度恒定，可用于测量碰撞截面。其他类型的离子迁移率方法必须使用已知标准物对其进行校准，以确定横截面，在某些情况下，迁移率与横截面之间的关系仍未得到很好的阐释。多年来，DTIMS 已进行了各种实验条件下的测试。例如，缓冲气体的压力从几托到几个大气压变化，温度从低于 0 ℃到 400 ℃变化；离子迁移电场也从高场到低场变化。DTIMS 的两个主要工作压力范围是低压和环境压力。因此，后续 DTIMS 与 MS 联用的讨论将分为两个部分。

在 1970 年之前，即离子迁移技术发展早期，为方便与质谱仪对接，漂移管工作在低压（<10 Torr）下。离子迁移 MS 的许多早期实验都是通过将低压 DTIMS 仪器与各种 MS 连接完成的，包括磁质谱[7]，TOFMS[8-10] 和 QMS[11, 12]。这些实验的主要目的是研究在特定缓冲气体中离子分子相互作用。Jarrold 等人[13]和 Bowers 等人[14]引入了使用离子迁移率评估离子结构这一概念[14]。他们修改了 Bohringer 和 Arnold 的早期设计[15]，通过将选定质量的离子注入低压漂移管中来测量迁移率。从这些对离子簇和金属离子的离子-中性分子反应的早期研究中可以看出，在研究蛋白质、肽、核酸和碳水化合物等化学物质时，使用质量选择离子迁移率方法非常重要。

9.2.1　电喷雾低压离子迁移质谱

在 1990 年代后期，Clemmer 等人将离子迁移谱与 TOF 质谱联用以分析蛋白质消化物中的肽。这标志着离子迁移质谱技术迈出了一大步[16]。这种方法的创新之处在于使用离子阱作为 IMS 的栅门[17]。来自电喷雾电离源的离子可以通过这种方式不断累积，并被定期注入低压 IMS 中。图 9.2 显示了该仪器的早期设计。

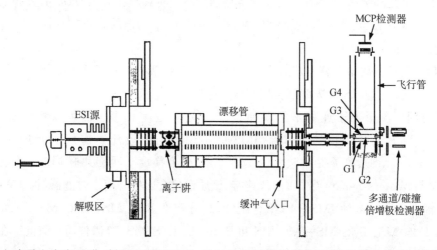

图 9.2　电喷雾电离离子阱-低压离子迁移谱-飞行时间质谱仪（ESI-IT-IMS-TOF）的示意图。（摘自 Henderson et al., ESI/ion trap/ion mobility/time-of-flight mass spectrometry for rapid and sensitive analysis of biomolecular mixtures, *Anal. Chem.* 1999, 71, 291.经允许）

该设计中，水性样品通过直径为 3.2 mm 的孔口连续电喷雾到离子阱孔中，其形成的离子束累积约 100 ms。在该示例中，离子阱的压强保持在 $10^{-4} \sim 10^{-3}$ Torr，RF 场频率为

1.1 MHz，电压在 2 000～2 600 V。离子阱由两个端盖电极和一个中心环形电极组成。离子被约束在对着漂移管入口的离子阱中心的很小区域内。随后，关闭 RF 场，并施加－100～－200 V、0.5 μs 的 DC 脉冲电压将离子注入漂移管，离子阱的出口直径为 1.6 mm。离子阱的电压相对于离子漂移管偏置约 30 V。此示例中，离子漂移管长度为 40.4 cm，入口和出口的孔径为 80 μm。由此，漂移管中氮气压强可以保持在 2～3 Torr，明显高于离子阱和 TOFMS 的工作压强。随即，离子在弱电场（8～10 V/cm）下通过漂移管中的缓冲气体，并因离子迁移率的不同分离。请注意，这是一个大约 12.2 Td 的漂移场，处于低场条件的高端，在该条件下可以准确计算碰撞截面。

在迁移分离后，离子离开漂移管，Einzel 和 DC 四极透镜将离子束整形成带状，从而使其穿过 25 cm 长的聚焦区域并穿过 1.6 mm×12.7 mm 的窄缝进入 TOFMS 的源区域。

TOFMS 与 IMS 管在位置上正交，因此 TOF 中的离子轨迹与 IMS 中的轨迹成直角。以正交形式将离子引入 TOFMS，保证了在将离子注入 TOF 无场区过程中保持离子能量均匀。IMS 与 TOFMS 联合的优势在于两个系统的时间匹配。IMS 离子迁移谱是毫秒级的，而质谱是微秒级的。因此，可以将数千个质谱图"嵌套"在离子迁移谱图内。可以对嵌套在 IM 谱图的几个 MS 谱图取平均值以提高灵敏度，并产生如图 9.3 中所示类型的二维离子迁移质谱。

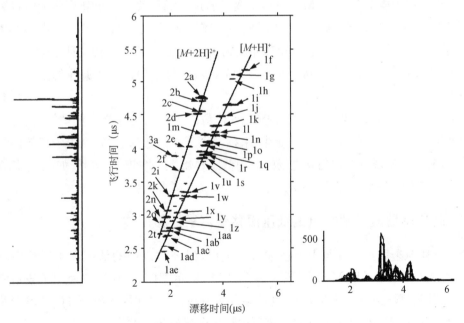

图 9.3 直接电喷雾细胞色素 c 的胰蛋白酶消化物形成的肽离子混合物的漂移时间（底部）和飞行时间（左侧）数据的等高线图。沿底轴和左轴的数据投影分别显示离子迁移和飞行时间分布。（摘自 Henderson et al.，ESI/ion trap/ion mobility/time-of-flight mass spectrometry for rapid and sensitive analysis of biomolecular mixtures，*Anal. Chem.* 1999，71，291.经允许）

图 9.3 是离子迁移 TOFMS 的典型谱图示例。该特定谱图是细胞色素 c 的胰蛋白酶消化物产生的肽混合物的谱图。请注意，该二维谱图中质量飞行时间沿 y 轴绘制，迁移率漂移

时间沿 x 轴绘制。沿 y 轴展开的是样品的质谱图,沿 x 轴展开的是离子迁移谱图。在二维谱图中,每条线代表电喷雾过程中产生的单个离子群。由于质谱的分辨力远大于迁移谱,因此质谱图中的数据点绘制形成一条直线。但离子在质量迁移中也可以明显分开。

该谱图的主要特征是数据构成不同的离子族,这些离子族带不同的电荷。对于相同的漂移时间,存在一族质量较轻的离子和一族质量较重的离子。轻质量离子族由带单电荷的离子形成,带双电荷的离子在谱图中处于更高位置。因此,质量较重的离子可以具有与质量较轻的离子相同的迁移率——因其电荷量是较轻离子的 2 倍。如先前所讨论的,离子迁移分离是基于 Ω/z 的比值,就如 MS 中离子分离基于 m/z 的比值一样。每种离子的二维谱图都包含我们称之为 SCS(Ω/m)的数值。因此,单位质量碰撞截面较大的离子在谱图中处于较低位置,形成较低位置离子族,而较小 Ω/m 值的离子则在谱图中处于较高位置,形成较高位置离子族。

IMS 的分辨力取决于离子与缓冲气体原子或分子发生的碰撞次数以及离子漂移区的电势。因此,对于低压仪器,增加漂移管的长度可以增加分辨力。Smith 和 Bowers 都使用了较长的离子管来提高分辨力。当使用更长的离子管时,由于低压下离子在径向具有更大的扩散速率,因此离子管的直径也需要增大。为了将离子重新聚焦到 MS 中,Smith 和合作伙伴开发了一个电动离子漏斗[18]。今天,这些离子漏斗在低压下运行的 IMS 仪器中统一使用。它们不仅用于连接 IMS 和 MS,还用于离子通过长漂移管后的重新聚焦。但将离子漏斗应用于 IMS 离子管也存在缺点,它会形成多种离子运行轨迹(即与漂移管中心的离子相比,靠近管壁的离子需要经过更长的距离才能到达聚焦点)。IMS 中的这种多运行轨迹降低了分辨力,也使可由碰撞横截面确定的离子种类的准确性下降。离子漏斗的主要优点是提高了灵敏度。

总之,低压 IMS 的优势在于用离子阱注入代替离子栅门后提高了灵敏度,同时在低压下可以使用离子聚焦装置(例如离子漏斗)来抵消离子扩散效应。但是,由于仪器的复杂性和尺寸限制,尚未出现具有均匀静电场的商用低压 IMS 与 MS 连接。尽管如此,它们在研究实验室中的表现清楚地证明了将 IMS 与 MS 耦合具有诸多优势。

9.2.2 基质辅助激光解吸电离低压漂移管离子迁移质谱

Russel 团队采用了一种与上节所述方法类似,但经过改进的低压离子迁移率质谱方法[19]。图 9.4 显示了早期 MALDI-IMS-TOFMS 的示意图,该质谱仪使用了较短的 IMS 漂移管,内部氦气压强为 1~10 Torr,迁移谱分辨力约为 25,联用的小型 TOFMS 分辨力为 200。该研究利用 MALDI 离子迁移质谱评估胰蛋白酶消化物的蛋白质组学。如前所述,蛋白质消化物的电喷雾会形成不同的电荷态分布。而 MALDI 仅产生单电荷离子,降低了谱图的复杂性。另外,使用 IMS 分离异构体提供了单独使用 MS 无法获得的附加信息。使用 MALDI,所有电离都在单个激光脉冲中发生,因此不会浪费样品,可以实现接近 100% 的占空比。

如图 9.4 所示,离子在 1~10 Torr 的低压离子漂移管中形成。离子漂移管和 TOF 室

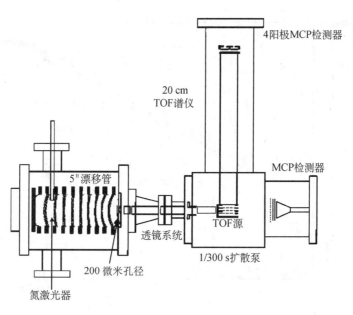

图 9.4 MALDI 离子迁移率 TOFMS 的示意图。(摘自 Gillig et al., Coupling high-pressure MALDI with ion mobility/orthogonal time-of flight mass spectrometry, *Anal. Chem.* 2000，72(17)，3965-3971.经允许)

之间通过直径 200 μm 的针孔连接。激光器采用聚焦的氮激光器(337 nm)，其脉冲宽度约为 4 ns，频率为 20 Hz，即每 50 ms 记录一次离子迁移谱。激光电离形成的离子羽流被快速冷却，这限制了离子脉冲的初始空间扩散。MALDI 离子迁移质谱不需要离子栅门或离子阱。在 IMS 和 MS 的交接处场强增加，用以聚焦迁移率分离后的离子，使其通过孔径进入 TOF。

如今，MALDI 离子迁移质谱仪具有更长的漂移区，并同时使用 UV 和红外(infrared，IR)激光电离[3]。此外，更长的漂移管采用了非线性电场，它将离子聚焦到离子管的中心以提高离子的传输效率，同时降低了分辨力和截面精度。MALDI 离子迁移质谱已被用于分析非常复杂的生物样品。图 9.5 是典型的 MALDI 离子迁移质谱图，显示 IMS 与质谱联用的一个主要优势就是用于分析复杂的生物样品。图 9.3 证明了 IMS 可以分离不同的电荷态，但是由于 MALDI 仅产生单电荷离子，因此图 9.5 中所示的两个离子族具有不同的化合物类别，而不是不同的电荷态。

图 9.5 与图 9.3 坐标轴的绘制方式不同。在图 9.5 中，x 轴为独立的质量数据，y 轴为与迁移率相关的数据。因此，在读取二维离子迁移质谱数据时，须明确数据的绘制方式。两种方法没有哪一种更好，只是通常使用的离子迁移质谱数据的两种绘制方式而已。

图 9.5 的数据来自鞘磷脂(sphingomyelin，M_L)、强啡肽(dynorphin，M_P)和氯松达明(chlorisondamine，Chl)的混合物。该二维谱图的主要特征是存在两个离子族。由于此谱图是使用 MALDI 电离源获得的，因此所有离子都为单电荷离子。与图 9.3 讨论的离子族不同，这些趋势线不是由多个电荷产生的，而是由化合物类别之间的结构相似性引起的。

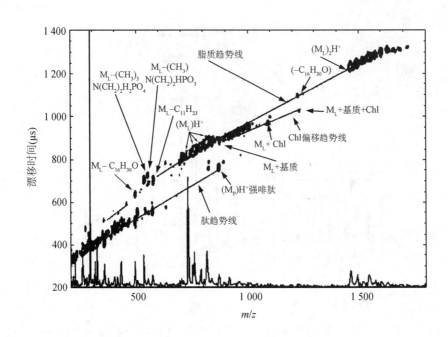

图 **9.5**　MALDI 离子迁移率（TOF）质谱图显示了分离的肽和脂质的趋势线。（摘自 Woods et al., Lipid/peptide/nucleotide separation with MALDI-ion mobility-TOF MS, *Anal. Chem.* 2004，76（8），2187-2195. 经允许）

谱图中显示了两条趋势线：一条表示脂质，另一条表示肽。如图 9.1 所示，不同类别的化合物会出现在不同的趋势"带"中。因此，离子在二维谱图中的位置可提供有关其身份的信息。与低压 IMS 相比，该方法中 IMS 具有更高的分辨力，因此可以在趋势带内通过特定趋势线确定化合物类别。

图 9.5 是离子迁移质谱图的示例，y 轴表示迁移率信息，x 轴表示质量信息。如图 9.5 所示，脂质比肽具有更大的 SCS(Ω/m)，可以认为是脂质在结构上比肽更松散和舒展。肽被包裹起来并自身折叠，结构更紧密和紧凑。通常，化合物类别的 SCS 遵循脂质＞碳水化合物＞肽＞核苷酸的顺序。

二维离子迁移质谱图的一项重要应用是通过标记组分使趋势线发生偏移。例如，在图 9.5 中，氯松达明与某些脂质的复合物通过包裹在胺上形成更紧密、密度更高的 Chl 脂质复合物。那些与氯松达明复合的脂质可以通过由添加 Chl 而发生的趋势线偏移很容易被识别。这种方法已经被用来识别混合物中的某些反应组分，具体实施方法是用不同 SCS 的化合物标记它们，从而使标记物种的趋势线变换到一个新的位置。

9.2.3　行波迁移谱

图 9.6 显示的是被称为 Synapt 的离子迁移质谱的示意图，Synapt 是唯一可商购的低压 IMS-MS。TW-IMS 作为迁移部件，被嵌入具有多种功能的 Q-TOF 型 MS 中。离子在图中从左到右传播。最左端是 ESI 电离源，它通过高效液相色谱（high-performance liquid chromatographic，HPLC)仪器或直接注入的方式引入水性样品。当电喷雾形成的离子进入 MS 时，它们会以"Z"方式弯曲以消除溶剂，并将离子聚焦到行波离子转移透镜中。离子通过质量筛选后从此处进入 QMS，并将其传送到三波组件。三波组件由 3 个行波单元组成，可以以多种模式进行操作。三波组件的第一个单元可以是离子传递单元或 CID 单元。碎片离子从 CID 单元转移到第二行波单元，该行波单元可以是转移单元，也可以是 IMS，用于碎片离子的迁移分离。

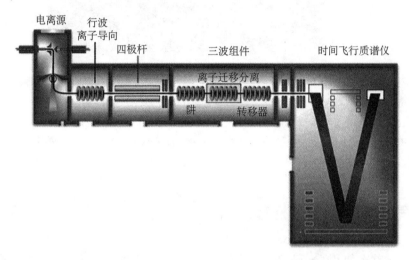

图 9.6 行波离子迁移质谱仪的示意图。(http://pubs.acs.org/cen/coverstory/86/8637cover.html/.经允许)

通过迁移率分离后的离子被转移到第三行波单元，该单元与三波组件的第一个单元类似，可作为离子转移透镜或 CID 单元。最后，离子被转移到高分辨率 TOFMS 中。因此，单这一台仪器就可以执行多种类型的分析。它可以简单地充当 IMS-TOF 或 Q-TOF，也可以充当 Q-IMS-TOF，或者以其最强大的模式充当 Q-IMS-CID-TOF。

如图 9.3 所示，IMS 可将带双电荷的肽离子与带单电荷的肽离子分离，这是开发商用低压 IMS 的动力之一。由于胰蛋白酶只有在碱性氨基酸之后才能分解蛋白质，因此预计 ESI 电离胰蛋白酶消化物后仅形成 2^+ 和 1^+ 离子。剩下的肽有一个 N-末端可以接受质子，以及 C-末端的一个碱性氨基酸可以接受质子，这是肽上仅有的两个可以质子化的位点。因此，$(M+H)^+$ 和 $(M+2H)^{2+}$ 是预期会生成的离子。如果可以将 $(M+H)^+$ 与 $(M+2H)^{2+}$ 离子分离，则蛋白质的测序将变得简单。图 9.7 显示了蛋白质消化物的简单 TW-IMS-TOF 二维谱图，展示了 Synapt 的电荷态分离能力。

第一代 Synapt 的 TW-IMS 分辨力大约只有 10。第二代 Synapt 的 TW-IMS 分辨力已显著提高到 40，该分辨力与其他 IMS 仪器相近。Synapt G2(G2 是指第 2 代)具有异构体和构象异构体分离能力，这使 Synapt G2 成为分离和分析复杂混合物(如代谢组学和蛋白质组学中遇到的混合物)的最强大的质谱仪之一。

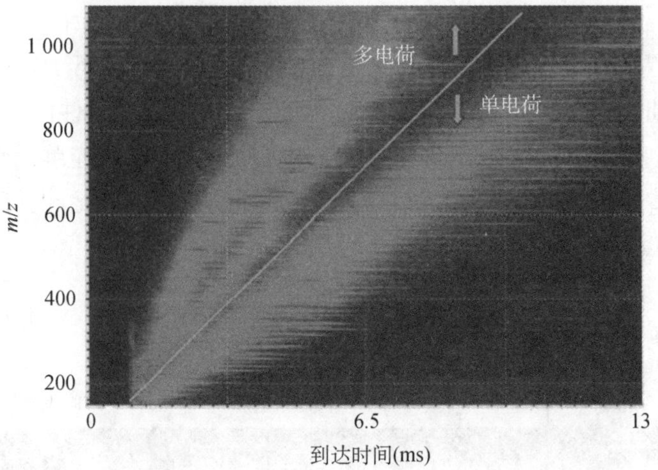

图 9.7 用 TW-IMS 获得的蛋白质消化混合物的离子到达时间与 m/z 的二维图[39]。（摘自 Pringle et al.，An investigation of the mobility separation of some peptide and protein ions using a new hybrid quadrupole/travelling wave IMS/oa-ToF instrument，*Int. J. Mass Spectrom.* 2007，261，1-12.经允许）

9.3 大气压漂移管离子迁移质谱

Dempster 首次使用 Frank 和 Pohl 的离子迁移率装置[21]报道了大气压强下的迁移率[20]。这些实验表明，压强至少要高达 1 000 atm，离子迁移率才与压强成反比。然而，高压下的离子迁移率基本上被忽略了，直到 Cohen 证明了其作为离子分离器的潜力，命名为等离子体色谱分析技术（plasma chromatography，PC）[22]。Cohen 随后将 PC 与 MS 进行了连接，从而制造出通过离子迁移分离进行质量鉴定的商业研究工具[23]。这种大气压（或更准确地说是环境压力）离子迁移率漂移管一直是 IMS 分析应用的主体。自 1970 年代作为一种分析工具发展以来，环境压力 IMS 已与各种 MS 相连用于获取迁移率-质量信息。以下各节介绍了几种离子迁移质谱系统，它们使用各种质谱接口与标准环境压力离子迁移率漂移管连接。

9.3.1 漂移管离子迁移谱-四极质谱

Franklin GNO 公司的 QMS 是第一个与环境压力漂移管连接的质谱仪，由 Karasek 应用（图 9.8）[24]。

在 ESI 被发明之前，该仪器主要用于对来自直接注入的蒸气或气相色谱中的挥发性化合物的迁移率-质量检测。后来，带电喷雾的 IMS 被连接到 QMS，以评估水性样品[25]。由于四极杆质谱必须通过以相对较慢的速率扫描四极电压来获得，因此 IMS-QMS 的二维数据并不容易获得。IMS-QMS 的常规操作模式是使用 MS 的单离子监测模式，并提供质量选择的离子迁移谱。然而，当需要通过离子迁移率监测异构体和对映异构体的分离，或

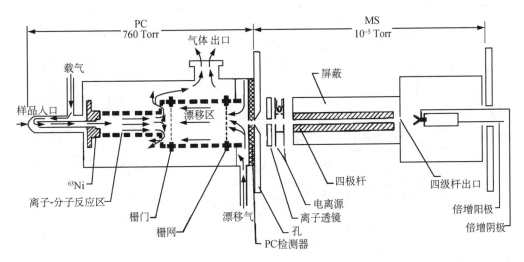

图 9.8　首个环境压力离子迁移质谱仪。（摘自 Karasek，Kim，and Hill，Mass identified mobility spectra of p-nitrophenol and reactant ions in plasma chromatography，*Anal. Chem.* 1976，48(8)，1133-1137.经允许）

仅监测复杂混合物中的单个化合物时，IMS-QMS 是一种灵敏且具有质量选择性的检测方法。

9.3.2　DTIMS-飞行时间质谱

　　如前所述，IMS 更适合嵌套在 TOFMS 中形成 IMS-TOFMS。图 9.9 是环境压力 ESI 和环境压力 IMS 连接到 TOFMS(ESI-DTIMS-TOFMS)的示意图。

　　图 9.9 中，离子从左到右迁移。样品化合物被引入 IMS 的去溶剂区域，在此处，带电的喷雾沿着电场方向被推进到逆向流动的加热缓冲气体中。加热的缓冲气体使电喷雾溶剂蒸发，并将中性蒸气吹离谱仪的离子管漂移区域。图 9.9 所示的仪器是唯一与 TOFMS 连接的商用环境压力 IMS。电喷雾液滴中的溶剂蒸发之后，不含溶剂团簇的分子离子在电场中继续向关闭的 Bradbury-Nielsen 离子栅门迁移。离子栅门以十分之几毫秒的持续时间周期性地打开，以允许离子脉冲进入 IMS 管的漂移区域。

　　在该仪器中，IMS 管由连续的电阻玻璃管构成，电压施加在管的一端并沿着整个离子管下降，形成 250 V/cm 的线性电场。离子管工作在 760 Torr 的环境压力下，温度为 426 K，缓冲气体密度为 $1.8 \times 10^{19}/cm^3$，E/N 为 1.4 Td，这完全是 IMS 的低场条件，其中 Ω 值可以准确确定。进入漂移区后，离子群通过长 20 cm 含有缓冲气体的漂移管。在漂移管的末端，离子在电动力学作用下穿过 300 μm 针孔进入 MS 的差动泵区域，在该区域它们被分段的四极转移透镜捕获。

　　环境压力 IMS 漂移管几乎都是通过针孔与 MS 相连接，以尽量减小压力接口处的频带展宽和分辨力损失。针孔设计不是没有缺陷；团簇和解簇反应会在接口的真空一侧发生，这取决于在该区域施加的压强和电压[26]。通过控制 MS 区域中的压强和电压可以将

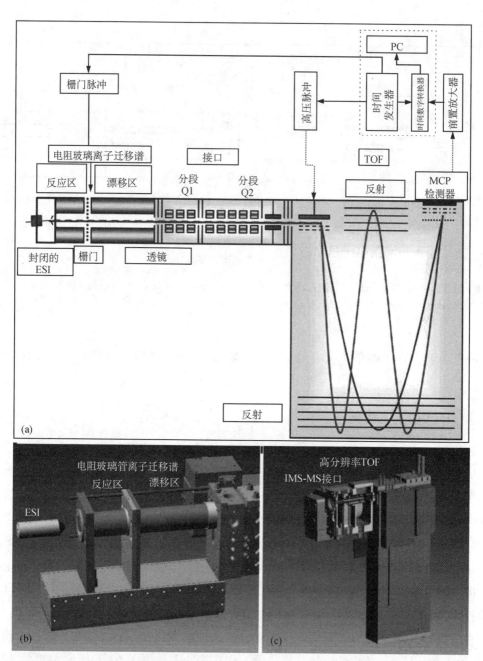

图 9.9 (a)玻璃管离子迁移谱仪连接 TOF 质谱仪的示意图，其连接是通过 300 μm 内径针孔阀，随后是两个分段的四极离子导管和一组聚焦离子透镜；(b)电阻玻璃管离子迁移谱的三维示意图；(c)高分辨率 TOF 质谱仪的三维示意图。（摘自 Kaplan et al.，Resistive glass IM-TOFMS，*Anal. Chem.* 2010，82(22)：9336-9346. 经允许）

CID 应用于分析物离子。因此，可通过该仪器获得 IMS-MS 或 IMS-MS² 的数据。

在位于针孔正后方的四极杆上施加射频电压用于捕获离子，并在缓冲气体被抽走后将离子保留在四极杆中。控制四极传输透镜中每段上的电势，使离子快速通过四极透镜，进入 TOFMS 的提取区域。离子穿过 IMS 管的典型漂移时间为 10～100 ms，而 MS 中的漂移时

间为 $10\sim100\ \mu s$。因此,由 MS 飞行时间导致的 IMS 漂移时间测量误差小于 1%。这些微小误差可使用 IMS 校准物来校正,其中校准物的 Ω 和 K_0 值是已知的。

图 9.10 是环境压力 IMS 和 TOFMS 分离代谢组学样品的示例。图中 x 轴表示质量,y 轴表示迁移率。分析中使用的是从细胞外液分离出的**大肠杆菌**细胞的热甲醇提取物。热甲醇裂解细胞并产生细胞间代谢组的提取物。用乙酸水溶液稀释甲醇提取液以生成最终的电喷雾溶液,将其喷入 IMS 中,并通过 IMS-TOFMS 来分离和检测代谢物。

图 9.10 中二维谱图的主要特征是从图的左下角到右上角有一条"特征"宽带。该趋势带大致对应于代谢物的迁移率-质量相关性。谱图中的每个"特征"点代表一个电喷雾后产生的样品离子。其中一些离子是背景离子,会在纯甲醇/水/乙酸溶剂喷雾到 IMS 中时产生。但大多数离子由溶液中的代谢物产生。这种方式产生的离子主要是质子化的 $(M+H)^+$;质子附着在代谢物的正电部位。例如,伯胺形成 RNH_3^+ 离子。但是,含有羧基结构的化合物与钠离子形成加合物,产生 $(M+Na)^+$ 离子。例如,糖类会生成质量为 197 Da 的 $C_6H_6O_6Na^+$。

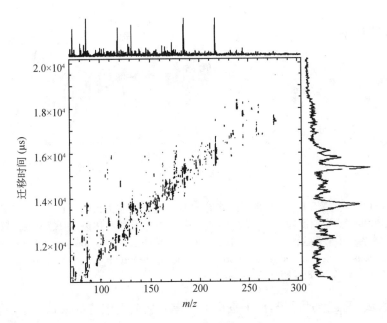

图 9.10 大肠杆菌培养物的直接注入 ESI 二维离子迁移质谱图,培养物产生超过 1 000 个代谢物谱峰[40]。(摘自 Dwivedi et al., Metabolic profiling by ion mobility-mass spectrometry (IMMS), *Metabolomics* 2007,21,1115-1122.经允许)

谱图中"特征"带之外的其他数据点是 IMS-MS 接口处发生碎裂的离子。离子碎片在谱图中很容易识别,因为它们会在单一迁移率下产生一个质谱。在代谢物趋势带内,由于其 $SCS(\Omega/m)$ 不同,代谢物离子会出现在平均趋势线的上方或下方。因此,异构体和同量异位素在代谢趋势带内被分离。数百种特定的代谢物可以从一个离子迁移质谱中识别和量化,运行仅需几秒钟。

9.3.3 DTIMS 离子阱质谱

当 IMS 与某种类型的离子阱 MS 相连时，将不再遵守"IMS 必须通过针孔与 MS 相连"的规则。因为离子阱收集离子需要数秒，会丢失 IMS 迁移谱的分辨率，因此，诸如 Paul 阱、线性阱、轨道捕获器和傅里叶变换离子回旋共振质谱仪器等离子阱需要与具有迁移率过滤功能的 IMS 对接。当将漂移管 IMS 仪器连接到捕获型质谱时，必须采用两个离子栅门系统，选择具有特定迁移率的离子用于质谱捕获。

图 9.11 是与 Paul 捕集阱相连的环境压力漂移管。在此图中，离子从右向左传播。与本章中介绍的其他 ESI-IMS 仪器一样，离子在进入谱仪的漂移区之前，被电喷射到产生裸分子离子的去溶剂区。如前所述，离子通过离子栅门脉冲进入漂移区，因漂移时间不同而分离。但在本例中，漂移区的末端不是法拉第盘或连接 MS 的针孔，而是第二个离子门。大多数离子到达第二个栅门时栅门是关闭的，离子被阻止进入质谱。只有当特定迁移率的离子群到达第二个离子栅门时，栅门才打开，此时离子群被允许穿过栅门进入谱仪的离子阱接口区域。

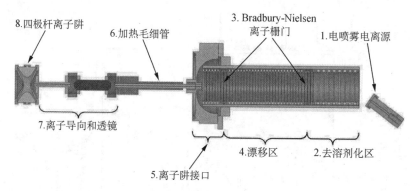

图 9.11 电喷雾电离-环境压力双栅门离子迁移谱-四极杆离子阱质谱仪的示意图。该仪器由 6 个主要单元组成：电喷雾电离源，离子迁移谱仪，真空接口，离子导管和透镜，四极杆离子阱和基于 PC 的数据采集系统（未显示）[41]。（摘自 Clowers and Hill, Mass analysis of mobility-selected ion populations using dual gate, ion mobility, quadrupole ion-trap mass spectrometry, *Anal. Chem.* 2005, 77, 5877-5885. 经允许）

在接口区域，无需线性电场，离子也可以聚焦到加热毛细管的入口孔上，这类似于电喷雾电离与 MS 的对接方式。随后，特定迁移率的离子通过毛细管流入离子导管和离子阱中，此处的离子被聚焦并存储，以用于 MS" 分析。FTICR 和 Waters G2 仪器同样也采用了这种高分辨率 DTIMS 设计，利用双栅门对离子迁移率进行选定以用于 MS 分析。

图 9.12 是 IMS-离子阱 MS 的一个分析案例。谱图 1 为银加成的 3 种异构体（橙皮苷、新橙皮苷和芦丁）的相互分离的离子迁移谱。谱图 2 为各个标准品的叠加离子迁移谱。利用单迁移率监测，漂移时间窗口(a)、(b)和(c)中的离子被打碎，形成了图 1(a)、1(b)和 1(c)中所示的质谱图。在图 1(a)和 1(b)中以粗体显示的离子峰 409 和 411，可用于确认橙皮苷或新橙皮苷的存在。离子迁移谱可明确区分 3 种异构体，因此在质量分析之前进行离子迁移谱分析是必要的。

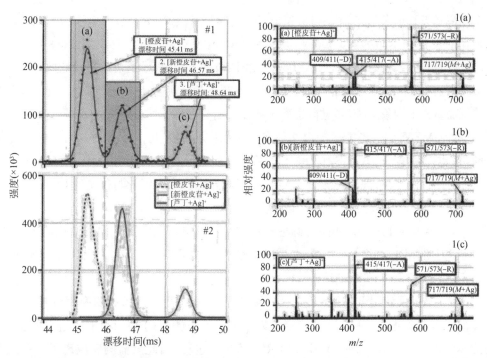

图 9.12 漂移时间离子迁移率(离子阱)质谱数据说明了在进行 MS 分析之前必须分离异构体[42]。(摘自 Clowers and Hill，Influence of cation adduction on the separation characteristics of flavonoid diglycosides isomers using dual-gate ion mobility-quadrupole-ion trap mass spectrometry，*J. Mass Spectrom*. 2006，41，339-351.经允许)

9.4 差分迁移谱-质谱法

DMS 和 FAIMS 非常适合作为 MS 的迁移率过滤器[27]。Guevremont 等人首先将其与 MS 联用;这些仪器通过去除低质量的溶剂团簇离子而提高了信噪比,即降低了 MS 的背景化学噪声[28]。图 9.13 为早期 FAIMS-MS 设计的示意图。如前所述,FAIMS 离子过滤器

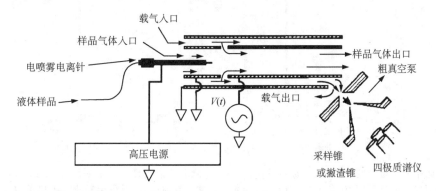

图 9.13 与 QMS 相连的 ESI-FAIMS 仪器示意图。(摘自 Purves and Guevremont，Electrospray ionization high-field asymmetric waveform ion mobility spectrometry-mass spectrometry，*Anal. Chem*. 1999，71(13)：2346-2357.经允许)

由两个间隔约 5 mm 的同心圆柱电极组成, RF 电压频率为 2 kHz, 峰峰电压为 0～5 kV。在这些最初的实验中, DV 为 –3 300 V, 频率为 2 kHz。CV 施加在迁移率滤波器的内筒上。

FAIMS 分析仪连接 PE Sciex API 300 三重四极杆 MS。离子通过 FAIMS 过滤, 并通过位于 FAIMS 分析仪末端的"采样锥"引入质谱仪, 该锥与 FAIMS 圆柱的轴线成 45°角。研究人员使用该仪器研究了构象离子、多电荷态离子和复杂的亮氨酸脑啡肽离子的高场迁移率[29]。

FAIMS-MS 联用设备能检测出 9 种在饮用水中含量为九百万分之一的氯化和溴化卤代乙酸, 这也许是早期 FAIMS 作为 MS 迁移率过滤器最有力的证明[30, 31]。FAIMS 对进入 MS 的离子具有选择性, 同时离子在 FAIMS 中的传输效率高, 因此与传统的 ESI-MS 方法相比, 这些化合物的检测限提高了 3 到 4 个数量级。

Kapron 等人对 FAIMS 的同心圆柱设计进行了改进以增强离子向质谱仪的传输, 并将其连接于 LC 和 MS 之间[27, 32]。在进入 MS 之前, 在线 FAIMS 消除了代谢物干扰, 提高了药物分析的相对准确性和精确性。

图 9.14 显示了使用 FAIMS 作为 LC 和 MS 之间的离子过滤器的商用仪器的检测结果[33]。图中, 右侧是使用 LC-MS^2 测定人尿中去甲维拉帕米的 LC 谱图。检测在选择性反应监测(selective reaction monitoring, SRM)模式下进行, 因此只监测反应离子。在两个色谱图中, 去甲维拉帕米的色谱峰做了阴影处理。当不使用 FAIMS 时, 左侧的色谱图可见到几种干扰化合物, 信噪比为 354。当在 LC 和 MS 之间使用 FAIMS 时, 结果(右侧)显示在线使用 FAIMS 可以消除色谱图中的干扰峰, 信噪比几乎是原来的 4 倍, 达到 1 371。

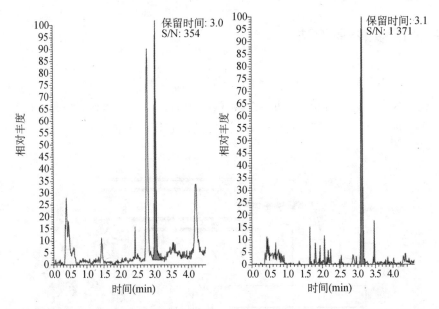

图 9.14 尿中去甲维拉帕米的质量选择液相色谱图。左侧的色谱图显示的是未使用 FAIMS, 右侧的色谱图显示的是采用 FAIMS 对去甲维拉帕米进行选择性响应, 可看出信噪比有了显著提高。阴影峰是去甲维拉帕米的峰。(摘自 Kapron and Barnett, Selectivity improvement for drug urinalysis using FAIMS and H-SRM on the TSQ Quantum Ultra, *Thermo Sci. Appl. Notes* 2006, 362, 1- 4.经允许)

最近,线性 DMS 实现了与 MS² 型仪器的连接,作为 LC 和 ESI-MS² 之间的离子过滤器也已商业化。在 MS 前接 DMS 的主要好处是消除了会干扰检测的溶剂离子。DMS 有望如 FAIMS 一样提高 MS² 检测的信噪比。

DMS 不仅可以作为 ESI 过滤器安装于高端质谱仪之前,也可与低分辨率 QMS 配备,用于现场实时化学分析[34]。该仪器的质量分辨率为 140,具有两级差分泵和一个电动离子漏斗,可将环境压力下的离子束传输到 MS。此原型 DMS-MS 可检测到约 1 ppb 化学战剂模拟物——DMMP。

9.5 吸气式离子迁移谱-质谱

如前所述,aIMS 是最简单的 IMS。这种轻巧的手持设备通过低分辨率的谱图预测有毒物质的存在。结合了 aIMS 的 MS 使用的是与 IMCell 相连的三重四极杆[35]。该 IMCell 原型包含 8 个连接到测量通道的电极。为了将离子从离子迁移单元转移到 MS,人们在 IMCell 的第三个电极上钻了一个孔,如图 9.15 所示。然后,放置 IMCell 使第三个电极与 MS 大气压端的入口对准。偏转电极和集电极之间的偏置电压在 0~5 V 之间扫描,使离子聚焦到第三电极并进入 MS 内。虽然这种类似于 DMA 中使用的电压扫描方式并不是 IMCell 的正常操作,但只有通过这种方式才能将离子引入 MS。MS 耦合 aIMS 主要用于收集有关 aIMS 离子分离机理的基本信息。

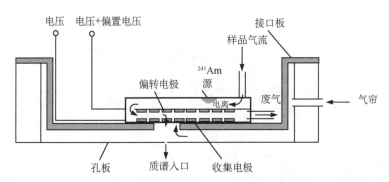

图 9.15 吸气式 IMS 与四极杆质谱仪的接口示意图。(摘自 Adamov et al., Interfacing an aspiration ion mobility spectrometer to triple quadropole mass spectrometer, *Rev. Sci. Instrum.* 2007, 78(4): 044101.经允许)

与通常不与 MS 联用的手持设备 aIMS 不同,DMA 通常与 MS 联用。DMA 从气相电泳迁移率分子分析仪(gas phase electrophoretic mobility molecular analyzer, GEMMA)的概念发展而来[36],并基于平行板平台搭建[37]。图 9.16 为安装在 MS 上的 DMA 的示意图。在该设计中,ESI 源产生的离子沿电场方向喷射,并垂直地进入有层流缓冲气体的电场中。离子在电场作用下向相向平面电极上的出口孔移动,而缓冲气流则带着离子沿气流方向漂移。电场强度、缓冲气体的流速,以及离子在缓冲气体中的迁移率,这三者之间的关系决定了离子是否会到达 MS 的孔口。通过调节电场可将离子聚焦在孔口处。在扫描模式下运行时，电场会线性变化，以使不同的离子群集中在 MS 入口上。

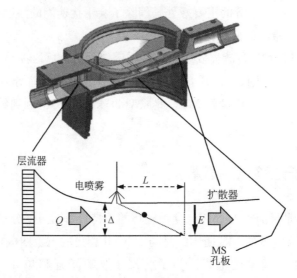

层流器

电喷雾

L

扩散器

Q

Δ

E

MS
孔板

图 9.16 高传输 ESI-DMA-MS 接口的示意图。（摘自 Fernandez de le Mora；Ude，S.；Thomson，B.A.，The potential of differential mobility analysis coupled to MS for the study of very large singly and multiply charged proteins and protein complexes in the gas phase，*Biotechnol. J.* 2006，1，988-997.经允许）

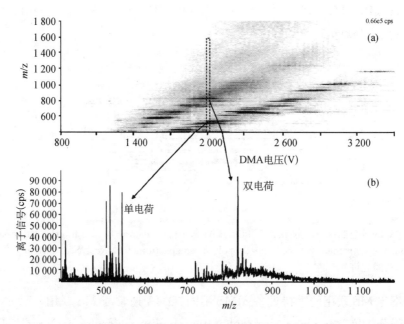

图 9.17 BSA 胰蛋白酶消化物的 DMA-MS 谱图。底部质谱图对应上方图选定迁移率窗口。双电荷肽通过迁移率与单电荷肽分开。该设备的迁移率分辨力约为 9.3。（摘自 Fernandez de le Mora；Ude，S.；Thomson，B.A.，The potential of differential mobility analysis coupled to MS for the study of very large singly and multiply charged proteins and protein complexes in the gas phase，*Biotechnol. J.* 2006，1，988-997.经允许）

图 9.17 提供了牛血清白蛋白（bovine serum albumin，BSA）肽消化液的 DMA-MS 谱

图[38]。上面的二维谱图是化合物质量与 DMA 上电压的函数图黑色的长线代表各个离子在特定的 m/z 和迁移率$/z$ 处的到达信号,其中 z 是离子的电荷数。在本示例中,如之前讨论的胰蛋白酶消化物一样,仅观察到两个电荷状态,参见二维谱图中的趋势线。注意,该谱图的迁移率分辨力约为 $2\,800/300=9.3$。二维谱图中标出窗口对应的质谱图绘制在该图的底部,可以清楚地看出 DMA 能够将双电荷离子与单电荷离子分离。

DMA-MS 联用的主要目的是为质谱提供一种类似于 FAIMS 和 DMS 的离子过滤器。在过去的 10 年中,DMA 设计已经取得了巨大的进步,但到目前为止 DMA 尚未展示出如 FAIMS 或 DMS 型仪器所具有的分辨力或选择性。然而,其发展潜力值得期待,尤其是对于高分子量化合物。之后的发展可能是:DMA 演变成高分子量化合物的离子过滤器,而 FAIMS 和 DMS 将被用于传输选定的低分子量离子。

9.6 离子迁移质谱及其未来

离子迁移谱和质谱能很好地互补,以至于像是一种技术(离子迁移质谱),而非通常描述的联用方法(IMS-MS)。本章阐述了多种类型的 IMS,它们与不同类型 MS 连接。IMS-MS 之间丰富的组合方式,衍生出具有多种应用的各种离子迁移质谱仪器。通过 IMS 和 MS 分离后获得的定性和定量的分析信息,极大地提高了我们在改善国家安全、环境保护、工业安全、反应监测、生物测定、系统生物学研究、疾病检测、健康监测、制药、分析和法医调查等方面的能力。将 IMS 前置于 MS 的优点包括以下这些方面:

(1) 质量分析前的快速分离;
(2) 增加复杂样品通量;
(3) 可分离异构体和同量异位素体;
(4) 快速分离旋光对映体;
(5) 减少化学噪声;
(6) 可测量视为离子尺寸的碰撞截面 Ω;
(7) 迁移率与质量相关性呈现趋势带或趋势线的形式;
(8) 将多电荷离子按照不同电荷态离子族群区分;
(9) 采用 Ω/m 识别离子;
(10) 多种缓冲气体的备用分离方式;
(11) 保护 MS 免受复杂样品的污染。

以上是这两种强大的分析方法相结合所带来的一些(但可能不是全部)好处。离子迁移谱与质谱联用的发展速度如此之快,很可能在本书完成时本章的内容就已经过时,但有一点很明确,即同时测量迁移率和质量所获得的附加信息超过其各自独立应用时的信息,另外,迁移率仪器还可以轻松地与 MS 相连。综上,可以得出这样的结论:几乎所有未来的 MS 都将配备某种类型的迁移率过滤设备。

参考文献

[1] Karasek, F. W.; Kim, S.H.; Rokushika, S., Plasma chromatography of alkyl amines, *Anal. Chem.* 1978, 50(14), 2013-2016.

[2] Karpas, Z., Ion mobility spectrometry of aliphatic and aromatic amines, *Anal. Chem.* 1989, 61(7), 684-689.

[3] Woods, A.S.; Ugarov, M.; Egan, T.; Koomen, J.; Gillig, K.J.; Fuhrer, K.; Gonin, M.; Schultz, J. A., Lipid/peptide/nucleotide separation with MALDI-ion mobility-TOF MS, *Anal. Chem.* 2004, 76 (8), 2187-2195.

[4] McLean, J. A.; Ruotolo, B.T.; Gillig, K.J.; Russell, D.H., Ion mobility-mass spectrometry: a new paradigm for proteomics, *Int. J. Mass Spectrom.* 2005, 240, 301-315.

[5] Ruotolo, B. T.; Verbeck, G. F.; Thomson, L. M.; Woods, A. S.; Gillig, K. J.; Russell, D. H., Distinguishing between phosphorylated and nonphosphorylated peptides with ion mobility-mass spectrometry, *J. Proteome Res.* 2002, 1, 303-306.

[6] Counterman, A. E.; Clemmer, D. E., Gas phase polyalanine: assessment of $i \rightarrow i+3$ and $i \rightarrow i+4$ helical turns in $[Ala_n+4H]^{4+}$ ($n=29-49$) ion, *J. Phys. Chem.* 2002, 106, 12045-12051.

[7] McDaniel, E. W.; Martin, D. W.; Barnes, W. S., Drift-tube mass spectrometer for studies of low-energy ion-molecule reactions, *Rev. Sci. Instrum.* 1962, 33, 2-7.

[8] McAfee, K.B., Jr.; Sipler, D.; Edelson, D., Mobilities and reactions of ions in argon, *Phys. Rev.* 1967, 160, 130.

[9] Edelson, D.; Morrison, J. A.; McKnight, L. G.; Sipler, D. P., Interpretation of ion-mobility experiments in reacting systems, *Phys. Rev.* 1967, 164, 71.

[10] Young, C. E.; Edelson, D.; Falconer, W., Water cluster ions: rates of formation and decomposition of hydrates of the hydronium ion, *J. Chem. Phys.* 1970, 53, 4295.

[11] Albritton, D. L.; Miller, T.M.; Martin, D.W.; McDaniel, E.W., Mobilities of mass-identified ions in hydrogen, *Phys. Rev.* 1968, 171, 94.

[12] McDaniel, E.W., Possible sources of large error in determinations of ion-molecule reactions rates with drift tube-mass spectrometers, *J. Chem. Phys.* 1970, 52, 3931.

[13] Kuk, Y.; Jarrold, M. F.; Silverman, P.J.; Bower, J.E.; Brown, W.L., Preparation and observations of Si10 clusters on a Au(001)-(5×20) surface, *Phys. Rev. B Condens. Matter* 1989, 39, 11168.

[14] Bowers, M. T.; Kemper, P. R.; von Helden, G.; van Koppen, P. A. M., Gas-phase ion chromatography: transition metal state selection and carbon cluster formation, *Science* 1993, 260 (June 4), 1446-1451.

[15] Bohringer, H.; Arnold, F., Temperature dependence of three-body association reactions from 45 to 400 K. The reactions $N_2^+ + 2N_2 \rightarrow N_4^+ + N_2$ and $O_2^+ + 2O_2 \rightarrow O_4^+ + O_2$, *J. Chem. Phys.* 1982, 77(11), 5534-5541.

[16] Henderson, S. C.; Valentine, S. J.; Counterman, A.E.; Clemmer, D.E., ESI/ion trap/ion mobility/time-of-flight mass spectrometry for rapid and sensitive analysis of biomolecular mixtures, *Anal. Chem.* 1999, 71, 291.

[17] Hoaglund, C. S.; Valentine, S. J.; Clemmer, D. E., An ion trap interface for ESI-ion mobility

experiments, *Anal. Chem.* 1997, 69(20), 4156-4161.

[18] Tang, K.; Shvartsburg, A.A.; Lee, H.-N.; Prior, D.C.; Buschbach, M.A.; Li, F.; Tolmachev, A. V.; Anderson, G.A.; Smith, R.D., High-sensitivity ion mobility spectrometry/mass spectrometry using electrodynamic ion funnel interfaces, *Anal. Chem.* 2005, 77, 3330-3339.

[19] Gillig, K.J.; Ruotolo, B.; Stone, E.G.; Russell, D.H.; Fuhrer, K.; Gonin, M.; Schultz, A.J., Coupling high-pressure MALDI with ion mobility/orthogonal time-of-flight mass spectrometry, *Anal. Chem.* 2000, 72(17), 3965-3971.

[20] Dempster, A.J., On the mobility of ions in air at high pressures, *Phys. Rev.* 1912, 84(1), 53-57.

[21] Franck, J.; Pohl, R., *Verh. der. Deutsch. Phys. Ges.* 1907, 69.

[22] Cohen, M.J.; Karasek, F.W., Plasma chromatography—a new dimension for gas chromatography and mass spectrometry, *J. Chromatogr. Sci.* 1970, 8, 330-337.

[23] Cohen, M.J., *J. Chromatogr. Sci.* 1970, 8, 330.

[24] Karasek, F.W.; Kim, S.H.; Hill, H.H., Mass identified mobility spectra of p-nitrophenol and reactant ions in plasma chromatography, *Anal. Chem.* 1976, 48(8), 1133-1137.

[25] Wu, C.; Siems, W.F.; Asbury, G.R.; Hill, H.H., Electrospray ionization high-resolution ion mobility spectrometry-mass spectrometry, *Anal. Chem.* 1998, 70(23), 4929-4938.

[26] Spangler, G., The pinhole interface for IMS/MS, *NASA Conf. Pub.* 1995, 3301(3), 115-133.

[27] Kapron, J.; Wu, J.; Mauriala, T.; Clark, P.; Purves, R.W.; Bateman, K.P., Simultaneous analysis of prostanoids using liquid chromatography/high-field asymmetric waveform ion mobility spectrometry/tandem mass spectrometry, *Rapid Commun. Mass Spectrom.* 2006, 20, 1504-1510.

[28] Purves, R.W.; Guevremont, R., Electrospray ionization high-field asymmetric waveform ion mobility spectrometry-mass spectrometry, *Anal. Chem.* 1999, 71, 2346-2357.

[29] Guevremont, R.; Purves, R.W., High field asymmetric waveform ion mobility spectrometry-mass spectrometry: an investigation of leucine enkephalin ions produce by electrospray ionization, *Am. Soc. Mass Spectrom.* 1999, 10, 492-501.

[30] Ells, B.; Barnett, D.A.; Froese, K.; Purves, R.W.; Hrudey, S.; Guevremont, R., Detection of chlorinated and brominated byproducts of drinking water disinfection using electrospray ionization-high-field asymmetric waveform ion mobility spectrometry-mass spectrometry, *Anal. Chem.* 1999, 71(20), 4747-4752.

[31] Ells, B.; Barnett, D.A.; Purves, R.W.; Guevremont, R., Detection of nine chlorinated and brominated haloacetic acids at part-per-trillion levels using ESI-FAMIMS-MS, *Anal. Chem.* 2000, 72, 4555-4559.

[32] Kapron, J.T.; Jemal, M.; Duncan, G.; Kolakowski, B.; Purves, R.W., Removal of metabolite interference during liquid chromatography/tandem mass spectrometry using high-field asymmetric waveform ion mobility spectrometry, *Rapid Commun. Mass Spectrom.* 2005, 19,1979-1983.

[33] Kapron, J.; Barnett, D.A., Selectivity improvement for drug urinalysis using FAIMS and H-SRM on the TSQ Quantum Ultra, *Thermo Sci. Appl. Notes* 2006, 362, 1-4.

[34] Manard, M.J.; Trainham, R.; Weeks, S.; Coy, S.L.; Krylov, E.V.; Nazarov, E.G., Differential mobility spectrometry/mass spectrometry: the design of a new mass spectrometer for real-time

chemical analysis in the field, *Int. J. Mass Spectrom.* 2010, 295, 138-144.

[35] Adamov, A.; Viidanoja, J.; Karpanoja, E.; Paakkanen, H.; Ketola, R.A.; Kostiainen, R.; Sysoev, A.; Kotiaho, T., Interfacing an aspiration ion mobility spectrometer to a triple quadrupole mass spectrometer, *Rev. Sci. Instrum.* 2007, 78, 044101.

[36] Kaufman, S. L.; Skogen, J. W.; Dorman, F. D.; Zarrin, F.; Lewis, K. C., Macromolecule determination based on electrophoretic mobility in air globular proteins, *Anal. Chem.* 1996, 68, 1895-1904.

[37] Ude, S.; Fernandez de le Mora, J.; Thomson, B.A., Charge-induced unfolding of multiply charged polyethylene glycol ions, *J. Am. Chem. Soc.* 2004, 126, 12184-12190.

[38] Fernandez de le Mora, J.; Ude, S.; Thomson, B.A., The potential of differential mobility analysis coupled to MS for the study of very large singly and multiply charged proteins and protein complexes in the gas phase, *Biotechnol. J.* 2006, 1, 988-997.

[39] Pringle S. D.; Giles, K.; Wildgoose J. L.; Williams, J. P.; Slade S. E.; Thalassions, K.; Bateman, R. H.; Bowers, M. T.; Scrivens, J. H., An investigation of the mobility separation of some peptide and protein ions using a new hybrid quadrupole/travelling wave IMS/oa-ToF instrument, *Int. J. Mass Spectrom.* 2007, 261, 1-12.

[40] Dwivedi, P.; Wu, P.; Klopsch, S.J.; Puzon, G.J.; Xun, L.; Hill, H.H., Jr., Metabolic profiling by ion mobility-mass spectrometry (IMMS), *Metabolomics* 2007, 21, 1115-1122.

[41] Clowers, B.H.; Hill, H.H., Jr., Mass analysis of mobility-selected ion populations using dual gate, ion mobility, quadrupole ion-trap mass spectrometry, *Anal. Chem.* 2005, 77, 5877-5885.

[42] Clowers, B.H.; Hill, H.H., Jr., Influence of cation adduction on the separation characteristics of flavonoid diglycosides isomers using dual-gate ion mobility-quadrupole-ion trap mass spectrometry, *J. Mass Spectrom.* 2006, 41, 339-351.

第 10 章

离子表征与分离：气相离子在电场中的迁移率

10.1 引言

本章第一部分简要介绍了离子在弱电场中运动时与中性气体的相互作用。这种简化处理主要用于传统的线性 IMS 和吸气式 IMS 设备。本章将讨论离子在其他离子迁移谱设备中的运动，例如 DMS 和 TW-IMS。在本章的第二部分中，将讨论在上述 IMS 设备中离子行为的含义。实验参数温度的影响、漂移气体组成、环境大气湿度水平、分析物浓度等因素将在第 11 章中描述。

IMS 的基础理论描述了气体中低速离子的运动。当离子在外部电场的作用下通过中性气体（支持气体）时，会受到多种力的作用。一方面，是来自离子与气体分子碰撞产生的阻力，这个阻力是静电力以及与离子和分子的几何形状（大小和结构）有关的力；另一方面，由于离子的浓度梯度和电场的影响而产生的扩散力起到增强离子运动的作用。因此，对离子迁移率的分析必须考虑离子与气体分子之间的扩散和非静电相互作用、离子与极化气体分子的偶极矩或感应偶极矩之间的静电相互作用，以及电场对离子的影响。

20 世纪初，Langevin[1] 和 Townsend[2] 奠定了 IMS 理论的基础，之后由其他研究人员得以完善。特别值得一提的是 McDaniel 和 Mason[3] 以及 Mason 和 McDaniel[4] 写的两本书，他们不仅从理论角度，还从实验和实际操作的角度全面讨论了气体中离子迁移的现象。除此之外，还有很多研究人员对 IMS 漂移管中离子的运动进行了更详细的描述，如 Mason[5]、Revercomb 和 Mason[6]，以及 Mason、McDaniel、Viehland 和他们的同事[7-9]。

讨论气相离子运动习惯上从扩散理论开始，然后引入电场以及电场对离子运动的影响，最后观察两者对离子运动的共同作用效果。我们接下去就采用这样的顺序介绍，并会特别强调 IMS 理论和观测结果之间的联系。本章大部分内容是对弱场中离子运动模型的分析，这些理论模型简单、通用，主要是基于离子和载气中气体分子之间不同类型相互作用势的假设。本章还将讨论实验测得的迁移率与根据不同模型计算出的迁移率之间的相关性，以及在温度、迁移气类型或离子质量均可能发生变化的情况下，这些模型预测离子运动的能力和局限性。本章最后一节专门讨论高场非对称条件下离子的运动[10-18] 及其相关理论。基于该理论的装置将 RF 或 DC 和交流（alternating current，AC）电场结合起来测量离子迁移率。这种技术将以不对称电场下的 DMS 的形式进行介绍。

10.2　离子在气体中的低速运动

本节采用了 Mason 和 McDaniel[3-6]及其同事的研究方法，并重点分析了弱电场中大气压下相对较大的多原子离子在缓冲气体中的运动。

10.2.1　气相离子的扩散

在中性分子气体中或在支持气体中，单一离子束或离子群会通过扩散效应在空间发散。设单位体积内离子数为 n。如果没有温度梯度，没有电场或磁场存在，并且离子密度低到足以忽略库仑排斥，在这种情况下，离子运动的唯一动力就是扩散效应。离子扩散将产生浓度梯度 ∇_n，离子将以与浓度梯度大小成比例且符合 Fick 定律的速率从浓度较高的区域流向浓度较低的区域，如式（10.1）所示：

$$J = -D \, \nabla_n \tag{10.1}$$

其中，J 是单位时间内流经垂直于气流方向单位面积内的离子数，D 是比例常数（扩散系数）。扩散力取决于离子和气体分子的性质，对于给定的离子和中性分子，扩散力是典型的。矢量 J 也可以写成扩散速度 v 和单位体积离子数 n 的乘积，如式（10.2）所示，它表示离子所携带的总电荷或电流：

$$J = vn \tag{10.2}$$

将式（10.1）和式（10.2）合并后重新排列，可用式（10.3）表述 Fick 定律：

$$v = -(D/n) \, \nabla_n \tag{10.3}$$

离子扩散一直持续到所有离子均匀分散在中性气体中，并且浓度梯度变为零为止。

10.2.2　电场对离子运动的影响

在支持气体中，离子运动会受到外加电场的影响。中性分子几乎不会受到电场的影响，若有影响，也是因为气体分子本身存在偶极矩或四极矩，或是因为离子与气体分子之间的静电相互作用。离子可能吸引具有永久偶极矩、四极矩或更高极矩的气体分子。离子和气体分子之间的静电力还将导致与气体分子发生离子感应的偶极相互作用，其大小取决于气体的极化率。10.3 节讨论了用来表示这些力的相互作用势。

在本节中，我们仅考虑施加的电场对离子运动的影响。如果电场为均匀电场且电场强度弱，则离子群将沿着电场线运动，因此离子运动将叠加在上述扩散运动上。离子的漂移速度 v_d 将与式（10.4）中给出的电场强度 E 成正比：

$$v_d = KE \tag{10.4}$$

式中，K 称为迁移率系数，在特定温度和特定离子与中性气体分子环境中该值是唯一的，如扩散系数 D 一样。式(10.5)中所示的扩散系数与弱场离子迁移率之间的关系称为 Einstein 方程，有时也称为 Nernst-Townsend 关系：

$$K = eD/kT \qquad (10.5)$$

式中，e 是离子电荷，k 是波尔兹曼常数，T 是气体温度。迁移率系数与扩散系数成正比——因为两者都表征通过气体环境的离子运动的阻力。如果式(10.5)中电荷离子用合适的单位替换[K 的单位为 $cm^2/(V \cdot s)$，D 的单位为 cm^2/s，T 的单位为 K]，则迁移率系数直接与扩散系数成正比，而与气体温度成反比，如式(10.5a)所示：

$$K = 11.605(D/T) \qquad (10.5a)$$

该表达式仅在电场不引起离子热化时才有效，即离子保留从电场中获取的能量并不再热化。此条件通常用于 IMS 漂移管中，其中离子只需几次碰撞即可达到与中性分子的热平衡。

在气压不变的条件下增加电场强度，离子获得的平均能量远高于其热能[10-18]。离子不再被热化，此时迁移率系数取决于 E/N（N 是中性分子的密度），离子从电场中获得的能量超过热能。扩散力不再是球对称的，Einstein 方程不再成立。但是，此限制不应影响对常规条件或线性 IMS 漂移管中离子运动的理解，在常规或线性 IMS 漂移管中，热能化条件适用于所有标准应用。

10.2.3 气体密度的影响

到目前为止，我们尚未考虑漂移气体分子的密度 N 对离子运动的影响。离子在电场中的运动可以看作一种阵发性运动，离子被电场加速，直到它与气体分子碰撞并在碰撞过程中失去部分所获得的动量。在电场的影响下，离子群穿过漂移气体的整个过程都重复这一运动（请参见第 10.4 节）。因此，按照式(10.4)，电场强度的增大将增加漂移速度，而中性气体分子密度的增加将引起碰撞频率成比例地增加、动能成比例地损失，直接减弱了上述电场的影响。因此，电场中离子的运动由 E/N 共同决定而非其中的任一单个因素。根据式(10.6)，仅当离子从电场获得的能量与热能相比可以忽略时，迁移率系数才与 E/N 无关[4]：

$$(m/M + M/m)eE\lambda \ll kT \qquad (10.6)$$

式中，m 是离子的质量，M 是中性气体分子的质量，λ 是碰撞平均自由程。因此，$eE\lambda$ 是带电荷 e 的离子在电场 E 中移动距离 λ 所获得的能量，$m/M + M/m$ 描述了离子与中性分子发生弹性碰撞时能量从离子转移到分子的效率。假设气体是理想气体，则平均自由程等于气体密度与碰撞横截面 Q 乘积的倒数，即 $\lambda = 1/NQ$，因此式(10.6)也可以写成

$$(m/M + M/m)eE \ll kTNQ \qquad (10.7)$$

重新排列后,变为式(10.8):

$$E/N \ll kTQ/[e(m/M+M/m)] \tag{10.8}$$

E/N 的单位为 Td,定义为 1 Td$=10^{-17}$ V·cm^2。

只要 E/N 低于大约 2 Td,分析 IMS 中的所谓低场条件就成立,并且前面关于外部电场对气体中离子传输影响的讨论仍然是有效的(虽然是近似的)。

以上讨论的内容与 IMS 的相关性在于,离子在电场的作用下沿电场方向漂移,但是因为与气相分子的碰撞频率高、平均自由程小,所以离子的漂移速度相对较小(请参见框架10.1)。此外,当离子在漂移管内移动时,离子群的扩散也导致峰宽变宽。这些现象限制了使用漂移管可获得的分辨率,也限制了实际应用中 IMS 漂移管的尺寸。

框架 10.1　一些中性碰撞理论的例子*

对于直径为 3×10^{-10} m、质量为 28 Da 的分子,压强为 760 Torr,温度为 60 ℃,计算分子速度、平均自由程、平均碰撞间隔时间和碰撞频率的结果如下:

分子速度:501.9 m/s

平均自由程:$\lambda=1.14\times10^{-7}$ m

平均碰撞间隔时间:2.26×10^{-10} s

碰撞频率:0.44×10^{10} s^{-1}

将温度更改为 150 ℃,同时保持其他参数不变,得到以下结果:

分子速度:565.7 m/s

平均自由程:$\lambda=1.44\times10^{-7}$ m

平均碰撞间隔时间:2.55×10^{-10} s

碰撞频率:0.39×10^{10} s^{-1}

对于直径为 10×10^{-10} m、质量为 88 Da 的分子,压强为 760 Torr,温度为 150 ℃,计算结果为:

分子速度:319.1 m/s

平均自由程:$\lambda=1.30\times10^{-8}$ m

平均碰撞间隔时间:0.407×10^{-10} s

碰撞频率:2.46×10^{10} s^{-1}

如果我们忽略电场和离子电荷的影响,仅观察适合于线性 IMS 的条件,离子的停留时间将在 5 ms 左右,所以在大气压下、温度为 60 ℃ 时,氮气中质量为 28 的离子(MW=28 amu)会发生 $5\times10^{-3}\times0.44\times10^{10}=2.2\times10^{7}$ 次碰撞,从而使其完全热能化。该离子群在漂移管中的平均漂移速度约为 10 m/s,而质量为 28 amu 的分子的计算速度为 501.9 m/s。因此,每前进 1 mm,离子必须走 50 步,且每步距离为 1 mm。

*摘自"分子碰撞频率",http://hyperphysics.phy-astr.gsu.edu/hbase/kinetic/frecol.html.

10.3 离子与中性气体分子的相互作用模型

离子在 IMS 漂移管中做迁移运动时，不仅会受到上述扩散力和外部电场的作用，还会受到与支持气体分子之间的静电相互作用。中性气体分子外围的电子云会被离子极化而产生偶极矩，使得离子与中性分子之间产生静电相互作用，这就是离子诱导偶极效应。此外，具有永久偶极或四极矩的分子也将通过离子-偶极或离子-四极相互作用而被离子所吸引。

为解释这 3 种作用力影响离子迁移运动的综合效应，研究人员已提出了几种理论模型，这里简要讨论一些经典模型，同时也检验这些模型在预测不同漂移气体中多原子离子迁移率方面的效果。首先考虑两个简单模型：刚性球体模型和极化极限模型。之后，将描述一种更精确且相对易于使用的模型，在该模型中，12,4 硬核势能代表离子-中性分子相互作用。由于线性 IMS 中的离子通常认为已热能化，因此更复杂的三温度模型未被讨论[19-21]。这是一个温度假设，其中离子温度被假定等于漂移气体的温度。

模型是否合适需要经过以下过程的检验，即是否能够重现实验中观察到的离子质量与其迁移率之间、温度与迁移率之间的相关性，以及是否能准确预测离子在不同气相环境中的迁移率系数。通常情况下，我们会使用相对简单的系统来检验模型是否成功。例如使用同源离子系列，即系列中的离子唯一的不同是所添加的亚甲基个数不同，而离子尺寸和内部电荷分布的差异很小。本讨论面临的困难在于，对符合 IMS 分析条件的离子和气体体系进行的此类测试为数太少。

大多数早期发表的有关离子迁移率模型的研究都是物理学家在相对简单的体系中开展的，例如单原子离子通过惰性单原子或双原子中性漂移气体这样的体系[15-17, 22-24]。这样的情况见参考文献[4]的附录 1 的表 1。由于本章内容是关于多原子离子通过极性或可极化（尤其是空气）漂移气体，因此可参考的详细实验和理论研究有限[25-37]。

10.3.1 迁移率方程

电场中热能化离子通过气相环境进行迁移的迁移率方程由 Mason 和他的同事给出[3-6]，如式(10.9)所示：

$$K = (3e/16N) \cdot (2\pi/\mu k T_{eff})^{1/2} \cdot [(1+\alpha)/\Omega_D(T_{eff})] \tag{10.9}$$

式中：e、k 和 N 的定义前文已给出；μ 是离子-分子碰撞对的约化质量，定义为 $\mu = mM/(m+M)$；T_{eff} 是离子的有效温度，这里单一温度模型的近似处理认为是有效的，则 T_{eff} 等于漂移气体的温度；α 是校正因子，对于 $m > M$，其值通常小于 0.02（请参见参考文献[5]，第 50 页）；$\Omega_D(T_{eff})$ 是碰撞截面。$\Omega_D(T_{eff})$ 与式(10.7)和(10.8)中的 Q 表示相同的意思，在这里仍然采用 $\Omega_D(T_{eff})$，是希望与该理论的提出者保持一致（关于该公式的一些其他的示例，请参见框架 10.2）。

框架 10.2　Mason 的公式*

以下是 Mason-Schamp 方程：

$$K = \frac{3}{16} \cdot \frac{q}{N} \left(\frac{2\pi}{\mu k T_{\text{eff}}} \right)^{\frac{1}{2}} \cdot \frac{1}{\Omega}$$

此方程以厘米-克-秒(cgs)为单位(Mason)：

$$q = 4.803 \times 10^{-10} \text{ 静电单位}$$
$$k = 1.381 \times 10^{-16} \text{ erg/K}$$
$$1 \text{ amu} = 1/N_A = 1.660\,5 \times 10^{-24} \text{ g}$$

K 所需的转换系数是 1 静伏(stV)=299.792 V。

假设在 300 K 和 1 atm 的氮气中 N_2^+ 的 $K = 2.0$ cm²/(V·s)。在低场 T_{eff}=环境温度的假设下计算截面 Ω。

$$\mu = 14 \times 1.660\,5 \times 10^{-24} \text{ g}$$
$$K = 2.0 \times 299.792 = 599.6 \text{ cm}^2 \text{ st/(V·s)}$$

$$599.6 = \left(\frac{3}{16} \right) \left(\frac{4.803 \times 10^{-10}}{2.45 \times 10^{19}} \right) \left(\frac{2\pi}{14 \times 1.66 \times 10^{-24} \times 1.381 \times 10^{-16} \times 300} \right)^{\frac{1}{2}} \left(\frac{1}{\Omega} \right)$$

得出 $\Omega = 1.56 \times 10^{-14}$ cm² = 156 Å²。

计算的 Langevin 横截面约为 80 Å²，所以结果应该是正确的。

如果我们考虑一个更实际的迁移率值，比如 $K = 2.0$ cm²/(V·s)，那么我们得到 $\Omega = 1.03 \times 10^{-14}$ cm² = 103 Å²，更接近计算出的横截面。

*感谢 Stone 教授。

Mason 和他的同事对碰撞截面进行了描述，如式(10.10)所示[3-6]：

$$\Omega_D = \pi r_{\text{m}}^2 \Omega(1, 1) \cdot T^* \tag{10.10}$$

其中，$\Omega(1, 1) \cdot T^*$ 是与离子-分子相互作用势有关的无量纲碰撞积分的近似值，是无量纲温度 $T^* = kT/\varepsilon_0$ 的函数；ε_0 是势能面曲线上最小值处势能阱的深度，如图 10.1 所示；r_{m} 是该最小值的位置，如式(10.11)所示：

$$\varepsilon_0 = e^2 \alpha_{\text{p}} / [3 r_{\text{m}}^4 (1 - a^*)^4] \tag{10.11}$$

式中，α_{p} 是漂移气体分子的极化率[不同于式(10.9)中的 α]；$a^* = a/r_{\text{m}}$，代表离子的电荷中心与质量中心之间的分离情况，且对于复杂结构的多原子离子该值不可忽略。

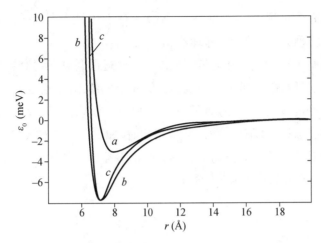

图 10.1 此图计算了质子化辛胺离子(130 amu)在 250 ℃空气中漂移的势能面。曲线 a 以 $a^* = 0.1$、$r_m = 7.988$ Å、$\varepsilon_0 = 3.11$ meV 计算；曲线 b 以 $a^* = 0.2$、$r_m = 7.143$ Å、$\varepsilon_0 = 7.79$ meV 计算；曲线 c 以 $a^* = 0.4$、$r_m = 7.143$ Å、$\varepsilon_0 = 7.79$ meV 计算。(摘自 Berant et al.，The effects of temperature and clustering on mobility of ions in CO_2，*J. Phys. Chem.* 1989，93，7529-7532.以及 Berant et al.，Correlation between measured and calculated mobilities of ions，*J. Phys. Chem.* 1991，95，7534-7538.经允许)

10.3.2 模型简介

10.3.2.1 刚性球模型

Mason 和 McDaniel 提出了刚性球模型,并进行了严格处理[4]。我们在这里给出一个简化的版本。根据这个模型,离子与气体分子之间的碰撞被视为刚性球碰撞,在质量中心坐标系中,离子在任何方向散射的可能性相同。Mason 和 McDaniel[4]在式(10.12)中描述了离子的平均动能 $(\frac{1}{2}\overline{mv^2})$:

$$\frac{1}{2}\overline{mv^2} = \frac{1}{2}\overline{MV^2} + \frac{1}{2}\overline{mv_d^2} + \frac{1}{2}\overline{Mv_d^2} \tag{10.12}$$

式中,v 和 V 分别是离子和中性分子的速度;v_d、m 和 M 的定义如前所述,上划线表示平均动能;$\frac{1}{2}\overline{MV^2}$ 表示离子所获得的热能($3kT/2$);$\frac{1}{2}\overline{mv_d^2}$ 表示离子从外部电场获得的能量;$\frac{1}{2}\overline{Mv_d^2}$ 表示中性气体分子从电场获得的随机动能。在大离子通过小气体分子时(通常 IMS 中的情况都是这样),$\frac{1}{2}\overline{Mv_d^2}$ 可以忽略。平均相对能量 ε 也可以看成离子的有效温度,并代表离子总的随机能。因此,由于热运动和外加电场产生的共同作用如式(10.13)所示:

$$\frac{3kT_{eff}}{2} = \frac{3kT}{2} + \frac{1}{2}\overline{mv_d^2} \tag{10.13}$$

从式(10.4)～式(10.9)可以得到下列表示离子迁移率系数的表达式:

$$K = v_d/E = (3e/16N)(2\pi/\mu kT_{eff})^{\frac{1}{2}}(1/Q_D) \tag{10.14}$$

式中，Q_D 是碰撞横截面积（与 Q 和 Ω_D 一致）。对于中性气体中的离子，式（10.13）和（10.14）代表了离子迁移的全动量传递理论。

上面的处理是基于动量守恒和能量守恒以及一些近似假设（例如单温度假设）。刚性球体模型定性描述了在迁移率测量过程中观察到的几个现象：对于给定的有效温度，迁移率系数与中性气体分子密度成反比，同时离子的漂移速度（v_d）取决于 E/N。

由此，当离子的漂移速度不再与 E/N 成正比时，如式（10.7）和式（10.8）所示，我们可以定义"低场"条件无效。当离子从电场中获得的能量不再小于其热能时，就会发生这种情况，如 Mason 和 McDaniel 在式（10.15）中描述的一样[4]：

$$E/N \ll 0.78[m/(m+M)]^{\frac{1}{2}} Q_D \tag{10.15}$$

式中，E/N 的单位是 T_d，Q_D 的单位是 $\text{Å}^2(10^{-16}\,\text{cm}^2)$。

从式（10.15）可以得出结论：对于重离子来说是弱电场条件，对于在质量大的气体分子中运动的轻离子（或电子）来说可能仍然是强电场条件。

根据刚性球体模型，式（10.10）中给出的碰撞横截面也可以写为

$$\Omega_D = \pi d^2 \tag{10.16}$$

式中，d 是离子和中性分子的半径之和，可以粗略地从离子尺寸估算出来。当 $m > M$ 时，式（10.9）中的校正项 α 小于 0.02（参考文献[4]，第50页），可以忽略不计。因此，离子的迁移系数可以近似为

$$K = (3e/16N)[2\pi/(\mu k T_{\text{eff}})]^{\frac{1}{2}}[1/(\pi d^2)] \tag{10.17}$$

根据式（10.17），迁移率系数与温度和离子分子约化质量的平方根成反比。这与通常条件下 IMS 中的实验结果是相矛盾的。

10.3.2.2 极化极限模型

在极化极限模型中，极化效应被应用到离子与漂移气体分子之间的相互作用中。如果中性分子中没有永久偶极或四极矩，并且也不存在离子和中性分子的相互排斥力，那么离子与中性分子之间的相互作用就只有离子对分子的诱导极化作用。这种相互作用是中性气体分子 α_p 极化率的函数。根据式（10.18），相互作用势 V_{pol} 随离子与中性分子之间的距离 r 的变化而变化［此处 r 不同于式（10.10）和（10.11）中的 r_m］：

$$V_{\text{pol}}(r) = \varepsilon^2 \alpha_p/(2r^4) \tag{10.18}$$

分子离子间的碰撞截面与 $[\varepsilon^2 \alpha_p/(kT)]^{\frac{1}{2}}$ 成正比，且当温度接近 0 K 时，所有离子的迁移率系数都趋近于一个共同的极限。该极限与分子的极化率有关，因此称为极化极限迁移率（K_{pol}）：

$$K_{\text{pol}} = K(T \rightarrow 0) = (13.853/\alpha_p^{\frac{1}{2}})(1/\mu)^{\frac{1}{2}} \tag{10.19}$$

上式成立的条件是 273 K 和 760 Torr,α_p 的单位是 Å^3,m 和 M 的单位是 Da,K 的单位是 $\text{cm}^2/(V \cdot s)$。当离子的质量 m 远远大于中性分子的质量 M 时,约化质量项中的 $1/m$ 相对于 $1/M$ 可以忽略不计。在这种情况下,离子的迁移率系数与离子质量无关,约化质量就可以简单地由漂移气体的质量代替。这与物理直觉和实验观察相矛盾。总之,极化极限模型不能对 IMS 中观察到的一些结果给出合理的解释。

10.3.2.3 12,4 硬核势能模型

12,4 硬核势能模型考虑到了当离子和中性分子在短距离内相互接近时,产生的斥力势和引力势都会增加,如式(10.20)所示,斥力势与两者距离的 12 次方成正比,引力势与两者距离的 4 次方成正比。当将短程排斥项结合到公式(10.18)的极化极限势能模型时,分子-离子间的相互作用势能被修正为 $(n,4)$ 势能。选择不同的 n 值,将改变排斥力的陡度以及势阱的宽度和深度。Viehland 给出了一个示例,其中 $n=8$、12 和 16(参考文献[4],第 248 页)[36]。显然,吸引力将增强离子-中性分子间的相互作用,也增加了气体分子对离子运动的阻力,从而导致离子迁移率下降。而排斥力产生的结果正好相反。

在多数情况下,使用的相互作用势为 12,4 势,或被称为硬核势,如式(10.20)所示:

$$V(r) = (\varepsilon_0/2)\{[(r_m-a)/(r-a)]^{\frac{1}{2}} - 3[(r_m-a)/(r-a)]^4\} \tag{10.20}$$

式中,r 是离子与中性漂移气体分子之间的距离[式(10.18)],其他参数在前文中均有定义。如前所述,在多原子大离子中,质心和电荷中心不一定重合;因此,式(10.20) 中的 a 不能忽略。

复杂一些的模型包括第三个相互作用势,称为 12,6,4 硬核势能模型。这可以通过在 12,4 势能上增加一个 r^{-6} 项的引力势来表示,如式(10.21)所示:

$$V(r) = \{n\varepsilon_0/[n(3+\gamma) - 12(1+\gamma)]\} \cdot$$
$$[(12/n)(1+\gamma)(r_m/r)^{12} - 4\gamma(r_m/r)^6 - 3(1-\gamma)(r_m/r)^4] \tag{10.21}$$

式中,γ 是无量纲的第四参数,用于测量 r^{-6} 和 r^{-4} 引力势的相对强度。然而,在大多数实际情况下,12,4 的硬核势能模型与实验数据吻合得足够好,下文中将会提及。因此最后一步的修正建议通常是不必要的。

10.4 线性离子迁移谱仪:模型和实验验证

为了测试前面介绍的几种模型的有效性,我们将在线性 IMS 实验中测得的离子约化迁移率与按这 3 种模型计算所得的迁移率值进行比较。人们感兴趣的主要是质量与迁移率的相关性,温度与迁移率之间的相关性,以及漂移气体对迁移率的影响,后面两个影响因素会在第 11 章中讨论。模型计算需要 6 个参数:a^*、r_0、z、极化率、约化质量和温度。后面 3 个参数来自直接物理测量,而其他参数(a^*、r_0、z)则需要通过拟合进行优化,以最大程度地减少迁移率计算值和测量值之间的偏差[37]。T^* 和 r_m 的值可通过 a^*、r_0 和 z 计算得到,无

量纲碰撞横截面 Ω^* 则来自参考文献[9]中的表1。在实际计算时，使用 a^* 的离散值，并对 r_0 和 z 的初始值进行预估。然后，通过使实验数据点与理论计算值之间偏差的平方和（X^2）最小化的方法来优化参数 r_0 和 z，以使得它们的值与实验数据吻合较好。需要特别注意的是，因为在小的质量范围内，大多数理论模型都可以较好地与实验数据相吻合，所以需要在一个很大的质量范围内对理论模型进行实验考察。由于在这些研究中使用氦气、氩气、氮气、空气、二氧化碳和二氧化硫这些漂移气体，胺类化合物的电离化学过程很简单[38]，所以它们被选作探针化合物对理论模型进行测试[39]。

测试3种理论模型准确性的方法之一，就是将线性 IMS 中实验测得的同系物系列离子的约化迁移率值和碰撞截面与3种模型的预测值进行比较。在同系物系列中，离子半径强烈影响着离子与中性气体分子之间的距离，并相应地影响到它们的相互作用参数。在同系物离子系列中，假定离子半径随其质量的立方根变化。

在刚性球体模型中，离子和中性分子的半径之和 d 将随着同系物系列中链长和离子质量的增加而略有增加。在极化极限模型中，离子大小完全被忽略；而在硬核势能模型中，r_m（相互作用势的最小值）取决于离子质量，如式（10.22）所示：

$$r_m = r_0 \left[1 + b(m/M)^{\frac{1}{3}} \right] \tag{10.22}$$

式中，b 表示离子和中性分子相对密度的常数，通常定为 1；r_0 代表给定同系物系列离子半径的常数。当重离子在轻分子气体中漂移时，约化质量 $\mu = 1/m + 1/M$ 对重离子质量的微小变化不敏感，离子半径和计算出的迁移率与实验测得的数据不具有定量上的一致性[37]。加入半经验校正项 mz，可以对重离子质量变化的影响进行校正，这使得在各种漂移气体中大离子质量范围内的计算值和实验测量值之间的一致性得到了很大改善[37-41]。该校正项的物理意义基于这样一个假设，即通过添加一个依赖于离子质量并考虑了离子-分子碰撞对的可压缩性的校正项，可以更好地表示相互作用势的最小值的位置。因此，r_m 对离子质量的依赖性不仅取决于离子质量与中性气体质量之比的立方根[式（10.22）]，而且还受到上述 z 因子的影响。

$$r_m = (r_0 + mz)\left[1 + (m/M)^{\frac{1}{3}}\right] \tag{10.23}$$

另外一个影响离子半径、使离子质量减小的因素，可以从观察到的现象得出：在极化气体中漂移的离子，特别是在低温下，易于与漂移气体分子形成团簇[39-41]。离子质量会因为在核心离子 m 上结合 n 个质量为 M 的中性分子而增加，形成的有效质量 m_{eff} 如式（10.24）所示：

$$e_{eff} = m + M_n \tag{10.24}$$

这里要注意的是，式中的 n 是指离子通过缓冲气体时结合在核心离子上的漂移气体分子数，而且不一定是自然数。将有效质量 m_{eff} 替换式（10.23）中的 m，r_m 也随之增加，如式（10.25）所示：

$$r_m = (r_0 + mz)[1 + (m_{eff}/M)^{\frac{1}{3}}] \qquad (10.25)$$

几年前,Griffin 等人[42]证明可以通过线性 IMS 中的迁移率系数确定同系物系列离子的质量。表 10.1 列出了 250 ℃时在空气和氦气中测得的同系列质子化伯胺和同系列脂族叔胺的约化迁移率值[37-41]。由图 10.2 可看出,这两类同系物在空气和氦气中的行为有所不同。在空气中,质子化叔胺的迁移率明显高于它们对应的同分异构体伯胺;而在氦气中,同分异构离子之间几乎没有差异。这就证实了之前关于离子-分子相互作用的一些假设。在氦气中,由于氦气的极化率极低,离子-分子相互作用很弱,质子化的伯胺和叔胺离子受漂移气的影响同样地小。而在空气中,中性气体分子,特别是氮气很容易与叔胺离子上的定位电荷进行络合,并导致较强的静电相互作用,但中性气体分子与叔胺离子上被遮蔽的非定位电荷的这种作用相对要弱得多。因此,两种同分异构体离子在空气中就会产生迁移率的差异,这也正如实验所观察到的那样。

表 10.1　实验测得的同系列质子化伯胺和叔胺的约化迁移率值,250 ℃,空气和氦气

碳原子数	伯胺 $CH_3(CH_2)_n NH_2$		叔胺 $[CH_3(CH_2)_n]N$	
	空气	氦气	空气	氦气
1	2.65	—	—	—
2	2.38	12.1	—	—
3	2.20	10.1	2.36	10.3
4	1.98	9.1	—	—
5	1.85	7.8	—	—
6	1.72	7.2	1.95	7.4
7	1.61	7.1	—	—
8	1.50	6.4	—	—
9	1.42	5.9	1.62	5.7
10	1.35	5.6	—	—
11	1.28		—	—
12	1.23	5.1	1.35	4.8
14		4.1	1.19	3.9
15		—	—	—
16		3.8	—	—
21			0.95	3.0
24			0.85	2.7
36			0.64	2.0

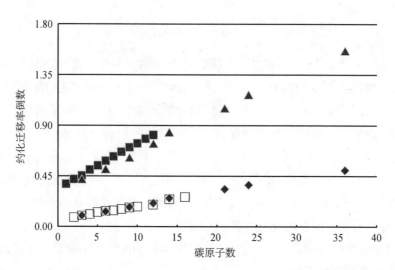

图 10.2 同系物普通伯胺在空气（实心方块）和氦气（空心方块）中，与普通叔胺同系物在空气（三角形）和氦气（菱形）中的迁移率倒数。

本节总结：假设同系物离子的半径是与离子质量的立方根成正相关关系的，离子半径对相互作用势的影响在 3 种理论模型中的表达是不同的。根据硬球模型理论，离子半径的变化引起了式（10.17）中的 d 值（离子半径与漂移气体分子半径之和）的变化，因此相互作用势也发生了变化；在极化极限模型中，改变离子半径，或改变在小分子量漂移气体中重离子的质量，并不影响相互作用势[式（10.19）]；而在硬核模型中，改变离子半径即改变了离子-分子碰撞对中 r_m 的值[式（10.22）]。然而实验结果表明，以碰撞截面和迁移率表示的相互作用势与离子质量的关系更大，如式（10.25）所示，其中增加了两个与质量有关的修正项：一个是经验项 z，表征离子质量的权重；另一个是实际离子质量 m_{eff}，由于核心离子与漂移气体中的分子产生络合作用使得实际的离子质量 m_{eff} 大于核心离子本身的质量。

为研究质量和迁移的相关性，人们采用适当的常数和单位来重新编写式（10.9），约化迁移率倒数如式（10.26）所示[3-6]：

$$K_0^{-1} = 1.697 \times 10^{-4} (\mu_{eff} T_{eff})^{\frac{1}{2}} r_m^2 [\Omega(1, 1) \cdot (T^*)] \qquad (10.26)$$

当质量单位为 Da、r_m 单位为 Å、T 单位为 K、K_0 单位为 $cm^2/(V \cdot s)$ 时，则得到系数 1.697×10^{-4}。

图 10.3 所示的例子是质子化乙酰基化合物的模拟结果，该示例也可见于第二版《离子迁移谱》第 2 章的附录 A[43]。在此示例中，即使对 r_0 进行了适当的调整，刚性球体模型也只能在非常有限的离子质量范围内与实验结果吻合；极化极限模型在整个离子质量范围内都给出了比实际值高很多的约化迁移率值，且未能显示迁移率对离子质量的依赖性。然而，采用 12,4 模型，则可以通过选择 a^*、r_0 和 z 的最佳拟合参数，在整个质量范围内获得与实验结果的极佳吻合，任何情况下的偏差都不超过 3%。令人印象深刻的是，所用的乙酰基化合物不是同系物系列[37]。

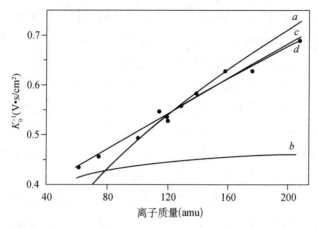

图 10.3 质子化乙酰基化合物在 200 ℃空气中的迁移率倒数与离子质量的关系。根据 $r_0 = 2.60\text{Å}$ 的刚性球体模型计算得到曲线 a；根据极化极限模型得到曲线 b；根据硬核模型得到曲线 c 和 d。其中，当 $a^* = 0.2$、$z = 0.0\text{Å/amu}$、$r_0 = 2.40\text{Å}$ 时为曲线 c；当 $a^* = 0.2$、$z = 0.001\ 3\text{Å/amu}$、$r_0 = 2.20\text{Å}$ 时为曲线 d。(摘自 Berant and Karpas, Mass-mobility correlation of ions in view of new mobility data, *J. Am. Chem. Soc.* 1989, 111, 3819–3824.经允许)

综上，3 种模型是否具有验证离子质量和约化迁移率之间相关性的能力已得到了证明。而各模型对约化迁移率与漂移气体成分、温度和水分含量的关系的解释将在第 11 章进行讨论。

10.5 微分迁移谱仪、离子迁移率与电场强度的关系

分析用 IMS 的大多数应用都基于这样的理解或者说是隐含条件：离子的迁移率系数与所施加的电场无关，即 $v_d = KE$ 且 $K \neq f(E/N)$[44]。然而，在 20 世纪早期，Townsend 等人认识到 K 与离子之间的碰撞所产生的能量有关。当 E/N 较小时，由于与支持气体环境中分子的碰撞将抵消掉离子从电场获得的全部能量，因此离子从电场中获取的能量可以忽略不计，相当于在给定压力下 K 不会受到外加电场的影响。而随着 E/N 的增加，迁移率系数开始变得与电场有关[即 $K = f(E/N)$]，如式(10.27)所示[15-17, 45]：

$$K(E/N) = K(0)[1 + \alpha_2(E/N)^2 + \alpha_4(E/N)^4 + \cdots + \alpha_{2n}(E/N)^{2n}] \quad (10.27)$$

式中，$K(0)$ 是零场条件下的迁移率系数；α_2、α_4、$\cdots$、α_{2n} 是电场强度偶次幂的特定系数；E/N 是对压力或中性气体密度归一化的电场。出于对称性考虑(即离子速度的绝对值与电场方向无关)，式(10.27)中使用了 E/N 中的偶次幂级数。

不同的离子有不同的 α_{2n} 特征值，因此呈现出不同的 K 与 E/N 的关系图。式(10.27)可以简化为 α 的函数，用以描述迁移率系数的电场依赖性[46]，如式(10.28)所示：

$$K(E/N) = K(0)[1 + \alpha(E/N)] \quad (10.28)$$

式中，$\alpha(E/N) = \alpha_2(E/N)^2 + \alpha_4(E/N)^4 + \cdots + \alpha_{2n}(E/N)^{2n}$，该函数描述了离子迁移率的

非线性电场依赖性。对简单离子的迁移率系数依赖性特性已有详细的研究,在参考文献的《核数据表的原子数据》(*Atomic Data of Nuclear Data Tables*)中已有报道[15-17, 45]。然而,这些测量通常在减压下进行,并且通常在惰性气体中进行。由于在传统的时间飞行离子漂移管中产生高场是非常困难的,因此仅有一小部分研究在常压下测量了 $K(E/N)$。例如,在常压下要达到 80 Td 的 E/N 值,需要施加 21 360 V/cm 的电场;如果漂移管长度是 5 cm,那么需要施加 106.8 kV 的电源电压。在 IMS 技术中,还有另一种方法,就是采用 FAIMS 或 DMS 研究迁移率与电场的关系。这种用于区分离子的高场非对称 IMS 方法,是基于迁移率系数与高场的非线性关系的。这个方法是在 1983 年被提出来的[47],并在 1993 年得到了实验证实[46]。该方法的详细介绍可以在第 6 章中找到,下面的讨论仅限于离子迁移率与电场的关系。已有研究报道了常压下胺[48]、氯化物[49]、正负氨基酸离子[50]、有机磷酸酯[50]和酮[51]的迁移率系数 K 与电场的关系。

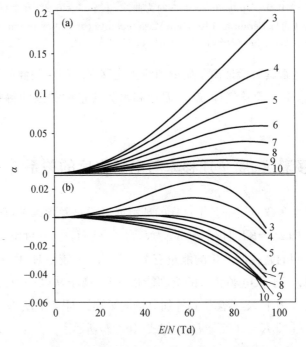

图 10.4 DMS 中一系列分子量不同的酮的 α 随电场强度 E/N 的变化结果,图右边的数字是每个酮的碳原子数。(a)质子化单体的 α 随场强的增强而增加,且酮的分子量越小,这种作用效果越强;(b)质子结合二聚体的 α 通常随着电场的增强而减小,但小分子量的酮在 E/N 较小时显示出随电场的增加而增加。α 的增加是因为随场场增强离子发生团簇解离,这导致离子的有效质量减小;质子化单体的团簇聚集度更高,解离产生的有效质量的相对变化更大,所以效果更明显。(摘自 Krylov et al., Field dependence on mobilities for gas phase protonated monomers and proton bound dimers of ketones by planar field asymmetric waveform ion mobility spectrometer (PFAIMS), *J. Phys. Chem. A* 2002, 106, 5437-5444.经允许)

图 10.4 是酮离子迁移率系数中的 α [见式(10.28)]与 E/N 的关系图,E/N 在 0~80 Td,展示了酮离子对电场依赖关系的研究结果。如图 10.4(a)所示,质子化单体的迁移率 K 与 E/N 呈正相关性,即低 E/N 条件下的离子迁移率明显小于高 E/N 条件下的离子迁移

率。在这些实验中,核心离子未发生变化,其趋势与预期的温度影响相反,如式(10.9)所示。然而,依赖性必须与离子尺寸有关,离子尺寸由核心离子和支持气体中小的中性分子形成的团簇决定。碰撞截面将由质子化离子被中性分子(例如水)的溶剂化程度控制。在高电场下,随着团簇离子的有效温度升高,弱结合的分子将被去除;而在低电场下,随着有效温度的降低,离子的溶剂化将增加。这种去溶剂化和溶剂化的过程会随电场强度循环变化不断发生。当电场处于循环中的低电场时,诸如 $MH^+(H_2O)_n$ 之类的团簇离子在实验的湿度和温度条件下倾向于形成团簇,使 n 值最大化。然而,当电场循环到高场部分,受到 20 000 V/cm或更高的电场作用时,离子将被加热,随着离子温度的升高,离子将发生水合物的分解[52]。式(10.28)中的 α 应理解为源自核心离子团簇的生成和解离,如图 10.5 所示。当施加电场波形处于高场时,由于团簇解离,离子横截面减小;当波形处于低场时,由于团簇的形成,离子迁移率减小。在这种情况下,去团簇离子的尺寸和质量都比团簇离子小,相应地,迁移率系数也比团簇离子高。团簇的生成和解离是一个动态的过程,并且当离子在漂移管中传输时这个过程持续发生,总体效果是离子的簇化和去团簇形式的寿命和组成的加权平均值。由此可见,α 函数是渐进的,不存在任何明显的阶梯或不连续的阶段。对大量有机化合物的研究都观察到了这种迁移率随 E/N 逐渐变化的现象,不管对哪种官能团,均能观察到这种均匀连续的变化,如图 10.5 所示。

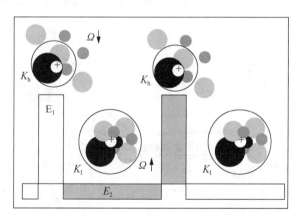

图10.5 α 随电场正向变化的简化模型。在占空比的高场期间(E_1),离子被去团簇,导致 Ω 减小(由离子簇周围的浅色圆圈表示),而 K 增大;在占空比的低场期间(E_2),离子重新聚集,导致 Ω 增大,K 减小。因此,在此模型中,随电场增大,可以预期 ΔK 的变化趋势是正向的。

再回到对酮的测量研究中[51],随着酮分子量的增加,因离子被加热引起的去团簇效应对迁移率变化的影响变得不那么明显,且大摩尔质量的酮,其 $\alpha(E/N)$ 函数几乎趋于水平,如图 10.4(a)所示。α 函数随酮分子量的变化也是逐渐变化的,质量最小的酮,电场的变化对它的影响最大。这种逐渐变化的过程具有普遍性,而非只适用于特定结构或尺寸的分子。然而,对大分子酮而言,α 函数的正相关性很弱,这个现象也得到了团簇-去团簇模型的支持。在成簇阶段,随着水或其他中性小分子加合物的加入,大质量的离子的尺寸和重量只是略有增加;因此,团簇离子和去团簇离子之间的差别很小。与之相反,在质量小的核心离子上添加一些水分子后，离子的尺寸和质量将会发生成比例的显著变化。在这两种极端情况之外，也会在图 10.4(a)中看到一些中间的影响过程。

图 10.4(b)给出了质子结合二聚体的迁移率系数与电场的关系，α 函数显示了与酮的摩尔质量变化的负相关性。随着 E/N 的增加，质子结合二聚体 $M_2H^+(H_2O)_n$ 的迁移率减小，这表明运动中的离子在高电场下比在低电场下慢。根据式(10.17)和(10.26)，上述现象与温度升高的结果，或者在高场条件下迁移率减小的结果是一致的，而这很可能是由于碰撞频率随温度升高而升高。随着离子质量的增加，质子结合二聚体的负向 α 函数逐步发生变化，代表的是在一定湿度和气体温度条件下迁移率的加权平均。

上述对酮的测量结果是在含有 0.1 ppm 水分的空气作为支持气体时获得的，温度和压力接近环境温度和环境压力，测量过程中温度或湿度不变。但是，可以通过改变湿度或温度来测试用于解释正 α 依赖性的团簇模型。在另一项研究中，研究人员探讨了水含量对一系列有机磷化合物 α 函数的影响[50]。选择有机磷化合物作为实验对象，是因为有机磷具有很强的热稳定性，并且对水的化学反应性弱。此外，形式为 $RR_2P=O$ 的有机磷化合物的结构选择很丰富，R 和 R_2 可以是烷基(有机磷酸酯)，R 也可以是烷氧基有机膦酸酯。

这项研究的结果如图 10.6 所示，空气中的水分含量在 0.1～10 000 ppm 变化时质子化单体的 $\alpha(E/N)$ 分别为 20 Td[图(a)]和 80 Td[图(b)]。在图中可看到，α 与水分含量的关

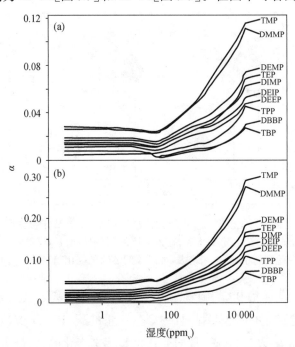

图 10.6 在 20 Td(a)和 80 Td(b)的两种不同场强下，一系列有机磷化合物的 α 函数与湿度的关系。在漂移气体中浓度高达 50 ppm 时，两种场强下的 α 几乎不变。离子团簇在高场和低场下迁移率的变化与水合反应无关。另外，弱结合的氮分子被认为是有助于提高低电场中的有效碰撞界面的，这可能是由于在环境压力下空气中会发生大量的离子-氮碰撞。(摘自 Krylova et al., Effect of moisture on high field dependence of mobility for gas phase ions at atmospheric pressure: organophosphorus compounds, *J. Phys. Chem.* 2003，107，3648-3648.经允许)

系可以分为两个区域，在空气中水分含量约为 50 ppm 时出现了明显的变化。当小于 50 ppm 时，尽管每个质子化磷酸盐的 α 绝对值都不同，但 $\alpha(E/N)$ 与水分含量并不相关（请参阅酮的先前讨论）。然而，不管是哪种化学物离子，当湿度高于 50 ppm 时，$\alpha(E/N)$ 随水分含量单调增加。尽管在图 10.6 中只显示了两种电场强度的情况（20 Td 和 80 Td），但实际上在所有 E/N 值下都观察到了相同的行为。

可能只有在低场期间有足够的时间让溶剂分子遇到离子，上述团簇和去团簇模型以及水分含量对 α 的影响才成立。在室温和环境压力下，空气中水分含量为 50 ppm 时，即存在 1.3×10^{15} cm^{-3} 水分子。如果我们采用典型的碰撞率常数 1×10^{-9} cm^3 分子$^{-1}$ s^{-1} 用于计算离子-中性分子碰撞，并且已知离子的浓度远小于水分的浓度，则碰撞之间的时间约为 $1/k[H_2O]=0.8$ μs。在约 1.6 μs 的低电场期间，离子将与水分子发生两次碰撞，如果缔合反应有效，则两次碰撞足以改变离子的质量和截面。随着水分子浓度的升高，低场时期的碰撞次数将成比例增加，并在 10 000 ppm 时达到 400 次。随着水浓度的增加，潜在簇的大小将增加，但每个连续水分子的附着强度将降低。在相同的高场中，较大的团簇将比较小的团簇更易于减小尺寸，因此 α 的值将随着水分含量的增加而增加。

有机磷化合物质量的影响也与该 α 模型一致，随着水分含量的增加，小质量离子的 α 值变化更大。对于该研究中的离子，较低的质量也意味着较小的离子，其横截面的变化将比较大的离子通过添加相同数量的水分子而产生的变化幅度更大。当水分含量低于 50 ppm 时，每个离子都存在 α 依赖性，如果这种变化也是由于高场和低场离子溶剂化程度的不同，则溶剂化分子必然是漂移气体中的杂质或者漂移气体本身。最后一个推测与最新的一项研究结果一致，该研究表明支持气体类型对几种类型离子的高、低场迁移率变化有影响作用。与水分子相比，偶极矩为零且极化率非常低的氮分子是气相离子的非常差的溶剂。由于离子大约每 40 ps 就会与漂移气体的氮分子发生一次碰撞，因此在低场期间可能发生平衡溶剂化（图 10.7）。尽管与氮分子的缔合应该很弱，大约为 19 kJ/mol，但在波形的低场部分超过 37 000 次碰撞的累积效应可能会导致有效截面的增加。

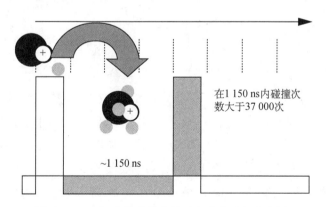

在 1 150 ns 内碰撞次数大于 37 000 次

~1 150 ns

图 10.7 DMS 中高水分含量下发生的过程示意图。

总结本节：在 DMS 中实现离子分离的基础是低电场和高电场下离子迁移率的不同，这种不同很大程度上是由离子在低电场中与中性分子络合以及在高电场中产生解离引起的。络合的发生主要取决于电离区的水分含量、气体温度和分析物浓度（二聚体形成）。

10.6 行波 IMS

第 6 章介绍了 TW-IMS[53-55]，其中漂移气体通常为氮气或氦气，漂移气体压强只有几毫巴。TW 的详细理论超出了本专著的范围；然而 Shvartsburg 和 Smith 利用推导和离子动力学模拟对 TW-IMS 仪器中控制离子迁移的作用力进行了全面的分析[55]。根据分析，离子的运动取决于与传播波前 c 相关联的离子速度。就像软木塞漂浮在大海上，离子可能表现得像一个软木塞，在快的波浪上略微摆动（$c \ll 1$），但慢波（$c > 1$）将推着软木塞随之一起运动。软木塞在 $c \approx 1$ 的中间情况下会像冲浪者一样运动，也就是说跟随波浪但偶尔会落在后面。

$$c = KE_{max}/s \tag{10.29}$$

其中，K 为离子迁移率，E_{max} 为电场强度，s 为波速。在 Shvartsburg 和 Smith 的分析模型中，他们认为离子扩散与漂移无关[55]，因此分离参数仅取决于漂移，而扩散则决定了离子包的宽度，从而决定了分辨率。

与线性 IMS 和 DMS 中迁移率和电场强度成线性关系不同，当比值 c 较低时，离子在 TW-IMS 中经过长度 L 的漂移管所需的运输时间 t_t 与迁移率系数 K 的平方和电场强度 E 的平方成比例。

$$t_t = Ls/(KE)^2 \tag{10.30}$$

随着传播波速的减小，离子迁移速度逐渐接近波速。TW-IMS 的分辨力取决于迁移率，在低 c 极限时与 $K^{1/2}$ 成比例，在高 c 时较低 c 时小。传播时间与迁移率的这种非线性依赖性影响了 TW-IMS 的分辨力，并且据说在 300%～400%的迁移率范围内可获得接近最佳的分辨率[55]。

TW-IMS 通常在低漂移气体压力 p 下工作，在低场中其迁移率可以表示为

$$K = K_0(N_0/N) = K(p_0/p)(T/T_0) \tag{10.31}$$

其中，N 为气体分子的密度；N_0 和 p_0 分别为标准温度（$T_0 = 273$ K）和标准大气压（$p_0 = 1$ atm）下的 N 值；K_0 是在以上条件下的约化迁移率。因此如果同时改变电场的振幅 U 和气压，并保持 U/p 不变，则在任何波形中，KE 的值和平均离子速度将保持不变。这类似于线性 IMS，当保持 V/p（或 E/N）恒定时，漂移时间也将不变。

综上所述，TW-IMS 与线性 IMS 在电场对迁移率影响方面的主要区别在于：在线性 IMS 中，离子速度与 K 和 E 呈线性关系，而在 TW-IMS 中则是非线性的。在 TW-IMS 中，在 KE 值低（KE 远小于波速 s）的极限处，这种依赖关系是二次的；但随着 KE 的增大，这种依赖关系逐渐增强。在任何情况下，漂移速度都不能超过波速，就像软木塞不能比携带它的

波走得快一样。与 DMS 中的高场解离效应类似，TW-IMS 中的低气压和高电场会使离子大幅度升温，导致大分子结构破碎，使谱分析复杂化。

10.7　小结

缓冲气体中离子的运动受扩散力、外部电场和离子与中性气体分子的静电相互作用力控制。离子-偶极子或离子-四极子相互作用，以及离子诱导的偶极子相互作用，都会产生引力，使离子运动变慢，这主要是由于聚类（络合）效应。相互作用势可以根据不同的理论计算，本书介绍了 3 种计算方法：硬球模型、极化极限模型和 12,4 硬核势能模型。在弱电场的作用下，离子沿电场线以与电场强度成正比的速度漂移，同时因络合效应引起阻力增加，漂移速度受到影响。这种近似估计在线性 IMS 漂移管中会起到作用。强电场或高温会引起络合离子的解离，在某些情况下甚至会导致核心离子的裂解。这种现象会在 DMS 和 TW-IMS 中发生，离子在强电场中的这种行为是区分离子的基础。

Spangler 尝试全面、简明地介绍有关线性 IMS 和 DMS 中的离子迁移率理论[56]，不过在这里，我们仅介绍实际 IMS 条件下控制离子运动作用力的基本理论。

参考文献

［1］Langevin, P., Une formule fondamentale de théorie cinétique, *Ann. Chim. Phys.* 1905，5，245-288. English translation in *Collision Phenomena in Ionized Gases*（Appendix II），Editor McDaniel, E.W., Wiley, New York, 1984.

［2］Townsend, J.S., On the diffusion of ions, *Philos. Trans. R. Soc. London A* 1899，193，129-158.

［3］McDaniel, E. W.; Mason, E. A., *The Mobility and Diffusion of Ions in Gases*, Wiley, New York，1973.

［4］Mason, E.A.; McDaniel, E.W., *Transport Properties of Ions in Gases*, Wiley, New York, 1987.

［5］Mason, E.A., Ion mobility: its role in plasma chromatography, in *Plasma Chromatography*, Editor Carr, T.W., Plenum Press, New York, 1984, pp.43-93.

［6］Revercomb, H.E.; Mason, E.A., Theory of plasma chromatography gaseous electrophoresis—a review, *Anal. Chem.* 1975，47，970-983.

［7］Hahn, H.; Mason, E.A., Field dependence of gaseous-ion mobility: theoretical tests of approximate formulas, *Phys. Rev. A* 1972，6，1573-1577.

［8］McDaniel, E. W.; Viehland, L. A., The transport of slow ions in gases: experiment, theory and applications, *Phys. Rep.* 1984，110，333-367.

［9］Mason, E.A.; O'Hara, H.; Smith, F.J., Mobilities of polyatomic ions in gases: core model, *J. Phys. B At. Molec. Phys. B* 1972，5，169-176.

［10］(a) Wannier, G.H., On the motion of gaseous ions in a strong electric field. I, *Phys. Rev.* 1951，83，281-289；(b) Wannier, G.H., Motion of gaseous ions in a strong electric field. II, *Phys. Rev.* 1952，87，795-798；(c) Wannier, G. H., Motion of gaseous ions in strong electric fields, *Bell Syst. Tech.*

J. 1953, 32, 170-254.

[11] (a) Viehland, L.A.; Kumar, K., Transport coefficient for atomic ions in atomic and diatomic neutral gases, *Chem. Phys.* 1989, 131, 295-313; (b) Viehland, L.A.; Robson, R.E., Mean energies of ion swarms drifting and diffusing through neutral gases, *Int. J. Mass Spectrom. Ion Proc.* 1989, 90, 167-186.

[12] Ness, K.F.; Viehland, L.A., Distribution functions and transport coefficients for atomic ions in dilute gases, *Chem. Phys.* 1990, 148, 255-275.

[13] Skullerud, H.R., On the relation between the diffusion and mobility of gaseous ions moving in strong electric fields, *J. Phys. B* 1976, 9, 535-546.

[14] Viehland, L.A.; Mason, E.A., Gaseous ion mobility and diffusion in electric fields of arbitrary strength, *Ann. Phys. (N.Y.)* 1978, 110, 287-328.

[15] Ellis, H.W.; Pai, R.Y.; McDaniel, E.W.; Mason, E.A.; Viehland, L.A., Transport properties of gaseous ions over a wide energy range, *At. Nucl. Data Tables* 1976, 17, 177-210.

[16] Ellis, H.W.; McDaniel, E.W.; Albritton, D.L.; Lin, S.L.; Viehland, L.A.; Mason, E.A., Transport properties of gaseous ions over a wide energy range—part II, *At. Nucl. Data Tables* 1978, 22, 179-217.

[17] Ellis, E.W.; Thackston, M.G.; McDaniel, E.W.; Mason, E.A., Transport properties of gaseous ions over a wide energy range. Part III, *At. Nucl. Data Tables* 1984, 31, 113-131.

[18] Paranjape, B.V., Field dependence of mobility in gases, *Phys. Rev.* 1980, A21, 405-407.

[19] Viehland, L.A.; Lin, S.L., Application of the three-temperature theory of gaseous ion transport, *Chem. Phys.* 1979, 43, 135-144.

[20] Lin, S.L.; Viehland, L.A.; Mason, E.A., Three-temperature theory of gaseous ion transport, *Chem. Phys.* 1979, 37, 411-424.

[21] Waldman, M.; Mason, E.A., Generalized Einstein relations from a three temperature theory of gaseous ion transport, *Chem. Phys.* 1981, 58, 121-144.

[22] Robson, R.E.; Kumar, K., Mobility and diffusion. II. Dependence on experimental variables and interaction potential for alkali ions in rare gases, *Aust. J. Phys.* 1973, 26, 187-201.

[23] Skullerud, H.R., Mobility, diffusion and interaction potential for potassium ions in argon, *J. Phys. B* 1973, 6, 918-928.

[24] Helm, H., The mobilities of $Kr^+ (^2P_{3/2})$ and $Kr^+ (^2P_{1/2})$ in krypton at 295 K, *Chem. Phys. Lett.* 1975, 36, 97-99.

[25] Viehland, L.A.; Fahey, D.W., The mobilities of NO_3^-, NO_2^-, NO^+ and Cl^- in N_2. A measure of inelastic energy loss, *J. Chem. Phys.* 1983, 78, 435-441.

[26] Mason, E.A., Higher approximations for the transport properties of binary gas mixtures, I. General formulas, *J. Chem. Phys.* 1957, 27, 75-84.

[27] Mason, E.A., Higher approximations for the transport properties of binary gas mixtures, II. Applications, *J. Chem. Phys.* 1957, 27, 782-790.

[28] Mason, E.A.; Hahn, H., Ion drift velocities in gaseous mixtures at arbitrary field strengths, *Phys. Rev.* 1972, A5, 438-441.

[29] Mason, E.A.; Schamp, H.W., Jr., Mobility of gaseous ions in weak electric fields, *Ann. Phys. (N.Y.)* 1958, 4, 233-270.

[30] Robson, R.E., Mobility of ions in gas mixtures, *Aust. J. Phys.* 1973, 26, 203-206.

[31] Whealton, J.H.; Mason, E.A.; Robson, R.E., Composition dependence of ion transport coefficients in gas mixtures, *Phys. Rev.* 1974, A9, 1017-1020.

[32] Eisele, F.L.; Perkins, M.D.; McDaniel, E.W., Mobilities of NO_2^-, NO_3^- and CO_3^- in N_2 over the temperature range 217-675 K, *J. Chem. Phys.* 1980, 73, 2517-2518.

[33] Eisele, F.L., Perkins, M.D.; McDaniel, E.W., Measurement of the mobilities of Cl^-, $NO_2 \cdot H_2O^-$, $NO_3 \cdot H_2O^-$, $CO_3 \cdot H_2O^-$ and $CO_4 \cdot H_2O^-$ in N_2 as a function of temperature, *J. Chem. Phys.* 1981, 75, 2473-2475.

[34] Holstein, T., Mobilities of positive ions in their parent gases, *J. Phys. Chem.* 1952, 56, 832-836.

[35] Patterson, P.L., Mobilities of negative ions in SF_6, *J. Chem. Phys.* 1970, 53, 696-704.

[36] (a) Viehland, L.A.; Mason, E.A., Gaseous ion mobility in electric fields of arbitrary strength, *Ann. Phys. (N.Y.)* 1975, 91, 499; (b) Viehland, L.A., Lin, S.L.; Mason, E.A., Kinetic theory of drift-tube experiments with polyatomic species, *Chem. Phys.* 1981, 54, 341-364.

[37] Berant, Z.; Karpas, Z., Mass-mobility correlation of ions in view of new mobility data, *J. Am. Chem. Soc.* 1989, 111, 3819-3824.

[38] Karpas, Z., Ion mobility spectrometry of aliphatic and aromatic amines, *Anal. Chem.* 1989, 61, 684-689.

[39] Karpas, Z.; Berant, Z., The effect of the drift gas on the mobility of ions, *J. Phys. Chem.* 1989, 93, 3021-3025.

[40] Karpas, Z.; Berant, Z.; Shahal, O., The effect of temperature on the mobility of ions, *J. Am. Chem. Soc.* 1989, 111, 6015-6018.

[41] (a) Berant, Z.; Karpas, Z.; Shahal, O., The effects of temperature and clustering on mobility of ions in CO_2, *J. Phys. Chem.* 1989, 93, 7529-7532; (b) Berant, Z.; Shahal, O.; Karpas, Z., Correlation between measured and calculated mobilities of ions: sensitivity analysis of the fitting procedure, *J. Phys. Chem.* 1991, 95, 7534-7538.

[42] Griffin, G.W.; Dzidic, I.; Carroll, D. I.; Stillwell, R. N.; Horning, E. C., Ion mass assignments based on mobility measurements, *Anal. Chem.* 1973, 45, 1204-1209.

[43] Eiceman, G.A.; Karpas, Z., *Ion Mobility Spectrometry*, CRC Press, Boca Raton, FL, 1993.

[44] Purves, R.W.; Guevremont, R., Electrospray ionization high-field asymmetric waveform ion mobility spectrometry-mass spectrometry, *Anal. Chem.* 1999, 71, 2346-2357.

[45] Viehland, L.A.; Mason, E.A., Transport properties of gaseous ion over a wide energy range, *At. Data Nucl. Data Tables* 1995, 60, 37-95.

[46] Buryakov, I.A.; Krylov, E.V.; Nazarov, E.G.; Rasulev, U.K., A new method of separation of multi-atomic ions by mobility at atmospheric pressure using a high-frequency amplitude-asymmetric strong electric field, *Int. J. Mass Spectrom.* 1993, 128, 143-148.

[47] Gorshkov, M.P., Invention Certificate No. 9666583, Russia, G01N27/62, 1983.

[48] Viehland, L.A.; Guevremont, R.; Purves, R.W.; Barnett, D.A., Comparison of high-field ion

mobility obtained from drift tubes and a FAIMS apparatus, *Int. J. Mass Spectrom.* 2000, 197, 123-130.

[49] Guevremont, R.; Barnett, D.A.; Purves, R.W.; Viehland, L.A., Calculation of ion mobilities from electrospray ionization high-field asymmetric waveform ion mobility spectrometry mass spectrometry, *J. Chem. Phys.* 2001, 114, 10270-10277.

[50] Krylova, N.; Krylov, E.; Eiceman, G.A.; Stone, J.A., Effect of moisture on high field dependence of mobility for gas phase ions at atmospheric pressure: organophosphorus compounds, *J. Phys. Chem.* 2003, 107, 3648-3648.

[51] Krylov, E.; Nazarov, E.G.; Miller, R.A.; Tadjikov, B.; Eiceman, G.A., Field dependence on mobilities for gas phase protonated monomers and proton bound dimers of ketones by planar field asymmetric waveform ion mobility spectrometer (PFAIMS), *J. Phys. Chem. A* 2002, 106, 5437-5444.

[52] Kim, S.H.; Betty, K.R.; Karasek, F.W., Mobility behavior and composition of hydrated positive reactant ions in plasma chromatography with nitrogen carrier gas, *Anal. Chem.* 1978, 50, 2006-2012.

[53] Giles, K.; Pringle, S.D.; Worthington, K.R.; Little, D.; Wildgoose, J.L.; Bateman, R.H., Applications of a travelling wave-based radio-frequency-only stacked ring ion guide, *Rapid Commun. Mass Spectrom.* 2004, 18, 2401-2414.

[54] Pringle, S.D.; Giles, K.; Wildgoose, J.L.; Williams, J.P.; Slade, S.E.; Thalassinos, K.; Bateman, R.H.; Bowers, M.T.; Scrivens, J.H., An investigation of the mobility separation of some peptide and protein ions using a new hybrid quadrupole/travelling wave IMS/oa-ToF instrument, *Int. J. Mass Spectrom.* 2007, 261, 1-12.

[55] Shvartsburg, A.A.; Smith, R.D., Fundamentals of traveling wave ion mobility spectrometry, *Anal. Chem.* 2008, 80, 9689-9699.

[56] Spangler, G.E., New developments in ion mobility spectrometry, *J. Process Anal. Chem.* 2009, 6, 88-93.

第 11 章
实验参数的控制与影响

11.1 引言

离子迁移谱仪的性能及其测试结果取决于仪器中每个组件的设计和制造,包括样品注入、电离源、离子注入、漂移管迁移方法、漂移管尺寸、检测器特性和电子元器件运算速度,以及信号处理过程中的参数。尽管这些参数在研究级仪器中是可以控制的,但在商业仪器中通常都是预先设定的,且不易被操作人员更改。所有基于离子迁移谱仪器的测试都受到实验参数的显著影响,这些参数包括漂移气体的化学成分、漂移管内载气的水分含量和温度,以及反应物离子种类的任何有意或无意的变化。所有这些参数原则上都可以使用实验室级和研究级的仪器来控制,而商用仪器可能会控制某些参数,例如温度和漂移气体湿度。通常,除湿度和气体净化程度外,手持式移动分析仪的实验参数是固定的,而这两个参数由便携的、可更换的气体净化过滤器控制。

205

11.2 漂移气体大气的化学组成

11.2.1 对迁移率系数的影响

在 IMS 中有意地改变漂移气体成分,其作用可以类比在色谱法中改变流动相或固定相来控制相对保留和分离因子[1]。虽然这个类比不太严谨,但事实上几乎从 IMS 问世开始,人们就已经认识并着手研究控制漂移气体成分对离子群迁移率的影响和作用[2]。离子管中的漂移气体和将样品引入漂移管的载气普遍采用的是氮气、环境空气和纯净空气,除此之外,人们也对在其他几种漂移气体(氦气、氩气和氖气)中的迁移率系数进行了小规模的研究。其他的气体还包括氨气和甲烷等低分子量气体,以及四氟化碳和六氟化硫等相对较重的气体[3-9]。除了漂移气体的分子量对 K_0 值有影响外,它的另外两个特性也对 K_0 有很大的影响:偶极矩和极化率。尽管可以根据离子-分子碰撞理论来计算在空气中运动的离子的碰撞频率(请参见第 10 章),但能预测在各种气体中离子的迁移率系数的复杂模型尚未被建立,特别是在极性漂移气体中。相比之下,现有的离子迁移率基础模型(第 10 章)在预测给定温度下给定漂移气体中同系物离子的迁移率系数方面,或者更精确地说,在进行内插或在某些情况下进行外推"缺失"的同系物离子方面,是令人满意的。然而,将气体状态下的离子-中性分子相互作用与分析性离子迁移方法的测量联系起来的理论和方法仍然是缺乏的,而且一种漂移气体中离子迁移率的实验知识也不能直接用于预测另一种化学成分气体中的迁移率系数[1]。

最初,物理学家以氦气为中性漂移气体,以单原子离子为研究对象,建立了离子结构与实验碰撞截面的关系模型。由于氦的极化率较低,与离子的静电相互作用较弱,离子与氦漂移气体相互作用的理论描述与实验结果吻合较好[10-12]。在一个例子中,研究人员可以结合理论和经验结果预测在几种不同漂移气体中初级脂肪胺和三级脂肪胺系列的迁移率值[13]。之后,还可以用一个不太严格的模型估算出几种化合物在不同漂移气体中的离子半径[14]。该模型为漂移气体的极化率与计算离子半径之间提供了线性关系经验值,表明在某些漂移气体中,具有相同质量但不同结构的离子仍然可以分离。目前,我们仍需要对各种气体中多原子离子的运动特性进行系统性的实验研究,以完善和验证该预测模型。

气体温度和漂移气体极化率强烈影响着离子-分子团簇的形成,控制着离子的有效质量及其碰撞截面,从而影响迁移率,如图 11.1 所示。在第 10 章中,氦气在环境压力下不会与离子形成团簇;因此,在氦气中漂移的离子的理论迁移率值与实测迁移率值的一致性很好。相反,高极化率和高质量的物质会与离子结合,形成团簇,并改变核心离子的有效质量和迁移率。当漂移气体中存在杂质分子时,例如影响湿度的水分子或材料中释放的杂质气体,不管这些杂质分子是人为添加的,还是无意间掺杂的,都会出现上述的团簇现象。当漂移管内的气体温度较低,或在 DMS 的低电场循环部分时,这些杂质的影响更为明显。第 10 章更详细地讨论了质量-迁移率相关性,以及在任意给定温度下,不同漂移气体中不同离子的无量纲碰撞截面 $\Omega^*(T^*)$ 的变化。简而言之,对于给定的离子,氦气中的 $\Omega^*(T^*)$ 比其他任何

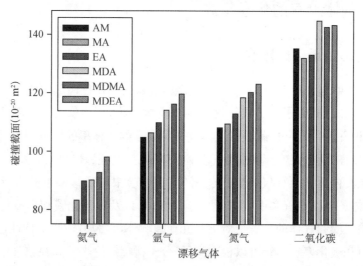

图 11.1 6 种安非他命在 4 种漂移气体中的碰撞截面。尽管核心离子(MH^+)是相同的,但不同漂移气体对加合物和缔合作用的影响明显不同。碰撞截面的不同导致迁移率的不同。物质如下:AM,安非他命;MA,甲基苯丙胺;EA,乙基苯丙胺;MDA,3,4-亚甲二氧苯丙胺;MDMA,3,4-亚甲基二氧基-N-甲氧基苯丙胺;MDEA,3,4-亚甲基二氧乙基苯丙胺。(摘自 Matz et al., Investigation of drift gas selectivity in high resolution ion mobility spectrometry with mass spectrometry detection, *J. Am. Soc. Mass Spectrom.* 2002,300-307.经允许)

漂移气体中的值都要小得多,且在所有漂移气体中,乘积$\Omega_D T^{\frac{1}{2}}$的值都随着离子质量的增加而增加。对于给定的离子,该值也随着漂移气体分子量的增加而增加。最后,第10章给出了$\Omega_D T^{\frac{1}{2}}$在氮气和空气中随温度升高而升高,在CO_2中几乎不变,而在SF_6中随温度降低的原因。

IMS中最常用的漂移气体是空气,通常是经分子筛过滤的环境空气,用以去除水分以及可能存在的其他蒸气杂质,或降低其含量。氮气在某些应用中是首选的漂移气体,特别是在迁移谱仪作为IM-MS的过滤器用于预分离、进行大分子研究时(见第9章)。在某些研究中也使用了氩气,但需要注意的是,当使用氦气或氩气等惰性气体时,应保持较低的电压梯度(通常小于100 V/cm),以防止产生电弧,引起严重的信号-噪声问题,损坏设备。在某些研究中也使用了较重的漂移气体,例如CO_2和SF_6,并可在特殊情况下以纯净气体形式或与较轻的气体混合使用以改善同分异构体的分离。

原则上,几乎任何永久性气体都可以用在迁移谱仪的漂移区,有些甚至可以产生有趣的和意想不到的结果。最初的研究方法是尽量保证在迁移谱仪的漂移区不发生任何反应,使进入漂移区域的任何离子不改变其组成、完整地穿过栅门与检测器之间的区域。在最近的理解中,离子被视为与漂移气体分子和水分子处于动态平衡的核心离子,且在通过漂移区时会吸附分子或失去附着在其上面的分子。因此流经漂移气体的离子可被视为核心离子,其有效质量和碰撞截面受络合分子平均数的影响或改变。MS测量表明,在迁移谱中显示为单个峰的离子实际上是由核心离子附着不同分子形成的多个离子组成的,这也证实了以上的理论。

在利用FAIMS方法对N_2、O_2、CO_2、N_2O和SF_6等气体中的铯、短杆菌肽S、四己基铵、十七烷酸和天冬氨酸等离子的研究中,也同样观察到了气体大气的选择对分析响应的影响[15]。在这项关于FAIMS的早期工作中,只要离子与漂移气体相互作用势的阱深度明显大于热能,比如形成了稳定的离子迁移加合物或发生了强相互作用,高场离子迁移率与低场离子迁移率的比值的变化就与气体类型无关。这被认为是与质量有关,并且在N_2和O_2中,短杆菌肽S、四己基铵和十七烷酸与漂移气体的相互作用较弱。有趣的是,气体对改变α函数的影响并不仅仅取决于气体的极化率。

在接下来的一项研究中,人们采用FAIMS方法研究这些气体的混合物,得到的结果与Blanc定律的预测不一致,这令人感到惊讶[16]。在Blanc定律中,离子在纯净气体的二元混合物中的迁移率,是离子在单一气体中的迁移率系数与气体丰度的乘积的线性组合。平板型FAIMS技术分离生物分子就是利用了这种预测的不一致性[17]。氮气中氦气含量高达74%的气体混合物可以分离具有不同修饰位点的磷酸肽,而且比单独使用纯净气体时具有更优异的分离度。

11.2.2　对离子形成的影响

漂移气体的组成不仅可能会如第11.2.6节所述的改变反应离子,还可能在不添加任何反应物的情况下形成特征电离模式。典型的例子是 TNT 气体的电离，它在空气中的主要产物离子是(TNT-H)⁻。TNT 气体最初形成的是 TNT·O_2^- 离子，之后其中的一个弱酸性质子被加合的 O_2^- 取代，即通过质子失去反应形成了(TNT-H)⁻离子。与之相反，当[O_2]在氮气中的浓度小于 2% 时[18]，丰度最高的产物离子是通过电荷转移反应形成的(TNT)（第 12 章）。放射性(^{63}Ni)电离源在环境空气中会产生 O_2^-、CO_2^- 和其他一些负离子；而在纯氮中，只有电子被观察到。通常，湿度和温度对电离过程的影响是显著的，我们在 11.3 节中将分别展开讨论。

11.2.3　异构体的分离

迁移率系数不仅与质量有关，还与形状和电荷分布有关，因此同量异位的结构异构体和几何异构体（在大多数质谱中未能被区分）可以被 IMS 区分。这在 IMS 的发展初期就得到了证明，并在当时被视为基于迁移率测量方法的优势之一[19-21]。异构体分离可以通过改变漂移气体的组成来实现。在氦气中 K_0 值非常相近的伯胺和叔胺的异构体[5]，在空气中就很容易区分（见第 10 章，表 10.1）。再如，同分异构体三甲胺(trimethylamine，TMA)和异丙胺在氦气、CO_2 和 SF_6 中的约化迁移率相近，而在空气中很容易被分离。

研究人员通过 IMS 测量了伯胺、仲胺、叔胺 3 种结构类型中的 18 种胺在 4 种漂移气体（氦气、氩气、氮气和 CO_2）中的迁移率。根据几个常用的理论模型，对迁移率值进行预测，并与实验数据进行比较。结果显示最适合的模型是考虑了多原子离子的质心与电荷中心存在位移的模型[22]。然而，主要的挑战还是要在最常用的漂移气体——空气中分离迁移谱重叠的异构离子。

11.2.4　重叠峰的分离

离子迁移谱法通常被认为是一种分辨力较低的方法，迁移谱中不同化合物的峰重叠在以纯净空气作为漂移气体进行测量时非常普遍。可以通过引入另一种组分产生混合气体的方式来改变漂移气体，用以控制峰的位置，从而控制分辨率。改变漂移气体既然有助于分离异构体的峰，那么在分离不同分子量化合物方面可能也有用。确实，在 IMS 和 DMS 测量中，已经多次证明了这一点。

控制重叠峰分离的一个很好的例子就是氟苯胺和氨基苯腈，这两种物质的峰在氮气和氩气作为漂移气时，即使使用超高分辨率 IMS 也几乎完全重合[23]。氦气作为漂移气体时，氟苯胺的 K_0 值大于氨基苯腈，两者的峰可部分分离；而在 CO_2 中，氨基苯腈的 K_0 值比氟苯胺大，两者的峰可完全分离。漂移时间的相对变化归因于离子和漂移气体分子之间相互作用的变化。另一个例子是使用高分辨率 IMS，通过控制漂移气体（氦气、氩气、氮气和 CO_2）实现对 19 种化合物的分离，这 19 种化合物分属于不同的化学基团和种类（可卡因及其代谢物类、安非他命类、苯二氮卓类和小肽类）[1]。地西泮和劳拉西泮的峰在氮气中并未分离，在氩气中完全重叠，但在氦气和 CO_2 中却能很好地分离。

11.2.5 反应气体、掺杂剂和移位试剂的添加

在漂移气体中引入某些物质,或者使其弥漫在整个漂移管中,可以直接控制迁移率系数,这是仅通过改变漂移气体成分(如上节所述)无法做到的。这些物质灵活地影响着离子的形成,简单的气体混合不具备这种灵活性。它们被称为反应气体、掺杂剂或移位试剂,可能会影响电离过程或离子迁移率,或两者都影响。由于添加剂的浓度范围很大,从低至 1 ppm 到高至 5 000 ppm(很少使用),因此不仅是大气中的主要成分,所有物质都可以被视为添加剂。

试剂气体或掺杂剂可以通过调节迁移谱仪中离子的形成来控制反应[24],这在早期军事中得到了实际应用,在这些用于战场部署的技术中抑制样品基质的反应是非常必要的。Graseby 动力公司的 CAM 最初配备了一个含有丙酮(Ac)的渗透源,它用质子结合二聚体 $(Ac)_2H^+$ 取代了净化空气中的水合质子。CAM 仅对空气中偶极性的、质子亲和势和浓度都大于丙酮的气体分子有响应,因此有效地消除了对大量潜在干扰的响应。整个漂移管中大量丙酮的存在确实会影响产物离子,这些产物离子是由质子结合二聚体中的分析物分子置换 Ac 所形成的(另请参见第 13 章)[25]。这种可选择试剂气体的概念已获得专利[26]。

研究人员利用水、丙酮和 DMSO 这 3 种反应气体,来控制一系列化学族群化合物的电离过程。在对近 120 种来自多种化学族(这些化合物的质子结合能差异很大)的挥发性有机化合物的研究中,反应气体通过影响离子形成的化学反应过程,为响应提供了一定程度的选择性[27]。而水合质子作为反应气体,对响应几乎没有选择性,即使使用 GC 对样品进行预分离,也不能确定复杂混合物中是否含有有机磷化合物。当丙酮作为反应气体以约 1 ppm 的浓度被引入反应区时,某些化学物质不再被电离,通过离子分子反应化学,消除或强烈抑制了对醇、醛、酮和酯等几乎所有挥发性有机化合物的反应,为响应提供了更高的选择性。当 DMSO 作为反应气体时,仪器仅对胺类、有机磷化合物和其他一些族类的化学物质有响应。在这种情况下,有机磷化合物的迁移率仍然可以用来标定每种化学物的特征峰。

最近的一篇文章对 IMS 中的反应气体或掺杂物进行了系统的讨论,包括丙酮、氨和烟酰胺等几种最常用的反应气体[28]。此外还讨论了一些应用不是很广的化学掺杂剂,并清楚地区分了两种试剂:一种主要用于影响电离化学过程,另一种是在离子形成后用于控制离子的迁移率。大多数基于 ESI-IM-MS 研究生物分子的实验中使用的漂移气体是 $1\sim4$ Td 的低压氦气或氮气,而在环境压力下测量迁移率则有一个明显的优势,即可以加入反应气体以替换或改变离子峰的漂移时间,从而实现对峰分辨率的控制。其中一个例子是在监测周围空气是否存在 HF 时,在漂移气体中加入水杨酸甲酯,使其与空气中的负反应离子以及 O_2^- 形成团簇,形成的离子峰就与原来较小的产物离子峰区分开,因此,可以在谱图中观察到明显、清晰的 F^- 离子峰[29]。

掺杂剂直接影响产物离子的另一个相似的例子,即利用壬酮同时分离氨、肼和甲基肼的峰[30]。漂移时间的变化参见图 11.2,整个漂移管中壬酮气体浓度接近 1 ppm。酮可与每个可结合的氢原子形成团簇离子,因此在质子化肼、甲基肼和二甲基肼上分别簇合了 4 个、3 个和 2 个酮分子。酮的络合使得核心离子的质量和碰撞截面增加,产物离子漂移时间发生变

化；最后，团簇化肼的漂移时间最长，二甲基肼的漂移时间最短[31]。

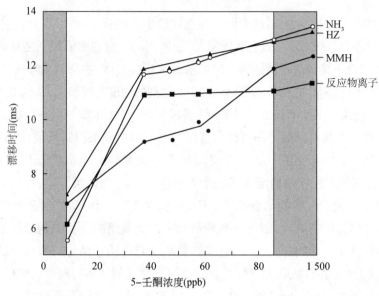

图 11.2 漂移气体中含有掺杂剂 5-壬酮时，氨气、肼（HZ）和一甲基肼（MMH）的漂移时间图，其中掺杂剂浓度范围：从小于或等于 10 ppb 到 1.5 ppm。尽管所有离子都因形成离子中性加合物而变大，但漂移时间是按照相对未改性气体中的离子质量排序的，而当 5-壬酮的浓度变大时，漂移时间发生改变，并按照离子中 N—H 键的数量排序，每个 N—H 键加成一个酮分子。（摘自 Eiceman et al., Ion mobility spectrometry hydrazine, monomethyhydrazine, and ammonia in air with 5-nonanone reagent gas, *Anal. Chem.* 1993, 65, 1696-1702.）

移位试剂在制药和生物化学领域也已经有所应用，例如 PEG 和拉米夫定形成的非共价复合物中的药物成分[32]，该药物用于治疗慢性乙型肝炎和艾滋病。在漂移管中分离后（图 11.3），利用 CID 将离子复合物解离，以回收质子化拉米夫定。这使得测量不受基体离子的干扰，并且漂移时间与前体络合物相关[32]。用于生物分子的其他移位试剂包括冠醚[33]和金属离子，特别是镧和镥[34]。

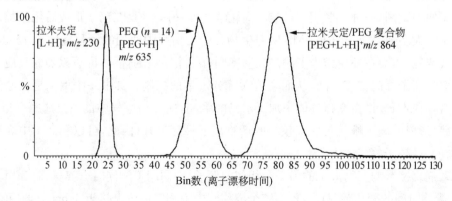

图 11.3 图为药物拉米夫定溶液（*m/z* 230）、PEG 溶液（*m/z* 635，*n*=14）和拉米夫定/PEG 复合物（*m/z* 864，*n*=14）溶液经 ESI-IM-MS 分析，在漂移管中形成的加合物的迁移谱图，图中强度已归一化。这个图是通过改变 IMS 漂移管的漂移气体得到的，需要在 ESI 源形成稳定且具有足够长的寿命以通过 IMS 漂移区的离子簇。

在对映异构体的峰分离中,使用了比本节中之前提到的离子迁移谱分离要求更高的分离方法。在该方法中添加了手性掺杂剂,用以与选定的对映异构体产生立体特异性相互作用,从而控制其漂移时间。在旋光氨基酸的迁移分离中,一种不对称挥发性手性试剂[本例中为(S)-(+)-2-丁醇]可以从对应的外消旋混合物中分离阿替洛尔、丝氨酸、蛋氨酸、苏氨酸、甲基r-葡糖苷、葡萄糖、青霉胺、缬氨酸、苯丙氨酸和色氨酸的对映异构体[35]。使用类似方法,通过添加 2-丁醇,使其与丝氨酸形成位阻簇,从而将缬氨酸从丝氨酸中分离出来,使丝氨酸的迁移率降低 13.6%[36]。当温度从 100 ℃ 升高到 250 ℃ 时,两个峰不再分离,可以预料这是由于团簇在高温下发生了解离。

11.2.6　引入多种试剂气体以简化和明确响应

由于迁移谱仪内的漂移管相对便宜,因此可以同时配置多个分析仪(CAM),每个分析仪都带有特定的掺杂剂,连续运行以监测环境空气[37]。在 GC-IMS 分析仪分析多种挥发性有机化合物的混合物时,掺杂剂是水、丙酮和 DMSO[27]。这些 CAM 并行工作,没有经过其他修改,均运行在正离子极性下,且样品没有经过任何色谱预分离。在新墨西哥州立大学化学与生物化学系,学生上实验课之前和上课期间会分配物资和化学品,储藏室内的活动增多,在此期间对储藏室内的环境空气进行连续数小时的采样。由于不同分析仪内试剂气体的电离选择性不同,有些分析仪会得到特异性的响应,而有些则不会。因此,仅通过电离化学就可以分辨一个化学族。再比如,酒精在以水为反应气体的 CAM 中被检测出,但在含有丙酮或 DMSO 的 CAM 中未能被检测出。同样,酮类化合物和酯类化合物在含水和丙酮的 CAM 中被观测到,而在含 DMSO 的 CAM 中观测不到。实际上,反应物离子的峰强度是根据时间记录的——尽管迁移谱还提供了关于单个分析物的 K_0 值和浓度等额外信息。随着微型漂移管和小型 DMS 仪器的发展,其生产成本可能会进一步降低,因此同时配置多个分析仪的方案可能会重新引起人们的注意。

11.2.7　FAIMS 和 DMS 中的气体修饰剂

现在,在漂移气体中添加试剂被认为对 FAIMS 或 DMS 的分析结果影响甚大。关于湿度对平面小型 DMS 分析仪中的离子行为影响的早期研究表明,离子和中性分子之间的团簇对 CV 维度上的离子峰位有显著和有利的影响,拓宽了在湿度较低情况下的分析测量范围[38]。α 函数在湿度超过 1 000 ppm 时大幅增加——尽管湿度最终还是会干扰反应物和产物离子的形成。这表明存在一些除水分子之外的其他物质,可以在不对电离化学产生有害影响的情况下,控制 DMS 中的峰位置并实现分离。二氯甲烷就是其中之一,它扩大了 CV 值范围,成功地将离子峰与爆炸物分离开[39],而在 100 ℃ 的纯净空气中 CV 值分布范围相对较窄。在 E/N 为 0~120 Td 时,离子迁移率几乎与电场大小无关,因此离子峰被限制在 CV 值-1~3 V 的窄范围内。当在漂移气体中加入 1 000 ppm 二氯甲烷时,峰的 CV 值扩展到3~21 V。峰分离的改善,是由于在分离场波形处于低场时离子和中性气体的络合,在高场或加热时两者发生解离。这种改变漂移气体的方法已被证实适用于炸药检测,并被应用于邻苯二甲酸盐负离子的检测[40]。

2006 年首次报道了带有 ESI 源的 DMS-MS 仪器应用于生物分子（此处为肽）的测量[41]。由于 ESI 源形成了高阶肽聚集离子（离子络合物），因此肽的分离很差。本例中使用了漂移气体修饰剂来减小聚合离子的尺寸，并由此改善了 CV 维度的离子分离（图 11.4）。在随后的工作中[42]，研究范围进一步扩大，得到的结果与团簇形成模型（也称为动态络合-解离模型）一致。离子与成簇的中性分子之间化学作用的独特性增加了分离的选择性，低场迁移率相对于高场迁移率的减小提高了补偿电压，拓展了峰容量。

在 DMS 或 DMS-MS 中使用极性修饰剂被证明拓展了广泛范围内的化学物质的峰容量。

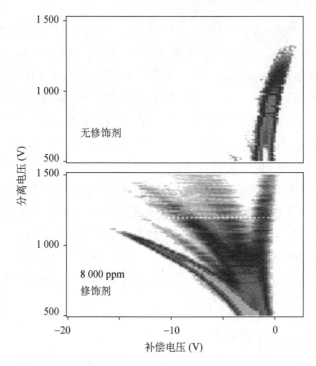

图 11.4 图为漂移气体中的修饰剂对 DMS 测量的影响。散点图表征离子强度、分离电压（y 轴）和补偿电压（x 轴）。上图显示的是血管紧张素片段和神经降压素的谱图；下图显示加入了 8 000 ppm 2-丁醇的谱图。（修改自 Levin et al., Rapid separation and quantitative analysis of peptides using a new nanoelectrospray-differential mobility spectrometer-mass spectrometer system, *Anal. Chem.* 2006，78，5443-5452.）

11.3 漂移气体的湿度与温度

湿度和温度无疑也是大多数分析仪器可以控制的最重要的参数，它们对离子迁移谱仪器总体性能的影响怎么强调都不为过。在不了解这两个参数的情况下操作迁移谱分析仪，相当于在不了解真空的重要性或对真空不加控制的情况下操作 MS，或者是在不知道电子能量的情况下操作电子撞击电离源。值得注意的是，迁移谱仪在很宽的湿度和温度范围内都能很好地发挥作用，但如果不控制这两个参数，将很难理解仪器的响应和可重复性，并且很难以高度的可信度来完成实验室之间的比较。尽管在 1960 年代和 1970 年代初期就已经对气相质子与水分子的结合能进行了基础性的测量[43]，但直到 20 年前才在大气压电离（atmospheric pressure ionization，API）质谱中开展气相离子与水分子结合对仪器响应的影响的实验研究[44, 45]，而针对 IMS 的研究是最近才开展的[46]。

11.3.1 对离子迁移谱的影响

在 IMS 测量中，湿度影响着漂移管反应区中可用反应物离子的形成和组成。当水分含量在 1 ppm 及以上时，可以假定会形成水合质子；但是当水分含量在 1 ppm 及以下时，H_2O^+、N_4^+、N_2^+ 等离子的寿命可能长到足以与分析物发生反应[43]。在实际的极端湿度水平（10 ppb 及以下）下，氮气中可能存在亚稳态离子[47]。因此，可以预见在以上两种反应物离子中都存在连续的含有水分子的离子群，而且相关的反应也取决于水分含量。

在常温常压的纯空气或氮气中，主要的正极性反应离子为水合质子，并且通过以下置换反应生成产物离子：

$$\underset{\text{样品中性分子}}{M} + \underset{\text{反应物离子}}{H^+(H_2O)_n} \leftrightarrow \underset{\text{团簇离子}}{MH^+(H_2O)_n^*} \leftrightarrow \underset{\text{离子产物,质子化单体}}{MH^+(H_2O)_{n-x}} + \underset{\text{水}}{xH_2O} \qquad (11.1)$$

一般来说，只有具有偶极矩和质子亲和势大于水的分子才能取代水分子，并在湿度水平大于 100 ppm 时保持完整，从而在仪器中产生响应信号。这些分子不包括烷烃、烯烃、芳香烃，以及一些醇。当湿度水平低到 0.1～0.5 ppm 时，可以观测到电荷交换反应，如式(11.2)所示：

$$\underset{\text{样品中性分子}}{M} + \underset{\text{反应离子}}{H_2O^+} \leftrightarrow \underset{\text{产物离子}}{M^+} + \underset{\text{水}}{H_2O} \qquad (11.2)$$

在电荷交换反应中，被分析物的电离能是首要考虑因素，H_2O 的电离能为 12.62 eV。因此产物离子可以是包括烯烃、部分烷烃，以及大多数其他有机化合物在内的一系列分子[48]。湿度的变化会引起分析物响应相对灵敏度的改变，影响以反应物离子为特征的产物离子的形成，以及使环境压力下空气中的离子发生解离[49]。当湿度低于 0.5 ppm 时，即使在低温下，在几乎所有的化学族中都发现了碎片离子[50-52]。这些离子峰都是通过神经网络分析方法在反应物离子峰附近发现的，使用该方法，低强度离子和聚集在反应物离子峰附近的峰可以被测定。

最近，人们通过研究获得了不同湿度条件下的 TMA 迁移谱，并重点介绍了定量特征及漂移管中水分对检测结果的影响[53]。作为一种具有强质子亲和力的分子，TMA 在一定的湿度范围内都能被电离。如果检测是基于单体离子峰或分析物产生的峰的总和，那么检测的灵敏度几乎与湿度无关。质子结合二聚体只有在低湿度下才存在。漂移区的水分改变了离子的漂移时间，这可以合理地归因于溶剂化程度，而溶剂化程度随水分含量的增加而增加。在相同湿度变化下，漂移时间的变化在低湿度时更为明显。TMA 中质子结合二聚体的漂移时间不随湿度的增加而变化，这被认为是质子结合二聚体不容易发生水合反应（如果有的话）。

IMS 漂移管中气体的温度，以及因此在环境压力和 $200\sim400$ V/cm 常规电场中被热能化的离子，影响着迁移率系数、离子种类，最终影响离子的稳定性。在非团簇气体中，温度（即 T_{eff}）升高在很大程度上导致了约化迁移率系数 K_0 的增大，这与第 10 章中讨论的恰恰相反。在迁移率系数公式中，对离子温度 T_{eff} 与碰撞截面 $\Omega(T_{eff})$ 之间关系的预测和解释是最不完整的。在极化气体中，尚不清楚 $\Omega(T_{eff})$ 与离子温度的定量关系。定性地讲，温度升高会引起极化气体中离子去团簇，$\Omega(T_{eff})$ 值减小，K_0 值升高。此时，水分子会从水合离子中剥离，核心离子的有效质量减小。这对所有离子都有效，包括产物离子和反应离子。升高温度在某种程度上可以去除水合离子中的水分子，从而改善响应因子，如在 API MS 中看到，但在 IMS 中还未得到证实。在温度对迁移率影响的早期研究中，所有正极性反应离子峰的迁移率都随温度升高而稳定地增加［图 11.5(a)］，这可能与通过漂移管的离子群的组成有关［图 11.5(b)］。

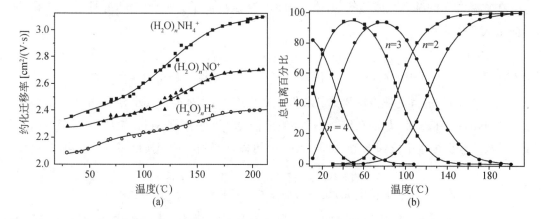

图 11.5　温度对 IMS 中反应离子约化迁移率的影响。(a)随着温度升高，由于离子水合程度降低，$(H_2O)_nH^+$ 的约化迁移率逐渐变大，图中的迁移率是所有水合质子的加权平均值；(b)不同 n 值离子的组成。（摘自 Kim et al., Mobility behavior and composition of hydrated positive reactant ions in plasma chromatography with nitrogen carrier gas, *Anal. Chem.* 1978, 50, 2006-2016.）

当中性样品气体浓度一定时，可以通过控制温度改变产物离子的迁移谱，这在低温下已被证实，通常在迁移谱中不易观察到的离子簇可以在低温下形成并在迁移谱中看到。例如，当温度降低到 -20℃时，可以观察到醇类的质子结合三聚体，它在 $-20\sim10$℃时解离[54]。温度升高会导致如质子结合三聚体和质子结合二聚体这些复杂离子的解离。随着温度的升高，质子化单体的峰强度增大，质子结合二聚体的峰强度减小。这一现象在 DMMP[54]、胺类化合物[55]和酮类化合物[56, 57]的研究中被发现。当温度高于 -30℃时，烷基胺的质子结合二聚体在 $2\sim20$ ms 时间尺度上发生了解离，这正好在这些离子的漂移时间范围内。由于进入漂移区域的质子结合二聚体在到达检测器之前解离成了质子化单体，因此解离过程在谱图上就表现为迁移谱峰形和基线的畸变。这些研究为测定热能化离子的解离动力学提供了依据,证明了离子能否在迁移谱中被观测到取决于离子寿命是否长于离子在漂移管中的停留时间,且离子寿命受温度控制。

温度升高也会影响离子的稳定性,导致其碎裂,类似于质谱中的电子碰撞电离。离子碎裂最早的系统性报告研究的是乙酸丁酯的,报告中将热化的离子加热使其分解,在 $100\sim125\ ℃$ 下形成羧酸碎片[58]。有证据表明质子结合二聚体可直接碎裂,或者在碎片离子形成之前先解离成质子化单体,具体的过程尚不清楚。随着醇离子温度的升高,质子化单体的强度降低,并在 $125\sim150\ ℃$ 出现了醇的碎片离子[59]。其他化合物类别也出现了碎裂的现象——离子发生碎裂的温度与离子种类有关。例如,酮的质子结合二聚体只在高于 $175\ ℃$ 才发生解离,直到超过 $225\ ℃$ 才发生碎裂。

采用低压、温度可变($80\sim400$ K)的电子电离源 IM-MS 实现了对温度的控制。该仪器具有正交飞行时间质谱仪,用于对迁移分离的离子进行质量鉴定,特别是长寿命电子态的 Ti^+ 离子[60]。

11.3.2　对差分迁移谱的影响

在差分迁移谱方法中,湿度变化对离子形成的影响与在低场迁移谱方法中观察到的影响相同——尽管这两种方法得到的迁移率结果不同。研究人员使用一组有机磷化合物详细测定了环境压力下迁移率的场依赖性,也称为 α 函数[38]。实验中,E/N 值在 $0\sim140$ Td 之间,空气湿度在 $0.1\sim15\,000$ ppm 变化。当湿度在 $0.1\sim10$ ppm 时,质子化单体的 α 函数没有变化(图 11.6)。当湿度达到 50 ppm 时,α 函数开始发生变化;当水分含量从 100 ppm 提高到 $1\,000$ ppm 时,α 函数增加了 2 倍,这在所有 E/N 值情况下都是如此。随着湿度从 $1\,000$ ppm 增加到 $10\,000$ ppm,α 函数又增加了 2 倍。碰撞截面是由质子化分子被中性分子溶剂化程度决定的,上述测量通过改变碰撞截面,建立了一个迁移率的场依赖模型。这个模型基于离子和中性分子的碰撞概率以及施加在漂移管上的波形电场的占空比。

由于离子没有被热化,因此在差分迁移率测量方法中研究温度的影响要比在 IMS 中复杂得多。在这些低场极值 $-1\,000$ V/cm、高场极值在 $30\,000$ V/cm 以上的不对称波形电场中,在环境压力下,离子在低场部分($-1\,000$ V/cm)接近于热化;而当离子处于高场部分时,因从高场获得的能量比热能大,离子被高场加热,这导致了离子温度高于环境气体的温度。虽然在之后关于电场影响的章节中会讨论到这个问题,但由于本节的主题是温度,包括离子温度,所以在这里也对电场对离子温度的影响做简要描述。

通过场加热提高离子温度产生的影响,包括:

(1) 质子结合二聚体和其他簇的解离;

(2) 离子簇内发生反应,如氢析出;

(3) 离子因共价键断裂而碎裂。

离子强度、分离电压和 CV 的等高线图,称为色散图,很好地反映了电场对信号响应的影响。图 11.7 展示了酯类化合物的色散图。从电场中获得的离子能量与后续反应之间的首

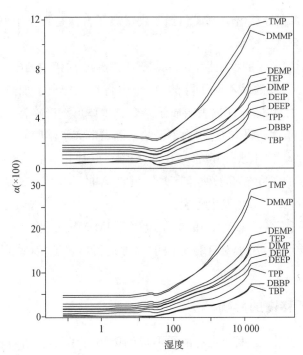

图 11.6 有机磷化合物质子化单体在 80 Td(下)和 140 Td(上)两个电场中的 α 值与湿度的关系。DMMP 为二甲基膦酸酯；TMP 为磷酸三甲酯；DEMP 为甲基膦酸二乙酯；DEEP 为乙基膦酸二乙酯；DIMP 为 2-脱氧肌苷-5-单磷酸二钠盐；DEIP 为间苯二甲酸二乙酯；TEP 为磷酸三乙酯；TPP 为磷酸三丙酯；DBBP 为丁基膦酸二丁酯；TBP 为磷酸三丁酯。(摘自 Krylova et al.，Effect of moisture on high field dependence of mobility for gas phase ions at atmospheric pressure：organophosphorus compounds，*J. Phys. Chem.* 2003.经允许)

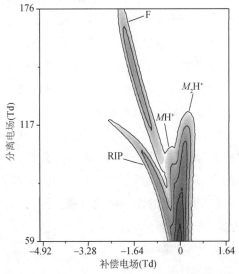

图 11.7 在 DMS 分析仪中，温度为 100 ℃，从 59 Td(500 V)到 176 Td(1 500 V)，醋酸丙酯的色散图。CV 范围为−5 Td(−43 V)到 1.8 Td(15 V)。信号强度用阴影深度和轮廓形状表示，RIP、M_2H^+、MH^+、碎片离子(质子化乙酸)轨迹分别标记为 RIP、M_2H^+、MH^+、F。(摘自 An et al.，Gas phase fragmentation of protonated esters in air at ambient pressure through ion heating by electric field in differential mobility spectrometry and by thermal bath in ion mobility spectrometry，*Int. J. Mass Spectrom.* 2011.经允许)

要联系,就是随着电场强度的增加芳香烃发生了分解[61]。另外还观察到了脂类的广泛的断裂,导致了羧酸碎片的产生[62]。研究人员还发现了一个特别的现象,离子获得的能量与质量有关,小离子的加热速度更快。之前 IMS 对乙酸丁酯进行的研究结果证明了这一点。在该研究中,质子化单体被迅速加热并碎裂,由于质子结合二聚体太大,不能被快速加热成为碎片离子,而被缓慢加热形成质子化单体[63]。仪器温度每升高 1 ℃,首次观察到产物离子时的最小电场减小 0.68 Td;也就是说,1 Td 的高场加热使离子解离的有效温度提高了 1.5 ℃。在不对称电场中被加速、碰撞加热产生的能量和热能的结合,使得离子在高于环境温度的有效温度 T_{eff} 下分解。文献还通过场加热方法测试了酮的质子结合二聚体[57]和 DMMP,后者已经在 IMS 中经过充分研究。

利用 ultraFAIMS 技术(Owlstone 纳米技术公司)对离子进行场加热分解已成为一种新的化学鉴定方法;强电场(60 000 V/cm)和高频波形(26 MHz)促进离子分解。离子解离或碎裂区域的色散图,提供了有助于化学鉴定的分析信息[64]。

11.4 气压的影响

11.4.1 对离子迁移谱的影响

在离子迁移谱中,应用最多的是两个压强范围,即 1~3 Torr 和环境压力,这两者之间实际上没有任何经验或实践是相通的。最近,有研究人员开始研究气压远大于环境压力范围的 IMS 技术,这又是一个完全独立的研究领域[65]。从历史上看,有一种理解是当气压降低时离子会发生损失,那些在氦气或氮气中以 1~3 Torr 压力运行的仪器对于压力的微小增加异常敏感。关于 IMS 中压力影响的唯一系统性研究在 2006 年发表,文中记录了 29 Torr 至大气压范围内的谱图[66],表明漂移时间随气压的增加呈"完全线性"增长,因此分离因子不受气压的影响。据报道,气压会强烈影响分辨力和分辨率。离子栅门的宽度在 50~225 μs,在恒定脉冲宽度下降低气压会降低分辨力和分辨率。降低的分辨力和分辨率通过缩短离子脉冲宽度来补偿。在先前的一项研究中[67],研究团队探索了在低至 15 Td 时温度和气压对 IMS 的影响,并得出结论:气压对聚类反应的影响是线性的,而温度对聚类反应的影响是指数的。尽管 IMS 已有了数十年的分析应用经验,但气压仍是一个待研究、待开发的课题。

11.4.2 对差分迁移谱的影响

相较于近年来才开始对 IMS 中气压的影响有所认识和理解,人们早已对以纯净空气为支持气体的平面差分 IMS 中的气压进行了系统的研究[68],气压范围在 0.4~1.55 atm。研究发现,离子峰的 CV 随压力变化,可以通过将补偿场和分离场都表示为以 Townsend 为单位的 E/N 来简化。CV 和分辨率的极大值预期在 E/N 值很高时出现,但由于高压下会发生电击穿,E/N 值无法达到很高。然而接近 1 atm 的空气击穿电压是非线性的,当气压降低时，可以达到更高的 E/N 值，从而提高分辨力。通常将工作压强从 1 atm 降低到 0.5 atm，可使 E/N 增加约 15％，并且分离电压可降低一半。在低于 1 atm 的压强下操作 DMS 可以减少团簇反应，同时 DMS 性能得到改善；然而压强的降低也会导致离子的损失，如果离子强度低到无法探测，降低气压就受到限制了。

11.5 电场强度和离子停留时间的影响

11.5.1 对离子迁移谱的影响

人们已经探究了电场强度对 IMS 分辨力的影响，可以认为增加电场强度可以提高分辨力[69]。分辨力随着 E 的增大而增大，但这一趋势受到了离子栅门的限制。即在一定漂移管长度下增加 V 值，会提高栅门脉冲宽度在峰宽度中的相对占比，这是因为 t_d 与 V 呈线性递减关系。这意味着，对于给定长度的漂移管，每个栅门脉冲宽度都有对应的最优漂移电压 V_{opt}，此时 R 值最大。此关系为

$$V_{opt} = \left(\frac{\alpha T L^2}{2(\gamma + \beta t_g^2)^{\frac{1}{2}} K^2} \right)^{\frac{1}{3}}$$

式中，α、β、γ 为拟合峰宽参数；T 为以 K 为单位的温度；L 为漂移区域的长度；K 为离子迁移率；t_g 为栅门脉冲时间。

关于强电场和分辨力，Leonhardt 等人研究了高达 700 V/cm 的漂移场，其中单电荷离子获得高达 120 的 R 值[70]；Dugrourd 等人[71] 则研究了低压、高分辨率 IMS 仪器，其在 63 cm 漂移管上施加 14 000 V 电压，在 500 Torr 时得到 172 的分辨力。

离子在分析仪内的停留时间可能是所有 IMS 方法中最容易被忽略的参数，它从根本上决定了迁移谱的性能。其原理很简单：如果离子的寿命大于此离子在迁移谱分析仪中的停留时间，则有利于物质的响应。相反，当离子的寿命短于停留时间，也即离子在到达检测器之前分解，则响应会很差甚至没有响应。这个概念不仅在分析仪的漂移区很重要，在电离源中离子形成的初始阶段也起着决定性作用。长寿的离子由于与反应物电荷强烈缔合，可能会在迁移谱中被观测到，前提是该离子在漂移的过程中不会发生分解。

当反应物离子为水合质子，且分析物的气体含量大于 100 ppb（大多数此类化合物的检测限）时，迁移谱将显示大多数极性或可强极化分子的质子化单体。当气体含量增加到 0.5～1 ppm 时，迁移谱可能包含质子结合二聚体，但是从来没有观察到质子结合三聚体或四聚体——即使气体含量超过了根据平衡计算得到的形成这些更高簇离子所需的浓度。在现今的迁移谱仪中，离子形成后被引入净化的空气或气体中，而中性样品分子则不会被引入。因此，在分析性迁移谱仪中不存在平衡，离子通过净化气体的过程应该被看作一个动力

学实验。

在高达 100 ℃ 或更高的温度下,质子化单体的离子寿命通常远大于 20 ms。相反地,一些质子结合二聚体的寿命小于几毫秒,因此除非温度较低(例如−20 ℃),否则不会被观测到。具有强偶极子分子的质子结合二聚体的寿命相对较长,可以漂移 20 ms 或更长时间。相比之下,在环境压力和环境温度下,质子结合三聚体在净化大气中的寿命低于 5 ms,会快速分解;除非对样品蒸气不加控制,使其在漂移区与离子发生反应,否则在 IMS 分析漂移管中永远看不到质子结合三聚体。高簇离子的寿命甚至比质子结合三聚体更短,因此在迁移谱中从未被观察到[54]。

11.5.2 对差分迁移谱的影响

在 DMS 或 FAIMS 中,电场的直接影响表现在气相离子的迁移率依赖于不对称波形的两个极端电场强度。该波形由电场强度和占空比组成,因此,迁移率完全不依赖于电场的离子就可以由气流携带着沿着中心轴线通过分析仪。而迁移率依赖于电场的离子(高场强时的 K_0 与低场强时的 K_0 并不相同)在每一个完整的波形周期中,从离子流的中心轴开始连续地产生净位移。最终,离子群将与一块板相撞,该板界定了分析仪的边界,离子被湮灭或放电并从测量中移除。将 DC 电位作用于这块板上,补偿了与 K_0 有关的电场影响,离子可以回到分析仪的中心。不管这种方法如何命名,这是所有与迁移率相关的分析仪的一个核心特性。

关于小离子在非团簇大气中的迁移率已有大量记录[72],在 DMS 或 FAIMS 分析中,研究的重点已经放在在工业、环境或医学领域扮演重要角色的分子上,这些分子往往是具有偶极子和复杂结构的有机大分子,测量在纯净空气中进行。2002 年,研究人员采用一系列同源酮类化合物,在常压下测定了电场强度在 0~90 Td 变化时迁移率的定量响应,完成了该条件下电场依赖性的系统研究[73]。从丙酮到癸酮,质子化单体和质子结合二聚体对电场的依赖性被描述为迁移率 $\alpha(E/N)$ 与 E/N 的归一化函数,丙酮、丁酮和戊酮的 α 在 0~90 Td 单调地增加(图 11.8)。己酮和辛酮的 α 在高场强时比较稳定,而壬酮和癸酮的 α 则在 70 Td 以后开始下降。碳原子数大于 5 的酮类化合物的质子结合二聚体的 α 斜率随 E/N 的增加而不断减小。

在一个描述正 α 函数形成的模型中,离子在波形的高压部分(在 ultraFAIMS 中电场高达 60 000 V/cm)被强场加热而去团簇;离子在弱场部分形成团簇(使用小型平面 DMS 分析仪在−1 000 V/cm 处仍可将一些离子加热到高于热能的水平)。离子的负相关性可以通过离子的牵引和碰撞频率来解释,这些影响与正 α 函数相比是浅函数。离子延伸也可能是负 α 函数形成的一个原因,电场的增加通过延伸导致了离子截面变大,即随着电场增强迁移率系数减小。电场对离子稳定性以及通过电场加热引起的离子解离的次级影响已在前面的章节中进行了描述。

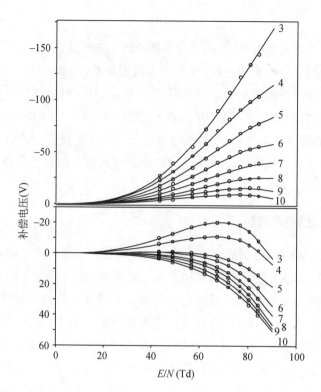

图 11.8 从丙酮（碳原子数为 3）到癸酮（碳原子数为 10）同源序列酮的质子化单体（顶部）和质子结合二聚体（底部）的补偿电压与分离场关系图。图中显示了小分子迁移率的场依赖性，也可以清楚地看到电场的依赖性与质量也有关。（摘自 Krylov et al., Field dependence on mobilities for gas phase protonated monomers and proton bound dimers of ketones by planar field asymmetric waveform ion mobility spectrometer (PFAIMS), *J. Phys. Chem. A* 2002，106，5437-5444.经允许）

11.6　分析物浓度的影响

11.6.1　样品浓度对响应的影响

　　IMS 响应的第一步是分析物分子的电离，它从根本上确定了随后在漂移管中发生的所有其他事件的起点，并决定了定量响应的范围。IMS 定量响应讨论的核心是可用于离子形成的有限电荷库（请参阅第 4 章）。该电荷量实际上受到电离源强度、反应物离子形成的整个反应顺序以及最终产物离子的生成速度等因素的限制。因此，当电离源区域未被分析物气体饱和时，反应物离子 $[H^+(H_2O)_n]$ 的消耗与中性气体分子的密度 $[M]$ 成正比，公式如下：

$$速率 = k[M][H^+(H_2O)_n] \tag{11.3}$$

式中的速率常数 k，是对碰撞速率常数的修正，并控制着产物离子的生成速率。对于浓度恒定的样品，产物离子的密度与样品在源中的停留时间和样品浓度有关。反应物离子的消耗基于式（11.3）中的动力学，与产物离子的生成相逆。这种关系实际上是化学计量的。当样品分子在反应区停留的时间一定时,产物离子的数量及其在迁移谱上的峰值强度将与样品分子的浓度成正比。同样地,当电离源未被样品蒸气饱和时,M 在源区停留时间的增加会导致产物离子数的增加。一旦反应物离子电荷库被消耗殆尽,即使样品分子浓度进一步增加,产物离子强度也不会增加。实际上,这限制了环境压力下与电离源相关的线性范围的上限。

IMS 中分析响应曲线的一个同样重要的需要理解的部分,就是在响应曲线的低浓度区建立检测极限或灵敏度曲线的原理和参数。当产物离子由强偶极分子或在正极性下对气相质子具有强结合能的分子组成时,其生成速率被认为基于碰撞速率,即每次碰撞都产生产物离子。产物离子生成极限以及由此引起的检测极限,从根本上取决于样品气体和源离子共同存在于电离源区时两者发生碰撞的统计次数,该碰撞次数是随气流动态变化的(影响检测极限的其他参数包括信号噪声、栅门宽度和漂移管设计)。实际上,在常规的 ^{63}Ni 源中,样品气体和源离子共同存在于电离源区的时间大概在 1 毫秒或几毫秒,如果一定浓度的反应离子和中性样品气体在支持气体中充分扩散,则可能会发生足够的碰撞,产生足够的产物离子,使得信号高于背景噪声而被检测到。在大多数的迁移谱仪中,每秒将产生 $10^5 \sim 10^6$ 个离子。

迁移谱中一个公认的定量模式是质子化单体和质子结合二聚体之间的关系,这种关系是几种类型的化合物(包括酯、酮、醇、胺和有机磷化合物)共有的。随着电离源中分析物 M 的蒸气浓度增加,质子化单体峰首先出现,相应的反应物离子峰强度降低。该反应产生一种能量被激发的中间加合离子或称为过渡态($[MH^+(H_2O)_n]^*$),它可以解离变成反应物,也可以通过其他反应途径形成产物离子。这种反应需要第三体 Z 以稳定产物离子,如式(11.4)所示:

$$M + H^+(H_2O)_n \leftrightarrow MH^+(H_2O)_n^* \leftrightarrow MH^+(H_2O)_{n-x} + xH_2O$$

$$\text{样品中性分子} + \text{反应离子} \quad \text{团簇离子} \quad \text{产物离子}/\text{质子化单体} + \text{水} \tag{11.4}$$

随着分析物浓度的进一步增加,与质子结合二聚体 $M_2H^+(H_2O)_{n-x}$ 对应的第二个峰出现;此时,反应物离子和质子化单体的峰强度均下降[式(11.5)]。当从电离源中去除分析物蒸气并且分析物浓度降低时,将会发生逆反应:质子结合二聚体峰的强度下降,质子化单体峰的强度增加。

$$MH^+(H_2O)_n + M \leftrightarrow M_2H^+(H_2O)_{n-x} + xH_2O$$

$$\text{质子化单体} + \text{样品} \quad \text{质子结合二聚体} + \text{水} \tag{11.5}$$

最终,质子化单体峰强度下降,反应物离子峰恢复到原来的强度。虽然这种模式通常与正极性 IMS 有关,但类似的模式也可以在诸如 MCl^- 和 M_2Cl^- 等负离子,以及挥发性卤素麻醉剂[74]和其他化学物质(如形成长寿命负离子簇的三氯茴香醚[75])中观察到。

当反应物离子完全耗尽时,产物离子强度与中性气体浓度之间的比例关系不再成立,这就使得传统的校准方法失效。因此,用现有的方法不再能解释分析仪的定量响应。另一个令人困扰的现象是，当源区或反应区的样品浓度增加时，分析物分子会从源区扩散到漂移区。在漂移区，中性样品加合物可能与该样品的产物离子结合，形成 $M_nH^+(H_2O)_x$ 型团簇离子，其中 n 可能等于或大于 3。离子群中的簇离子在穿越漂移区时会经历快速失去、又快速结合中性加合物的过程。观察到的此类离子的约化迁移率是所有参与"局部"平衡的单个离子或团簇离子的约化迁移率的加权平均值[25]。这个现象的实际含义在于：产物离子的漂移时间可以在很大的范围内变化，而这取决于漂移区中中性样品物质的浓度。由于中性样品分子在漂移区的分布不均匀，且与样品浓度相关，尝试使用 K_0 值对离子进行识别变得困难甚至不可能，甚至由于频带展宽也很难进行峰检测。因此，应避免反应物离子完全耗尽，并使其保持一定的峰强度，以保证样品分子在反应区域没有饱和，否则将导致产物离子的漂移时间与浓度有关且无法定量。最现代的 IMS 漂移管设计会避免这种情况的发生，但用户的不小心操作可能会使好的设计发挥不了作用。

11.6.2　气相离子反应的分析应用

离子迁移谱仪在一些只需要给出阈值响应的应用中取得了成功，例如爆炸物探测和滥用药物排查。在这些应用中，只要检测到的目标分析物超过设定的阈值，即使它们处于痕量水平也会触发警报，且不需要进一步的定量信息。而在另一种情况下，需要知道某些物质是否存在和它们的定量数量。IMS 仪器定量应用的例子包括化学战剂的测定和空气中挥发性有机化合物的筛查。在这两个例子中，人类的死亡率或存活率与剂量-响应之间的关系密切相关，而且剂量水平至关重要。

采样方法的改进，更灵敏、更坚固的仪器的开发以及更好的数据处理技术，使得 IMS 用于阈值报警的应用得到发展。这些在检测爆炸物的手持式以及固定式或台式分析仪的进展中有所体现。另一方面，随着响应快速、低记忆效应、可重复将样品输送到电离源的漂移管的出现，用于定量测定的仪器和程序得到了同步发展。与前几代分析仪相比，这些应用带来了更高的精度、灵敏度和线性范围。

11.7　小结

基于离子迁移谱方法的测量结果取决于气体和离子的种类，以及离子与环境气体的相互作用。当碰撞频率较大且离子基本处于热能化状态时，气相离子会在根本上受到众多因素的强烈影响。实际上，迁移率测量的每一个参数，如果不加以仔细控制，都会影响离子的特性，从而影响迁移谱和 K_0 值。迁移率测量或 K_0 值对离子结构的变化非常敏感，比如水合、其他极性分子的加合，以及与被认为是"化学性质稳定"的气体的络合。在常压团簇气体中，上述这些反应的影响非常显著，而在低压非团簇气体中，上述影响效果减弱。当离子质量较轻（见第 10 章），或漂移管运行在低温下时，迁移谱信号对团簇的形成非常敏感。在这种情况下，如果漂移气体是高分子量的极性分子，那么团簇对信号的影响就更显著。

当仪器处于基础研究或开发阶段时，所有参数都可以通过"旋钮"调节，因此环境压力下的迁移谱测量具有高度的灵活性和各种应用的可能性。相较于温度单一、参数固定、使用纯净氮气的实验室设置,这种对温度、湿度及漂移气体组成进行灵活控制的方式大大拓展了迁移谱仪的应用价值和使用范围。特别需要注意的是,迁移谱实验数据还不足以支持上述大多数参数的理论模型和定量含义,目前可能只有一篇或几篇期刊论文提供数据支持。尽管离子寿命和离子在电离源区的停留时间是迁移谱测量方法的基础,但迄今为止,通过改变停留时间来改善仪器性能收效甚微。

当仪器需要投入到实际应用中时,通过合理的工程化设计和精确的测量程序设置可以实现对实验参数的控制,从而为分析化学提供有用的信息。实际应用中的仪器的性能非常可靠,士兵用手持设备进行现场排查后即可保证他们的生命安全,另外,台式仪器在保障国际商业航空安全方面也起着至关重要的作用。

参考文献

[1] Matz, L. M.; Hill, H. H.; Beegle, L. W.; Kanik, I., Investigation of drift gas selectivity in high resolution ion mobility spectrometry with mass spectrometry detection, *J. Am. Soc. Mass Spectrom.* 2002, 13, 300-307.

[2] Revercomb, H. E.; Mason, E. A., Theory of plasma chromatography/gaseous electrophoresis, *Rev. Anal. Chem.* 1975, 47(7), 970-983.

[3] Eisele, F. L.; Thackston, M. G.; Pope, W. M.; Ellis, H. W.; McDaniel, E. W., Experimental test of the generalized Einstein relation for Cs + ions in molecular gases: H_2, N_2, O_2, CO and CO_2, *Chem. Phys.* 1977, 67, 1271-1279.

[4] Sennhauser, E. S.; Armstrong, D. A., Ion mobilities in gaseous ammonia, *Can. J. Chem.* 1978, 56, 2337-2341.

[5] Carr, T. W., Comparison of the negative reactant ions formed in the plasma chromatograph by nitrogen, air, and sulfur hexafluoride as the drift gas with air as the carrier gas, *Anal. Chem.* 1979, 51, 705-711.

[6] Sennhauser, E. S.; Armstrong, D. A., Ion mobilities and collision frequencies in gaseous CH_3Cl, HCl, HBr, H_2S, NO, and SF: effects of polarity of the gas molecules, *Can. J. Chem.* 1980, 58, 231-237.

[7] Rokushika, S.; Hatano, H.; Hill, H. H., Jr., Ion mobility spectrometry in carbon dioxide, *Anal. Chem.* 1986, 58, 361-365.

[8] Berant, Z.; Karpas, Z.; Shahal, O., The effects of temperature and clustering on mobility of ions in CO_2, *J. Phys. Chem.* 1989, 93, 7529-7532.

[9] Yamashita, T.; Kobayashi, H.; Konaka, A.; Kurashige, H.; Miyake, K.; Morii, M. M.; Nakamura, T. T.; Nomura, T.; Sasao, N.; Fukushima, Y.; Nomachi, M.; Sasaki, O.; Suekane, F.; Taniguchi, T., Measurements of the electron drift velocity and positive-ion mobility for gases containing CF_4, *Nucl. Instrum. Methods Phys. Res. Sect. A* 1989, A 283(3), 709-715.

[10] Shvartsburg, A. A.; Jarrold, M. F., An exact hard-spheres scattering model for the mobilities of polyatomic ion, *Chem. Phys. Lett.* 1996, 261, 86-91.

[11] Mesleh, M. F.; Hunter, J. M.; Shvartsburg, A. A.; Schatz, G. C.; Jarrold, M. F., Structural

information from ion mobility measurements: effects of the long-range potential, *J. Phys. Chem.* 1996, 100, 16082-16086.

[12] Shvartsburg, A. A.; Mashkevich, S. V.; Siu, M. K. W., Incorporation of thermal rotation of drifting ions into mobility calculations: drastic effect for heavier buffer gases, *J. Phys. Chem.* A 2000, 104, 9448-9453.

[13] Karpas, Z.; Barant, Z., The effect of the drift gas on the mobility of ions, *J. Phys. Chem.* 1989, 93, 3021-3025.

[14] Asbury, G. R.; Hill, H. H., Jr., Using different drift gases to change separation factors (alpha) in ion mobility spectrometry, *Anal. Chem.* 2000, 72, 580-584.

[15] Barnett, D. A; Ellis, B.; Guevremont, R.; Purves, R. W.; Viehland, L. A., Evaluation of carrier gases for use in high-field asymmetric waveform ion mobility spectrometry, *J. Am. Soc. Mass Spectrom.* 2000, 11(12), 1125-1133.

[16] Shvartsburg, A. A.; Tang, K.; Smith, R. D., Understanding and designing field asymmetric waveform ion mobility spectrometry separations in gas mixtures, *Anal. Chem.* 2004, 76(24), 7366-7374.

[17] Shvartsburg, A. A.; Creese, A. J.; Smith, R. D.; Cooper, H. J., Separation of peptide isomers with variant modified sites by high-resolution differential ion mobility spectrometry, *Anal. Chem.* 2010, 82 (19), 8327-8334.

[18] Spangler, G. E.; Lawless, P. A., Ionization of nitrotoluene compounds in negative ion plasma chromatography, *Anal. Chem.* 1978, 50, 884-892.

[19] Carr, T. W., Plasma chromatography of isomeric dihalogenated benzene, *J. Chrom. Sci.* 1977, 15(2), 85-88.

[20] Hagen, D. F., Characterization of isomeric compounds by gas and plasma chromatography, *Anal. Chem.* 1979, 51, 872-874.

[21] Karasek, F. W.; D. M. Kane, Plasma chromatography of isomeric halogenated nitrobenzenes, *Anal. Chem.*, 1974, 46(6),780-782.

[22] Steiner, W. E.; English, W. A.; Hill, H. H., Jr., Ion-neutral potential models in atmospheric pressure ion mobility time-of-flight mass spectrometry IM(tof)MS, *J. Phys. Chem.* A 2006, 110, 1836-1844.

[23] Asbury G. R.; Hill, H. H., Jr., Using different drift gases to change separation factors (alpha) in ion mobility spectrometry, *Anal. Chem.* 2000, 72(3), 580-584.

[24] Proctor, C. J.; Todd, J. F. J., Alternative reagent ions for plasma chromatography, *Anal. Chem.* 1984, 56(11), 1794-1797.

[25] Preston J. M.; Rajadhyax, L., Effect of ion-molecule reactions on ion mobilities, *Anal. Chem.* 1988, 60, 31-34.

[26] Cox, S. J., Ion mobility spectrometer system with improved specificity, Patent number 4551624; filing date September 23, 1983.

[27] Eiceman, G. A.; Harden, C. S.; Wang, Y. F.; Garcia-Gonzalez, L.; Schoff, D. B., Enhanced selectivity in ion mobility spectrometry analysis of complex mixtures by alternate reagent gas chemistry, *Anal. Chim. Acta* 1995, 306, 21-33.

[28] Puton, J.; Nousiainen, M.; Sillanpaa, M., Ion mobility spectrometers with doped gases, *Talanta*

2008, 76, 971-987.

[29] Spangler G. E.; Epstein, J., Detection of HF using atmospheric pressure ionization (API) and ion mobility spectrometry (IMS), paper presented at the 38th ASMS Conference on Mass Spectrometry and Allied Topics, Tucson, AZ, June 1990.

[30] Eiceman, G.A.; Salazar, M.R.; Rodriguez, M.R.; Limero, T.F.; Beck, S.W.; Cross, J.H.; Young, R.; James, J.T., Ion mobility spectrometry of hydrazine, monomethylhydrazine, and ammonia in air with 5-nonanone reagent gas, *Anal. Chem.* 1993, 65, 1696-1702.

[31] Bollan, H.R.; Stone, J.A.; Brokenshire, J.L.; Rodriguez, J.E.; Eiceman, G.A., Mobility resolution and mass analysis of ions from ammonia and hydrazine complexes with ketones formed in air at ambient pressure, *J. Am. Soc. Mass Spec.* 2007, 18(5), 940-951.

[32] Howdle, M.D.; Eckers, C.; Laures, A.M.F.; Creaser, C.S., The use of shift reagents in ion mobility-mass spectrometry: studies on the complexation of an active pharmaceutical ingredient with polyethylene glycol excipients, *J. Am. Soc. Mass Spectrom.* 2009, 20(1),1-9.

[33] Hilderbrand, A.E.; Myung, S.; Clemmer, D.E., Exploring crown ethers as shift reagents for ion mobility spectrometry, *Anal. Chem.* 2006,78(19), 6792-6800.

[34] Kerr, T.J., Development of novel ion mobility-mass spectrometry shift reagents for proteomic application, PhD dissertation, Vanderbilt University, Nashville, TN, May 2011.

[35] Dwivedi, P.; Wu, C.; Matz, L.M.; Clowers, B.H.; Seims, W.F.; Hill, H.H., Jr., Gas-phase chiral separations by ion mobility spectrometry, *Anal. Chem.* 2006, 78, 8200-8206.

[36] Maestre, R.F.; Wu, C.; Hill, H.H., Jr., Using a buffer gas modifier to change separation selectivity in ion mobility spectrometry, *Int. J. Mass Spectrom.* 2010, 298, 2-9.

[37] Meng, Q.; Karpas, Z.; Eiceman, G.A., Monitoring indoor ambient atmospheres for VOCs using an ion mobility analyzer array with selective chemical ionization, *Int. J. Environ. Anal. Chem.* 1995, 61, 81-94.

[38] Krylova, N.; Krylov, E.; Eiceman, G.A., Effect of moisture on high field dependence of mobility for gas phase ions at atmospheric pressure: organophosphorus compounds, *J. Phys. Chem.* 2003, 107 (19), 3648-3654.

[39] Eiceman, G.A.; Krylov, E.V.; Krylova, N.S.; Nazarov, E.G.; Miller, R.A., Separation of ions from explosives in differential mobility spectrometry by vapor-modified drift gas, *Anal. Chem.* 2004, 76 (17), 4937-4944.

[40] Rorrer, L.C., III; Yost, R.A., Solvent vapor effects on planar high-field asymmetric waveform ion mobility spectrometry, *Int. J. Mass Spectrom.* 2011, 300, 173-181.

[41] Levin, D.S.; Miller, R.A.; Nazarov, E.G.; Vouros, P., Rapid separation and quantitative analysis of peptides using a new nanoelectrospray-differential mobility spectrometer-mass spectrometer system, *Anal. Chem.* 2006, 78(15), 5443-5452.

[42] Schneider, B.B.; Covey, T.R.; Coy, S.L.; Krylov, E.V.; Nazarov, E.G., Chemical effects in the separation process of a differential mobility/mass spectrometer system, *Anal. Chem.* 2010, 82(5), 1867-1880.

[43] Good, A.; Durden, D.A.; Kebarle, P., Ion-molecule reactions in pure nitrogen and nitrogen

225

containing traces of water at total pressures 0.5 - 4 torr. Kinetics of clustering reactions forming $H^+ (H_2O)_n$, *J. Chem. Phys.* 1970, 52, 212-221.

[44] Sunner, J.; Nicol, G.; Kebarle, P., Factors determining relative sensitivity of analytes in positive mode atmospheric pressure ionization mass spectrometry, *Anal. Chem.* 1988, 60, 1300-1307.

[45] Sunner, J.; Ikonomou, M.G.; Kebarle, P., Sensitivity enhancements obtained at high temperatures in atmospheric pressure ionization mass spectrometry, *Anal. Chem.* 1988, 60, 1308-1313.

[46] Wang, Y.F., Effects of moisture and temperature on mobility spectra of organic chemicals, MS thesis, New Mexico State University, Las Cruces, June 1999.

[47] Kojiro, D.R.; Cohen, M.J.; Stimac, R.M.; Wernlund, R.F.; Humphry, D.E.; Takeuchi, N., Determination of C1-C4 alkanes by ion mobility spectrometry. *Anal Chem.* 1991, 63, 2295-2300.

[48] Bell, S.B.; Ewing, R.G.; Eiceman, G.A.; Karpas, Z., Characterization of alkanes by atmospheric pressure chemical ionization mass spectrometry and ion mobility spectrometry, *J. Am. Soc. Mass Spectrom.* 1994, 5, 177-185.

[49] Zhou, Q., Fragmentation of gas phase ions at one atmosphere in ion mobility spectrometry, MS thesis, New Mexico State University, Las Cruces, May 2001.

[50] Bell, S.E.; Nazarov, E.G.; Wang, Y.F.; Eiceman, G.A., Classification of ion mobility spectra by chemical moiety using neural networks with whole spectra at various concentrations, *Anal. Chim. Acta* 1999, 394, 121-133.

[51] Bell, S.E.; Nazarov, E.G.; Wang, Y.F.; Rodriguez, J.E.; Eiceman, G.A., Neural network recognition of chemical class information in mobility spectra obtained at high temperatures, *Anal. Chem.* 2000, 72, 1192-1198.

[52] Eiceman, G.A.; Nazarov, E.G.; Rodriguez, J.E., Chemical class information in ion mobility spectra at low and elevated temperatures, *Anal. Chim. Acta* 2001, 433, 53-70.

[53] Makinen, M.; Sillanpaa, M.; Viitanen, A-K.; Knap, A.; Makela, J.M.; Puton J., The effect of humidity on sensitivity of amine detection in ion mobility spectrometry, *Talanta* 2011, 84, 116-21.

[54] 译者注：参考文献[54]出处有误。

[55] Ewing, R.E.; Stone, J.A.; Eiceman, G.A., Proton bound cluster ions in ion mobility spectrometry, *Int. J. Mass Spectrom.* 1999, 193, 57-68.

[56] Ewing, R.E., Kinetic decomposition of proton bound dimer ions with substituted amines in ion mobility spectrometry, Ph. D. dissertation, New Mexico State University, Las Cruces, December 1996.

[57] An, X.; Eiceman, G.A.; Rasanen, R.-M.; Rodriguez, J.E.; Stone, J.A., Dissociation of proton bound dimers of ketones in asymmetric electric fields with differential mobility spectrometry and in uniform electric fields with ion mobility spectrometry, 2012. (submitted)

[58] Eiceman, G.A.; Shoff, D.B.; Harden, C.S.; Snyder, A.P., Fragmentation of butyl acetate isomers in the drift region of an ion mobility spectrometer, *Int. J. Mass Spectrom. Ion Proc.* 1988, 85, 265-275.

[59] Zhou, Q., Fragmentation of gas phase ions of one atmosphere in ion mobility spectrometry, master's thesis, New Mexico State University, Las Cruces, May 2001.

[60] May, J.C.; Russell, D.H., A mass-selective variable-temperature drift tube ion mobility-mass

spectrometer for temperature dependent ion mobility studies, *J. Am. Soc. Mass Spectrom.* 2011, 22 (7),1134-1145.

[61] Kendler, S.; Lambertus, G.R.; Dunietz, B.D.; Coy, S.L.; Nazarov, E.G.; Miller, R.A.; Sacks, R. D., Fragmentation pathways and mechanisms of aromatic compounds in atmospheric pressure studied by GC-DMS and DMS-MS, *Int. J. Mass Spectrom.* 2007, 263, 137-147.

[62] An, X.; Stone, J.A.; Eiceman, G.A., Gas phase fragmentation of protonated esters in air at ambient pressure through ion heating by electric field in differential mobility spectrometry and by thermal bath in ion mobility spectrometry, *Int. J. Mass Spectrom.* 2011, 303, 181-190.

[63] An, X.; Stone, J. A.; Eiceman, G. A., A determination of the effective temperatures for the dissociation of the proton bound dimer of dimethyl methylphosphonate in a planar differential mobility spectrometer, *Int. J. Ion Mobil. Spectrom.* 2010, 13, 25-36.

[64] Wilks, A., A consideration of ion chemistry encountered on the microsecond separation timescales of ultra-high field ion mobility spectrometry, 20th annual conference, International Society for Ion Mobility Spectrometry, Edinburgh, Scotland, July 24-28, 2011.

[65] Davis, E.J.; Dwivedi, P.; Tam, M.; Siems, W.F.; Hill, H.H., Jr., High-pressure ion mobility spectrometry, *Anal. Chem.* 2009, 81, 3270-3275.

[66] Tabrizchi, M.; Rouholahnejad, F., Pressure effects on resolution in ion mobility spectrometry, *Talanta* 2006, 69(1), 87-90.

[67] Tabrizchi, M.; Rouholahnejad, F., Comparing the effect of pressure and temperature on ion mobilities, *J. Phys. D: Appl. Phys.* 2005, 38, 857.

[68] Nazarov, E.G.; Coy, S.L.; Krylov, E.V.; Miller, R.A.; Eiceman, G.A., Pressure effects in differential mobility spectrometry, *Anal. Chem.* 2006, 78(22), 7697-7706.

[69] Wu, C.; Siems, W.F.; Asbury, G.R.; Hill, H.H., Jr., Electrospray ionization high-resolution ion mobility spectrometry-mass spectrometry, *Anal. Chem.* 1998, 70, 4929-4938.

[70] Leonhardt, J.W.; Rohrbeck, W.; Bensch, H., A high resolution IMS for environmental studies, Fourth International Workshop on Ion Mobility Spectrometry, Cambridge, UK, August 9-16, 1995.

[71] Dugourd, P.; Hudgins, R. R.; Clemmer, D. E.; Jarrold, M. F., High-resolution ion mobility measurements, *Rev. Sci. Inst.* 1997, 68, 1122-1129.

[72] Viehland, L.A.; Mason, E.A., Transport properties of gaseous ion over a wide energy range, *At. Data Nucl. Data Tables* 60, 37-95, 1995.

[73] Krylov, E.; Nazarov, E.G.; Miller, R.A.; Tadjikov, B.; Eiceman, G.A., Field dependence on mobilities for gas phase protonated monomers and proton bound dimers of ketones by planar field asymmetric waveform ion mobility spectrometer (PFAIMS), *J. Phys. Chem. A* 2002, 106, 5437-5444.

[74] Eiceman, G. A.; Shoff, D. B.; Harden, C. S.; Snyder, A. P.; Martinez, P. M.; Fleischer M. E.; Watkins, M.L., Ion mobility spectrometry of halothane, enflurane, and isoflurane anesthetics in air and respired gases, *Anal. Chem.* 1989, 61, 1093-1099.

[75] Karpas, Z.; Guaman, A. V.; Calvo, D.; Pardo, A.; Marco, S., The potential of ion mobility spectrometry (IMS) for detection of 2,4,6-trichloroanisole (2,4,6-TCA) in wine, *Talanta* 2012, 93, 200-205.

第 12 章
爆炸物的 IMS 检测

12.1　爆炸物检测概述

近 10 年来，为提高用于爆炸物检测的 IMS 仪器的灵敏度和可靠性，扩大可检测爆炸物物质的数据库，人们开展了大量的研究工作。此外，还提出了采样技术的改进方案，制定了 IMS 仪器的校准标准和验证方法标准，并开发了基于激光烧蚀或电喷雾电离的新型仪器技术。这是因为在许多场合下我们越来越需要快速、有效和可靠的爆炸物检测器来应对世界范围的恐怖主义威胁（见框架 12.1）。这一需求的规模之大可以从最近的一份报告中看出："得克萨斯州奥斯汀市，2011 年 9 月 15 日，美国国土安全行业领先的市场研究提供商 IMS Research 最近发布的一份研究报告显示，2010 年向世界机场管理局出售爆炸物、武器和违禁品（explosives，weapons，and contraband，EWC）检测设备的收入达到了 8.349 亿美元。"

常见的工业炸药由硝基化合物组成，硝基化合物具有很强的负电性，在常压电离条件下可形成稳定的负离子。事实上，公众很可能在不知情的情况下接触过 IMS 设备，例如作为乘客接受航空公司的爆炸物检测。爆炸物检测领域的商业活动非常活跃，特别是在 2001 年 9 月 11 日纽约世贸中心双子塔遭受袭击之后。事件发生后，人们对全球恐怖主义的认识有所提高——尽管该事件与爆炸物没有直接关系，且没有爆炸物检测器可以阻止袭击。

爆炸物检测 IMS 分析仪的开发经历了几个不同的技术阶段。最初，政府机构发现 IMS 具有检测爆炸物的功能，因此与企业签订采购合同，这推进了大量研制工作的开展。这个阶段研究的重点是检测挥发性化合物，如 EGDN、硝化甘油（nitroglycerine，NG）和 TNT，以上都是硝化有机化合物系列中挥发性最强的爆炸性化合物或相关化学物质，如表 12.1 所示。之后，人们逐渐认识到蒸气压较低的炸药，如 RDX、PETN（pentaerythritol tetranitrate，季戊四醇四硝酸酯）、HMX 及其 C4 和 Semtex 等混合炸药对商业航空安全的威胁，在 1980 年代末人们开发出了通过加热进样系统对这些化合物进行取样并转移到分析仪的技术。在最近发生的或被制止的几起恐怖主义行为中，人们截获了几种与传统的含氮化合物不同的新型爆炸物，包括以过氧化物为基础的爆炸物，例如三丙酮三过氧化物（triacetone triperoxide，TATP）和六亚甲基三过氧化物二胺（hexamethylene triperoxide diamine，HMTD），以及混合后形成敏感的强力爆炸物的二元液体（详见第 12.7 节）。这为爆炸物检测技术带来了新的挑战，我们需要对 IMS 进行改进以应对这些挑战。

表 12.1　常见爆炸物的蒸气压

名称	类型	分子量	蒸气压（Torr）
EGDN	脂族	152	4.8×10^{-2}
NG	脂族	227	2.3×10^{-4}
DNT（dinitrotoluene，二硝基甲苯）	脂族	182	1.1×10^{-4}
TNT	脂族	227	4.5×10^{-6}
RDX	脂环族	222	1.1×10^{-9}
PETN	脂族	316	3.8×10^{-10}

数据来源：Conrad, F.J., Explosives detection—the problem and prospects，*Nucl. Mater. Manage.* 1984，13，212.

框架 12.1　提交国会的一份报告摘文

以下来自 Shea 和 Morga，"对航空旅客携带爆炸物的检测：911 委员会的建议及相关问题，CRS 提交国会的报告，指令代码 RS21920，于 2000 年 4 月 26 日更新"：

对安检时间的影响：在每天航空乘客流量很大的情况下，安检时间只延长一点都是不被允许的。美国运输安全管理局（Transportation Security Administration，TSA）的目标是让乘客在机场等候的时间少于 10 分钟，据报道安检系统的运行速度为每分钟 7 至 10 名乘客。

另一项研究挑战是新型爆炸物的检测。探测仪的设计通常是为了寻找特定的爆炸物，确定已检测到的爆炸物种类，减少误报的次数。因此，若一种新型爆炸物的特性和参考标准未被确定并纳入设备设计，它是不太可能被检测到的。与探测大量爆炸物的成像技术不同，痕迹分析无法让操作员根据经验或直觉来识别可疑物质。

2006 年 8 月，英国警方发现并捣毁了一起利用液体炸弹炸毁飞机的预谋，自此，这种新的威胁就引起了人们的特别关注。国土安全部（Department of Homeland Security，DHS）正在评估检测液体爆炸物的技术。它主要评估块量检测技术，如扫描检测瓶内物质的技术。痕迹检测系统同样可以设计成探测液体炸药，就像设计成探测固体炸药一样。

几款基于 IMS 的商业分析仪正在这个不断增长的市场中争夺份额。由于 IMS 技术对多种类型的炸药具有很高的灵敏性，因此在检测隐藏的炸药、爆炸后调查过程中的可疑物识别，甚至是检测水中和水下爆炸物等方面都有了广泛的应用。

传统的分析仪只适用于检测非生命体，如手提行李和货物。目前已研制出在机场登机口、安全建筑或限制区等受控入境点快速检测行人的检测门。当然，被筛查乘客的吞吐量必须很高，且这项技术必须是非侵入式的，要兼顾公共安全和个人隐私。目前，关于使用背散射 X 射线和毫米波扫描设备检测乘客衣服内或隐藏在衣服下的物体是否符合道德规范仍存在争议，因为这些设备生成的图像可能侵犯乘客隐私。

爆炸物检测一个需要重点考虑的因素是消除漏报。毒品检测中的漏报可能不会直接影响有关人员的生命安全,但违禁爆炸物的漏报实际上可能危及数百人的安全或生命,例如飞机或火车上的乘客。因此对爆炸检测系统的性能要求更高。

可靠性高的爆炸物检测方法必须具有较低的误报率(建议低于 2%)和几乎为零的漏报率。此外,若要获得认证,该系统应该足够灵敏,且能够快速检测爆炸物,理想情况下一分钟内完成对 7~10 名乘客的筛查(框架 12.1)。

30 年前,Lucero[1]总结了爆炸物检测器的要求,2 lb 爆炸物应在不到 6 s 的时间内探测到。挥发性化合物作为标记剂被添加到爆炸物中,以使爆炸物能被 IMS 所检测[2, 3]。尽管对炸药做标记有利于反恐,带来的好处不言而喻,但并不是每一个炸药制造商都能接受对所有炸药做标记的提议,将来也可能不会接受。另外,在最近多起恐怖袭击预谋事件中发现了自制爆炸物的简易爆炸装置(improvised explosive device, IED)。自制爆炸物的存在,以及很多库存中的爆炸物未添加标记物,使得仅仅依靠添加标记物来探测爆炸物变得不切实际。

尽管可以通过中子活化辐射技术或高能 X 射线轰击物体的辐射技术检查行李箱是否藏有爆炸物,但对人体必须采用无害且无干扰的方法进行检查。这些检查方法主要是对附着在被测人员衣服或身体上的微粒进行吸气或轻柔取样,例如在步行通道入口以手持仪器检测。对于相对易挥发的爆炸物,例如 EGDN、NG,甚至是 TNT(25 ℃时蒸气压超过 10^{-6} Torr,见表 12.1),可通过从目标物或可疑行李中抽取蒸气或微粒物质进行检测。然而,对于在室温下蒸气压低于 10^{-8} Torr 的 RDX 或 PETN 等塑料炸药,或密封良好的挥发性爆炸物,就需要采用不同的取样方法了。可以先对蒸气进行预浓缩,或是收集吸附有爆炸物蒸气的微粒,再将其转移到检测器中进行加热和分析。因此,爆炸物检测的第一个障碍就是取样,需要将足够多的化合物分子引入 IMS 中。在一种用于检测行人是否携带爆炸物或可疑物体的仪器中提到了相关的采样方法。在此方法中,喷射式的气流将微粒裹挟带到特氟隆滤纸上,微粒在滤纸上蒸发成气体后被吸入 IMS 进行分析[4]。

除了检测爆炸物外,手持 IMS 设备还可用于爆炸后所使用炸药类型的识别。IMS 作为定性分析工具可以在现场完成分析,也可在法医实验室用 IMS 对碎片进行检测,找出带有爆炸物痕迹的碎片,以便进行更详细和精确的分析[5-7]。本书的其他章节将会介绍爆炸物作为环境污染物的痕迹检测方法。

12.2 爆炸物检测的化学原理

含氮炸药的电离化学受负极性反应的控制——尽管在某些情况下也会产生正极性离子,特别是对于不含硝基的炸药。在负极性中,爆炸性化合物的离子主要通过电荷转移、质子剥离、缔合(或离子附着)和解离等反应机理在反应区域中形成。电负性分子与反应离子(如 O_2^-)之间的反应可能涉及电荷从反应离子转移到中性分子[式(12.1)],然后解离形成更稳定的碎片离子 F^-。

电荷传递和解离:

$$M + O_2^- \rightarrow M \cdot O_2^- \rightarrow F^- + 中性分子 + O_2 \qquad (12.1)$$

另一种反应途径涉及分析物分子上质子的失去,实质上是质子从分析物分子转移到反应离子上,形成 $(M\text{-}H)^-$ 离子。

质子失去:

$$M + O_2^- \rightarrow (M\text{-}H)^- + HO_2 \qquad (12.2)$$

更为常见的是缔合或离子附着反应[式(12.3)]。在 M 浓度升高且碰撞稳定时会进一步生成二聚体或络离子[式(12.4)]:

离子附着或缔合:

$$M + O_2^-(H_2O)_n \rightarrow M \cdot O_2^-(H_2O)_{n-1} + H_2O \qquad (12.3)$$

二聚反应:

$$M + M \cdot O_2^- \rightarrow M_2 \cdot O_2^- \qquad (12.4)$$

据报道,电荷传递反应和质子失去反应仅在少数情况下发生,例如在空气中 TNT 与 O_2^- 的反应[8-11]。通常,多个缔合反应和附着反应过程会同时发生并相互竞争,爆炸物分子会附着到电离室中存在的不同离子上,形成多种不同的负产物离子。正如一些研究人员所建议的,电离过程通常是通过添加反应气(通常为氯离子或溴离子)来控制的,这样容易形成明确的产物离子[12-15]——虽然在某些情况下不用氯离子试剂可以获得更好的结果[16]。在其他反应途径中,通过伴有电荷转移的解离反应还会形成像 NO_2^- 或 NO_3^- 这样的碎片离子,这些碎片离子随后又会与另外的分子结合形成络离子。虽然电荷在不同离子中的分配从定量角度讲有损最低检测限,但从定性角度讲,生成多种产物离子却有助于确定爆炸物的存在和减少虚假响应的发生。几种含氮爆炸物的高分辨率负离子迁移谱如图 12.1 所示。

12.3 取样和预浓缩技术

取样技术的主要目的是将可疑物体上可能存在的足量的爆炸性化合物分子运送到分析仪器。提取样本以确认爆炸物是否存在的取样技术是与分析设备的类型(手持式、桌面式或检测门)、爆炸物性质(蒸气压的高低、液体或固体)、被检测的对象(人、手提行李或如集装箱的大型物品)以及取样的目的(环境检测、爆炸碎片,或者是搜查可能处理过爆炸物的地点)有关。在过去,爆炸物检测或依靠"嗅探"散发到周围空气中的爆炸物蒸气,或利用合适的采样介质轻扫可疑物体以收集颗粒,然后在 IMS 样品导入系统中对粒子进行热解吸。然而,现代技术的发展衍生出多种爆炸物检测方法。例如,在激光解吸和电离 IMS,或者激光烧蚀 IMS 设备中,固体样品可以直接取样检测,而液体样品可以在配有电喷雾电离入口的 IMS 中直接检测。其他取样方法包括从周围空气中预浓缩爆炸物蒸气,或从水体甚至尿液等液体样品中选择性地提取爆炸物分子。以下各节将介绍各种不同的爆炸物检测方法。

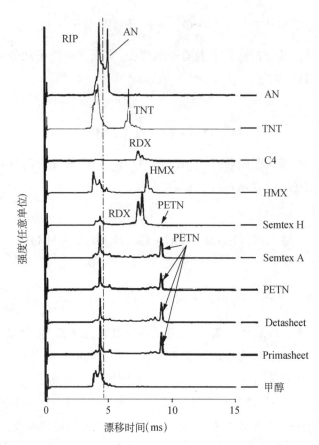

图 12.1 几种典型爆炸物的迁移谱。（摘自 Hilton et al., Improved analysis of explosives samples with electrospray ionization-high resolution ion mobility spectrometry（ESI-HRIMS）, *Int. J. Mass Spectrom.* 2010, 298, 64-71.经允许）

Almirall 团队开发并测试了不同的 SPME 设备，深入研究了 SPME 装置用于爆炸物蒸气的浓缩[18-20]。他们将动态平面 SPME 耦合到 IMS 上，通过抽取大量空气对其中的药物和爆炸物蒸气进行现场采样[20]。SPME 由高表面积的溶胶-凝胶聚二甲基硅氧烷（polydimethylsiloxane，PDMS）涂层组成，涂层材料可以在吸收蒸气后直接热解吸到 IMS 中。报道称，如果在 10 s 内采样 3.5 L 的空气，那么能达到检测出万亿分之一分析物浓度的灵敏度，相当于绝对检测值不到 1 ng。使用该动态平面 SPME（planar SPME，PSPME）对 Pentolite 炸药进行顶空采样，检测到了 0.6 ng 的 TNT 和几种无烟粉末；2,4-DNT 和二苯胺的检测限分别为约 30 ng 和 11～74 ng。该团队还研究了对气相中的标记物进行采样并用 SPME 装置对其进行预浓缩的方法[20]。

12.4 手持式仪器、便携式设备和检测门

手持式 IMS 主要采用"嗅探"的方式检测爆炸物，与手持式金属探测仪的使用方法类似，都是将仪器靠近进入检测区域的被检人员、衣服以及其携带的物品，而不用真正接触到

被检对象。手持式仪器可以在安全巡逻时用来对可疑对象进行检查以建立公共场所中的"安全区"。这种爆炸物检测方法虽然仅限于检测未包裹的挥发性炸药或可疑物表面的痕量炸药,但却起到了震慑恐怖分子的作用,使公众产生安全感。另外,此类仪器可以快速布置到现场以提高安全防范。这种类型的早期商用仪器有 GE Interlogix 公司的 VaporTracer 和 Smiths 检测公司的 Sabre 2000,如图 12.2 所示。图 12.3 为当前基于 IMS 技术的爆炸物探测仪的一些示例。ItemiserDX 和 MobileTrace 由 Morpho 检测(Safran)公司生产,Safran 公司收购了通用电气公司 IMS 的产品线,Sabre 5000、MMTD 和 IONSCAN 500DT(基于 IONSCAN)由 Smiths 公司生产。

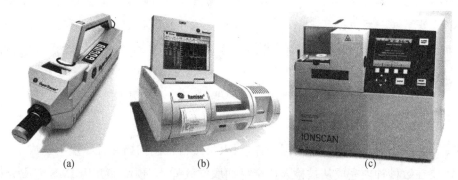

图 12.2 3 款早期的爆炸物检测设备:(a)手持式爆炸物分析仪 VaporTracer;(b)便携式爆炸物分析仪 Itemiser,GE Interlogix 公司制造;(c)IONSCAN,Smiths 检测公司制造(网址为 http://www.smithsdetection.com)。

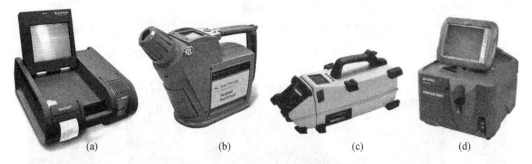

图 12.3 一些基于 IMS 的现代商用爆炸物检测器。(a)和(b)分别为 ItemiserDX 和 Hardened MobileTrace(由 Safran 的 Morpho 检测公司开发)(网址为 http://www.morpho.com/detection/see-all-products/trace-detection/);(c)和(d)分别为 IONSCAN 500DT 和 MMTD(Multi-Mode Threat Detector,多模式威胁检测器)(Smiths 检测公司开发)(网址为 http://www.smithsdetection.com)。

　　台式仪器通常安装在机场登机口这样的固定地点,需要操作人员进行擦拭或吸气(例如真空吸尘器)操作,将颗粒捕获在滤纸上,然后将滤纸插入分析仪的入口,或放置在砧座加热装置上加热,或直接加热。由于该采样需要与可疑对象或物体进行轻微的物理接触,因此在一定程度上具有侵入性。这些仪器通常与 X 射线机组合在一起或放置在 X 射线机旁,以便操作员能够立即测试在成像设备中看似可疑的任何物体(参见框架 12.2)。虽然台式仪器比手持式仪器大,但仍是便携的或重新安置到一个新的控制区域以提高该区域的筛查能力。

　　爆炸物检测门应该像金属检测门一样，对人员进行快速扫描并且尽量不造成不便[21-24]。检测门需要在数秒钟内完成从被检人员全身抽取空气样本、预浓缩并用 IMS 完成分析的整个过程。检测门还可以使用空气喷嘴或通过轻微的身体接触来分离颗粒，将其富集到过滤器上，以提高检测器的灵敏度[21]。一般来说，带有此类检测门的安全检查站主要用来锁定和捕获自杀式炸弹袭击者，以减少由其造成的破坏。

　　在 Smiths 检测公司销售的 Sentinel II 设计中，气流被向下引到检测门底部，进入预浓缩器和 IMS 检测器（图 12.4）[22]。后面将介绍一个自动行李箱入口，它可能适用于人员检查。

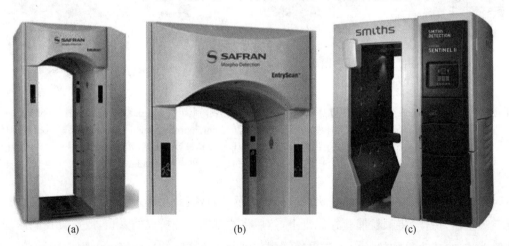

(a)　　　　　　　　(b)　　　　　　　　(c)

图 12.4　用于检测人体携带爆炸物的检测门原型。(a)(b)EntryScan（由 Morpho 检测公司开发；网址为 http://www.morpho.com）：高通量、非侵入性、快速检测爆炸物和麻醉品的检测门。炸药的微小痕迹很容易被探测和识别。(c)用于检测爆炸物残留物的 Sentinel II：气流用来采集人体表面的物质，空气通过门底部的入口进入预浓缩器和 IMS 检测器（由 Smiths 检测公司开发；网址为 http://www.smithsdetection.com）。

12.5 研究与运用经验

本节将讨论爆炸物检测的一些操作经验和最新进展。本节中的大多数数据由执法机构发布或由商用 IMS 设备的制造商提供,因此,本节侧重于实践和现场测试。文中描述内容主要来自制造商的声明和用户手册,但如果有关于比较评估和现场测试的客观报告,我们会以报告为准。含硝基官能团的常规炸药可分为两类:相对易挥发物质(例如 NG 和 EGDN)和低蒸气压物质(例如 RDX、PETN 和 HMX),TNT 的蒸气压处于两者之间。商业和军事复合炸药由上述两种或两种以上化合物组成,例如组合炸药 B、C 和 Semtex,后者包括 H、A、10 三种类型。一些新型的替代炸药已经在恐怖主义袭击中出现,包括可以很容易从现有材料制备的自制化合物,如硝酸铵和燃油的混合物(ammonium nitrate mixed with fuel oil,ANFO),在俄克拉荷马城爆炸中使用的液态硝基甲烷,以及主要由巴勒斯坦人使用的 TATP 和硝酸尿素(urea nitrate,UN)。相对较新的自制炸药是 1,3,5-三亚硝基-1,3,5-三氮杂环己烷(也称为 R-盐),也可以通过 IMS 进行检测。

如图 12.1 所示,负模式运行的 IMS 可以很容易地检测到部分常见爆炸物,研究人员和制造商报告了实验室设置下的检测限在亚纳克量级。检测上述物质的大多数商用仪器都在高温(100 ℃～200 ℃)下运行,并使用掺杂剂控制反应物离子的化学性质,可用"嗅探"方式检测蒸气;也可利用过滤器捕获颗粒,然后将其插入仪器进样口,通过热解吸使其蒸发。在上述条件下,产物离子形成的主要机理是团簇化和二聚体化[式(12.3)和(12.4)]。由于爆炸物的识别基于迁移谱中离子的约化迁移率,而掺杂剂会影响产物离子,因此检测算法需要考虑这个问题。一篇综述文章总结了在现代分析 IMS 早期发展过程中开展的关于 IMS 适用于爆炸物检测和识别的研究报道[25],并在文献[26]中跟踪了之后的研究进展。其中有些研究关注爆炸物蒸气的离子化学,也有其他研究尝试确定最小可检测极限。

在讨论或进行爆炸物的定量测量时,尤其是爆炸物处于气相状态时,需要特别注意,大多数爆炸性物质是高极性分子,容易在表面吸收或发生热分解[27]。因此,从爆炸源释放的蒸气量[27-29],例如加热的渗透管,与实际到达分析仪的蒸气量之间可能存在显著差异。因此,所检测到的炸药的实际浓度可能低于根据蒸气发生器的重量损失所计算出的浓度。另外,当从发生器表面转移或从分析仪表面解吸时,可能会再次损失分析物或分解产物。以下可能是确定 IMS 响应定量校准的最好方法:将已知量的物质(通常取自溶解在挥发性有机溶剂中的爆炸物校准溶液)沉积在合适的滤网上,然后通过加热入口直接将样品解吸到 IMS 漂移管。这种方法有时也被称为"干转移"。

一些研究试图解决在水中检测爆炸物以及降解或解离产物的问题。本书的其他地方已有详细描述,这里只做简要讨论。在一项研究中,搅拌棒吸附萃取法(stir bar sorptive extraction,SBSE)被用于从水中浓缩微量 TNT 和 RDX,然后将其热解吸到 IMS 中。得到的 TNT 检测限为 0.1 ng/mL,RDX 检测限为 1.5 ng/mL,整个过程可在不到 1 min 的时间内完成[30]。Tam 和 Hill 描述了一种基于 SESI-IMS 检测气相与液相状态下的常见军用爆炸物及其解离产物的有趣方法[31]，研究包括了温度和掺杂剂使用的影响，并报告了十亿分之几的检测限。研究人员采用高速 GC 和 DMS 相结合的方法测定了几种爆炸物在溶液中的混合物，包括 PETN、RDX、Tetryl 和过氧化物；利用气相色谱法对样品进行预分离，改善了 DMS 的响应，并发现每种化合物都有不同的分离模式。作者的结论是，通过将几个具有特殊分离电压的差分迁移检测器进行并联或串联，可以实现多种选择性[32]。

在开发具有选择性地、被动地对爆炸物进行预浓缩的装置的另一项尝试中，研究人员使用了浸渍有金属 β-二酮酸酯聚合物的蒸气失活石英纤维滤纸[33]。路易斯酸聚合物选择性地与路易斯碱分析物（如炸药）相互作用。通过被动平衡采样，研究了饱和大气中 TNT 和 RDX 蒸气的吸收动力学。经过一个月，过滤器上收集了大约 5 ng 的 RDX，这个量很容易被 IMS 检测到。

12.6　人行道入口检测门和行李监测系统

人行道入口检测门和行李监测系统目前正在广泛部署。两个主要的 IMS 仪器制造商 Smiths 检测公司（前身是 Barringer 研究公司）和 Morpho 检测（Safran）公司（收购了 GE Interlogix 公司，之前称为 IonTrack 仪器公司）已经提出了用于在实际场景中进行测试的实验模型。

Barringer 研究公司已生产了一系列便携式仪器用于毒品和爆炸物的检测。同样，Ion Track仪器公司也建立起了基于 IMS 的仪器系列，以满足航空安全检测的相同需求。这些仪器的核心技术已集成到行李筛查原型系统[34]和人员通道检测门[35]。

有关 IMS 分析仪器的筛查用途已有文章和技术报告，并披露了一些分析功能。这里仅讨论更具意义的几个方面。在常规操作中，通过强力真空吸尘器将微粒收集在一个过滤器上，然后将过滤器插入加热器中，该加热器与 IMS 直接相连，解吸出来的蒸气被载气带进离子漂移管（参见图 6.4）。包括塑料炸药在内的大多数常见炸药，声称其检测限在 50 pg～350 pg，这个量即过滤器上收集的量。在（美国）联邦航空管理局的支持下，研究人员对一种用于检测行李中爆炸性蒸气和颗粒物的自动痕量检测系统进行了测试[34]。该系统利用一个传送带将行李运送到一个通道中，在这里，一个由 225 根柔性采样管构成的采样阵列会将颗粒物收集起来，并运送到一个预浓缩单元。

一种覆盖有网筛的蒸气浓缩器将进一步浓缩爆炸物蒸气，之后再由 IONSCAN 对其进行分析。同时行李中释放出来的蒸气也被另外一个预浓缩单元收集，并释放到第二套覆盖网筛的浓缩器和 IMS 仪器中进行浓缩和分析。用于蒸气检测的漂移管和进样口温度分别设置在 60 ℃和 110 ℃，用于微粒的检测则分别设在 115 ℃和 245 ℃。每件行李的总检测时间为 20 s，其中采样时间为 7 s，解吸和旋转转盘为 3 s，颗粒的解吸和分析为 10 s。但实际上的吞吐量更大，这是因为当第一件行李被采样后下一件行李就可紧接着进入通道进行采样，当前两件行李进行分析时后两件行李可紧随其后进入通道。因此据报道，该系统 IMS 每分钟执行 6 次分析,吞吐量为每小时 720 件[34]。为了专门检测爆炸物,人们生产了一台体积很大的(large-volume, LV)IMS 分析仪,并在 Sandia 的一些实验室进行了测试。测试结果可参见技术报告[22]。该系统包括一个人行通道检测门,其中流过的清洗吹扫气流高达 230 L/min;还有一个截面积为 100 cm² 的大直径 IMS 漂移管,其载气流速可达 16.6 L/min(比普通的 IMS 漂移管高 2 个数量级)。这项研究结果显示,门内塑料包裹中放置的0.5 g TNT 和 TNT-RDX 混合物(混合炸药 B)都能被检测到,而纯的 RDX 和 PETN 未能被检测出来。该分析仪的最低检测限与采用预浓缩的传统 IMS 相近。

在另一项研究中,研究人员调查了 17 种在机场使用 IMS 技术检测 TNT 时最常见的可疑干扰物[36]。该研究采用了爆炸物检测器中最常见的反应物离子——氯离子。其中 10 种可疑的干扰物在 IMS 仪器上没有信号响应,其他 7 种中只有 2 种存在问题:4,6 硝基—邻甲基苯酚与 TNT 有相近的约化迁移率值,2,4-二硝基苯酚与 TNT 发生电离竞争。框架 12.2 中给出的个人描述显示,某些产生误报反应的化学物质可能来自意想不到的来源,比如洗手液或其他常见化妆品和药物。

12.7 自制炸药和其他替代炸药

如之前提到,新型自制炸药或普通硝化炸药的替代品已经在多个恐怖袭击中出现,对公共安全构成了威胁(见框架 12.3)。为了应对这些威胁,必须对仪器进行校准,对数据系统进行修正,并且可能需要对一些工作参数进行修改。爆炸物检测器的一些主要制造商已经确定了在不严重降低标准炸药性能的情况下探测几种非传统炸药的操作条件。在一实施例中,漂移管的温度被降至 169 ℃,解吸器设定为 220 ℃。该仪器工作在双模式下,即几乎同时获得正负两种离子的迁移谱图。参数修改后,TATP、硝酸铵和火药的检测限为 50~100 ng,检测限被作者定义为在给定的检测阈值下产生警报所需的目标物质量[37]。随着当前爆炸物检测器的发展,非传统炸药的检测限得到了改善,尤其是 TATP。在这样的条件下,TNT 的响应和检测限降低了一半,而 RDX 和 NG 的响应和检测限几乎没有受到影响,PETN 的检测限反而得到了改善[37]。

框架 12.3　《新科学家》(*New Scientist*),"分析"栏目

爆炸物检测技术

Knight 于 2006 年 8 月 10 日 17:24

液体爆炸物

据美国安全官员称,这起涉嫌的恐怖袭击阴谋可能进一步凸显出更复杂检测技术的必要性,因为它所用的液体爆炸物可能就是为了规避目前的安检。英国圣安德鲁斯大学恐怖主义和政治暴力研究中心主任 Wilkinson 告诉《新科学家》杂志,恐怖分子"正越来越多地从含氮炸药转向其他类型的炸药"。

在 IMS 和串联质谱对 TATP 的研究中,人们鉴定了迁移谱中 TATP 的峰。质谱中质量为 223 Da 的峰被确定为来自 TATP[38]。在离子迁移谱图中可看到含有 3 个离子峰的团簇,将 TATP 溶解在甲苯中后峰强度大大增加。据报道,主峰的约化迁移率为 2.71 cm^2/(V·s)。这么高的迁移率说明对应的离子质量一定很小(可能是硝酸根离子),且不是分子离子。最近的研究确实在 TATP 的正离子迁移谱中发现了质量为 240 Da 的准分子峰,该峰对应于与氨的加合物,并且当氨的浓度从 4.7 ppmv 增加到 8.1 ppmv 时,峰强度降低,如图 12.5 所示。该峰的约化迁移率较低,与基于加成离子质量的预测相一致[39]。

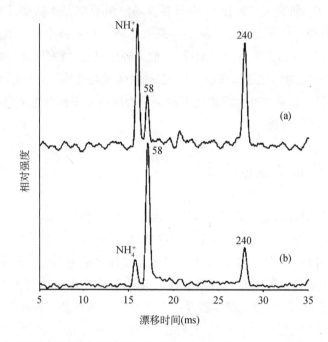

图 12.5 80 ℃下 0.2 μL 的 TATP 的 IMS 图:(a)氨浓度为 4.7 ppmv;(b)氨浓度为 8.1 ppmv。(摘自 Ewing; Waltman; and Atkinson, Characterization of triacetone triperoxide by ion mobility spectrometry and mass spectrometry following atmospheric pressure chemical ionization, *Anal. Chem.* 2011, 83, 4838-4844.经允许)

在 2001 年和 2003 年的 ISIMS 会议论文集中还有两篇关于在正、负极性两种模式下检测简易爆炸物的研究报告[40, 41]。在前一篇报告中,在两个极性离子漂移管中都测到了 TATP 的 IMS 响应信号;而在后者中,仅在正极性离子漂移管中得到了 TATP 产生的离子信号。湿度对过氧化合物 TATP 和 HMTD 的检测有影响,所以必须将水气含量控制在 100 ppm 以下[41]。

12.8 爆炸物探测仪的校准标准

美国国家标准与技术研究院(National Institute for Standards and Technology, NIST)的一个小组在 2004 年 ISIMS 会议上全面讨论了与爆炸物探测仪校准相关的问题[42]。他们演示了一种基于简单喷墨打印机液滴沉积的解决方案。用溶解在挥发性溶剂中的爆炸物化合物溶液替换传统油墨，并稍稍修改打印机上的点孔，就可以完成将所需的分析物量打在一张纸上或不同的测试表面上，如行李把手或软盘上。通过这种方法，可以生产出高度可重复的标准品。也可以通过用滴管采集已知体积已知浓度的分析物溶液，将其放置使溶剂蒸发（干转移法）来制备自制标准品。这种自制方法对可溶性炸药非常实用，而且使用的溶剂也很常见，如丙酮、酒精或乙腈。

如上所述，由于化合物存在极性，它们在物体表面容易被吸收，另外一些敏感化合物容易分解，因此很难产生浓度可控的爆炸物蒸气。文献[43]介绍了一种便携式爆炸蒸气发生器，并对上述问题进行了讨论。该设备的基本原理是将喷墨打印机产生的液滴在封闭空间蒸发，并对蒸气进行取样。

12.9 爆炸物数据库

表 12.2 列出了大多数常见爆炸物的约化迁移率数据。一些具有特征产物离子的化合物会存在几个不同的约化迁移率，这些产物离子不是总能够通过质谱确定。如式(12.3)的反应所示，被测的目标物分子与离子的络合反应在爆炸物检测中起着重要作用。很多研究都表明，目标分子与反应离子生成的加成离子或络离子是最主要的产物离子。络离子的结合过程与温度有很大的关系，在较低的温度(50 ℃)条件下生成的络离子较多。

表 12.2 常见爆炸物的约化迁移率

名称	离子种类（假设）	MDL	$K_0[\text{cm}^2/(\text{V}\cdot\text{s})]$	实验参数
硝基芳族				
MNT			1.74	空气,166 ℃
			1.81	
			2.40	
2,4 DNT			1.68,2.10	空气,200 ℃
3,4 DNT			1.54	空气,50 ℃
2,6 DNT			1.67	空气,250 ℃
TNT		200 pg	1.45	空气,166 ℃
			1.49	
			1.54	
			1,59	
硝基脂肪族				
Dynamite			2.10, 2.48	空气,200 ℃
NG	$NG\cdot Cl^-$, $NG\cdot NO_3^-$	50 pg	1.32, 1.34	空气,150 ℃

239

（续表）

名称	离子种类（假设）	MDL	$K_0[\mathrm{cm}^2/(\mathrm{V}\cdot\mathrm{s})]$	实验参数
		200 pg	1.28	
EGMN	NO_3^-		2.46	空气,150 ℃
EGDN	NO_3^-		2.46	空气,150 ℃
低蒸气压				
HMX			1.30,1.25	空气,250 ℃
RDX	RDX	200 pg	1.48,1.39	空气,250 ℃
	$RDX\cdot Cl^-$, $RDX\cdot NO_3^-$	800 pg	1.31	
	$(RDX)_2 Cl^-$	1 000 pg	0.95	
PETN	PETN		1.48,1.221	空气,166 ℃
	PETN（—H）	80 pg	1.145	
	$PETN\cdot Cl^-$	200 pg	1.10	
	$PETN\cdot NO_3^-$	1 000 pg		
Tetryl			1.45,1.62	空气,250 ℃
Comp B			1.57,1.70,1.81	空气,200 ℃
其他				
TATP	$TATP\cdot NH_4^+$	~μg	1.36	100 ℃（Marr）
HMTD	$HMTD\cdot H^+$		1.50	100～130 ℃
黑火药	$N(CH_2O)_3 H\cdot Cl^-$		1.88	150 ℃

数据来源：Fetterolf, D.D.；Clark, T.D., Detection of trace explosive evidence by ion mobility spectrometry, *J. Forens. Sci.* 1993, 38, 28-39（Barringer IONSCAN 200）；Marr, A.J.；Groves, D.M., Ion mobility spectrometry of peroxide explosives TATP and HMTD, *Int. J. Ion Mobil. Spectrom.* 2003, 6, 59-61.

空气:指漂移气体、流经电离源的气体和样品蒸气等都以空气为载体。存在反应离子氯离子 Cl^-

MDL:最低检测限

MNT:一硝基甲苯（mononitrotoluene）

EGMN:乙二醇单硝酸盐（ethylene glycol mononitrate）

参考文献

[1] Lucero, D.P., User requirements and performance specifications for explosive vapor detection systems, *J. Test. Eval.* 1985, 13, 222-233.

[2] Wernlund, R.F.；Cohen, M.J.；Kindell, R.C., The ion mobility spectrometer as an explosive taggant detector, in *Proceedings of the New Concepts Symposium and Workshop on Detection Identification of Explosives*, Reston, VA, 1978, p.185；Perr, J.M.；Furton, K.G.；Almirall, J.R., Solid phase microextraction ion mobility spectrometer interface for explosive and taggant detection, *J. Sep. Sci.* 2005, 28, 177-183.

［3］Ewing, R.G.; Miller, C.J., Detection of volatile vapors emitted from explosives with a handheld ion mobility spectrometer, *Field Anal.Chem. Technol.* 2001, 5, 215-221.

［4］Phares, D.J.; Holt, J.K.; Smedley, G.T.; Flagan, R.C., Method for characterization of adhesion properties of trace explosives in fingerprints and fingerprint simulations, *J. Forensic Sci.* 2000, 45, 774-784.

［5］Spangler, G.E.; Carrico, J.P.; Kim, S.H., Analysis of explosives and explosive residues with ion mobility spectrometry (IMS), in *Proceedings of the International Symposium on Detection of Explosives*, Quantico, VA, 1983, p.267.

［6］Fetterolf, D.D.; Clark, T.D., Detection of trace explosive evidence by ion mobility spectrometry, *J. Forensic Sci.* 1993, 38, 28-39.

［7］Garofolo, F.; Migliozzi, V.; Roio, B., Application of ion mobility spectrometry to the identification of trace levels of explosives in the presence of complex matrixes, *Rapid Commun. Mass Spectrom.* 1994, 8, 527-532.

［8］Karasek, F.W.; Tatone, O.S.; Kane, D.M., Study of electron capture behavior of substituted aromatics by plasma chromatography, *Anal. Chem.* 1973, 45, 1210-1214.

［9］Karasek, F.W.; Denney, D.W., Detection of 2,4,6-trinitrotoluene vapors in air by plasma chromatography, *J. Chromatogr.* 1974, 93, 141-147.

［10］Karasek, F.W., Detection of TNT in air, *Research/Development* 1974, 25, 32-34.

［11］Spangler, G.E.; Lawless, P.A., Ionization of nitrotoluene compounds in negative ion plasma chromatography, *Anal. Chem.* 1978, 50, 884-892.

［12］Danylewych-May, L.L., Modifications to the ionization process to enhance the detection of explosives by IMS, paper presented at the Proceedings of the First International Symposium on Explosion Detection Technology, Atlantic City, NJ, November 1991, Paper C-10.

［13］Proctor, C.J.; Todd, J.F.J., Alternative reagent ions for plasma chromatography, *Anal. Chem.* 1984, 56, 1794-1797.

［14］Spangler, G.E.; Carrico, J.P.; Campbell, D.N., Recent advances in ion mobility spectrometry for explosives vapor detection, *J. Test. Eval.* 1985, 13, 234-240.

［15］Lawrence, A.H.; Neudorfl, P., Detection of ethylene glycol dinitrate vapors by ion mobility spectrometry using chloride reagent ions, *Anal. Chem.* 1988, 60, 104-109.

［16］Daum, K.A.; Atkinson, D.A.; Ewing, R.G.; Knighton, W.B.; Grimsrud, E.P., Resolving interferences in negative mode ion mobility spectrometry using selective reactant ion chemistry, *Talanta* 2001, 54, 299-306.

［17］Hilton, C.K.; Krueger, C.A.; Midey, A.J.; Osgood, M.; Wu, J.; Wu, C., Improved analysis of explosives samples with electrospray ionization-high resolution ion mobility spectrometry (ESI-HRIMS), *Int. J. Mass Spectrom.* 2010, 298, 64-71.

［18］Lai, H.; Guerra, P.; Joshi, M.; Almirall, J.R., Analysis of volatile components of drugs and explosives by solid phase microextraction-ion mobility spectrometry, *J. Sep. Sci.* 2008, 31, 402-412.

［19］Guerra, P.; Lai, H.; Almirall, J.R., Analysis of the volatile chemical markers of explosives using novel solid phase microextraction coupled to ion mobility spectrometry, *Sep. Sci.* 2008, 31, 2891-

241

2898.

[20] Guerra-Diaz, P.; Gura, S.; Almirall, J.R., Dynamic planar solid phase microextraction-ion mobility spectrometry for rapid field air sampling and analysis of illicit drugs and explosives, *Anal. Chem.* 2010, 82, 2826-2835.

[21] Gowadia, H. A.; Settles, G. S., The natural sampling of airborne trace signals from explosives concealed upon the human body, *J. Forensic Sci.* 2001, 46, 1324-1331.

[22] Schellenbaum, R. L.; Hannum, D. W., Laboratory evaluation of the PCP large reaction volume ion mobility spectrometer (LRVIMS), Report SAND-89-0461, 1990, 37.

[23] Elias, L.; Neudorfl, P., Laboratory evaluation of portable and walk-through explosives vapor detectors, Report NAE-LTR-UA-104, CTN-91-60015, 1990.

[24] Wu, C.; Steiner, W.E.; Tornatore, P.S.; Matz, L.M.; Siems, W.F.; Atkinson, D.A.; Hill, H.H., Construction and characterization of a high-flow, high-resolution ion mobility spectrometer for detection of explosives after personnel portal sampling, *Talanta* 2002, 57,123-134.

[25] Karpas, Z., Forensic science applications of ion mobility spectrometry (IMS), a review, *Forensic Sci. Rev.* 1989, 1, 103-119.

[26] Ewing, R. G.; Atkinson, D. A.; Eiceman, G. A.; Ewing, G. J., A critical review of ion mobility spectrometry for the detection of explosives and explosive related compounds, *Talanta* 2001, 54, 515-529.

[27] Eiceman, G.A.; Preston, D.; Tiano, G.; Rodriguez, J.; Parmeter, J.E., Quantitative calibration of vapor levels of TNT, RDX, and PETN using a diffusion generator with gravimetry and ion mobility spectrometry, *Talanta* 1997, 45, 57-74.

[28] Cohen, M. J.; Wernlund, R. F.; Kindel, R.C., An adjustable vapor generator for known standard concentrations in the fractional parts per billion range, in *Proceedings of the New Concepts Symposium Workshop on Detection and Identification of Explosives*, Reston, VA, 1978, p. 41.

[29] Davies, J.P.; Blackwood, L.G.; Davis, S.G.; Goodrich, L.D.; Larson, R.A., Design and calibration of pulsed vapor generators for 2,4,6-trinitrotoluene, cyclo-1,3, 5-trimethylene-2,4,6-trinitramine, and pentaerythritol tetranitrate, Idaho National Engineering Laboratory, *Anal. Chem.* 1993, 65, 3004-3009.

[30] Lokhnauth, J. K.; Snow, N. H., Stir-bar sorptive extraction and thermal desorption-ion mobility spectrometry for the determination of trinitrotoluene and 1, 3, 5-trinitro-1, 3, 5-triazine in water samples, *J. Chromatog. A* 2006, 1105, 33-38.

[31] Tam, M.; Hill, H.H., Secondary electrospray ionization-ion mobility spectrometry for explosive vapor detection, *Anal. Chem.* 2004, 76, 2741-2747.

[32] Cagan, A.; Schmidt, H.; Rodriguez, J.R.; Eiceman, G.A., Fast gas chromatography-differential mobility spectrometry of explosives from TATP to Tetryl without gas atmosphere modifiers, *Int. J. Ion Mobil. Spectrom.* 2010, 13, 157-165.

[33] Harvey, S. D.; Ewing, R. G.; Waltman, M. J., Selective sampling with direct ion mobility spectrometric detection for explosives analysis, *Int. J. Ion Mobil. Spectrom.* 2009, 12, 115-121.

[34] Fricano, L.; Goledzinowski, M.; Jackson, R.; Kuja, F.; May, L.; Nacson, S., An automatic trace

detection system for the detection of explosives' vapors and particles in luggage, *Int. J. Ion Mobil. Spectrom.* 2001, 4, 22-26.

[35] Smiths Detection, IONSCAN Sentinel II, http://www.smithsdetection.com/Sentinel.php; Safran, EntryScan®, http://www.morpho.com/detection/see-all-products/trace-detection/entryscan-r/.

[36] Matz, L.M.; Tornatore, P.S.; Hill, H.H., Evaluation of suspected interferents for TNT detection by ion mobility spectrometry, *Talanta* 2001, 54, 171-179.

[37] McGann, W.J.; Haigh, P.; Neves, J.L., Expanding the capability of IMS explosive trace detection, *Int. J. Ion Mobil. Spectrom.* 2002, 5, 119-122.

[38] Buttigieg, G.A.; Knight, A.K.; Denson, S.; Pommier, C.; Denton, M.B., Characterization of the explosive triacetone triperoxide and detection by ion mobility spectrometry, *Forensic Sci. Int.* 2003, 135, 53-59.

[39] Ewing, R.G.; Waltman, M.J.; Atkinson, D.A., Characterization of triacetone triperoxide by ion mobility spectrometry and mass spectrometry following atmospheric pressure chemical ionization, *Anal. Chem.* 2011, 83, 4838-4844.

[40] McGann, W.J.; Goedecke, K.; Becotte-Haigh, P.; Neves, J.; Jenkins, A., Simultaneous dual-mode IMS detection system for contraband detection and identification, *Int. J. Ion Mobil. Spectrom.* 2001, 4, 144-147.

[41] Marr, A.J.; Groves, D.M., Ion mobility spectrometry of peroxide explosives TATP and HMTD, *Int. J. Ion Mobil. Spectrom.* 2003, 6, 59-61.

[42] Gillen, G.; Fletcher, R.; Verkouteren, J.; Klouda, G.; Zeissler, C.; Evans, A.; Davis, D.; Santiago, M.; Verkouteren, M., Advanced metrology to support IMS trace explosive detection: NIST capabilities and progress, ISIMS Conference, Gatlinburg, TN, July 26-29, 2004, http://www.cstl.nist.gov/div837/Division/outputs/Explosives/ISIMS_Gatlinburg.pdf.

[43] Antohe, B.V.; Hayes, D.J.; Taylor, D.W.; Wallace, D.B.; Grove, M.E.; Christison, M., Vapor generator for the calibration and test of explosive detectors, in 2008 *IEEE Conference on Technology Homeland Security*, Waltham, MA, May 12-13, 2008, pp. 384-389.

[44] Conrad, F.J., Explosives detection—the problem and prospects, *Nucl. Mater. Manage.* 1984, 13, 212.

243

第13章

化 学 战 剂

13.1 化学战剂检测技术简介及概述

过去 10 年中,有关 IMS 和 DMS 在 CWA 及其模拟物检测中的应用的综述性论文相继发表[1-6]。尤其值得关注的是 Sferopoulos 对 CWA 检测器技术和商用设备的综述,这篇文章涵盖了所有不同的技术,并用一章的篇幅介绍了基于 IMS 的仪器[6]。

禁止化学武器组织(Organisation for the Prohibition of Chemical Weapons, OPCW)将化学武器定义为"任何与释放化学试剂(chemical agent, CA)造成死亡或伤害直接相关的专门设计或有意使用的物品"[7]。

CWA 是一种仅通过短时间的吸入或皮肤暴露,就能在低浓度使人严重丧失工作能力、稍高浓度下致死的化合物。CWA 能够以不同的形式扩散,包括固体、液体、气体、蒸气和气溶胶,因此探测系统应该能够在各种操作场景中有效地工作。

CWA 可分为两大类:①神经性毒剂(经常被分为 G 剂和更持久的 V 剂),可破坏中枢神经系统(central nervous system, CNS)或周围神经系统的正常功能;②糜烂性毒剂(分为起疱剂或 H 剂),可影响组织并造成严重伤害(尤其是肺组织),甚至导致死亡。神经性毒剂通常是有机磷化合物,糜烂性毒剂通常是含氯的有机硫或砷化合物。还有包括导致窒息的窒息性毒剂和血液性毒剂等其他类型的化学战剂。表 13.1 列出了常见的 CWA。

表 13.1 典型 CWA 列表:类别、名称和缩写

神经毒剂	塔崩,GA
	沙林,GB
	梭曼,GD
	乙基沙林,GE
	环沙林,GF
	O-乙基-S-异丙基氨基酸甲基
	甲基膦酰硫醇酯,VX
	S-(二乙基氨基)乙基 O-乙基硫代磷酸乙酯,VE
	胺吸磷或四甲基氢氧化铵,VG
	膦硫酸,S-(2-(二乙基氨基)乙基)O-乙基酯,VM

（续表）

起疱剂	硫芥,H,HD	
	氮芥,HN-1,HN-2,HN-3	
	路易斯毒气,L	
	芥-路易斯毒气,HL	
	苯基环己烷,PD	
	光气肟,CX	
	氰化氢,AC	
血液制剂	氯化氰,CK	
	砷化氢,SA	
窒息制剂	氯,Cl	
	光气,CG	
	双光气,DP	
	三氯硝基甲烷,PS	

来源:Sferopoulos, R., A review of chemical warfare agent(CWA) detector technologies and commercial-off-the-shelf items, Defence Science and Technology Organisation, DSTO-GD-0570, Australia, 2008.

20 世纪 70 年代,就有研究报道正离子模式下的 IMS 对有机磷化合物有积极响应[8, 9]。此后,几个团队纷纷展开了针对 CWA 及其在环境中的降解物以及模拟物的、基于 IMS 的特定仪器配置的研究[10-30]。在一些研究中,IMS 与色谱柱结合,在化合物进入漂移管之前对复杂的混合物进行分离[5, 12, 22]。研究环境中 CWA 的降解产物时[14-20],样品通常是液体或土壤[20, 28],前者会采用 SPME 纤维进行预浓缩,使用 ESI 将样品带入高分辨率 IMS 漂移管[18, 19],或者直接吸入液体样品[15-19]。

13.2 化学武器探测的离子化学基础

如上所述,用于制作 CWA 的神经毒剂主要是具有高质子亲和力的有机磷化合物衍生物[31]。因此,响应的灵敏性、特异性以及测量的快速性使迁移谱仪成为现场测定的绝佳仪器。此外,糜烂性毒剂及其相关的分解产物可以在负极性迁移谱中检测出来。

神经毒剂及其模拟物,比如 DMMP,在 IMS 电离源中的反应主要是正气相离子化学反应。反应离子之间的主要反应途径如下:掺杂剂 $R_2H^+(H_2O)_n$ 的质子化二聚体[其中 R 可以是丙酮 $(CH_3)_2CO$]中的 R 被有机磷分子 G 置换,形成异质的质子结合二聚体 $GRH^+(H_2O)_{n-1}$[式(13.1)]。

置换掺杂剂分子:

$$G + R_2H^+ (H_2O)_n \rightarrow GRH^+ (H_2O)_{n-1} + R + H_2O \tag{13.1}$$

当 G 浓度增加时，则会形成同质的质子结合二聚体 $G_2H^+(H_2O)_{n-1}$[式(13.2)]。二次置换掺杂剂分子：

$$G + GRH^+(H_2O)_n \rightarrow G_2H^+(H_2O)_{n-1} + R + H_2O \tag{13.2}$$

为了控制电离过程，并减少干扰反应，可以通过添加试剂气体形成确定的反应离子。因此，R 可能是包括氨或丙酮在内的几种化学物中的一种[32-34]。原则上，如果 G 和 H^+ 之间的结合能很强，就会形成 $G_2H^+(H_2O)_{n-1}$ 离子[33]。

此外，在离子和中性样品同时存在的反应区，可以形成质子结合三聚体离子 $G_3H^+(H_2O)_n$ 甚至更高簇的离子。当这些离子从反应区进入 IMS 漂移区时，由于在漂移区没有中性样品，三聚体离子很快就发生分解。这些离子的寿命太短，无法在环境温度下的漂移管中被测量。

糜烂性毒剂通常含有卤素原子（通常是氯原子），如芥子气（mustard gas, HD），其质子亲和力较低，因此在环境压力下不能形成稳定的正离子。然而，这些化学物质（在军事法规中称为 H 试剂，在本节中称为 B）可以形成加合离子，即负极性的 $B \cdot O_2^-(H_2O)_{n-1}$，如式(13.3)所示。

负模式下的加合离子形成：

$$B + O_2^-(H_2O)_n \rightarrow B \cdot O_2^-(H_2O)_{n-1} + H_2O \tag{13.3}$$

湿度增加可能会干扰该反应，使其朝着式(13.3)的逆反应发展，即加合离子发生解离。在这种情况下，在迁移率谱中观察到的最终离子可能是反应物离子，导致假阴性反应。因此，如前所述，在尝试检测这些起疱剂之前，应使用模拟物进行可信度测试。

13.3 取样和预浓缩技术

为了提高对 CWA 和 TIC 的灵敏度和特异性，基于 IMS 的检测仪器采用了不同的分析策略。一些商业仪器利用丙酮等掺杂剂提高 IMS 仪器[32-36]的性能[35]。另一种提高性能的方法是在低于[37]或高于[38]环境压力下运行。据报道，在前一种情况下，DMS 的分辨率提高了一倍，从而增强了仪器的特异性[37]；而在后一种情况下，IMS 仪在高达 4 560 Torr(6 bar) 的压强下运行，以检测 DMMP(通常用作神经毒剂的模拟物)和其他化合物。分辨率在一定程度随压强和电场强度的增大而增加，但是一旦聚类效应占主导地位，分辨率就不如理论所预测的那样提高[38]。

SPME 装置与热解吸 GC-IMS 系统相结合，与没有 SPME 装置的同一系统相比，水中磷酸三丁酯(tributylphosphate, TBP, 作为模拟物)的检测限提高了 20 倍[39]。SPME 纤维还被用来对几种神经毒剂的顶空蒸气进行采样，这些纤维被直接引入改良的 ESI 源中，然后通过 IMS 和 MS 进行后续检测[26]。研究人员使用具有热脱附功能的 SPME-IMS 系统来筛选土壤样品中的 CWA 前体和降解产物，并发现 PDMS 纤维优于 PDMS-二乙烯基苯纤维[28]。

ESI 进样耦合 IMS，可采用直接取样水样或液体样品的方式来检测 CWA 及其前体或降解产物[18, 26, 27, 40]。在一项研究中,研究人员利用 ESI-IM-TOFMS 联用仪器测量了 6 种 G 系列神经毒剂或其前体,其中 IMS 工作在常压和负模式下,ESI 入口用于样品引入和电离[40]。

13.4 研究、操作和发展历史

在之前的讨论中我们列举了一些关于检测 CWA 及其前体和降解产物的研究示例。出于明显的原因,公开文献中并没有报道关于 CWA 的操作经验和检测系统性能,即使是一些演示数据都没有。基于 IMS 检测器的 CWA 实际检测限值只能参考厂家提供的说明书,而通常说明书只会声明仪器性能符合操作的要求,不会给出实际的量化结果。本章将介绍基于 IMS 技术的 CWA 检测器的发展历史,并对其发展现状进行综述。

在一些政府(特别是英国和美国)国防机构的支持下,研究人员开展了基于 IMS 的 CWA 检测器和监测器的开发项目。美国启动了 ACADA 的研究,随后中止[33]。Smiths 检测公司重启了这项工作,作为研究成果的 GID-3™ 及其后续型号(如 GID-M)已投入使用[41]。这类分析仪用于连续监测环境空气中的 CWA,并在超过阈值时发出警报。GID-3 和所有其他基于 IMS 的分析仪都被视为点传感器,只有在有微风吹过的情况下,它们才有可能探测距离超过几米的化学物质。

英国 Graseby 动力公司成功地研制出一种手持式 CAM[35],主要应用于化学战剂袭击后的现场检测,现场人员在进一步接触前对物体表面、设备或人员进行筛选,以验证化学战剂是否已被完全清除。CAM 的响应将指导针对受污染物体或人员的处理和净化决策。CAM 分析仪已经定期升级,升级版 i-CAM 也已部署使用。德国的 Bruker-Saxonia 公司开发了用于战场环境的手持式 IMS 分析仪 RAID™(快速警报和识别设备)系列和 IMS2000[42]。虽然技术规范略有不同,但这些手持分析仪之间普遍存在相似之处。在芬兰,Environics Oy 公司生产了一系列基于迁移谱的分析仪,包括 IMCELL™ MGD-1 及其后续型号,其吸气器设计用于 CWA 监测[15]。最后,Smiths 检测公司开发了一种袖珍 CWA 单兵监测仪,作为英国武装部队的部署设备。所有这些仪器都是为那些培训和分析测量经验有限的用户设计的。另外,这些检测器部署的环境条件可能很恶劣且苛刻,因此分析仪必须坚固耐用、便于操作,并且长期不需要维护。在实践中,士兵们会在筛选 CWA 之前用模拟物(置信度测试物)测试分析仪,以验证仪器的性能以及操作是否方便。

20 多年前,人们发现使用基于丙酮的试剂离子化学技术可以提高早期仪器对神经毒剂的敏感性和特异性[32]。如前文所述,在正离子模式下,丙酮分子易于质子化并络合生成质子化丙酮单体和二聚体,从而可以有效消除许多干扰物,同时不会对质子亲和力大于丙酮(196 kcal/mol)的有机磷神经毒剂失去反应[31]。丙酮不会显著影响负离子化学反应,也不会阻止含有丙酮试剂气体的漂移管检测起疱剂。我们无法从研究论文或客观研究中获得军事机构对神经毒剂和起疱剂的灵敏度的确切数据,唯一的来源就是一些符合北约要求的声明的数据。但也有例外,在 IMS 设备制造商的一些手册中列出了仪器的性能参数(表

13.2）。例如，在 Bruker 公司的手持式 IMS2000 手册中[42]，神经毒剂 GB（沙林）和 GA（塔崩）的范围为 $20\sim600~\mu g/m^3$。在之前由 ETG 生产的 GP-IMS 和 FP-IMS 仪器的 MDL 清单中，分别给出了 5 ppb 和 10 ppb 作为神经毒剂和起疱剂的 MDL。公众无法获得有关这些仪器的现场测试信息。

表 13.2　化学战剂检测限

化学战剂	低报警阈值（ppm）	低报警阈值（mg/m³）
GA, GB	0.2	0.02
GD, GF/VX	0.1	0.01
HD	0.312	2.00
L	0.242	2.00
血液性毒剂	—	30.0
环氧乙烷	100	180
丙烯腈	100	213
硫化氢	10	14
砷化氢	5	16
氨	400	278
三氯化磷	25	140
二硫化碳	500	1 557
烯丙醇	40	95

来源：摘自 AFC International，Rae System 的 ChemRae 化学战剂检测器，http://www.afcintl.com/product/tabid/93/productid/123/sename/chemraechemical-warfare-agent-detector-from-rae-system/default.aspx

差分迁移谱 IMS 设备对 CWA 同样具有高灵敏性。例如，在场离子谱仪中，GB 和光气的 MDL 分别为 8 ppt 和 4 ppt（体积），该仪器由 Mine 安全用具公司销售，现已停产[43]。

人们用模拟物还证明了在无人驾驶飞机（unmanned airborne vehicles，UAV）上部署 IMS 分析仪可以检测 CWA 云[44]。当点传感器可以移动时，就实现了在大范围内不同点进行化学测定的功能，增强了分析仪的分析能力。

13.5　最先进的商业仪器、标准和校准

在本节中，我们将介绍一些基于 IMS 或 DMS 的 CWA 或有毒化学物质的商用检测器。包括各种样式的仪器，从手持式到袖珍式，以及可以放在建筑物通风系统中的更大些的定点式监测器。本节提到的设备仅做介绍，并无推荐之意。

Smiths 检测公司研制的几款基于 IMS 技术的设备，用于爆炸物、麻醉品、CWA 和 TIC 的探测。这些检测器的尺寸各不相同，从袖珍式到手持式，从便携式到更大的连续点监视器

（图 13.1 和 13.2）。其中一些设备专门设计用于检测和识别周围空气中的有毒化学蒸气,而另一些设备则会使用不同的采样方法来检测颗粒物和气溶胶。通常,几个设备可以连接起来,以提供一个区域网来检测化学威胁。CAM 是一款用于检测神经剂、起疱剂或液体剂污染物的手持式监视器。它可能是基于 IMS 的最受欢迎的产品,已生产超过 70 000 台,部署并服务于世界各地的武装部队、民防和急救组织。它可以在检测神经毒剂的阳性模式和检测起疱剂、血液和窒息剂的阴性模式之间连续自动地扫描。该设备最初设计用于验证可能被 CWA 污染的区域中人员、车辆和物体的净化程度。例如,据厂家介绍,Centurion II 系列连续监测仪适用于 GA、GB、GD、GF、VX 和 VXR、CK、氮芥末和芥末等神经性毒剂和起疱剂的检测和报警。GID-3 是一种可车载使用或徒步操作的便携式设备,LCD-Nexus 则适合在恶劣环境中检测 CWA 和 TIC。据报道,手持式 MMTD 对颗粒的探测灵敏度在低纳克范围,对蒸气的探测灵敏度在低 ppt 范围。网站（http://www.smithsdetection.com/mmtd.php）没有给出详细的检测限,但通常在军事定义的规格之内。

(a)　　　　　　　　　　　　　　　　(b)

图 13.1 （a）使用 CAM 检测化学试剂；（b）用于 CWA 探测的蒸气采样装置。（来自 Smiths 检测公司,化学试剂和有毒工业化学物质检测设备,http://www.smithsdetection.com/chemical_agents_TICS.php）

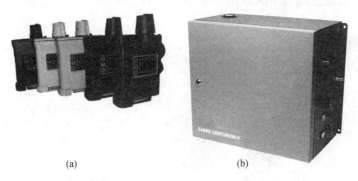

(a)　　　　　　　　(b)

图 13.2 （a）为小型、轻便、连续、实时的 CWA 和有毒化学物质检测器。（b）为 Saber Centurion II,自动固定站点的 CWA 和 TIC 有害空气监测和检测系统。（来自 Smiths 检测公司,化学试剂和有毒工业化学物质检测设备,http://www.smithsdetection.com/chemical_agents_TICS.php）

Bruker Daltonics 公司也开发了多款基于 IMS 技术的用于检测 CWA 和 TIC 的化学监测仪（图 13.3）。在 RAID 系列产品中,便携式 RAID-M 100 检测器具有极低的检测限,

RAID-XP 可以在一个系统中进行化学和放射性检测,还有专门为关键基础设施和场所监测而设计的 RAID-AFM(自动设施监测器),以及专为所有级别的海军舰艇设计的 RAID-S2。

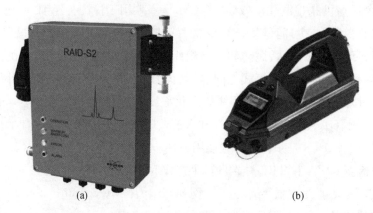

图 13.3 (a)为 RAID-S2,一种可靠的快速报警和识别设备;(b)为 RAID M-100,具有广泛的便携功能。(来自 Bruker Daltonics 公司,化学检测,http://www.bdal.com/products/mobile-detection/chemical.html)

ChemPro 100 是 Environics 公司的一款独特的开环 IMS 传感器,内含核监管委员会(Nuclear Regulatory Commission,NRC)豁免的电离源[241]Am(图 13.4)。神经性毒气 GA、GB、GD、GF 和 VX 的检测限为 0.1 mg/m^3,起疱剂前体 HD 和 L 的检测限为 2 mg/m^3,AC 和 CK 的检测限为 20 mg/m^3。改进版 ChemPro 100i 将 IMS 传感器与 6 个新的化学传感器和 2 个半导体传感器相结合,将神经毒剂的灵敏度提高了 2.5 倍(至 0.04 mg/m^3),同时降低了误报率。另外,Environics 公司还拥有一款名为 ChemProFX 的固定站点监控器。

基于 Environics 公司的 ChemPro 100 模型,ChemRae 公司(位于加利福尼亚州圣何塞市)开发了一种手持式检测器。据报道,该检测器具有更强的选择性和灵敏度,可作为独立的便携式监视器或集成到 AreaRae 网络中(图 13.4)。

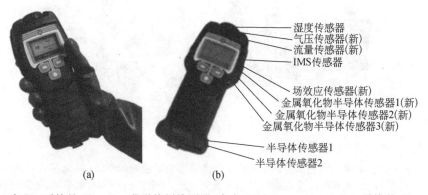

图 13.4 (a)为 Rae 系统的 ChemRae 化学战剂检测器(来自 AFC International,Rae 系统的 ChemRae 化学战剂检测器,http://www.afcintl.com/product/tabid/93/productid/124/sename/chempro-100-ims-chemical-warfare-agentdetector-from-environics/default.aspx);(b)为 Environics 的 Chempro 100i IMS 改进型化学检测器(来自 http://www.afcintl.com/product/tabid/93/productid/413/sename/chempro-100i-ims-improved-chemical-detector-from-environics/default.aspx)。

通用动力公司（现为 ChemRing 公司）已经生产出基于 DMS 的手持 CWA 检测器 JUNO。据称，该技术在选择性和灵敏度方面优于传统（线性场漂移管）的 IMS。JUNO 可与预浓缩器一起使用，可检测痕量水平的 CWA，用户可利用该设备监测个人化学战剂暴露水平并确认去污效果。

IUT Berlin 公司生产的 IMS Mini-200，是为 TIC 和 CWA 开发的便携式多气体检测器（图 13.5）。该设备无需富集便可在很低的浓度水平直接检测和识别有毒气体。它可以以手动或自动的正负检测模式进行操作。

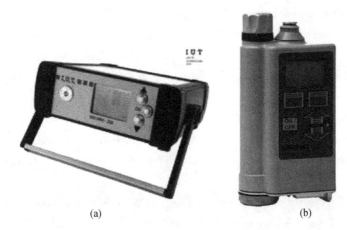

(a)   (b)

图 13.5　(a)为 IMS Mini-200，一种用于检测有毒气体和 CWA 的便携式 IMS（来自 IUT Berlin，新产品：IMS Mini-200，http://www.iut-berlin.info/7.0.html?&L=1）；(b)为 ChemRing 检测系统公司开发和生产的 JUNO® 手持式化学检测器，用于检测和识别化学气体并对其进行定量和报警（http://www.chemringds.com/Products/ChemicalDetection/JUNO1/）。

13.6　小结

CWA 和 TIC 检测器的性能指标包括：特异性（有毒化合物的选择性响应）、灵敏度（对浓度低于损伤或伤害阈值的检测能力）、响应时间（在损害发生之前发出警告），以及较低的误报率（假阴性报警会危及人员，而假阳性报警会导致恐慌和可靠性下降）。考虑到 CWA 和有毒化学物质所带来的各种威胁，以及低浓度对未受保护的部队或平民也会造成伤害，因此对检测系统的要求是非常严格的。Sferopoulos 在她的总结中提醒说，"没有任何单一检测器具有所有所需的功能和性能"（第 12 页）[6]。

IMS 技术似乎对以上这些需求均有响应，是最佳选择之一。针对基于有机磷化合物的神经毒剂，正离子模式的 IMS 具有选择性（借助于适当的掺杂剂）、高灵敏度（可探测低于 ppb 量级的蒸气、气体和气溶胶）以及快速响应时间等特征。针对起疱剂、血液制剂和窒息制剂，IMS 技术可以在负离子模式或正负离子组合模式下给出合理的响应。

参考文献

［1］Kolakowski, B. M.; Mester, Z., Review of applications of high-field asymmetric waveform ion mobility spectrometry (FAIMS) and differential mobility spectrometry (DMS), *Analyst* 2007, 132, 842-864.

［2］Seto, Y.; Kanamori-Kataoka, M.; Tsuge, K.; Ohsawa, I.; Maruko, H.; Sekiguchi, H.; Sano, Y.; Yamashiro, S.; Matsushita, K.; Sekiguchi, H.; et al., Development of an on-site detection method for chemical and biological warfare agents, *Toxin Rev.* 2007, 26, 299-312.

［3］Makinen, M. A.; Anttalainen, O. A.; Sillanpaa, M. E. T., Ion mobility spectrometry and its applications in detection of chemical warfare agents, *Anal. Chem.* 2010, 82, 9594-9600.

［4］Hill, H. H.; Steiner, W. E., Ion mobility spectrometry for monitoring the destruction of chemical warfare agents, Edited by Kolodkin, V. M.; Ruck, W., Ecological Risks Associated with the Destruction of Chemical Weapons, *Proceedings of the NATO Advanced Research Workshop on Ecological Risks Associated with the Destruction of Chemical Weapons*, Lueneburg, Germany, October 22-26, 2003, 2006, pp. 157-166.

［5］Buryakov, I. A., Express analysis of explosives, chemical warfare agents and drugs with multicapillary column gas chromatography and ion mobility increment spectrometry, *J. Chromatog. B Anal. Technol. Biomed. Life Sci.* 2004, 800, 75-82.

［6］Sferopoulos, R., A review of chemical warfare agent (CWA) detector technologies and commercial-off-the-shelf items, Defence Science and Technology Organisation, DSTO-GD-0570, Australia, 2008.

［7］Organisation for the Prohibition of Chemical Weapons (OPCW), Fact Sheet 4: What Is a Chemical Weapon? The Hague, The Netherlands. 2000. http://www.opcw.org/ about-chemical-weapons/what-is-a-chemical-weapon/.

［8］Moye, H. A., Plasma chromatography of pesticides, *J. Chromatogr. Sci.* 1975, 13, 285-290.

［9］Preston, J. M.; Karasek, F. W.; Kim, S. H., Plasma chromatography of phosphorus esters, *Anal. Chem.* 1977, 49, 1346-1350.

［10］Kim, S. H.; Spangler, G. E., Ion-mobility spectrometry-mass spectrometry of two structurally different ions having identical ion mass, *Anal. Chem.* 1985, 57, 567-569.

［11］Karpas Z.; Pollevoy, Y., Ion mobility spectrometric studies of organophosphorus compounds, *Anal. Chim. Acta* 1992, 259, 333-338.

［12］Dworzanski, J. P.; Kim, M.-G.; Snyder, A. P.; Arnold, N. S.; Meuzelaar, H. L. C., Performance advances in ion mobility spectrometry through combination with high-speed vapor sampling, preconcentration and separation techniques, *Anal. Chim. Acta* 1994, 293, 219-235.

［13］Turner, R. B.; Brokenshire, J. L., Hand-held ion mobility spectrometers, *Trends Anal. Chem.* 1994, 13, 275-280.

［14］Leonhardt, J. W., New detectors in environmental monitoring using tritium sources, *J. Radioanal. Nucl. Chem.* 1996, 206, 333-339.

［15］Tuovinen, K.; Paakkanen, H.; Hänninen, O., Determination of soman and VX degradation products by an aspiration ion mobility spectrometry, *Anal. Chim. Acta* 2001, 440, 151-159.

［16］Paakanen, H., About the applications of IMCELLTM MGD-1 detector, *Int. J. Ion Mobil. Spectrom.*

2001, 4, 136-139.

[17] Kättö, T.; Paakkanen, H.; Karhapää, T., Detection of CWA by means of aspiration condenser type IMS, in *Proceedings of the Fourth International Symposium on Protection Against Chemical Warfare Agents*, Stockholm, Sweden, National Defense Research Establishment, Department of NBC-defense, 1992, pp. 103-108.

[18] Asbury, G.R.; Wu, C.; Siems, W.F.; Hill, H.H., Separation and identification of some chemical warfare degradation products using electrospray high-resolution ion mobility spectrometry with mass-selected detection, *Anal. Chim. Acta* 2000, 404, 273-283.

[19] Steiner, W.E.; Clowers, B.H.; Matz, L.M.; Siems, W.F.; Hill, H.H., Jr., Rapid screening of aqueous chemical warfare agent degradation products: ambient pressure ion mobility mass spectrometry, *Anal. Chem.* 2002, 74, 4343-4352.

[20] Fällman, Å.; Rittfeldt, L., Detection of chemical warfare agents in water by high temperature solid phase microextraction-ion mobility spectrometry (HTSPME-IMS), *Int. J. Ion Mobil. Spectrom.* 2001, 4, 85-87.

[21] Harden, C.S.; Blethen, G.E.; Davis, D.M.; Harper, S.; McHugh, V.M.; Shoff, D.B., Detection and analysis of explosively disseminated CW agents in 400 m³ chamber, *Int. J. Ion Mobil. Spectrom.* 2001, 4, 13-21.

[22] Sielemann, S.; Li, F.; Schmidt, H.; Baumbach, J.I., Ion mobility spectrometer with UV-ionization source for determination of chemical warfare agents, *Int. J. Ion Mobil. Spectrom.* 2001, 4, 81-84.

[23] Sielemann, S.; Baumbach, J.I.; Schmidt, H., IMS with non radioactive ionization sources suitable to detect chemical warfare agent simulation substances, *Int. J. Ion Mobil. Spectrom.* 2002, 5, 143-148.

[24] Ringer, J.; Ross, S.K.; West, D.J., An IMS/MS investigation of lewisite and lewisite/mustard mixtures, *Int. J. Ion Mobil. Spectrom.* 2002, 5, 107-111.

[25] Kolakowski, B.M.; D'Agostino, P.A.; Chenier, C.; Mester, Z., Analysis of chemical warfare agents in food products by atmospheric pressure ionization-high field asymmetric waveform ion mobility spectrometry-mass spectrometry, *Anal. Chem.* 2007, 79, 8257-8265.

[26] D'Agostino, P.A.; Chenier, C.L., Desorption electrospray ionization mass spectrometric analysis of organo-phosphorus chemical warfare agents using ion mobility and tandem mass spectrometry, *Rapid Commun. Mass Spectrom.* 2010, 24, 1613-1624.

[27] Gunzer, F.; Zimmermann, S.; Baether, W., Application of a nonradioactive pulsed electron source for ion mobility spectrometry, *Anal. Chem.* 2010, 82, 3756-3763.

[28] Rearden, P.; Harrington, P.B., Rapid screening of precursor and degradation products of chemical warfare agents in soil by solid-phase microextraction ion mobility spectrometry (SPME-IMS), *Anal. Chim. Acta* 2005, 545, 13-20.

[29] Steiner, W.E.; Klopsch, S.J.; English, W.A.; Clowers, B.H.; Hill, H.H., Detection of a chemical warfare agent simulant in various aerosol matrixes by ion mobility time-of-flight mass spectrometry, *Anal. Chem.* 2005, 77, 4792-4799.

[30] Steiner, W.E.; English, W.A.; Hill, H.H., Separation efficiency of a chemical warfare agent simulant in an atmospheric pressure ion mobility time-of-flight mass spectrometer (IM(tof)MS), *Anal. Chim.*

253

Acta 2005, 532, 37–45.

[31] Lias, S.G.; Liebman, J.F.; Levin, R.D., Evaluated gas phase basicities and proton affinities of molecules: heats of formation of protonated molecules, *J. Phys. Chem. Ref. Data* 1984, 13, 695–808.

[32] Spangler, G.E.; Campbell, D.N.; Carrico, J.P., Acetone reactant ions for ion mobility spectrometry, paper presented at the Pittsburgh Conference on Analytical Chemistry and Applied Spectroscopy (PittCon). Atlantic City, NJ, 1983, Paper No. 641.

[33] Carrico, J.P.; Davis, A.W.; Campbell, D.N.; Roehl, J.E.; Sima, G.R.; Spangler, G.E.; Vora, K.N.; White, R.J., Chemical detection and alarm for hazardous chemicals, *Am. Lab.* 1986, 18, 152–163.

[34] Preston, J.M.; Rajadhyax, L., Effect of ion-molecule reactions on ion mobilities, *Anal. Chem.* 1988, 60, 31–34.

[35] Brochure of the chemical agent monitor (CAM), Graseby, Watford, UK, http://www.smithsdetection.com/.

[36] Ross, S.K.; McDonald, G.; Marchant, S., The use of dopants in high field asymmetric waveform spectrometry, *Analyst* 2008, 133, 602–607.

[37] Griffin, M.T., Differential mobility spectroscopy for chemical agent detection, *Proc. SPIE Intern. Soc. Opt. Eng.* 2006, 6218 (Chemical and Biological Sensing VII), 621806/1–621806/10.

[38] Davis, E.J.; Dwivedi, P.; Tam, M.; Siems, W.F.; Hill, H.H., High-pressure ion mobility spectrometry, *Anal. Chem.* 2009, 81, 3270–3275.

[39] Erickson, R.P.; Tripathi, A.; Maswadeh, W.M.; Snyder, A.P.; Smith, P.A., Closed tube sample introduction for gas chromatography-ion mobility spectrometry analysis of water contaminated with a chemical warfare agent surrogate compound, *Anal. Chim. Acta* 2006, 556, 455–461.

[40] Steiner, W.E.; Harden, C.S.; Hong, F.; Klopsch, S.J.; Hill, H.H.; McHugh, V.M., Detection of aqueous phase chemical warfare agent degradation products by negative mode ion mobility time-of-flight mass spectrometry [IM(tof)MS], *J. Am. Soc. Mass Spectrom.* 2006, 13, 241–245.

[41] Thathapudi, N.G., The development of a high sensitivity, man-portable chemical detector-GID-M, *Int. J. Ion Mobil. Spectrom.* 2005, 8, 72–76.

[42] Brochure of Bruker RAID series and IMS2000 hand-held instruments, Bruker-Saxonia, Germany, http://www.army-technology.com/contractors/nbc/bruker/.

[43] Carnahan, B.; Day, S.; Kouznetsov, V.; Tarrasov, A., Development and applications of a traverse field compensation ion mobility spectrometer, in *Fourth International Workshop on Ion Mobility Spectrometry*, Editor Brittain, A., Cambridge, U.K., 1995.

[44] Cao, L.; de B. Harrington, P.; Harden, C.S.; McHugh, V.M.; Thomas, M.A., Nonlinear wavelet compression of ion mobility spectra from ion mobility spectrometers mounted in an unmanned aerial vehicle, *Anal. Chem.* 2004, 76, 1069–1077.

第14章
毒 品 的 检 测

14.1 毒品检测的简介及概论

在1970年代，人们已经充分认识到利用 IMS 检测如海洛因和可卡因等违禁药物具有很大的发展前景[1]。然而在过去的一二十年里，人们对开发用于检测如安非他命、MDMA（3,4-亚甲基二氧基-甲基苯丙胺）和其他衍生物的所谓消遣性毒品的技术和仪器给予了更多关注。应该注意的是，为了提高检测系统的功能和性能，采样和预浓缩技术引起了大多数人的关注，而 IMS 本身并未发生重大变化。考虑到实际应用，研究人员感兴趣的另一个方面是如何在有潜在干扰物的环境中，将违禁物与其他化合物区分开来，这些化合物可能是故意作为混淆存在，也可能是环境中本身存在。与炸药检测器"假阴性"响应造成的生命和财产风险不同，在检测违禁药物时出现假阴性响应不会带来直接风险。因此，药物检测系统与爆炸或毒素检测器相比，对报警准确性的要求要低些。IMS 技术在违禁药物检测和鉴定中的实际应用可分为两部分：一是检测通常藏匿在行李箱、集装箱或非法实验室中的违禁物品，例如 MDMA 和可卡因；二是在合法物质中筛选可疑物质和鉴别违禁物质。以下各节着重讨论：①这些物质在常压空气中的性质和电离化学性质，这对正确识别这些物质很重要；②如何使用采样和预浓缩的方法将足够多的分子从可疑对象转移到 IMS；③药物生物鉴定程序的开发（主要是皮肤、头发和尿液）。

常见的违禁药物可分为三大类：阿片剂或麻醉性物质，如海洛因和可卡因；安非他命和苯二氮卓类及其衍生物；所有其他非法的成瘾物质。第15章将详细讨论 IMS 在不断扩展的药物化合物领域中的应用。

14.2 药物检测的离子化学基础

常见的违禁药物基本都是含氮化合物，其中大部分是具有高质子亲和力的酰胺（图14.1）。这些化合物通过质子转移反应形成稳定的正离子，其中 M 为违禁药物。反应可以基于水化学进行，如式（14.1）所示，也可基于掺杂剂[式（14.2）中的 R]进行，掺杂剂的质子亲和力必须低于违禁物而高于潜在的干扰物：

$$M + H^+ (H_2O)_n \longrightarrow MH^+ (H_2O)_{n-1} + H_2O \tag{14.1}$$

$$M + RH^+ (H_2O)_n \longrightarrow MH^+ (H_2O)_{n-1} + R + H_2O \tag{14.2}$$

255

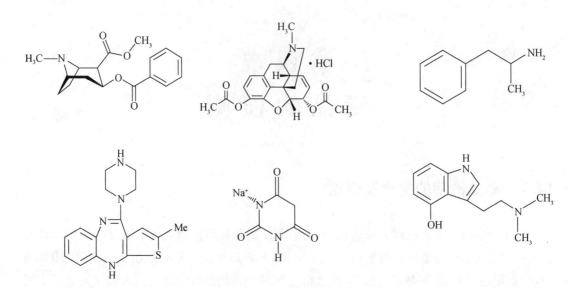

图 14.1 一些常见违禁药物的分子结构，从左上角至右下角分别代表：可卡因、盐酸海洛因、安非他命、苯二氮衍生物、钠巴比妥酸盐和二甲-4-羟色胺。注意这些都是氮碱。

Karasek 等人报道了海洛因和可卡因的 IMS/MS 测定[1]，海洛因形成的主要离子为分子离子$(M)^+$、一个准分子离子$(M-H_2)^+$和一个碎片离子$(M-CH_3CO_2)^+$。在可卡因中，分子离子$(M)^+$和两个碎片离子$(M-C_6H_5CO_2)^+$及$(M-C_6H_5CO_2-CH_3CO_2)^+$是正离子迁移谱中观察到的主离子。几种巴比妥酸盐在正负模式下的响应也被报道了[2]，之后又有研究者运用傅里叶变换 IMS 与毛细管柱 GC 联用技术测定巴比妥酸盐[3]。几种常见违禁药物的典型正离子模式迁移谱如图 14.2 所示[4]。注意在所有这些迁移谱中，反应物离子峰的位置保持在 3.5 ms，违禁药物样品中每个产物离子的漂移时间都能被很好地区分开。

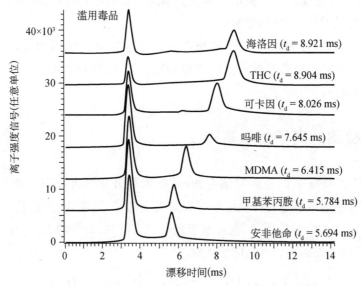

图 14.2 几种违禁药物的迁移谱。（摘自 Kanu，A. B.；Wu，C.；Hill，H. H.，Rapid preseparation of interferences for ion mobility spectrometry，*Anal. Chim. Acta* 2008，610，125-134.经允许）

14.3　取样和预浓缩技术

　　传统的非法药物检测方法或"嗅探"其散发的蒸气，或利用适当的材料（纸、布或聚合物）擦拭可疑物体（或人），将擦拭样本插入 IMS 的加热入口（图 14.3，IONSCAN 入口示意图）。这些采样方法已在多个实验室和操作场景中使用，如第 14.4 节所示。

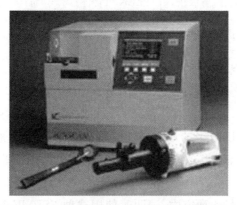

图 14.3　Smiths 检测公司的检测仪 IONSCAN 400b

　　目前开展较为深入的一项研究是 SPME 技术，从样品蒸气中预浓缩分析物（违禁药物或爆炸物）或生物液体中溶解的药物[12-15]。SPME 纤维解吸室如图 14.4 所示[12]，热解吸装置的另一个类型如图 14.5 所示[6]。第一种装置可以与 DMS/MS（如此处所示）耦合，也可以与线性 IMS 耦合；第二种装置专为 IMS 漂移管开发。在一项研究中，人们使用了一种由传

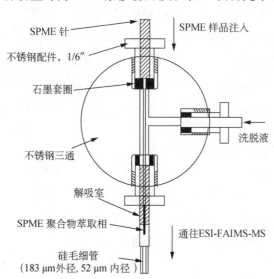

图 14.4　SPME 纤维解吸室示意图。（摘自 McCooeye et al., Quantitation of amphetamine, methamphetamine, and their methylenedioxy derivatives in urine by solid-phase microextraction coupled with electrospray ionization high-field asymmetric ion mobility spectrometry-mass spectrometry, *Anal. Chem.* 2002, 74, 3071-3075.经允许）

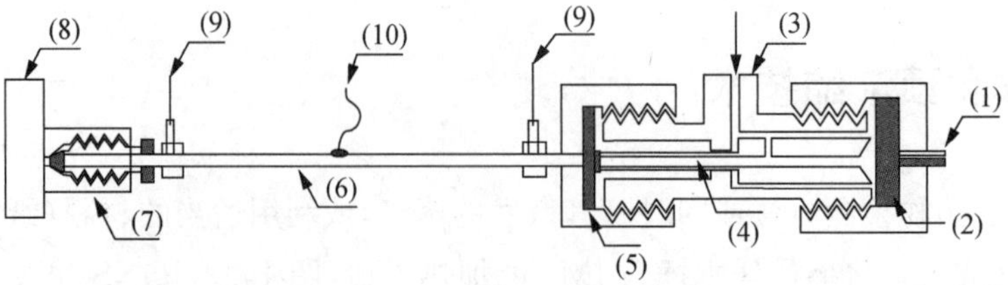

图 14.5　SPME-IMS 系统原理图：(1)针导；(2)隔片；(3)T 形连接器；(4)改进型 SRI 公司 GC 管；(5)带冲孔隔的螺母；(6)传输管/解吸塔；(7)PEEK 组合体；(8)IMS；(9)电源引线和夹具；(10)热电偶。PEEK 为聚醚醚酮。(摘自 Liu et al., A new thermal desorption solid-phase microextraction system for hand-held ion mobility spectrometry, *Anal. Chim. Acta* 2006, 559, 159-165.经允许)

输线组成的装置,该传输线在低热质量的不锈钢管上带有硅钢涂层,用于浓缩从桉树叶中散发出的樟脑蒸气或其他化合物,并从水性溶液中吸收地西泮和可卡因,检测水平分别为 10 ng/mL 和 50 ng/mL[6]。Almirall 小组致力于将空间中的气体或顶空气体浓缩到固体吸附剂上,并将其热解吸到 IMS 中的设备和技术的开发[7-11]。涂覆有 PDMS 和溶胶-凝胶 PDMS 的平面几何装置(PSPME)用于采样炸药蒸气,也适用于非法药物检测[8]。据报道, PSPME 因其表面化学性质、高表面积和高容量等特性,比传统的纤维 SPME 明显具有更高的灵敏度[8]。在该小组的后续研究中,证明了使用这种 PSPME 装置的 IMS 系统能够检测顶空蒸气中每万亿分之一水平的 MDMA[11]。

利用 SPME 进行预浓缩的应用非常广泛,如与 ESI-IMS 结合实现了对尿液中安非他命的检测[12]。尿液中安非他命代谢物[13]和麻黄素[14],以及人体血清中甲基苯丙胺[15]等都可以利用 SPME 实现预浓缩。这些内容将在第 14.4 节中展开讨论。

在存在干扰物的情况下检测非法药物尤其具有挑战性,研究人员采用了不同的方法来解决此问题。一种方法是采用装有吸附填料的短柱进行预分离;保留时间有助于减少假阳性反应[4]。此外,研究者提出利用原位衍生化技术来解决尼古丁的干扰,尼古丁通常在生产甲基苯丙胺的机密实验室中大量存在[16]。改变漂移气体,或使用一种辅助漂移气体,也被应用于解决迁移谱中重叠峰的干扰,从而使 THC 和海洛因两种毒品的分离因子提高了一倍,如图 14.6 所示。这两种物质在氮气中无法分离,但在 CO_2 或 N_2O 中可以很好地分离[17]。

14.4　研究、操作经验和仪器仪表

1980 年代,Lawrence 和加拿大国家研究委员会的同事通过开发新的采样方法和应用,使 IMS 在药物检测方面取得了显著进步[18-24]。他们使用可拆卸的采样盒模拟现场测试,搜索邮件、行李或人员中夹藏的毒品[18]。据报道,一些潜在的干扰物不会影响目标药物的检测,包括咖啡和茶的挥发气体。在另一项测试中,粘有麻醉剂的信件能与阴性对照物区分开来。在粘有麻醉品的手提箱拉链处周围以及接触过毒品的人的手和口袋上取样,仪器均发出了明显的信号。但在这些测试中,从手提箱外部和远离拉链处采样却没有报警响应。该测试最重要的结果是没有对非违禁物品产生错误报警,并且近乎实时地同时检测到了可卡

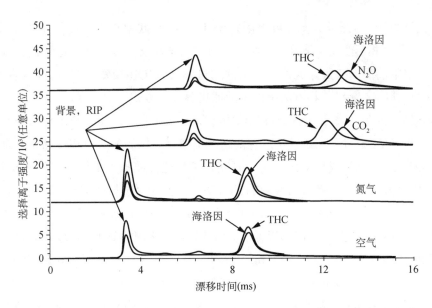

图14.6 海洛因和THC在不同漂移气体(空气、氮气、CO_2 和 N_2O)中的离子迁移谱。分析表明,这两种化合物可以用高极化漂移气体 CO_2 和 N_2O 进行区分。

259

因和海洛因。加拿大海关总署的 Chauhan 等人描述了一种类似的测试方法,用于在各种海关情景中(例如信件和货柜)搜索海洛因和可卡因[25]。在该研究中,IMS 在所检查的 339 个信件中正确识别了其中包装有毒品的 4 个信件。仪器报告了两个假阳性结果,均为海洛因,GC-MS 检验后发现其中之一含有吗啡基焦油。在用于可卡因测试的 18 个容器中,IMS 对其中的 13 个准确报警,另外 5 个则显示假阴性。

除了海关和邮件检查的这些场景外,研究人员还开发了一种用于检测和识别对象皮肤上药物残留的方法。他们在获得受试者的手拭子之后,将采样针直接插入 IMS 入口对其进行测试[19, 20],用这种方法成功地检测和鉴定了几种处方药和违禁药物。相关文献描述了如何采用手(手指和手掌)和鼻孔采样拭子对在医院急诊室服药过量的患者进行无创性初步筛查[20]。据报道,在到达急诊室不到 30 min 内,由 IMS 正确识别被测患者服用非法或处方药的报告率高达 53%(稍后通过实验室测试确认)。考虑到所测物质的种类繁多,且几种处方药实际上是包衣的片剂或胶囊剂,在受试者的手上几乎没有任何活性物质的残留,因此对于这样一个简单的测试过程而言,是相当不错的结果。

Eiceman 等人证明 IMS 可用于验证一些常见的非处方药的含量[26]。方法是将片剂或胶囊略微加热,并通过手持式 IMS 采样顶空蒸气,将迁移谱与已知谱进行比较以确认处方。如前面提到的,第 15 章会讨论 IMS 在检测和鉴定药品(而非毒品)中的应用。

使用具有高体积采样率的滤筒或过滤器似乎是药物检测的最有效方法。由于大多数违禁药物的蒸气压低,因此探测这些物质优选的方法是收集药物颗粒或蒸气,蒸气样品可以通过分析仪入口的高温蒸发得到。Barringer 研究公司(现为 Smiths 检测公司)在 IONSCAN 分析仪中采用了这种方法,如图 14.2 所示。美国联邦调查局(FBI)的 Fetterolf 等人在之前也描述了现场测试中药物检测的初步结果[27],报告了几种药物的检测限在纳克量级,并测量了其约化迁移率。据报告，在与可卡因接触 1.5 h 后，残留在手上的可卡因还能被检测到，通过简单洗手并不能完全清除该药物的痕迹。对毒品交易商的簿记记录进行快速筛查，可以检测到麻醉药品的残留。这种方法是利用过滤器收集违禁物质的微粒，然后将过滤器插入 IMS 的入口，这与 SPME 方法中采用的捕集蒸气的方式不太一样。

美国海岸警卫队[28, 29]和美国缉毒局（Drug Enforcement Administration，DEA）[30]的工作人员根据现场经验提出，在条件不理想的情况下通过擦拭的方式收集样品是非常困难的，因为可能会有水分、油渍或油漆残留物。研究人员为选择能提供最好结果的擦拭材料做了很多测试，同时开发了逐步解吸可疑材料的方法。人们对手持炸药监测器进行了评估，以扩展海上部署。研究人员将 Sabre 2000 与 IONSCAN 400B 对包括海洛因和可卡因在内的非法药物的假阴性和假阳性率进行了比较，根据响应曲线确定海洛因的 LOD 为 20 ng，分析仪之间很一致。相反，IONSCAN 的 LOD 为 2 ng。假阳性警报率约为 1%，而 250 ng 以下的假阴性率约为 50%，250～500 ng 的假阴性率约为 25%，大于 500 ng 的假阴性率约为 10%。

如前文所述，Keller 等人扩展了皮肤药物测试这种生物测定方法，并开发了特殊程序来处理从犯罪嫌疑人那里收集的头发样品，再通过 IMS 对其进行测试[31-36]。研究人员将头发样品漂洗以去除外部污染物后，再用甲醇碱性溶液溶解。之后将 0.05 mL 的溶液滴在膜过滤器上并干燥，最后检测出合成药物[33]和去氧麻黄碱[31, 32]。使用迁移谱仪鉴定了引起幻觉的外来物质，例如含有灵霉素 psilocybin 和 psilocin 的迷幻真菌（分子结构见图 14.1）[34]。将真菌的干燥果实在氯仿中衍生化和均质化，经过这一步简单提取后，再用 GC-MS 进行定量分析[34]。从一名吸毒者身体不同部位采集的汗液样本经 IMS 检测为可卡因阳性，而 GC-MS 证实了其分析结果，并鉴定出苯并甲氧基苯胺（benzoylecgonine，BE）和乙氧基甲氧基乙酯（ecgoninemethylester，EME）[35]。随后采用离子阱迁移谱法，虽然不同身体部位的汗液样品显示的迁移率诸图不同，但其中的可卡因、海洛因和 6-乙酰吗啡还是被检测出[37]。如上所述，SPME 已被用于从顶空蒸气中预浓缩分析物（麻醉药品）[5]。

差分迁移谱分析仪和质谱鉴定仪用于检测人尿中的苯丙胺及其衍生物[12]，以及吗啡和可待因[38]。Matz 和 Hill 利用 ESI-IMS-MS 仪器研究安非他命分析过程中 ESI 内的电荷竞争，并测试苯二氮卓类药物[40]。在现实生活中，香烟烟雾及其所含的尼古丁衍生物可能会干扰非法药物（尤其是安非他命）的检测。Harrington 小组开发了用 IMS 生成的动态数据优化信号处理的方法，以解决干扰的问题[41, 42]。

采用固相萃取（solid phase extraction，SPE）IMS 检测尿液中的可卡因代谢物，BE 和可卡乙碱的检测限分别为 10 ng/mL 和 4 ng/mL[13]。分析物被保留在 SPE 柱中，而可能干扰分析的盐和极性化合物则保留在溶液中。研究人员利用离子阱迁移谱法（ion trap mobility spectrometry，ITMS）检测了汗液样品，并检测到痕量 6-乙酰吗啡、海洛因和可卡因的残留[13]。IMS 不仅可以检测违禁药物，还可以检测未经声明的食品添加剂或补充剂，如食欲抑制剂西布曲明[43]。

通过 GC、LC、毛细管电泳（capillary electrophoresis，CE）、串联 MS 和 IMS 等不同分析

技术,研究人员在世界各地的纸币(主要是欧元和美元)上检测到了痕量可卡因[44]。几乎所有的美钞上都发现了毒品;而在欧洲,西班牙欧元上可卡因的检出频率高于其他货币,瑞士纸币上的可卡因含量最低。每张纸币上发现的可卡因量从零点几微克到几十微克不等[44]。

在过去的 10 年中,用于非法药物检测的仪器方面得到了发展。人们在一项研究中比较了 CD-IMS 和 APCI-MS 两种方法检测乙腈中的可卡因[45]。将 1 μL 的溶液分别注入 APCI-MS 系统和 IMS 时,其检测限分别为 0.1 ng 和 0.02 ng 左右[45]。研究人员采用离子迁移增量谱仪(ion mobility increment spectrometer, IMIS)比较了负离子模式和正离子模式下海洛因蒸气的检测结果[46],发现在负离子模式下,灵敏度强烈依赖于漂移气体的湿度[46]。在另一项研究中,被微量盐酸可卡因或"快客"污染的固体样品(纸币、文件、邮件和手)在受到 UV 照射后,IMIS 的反应增加了 7 倍,这可能是因为光照后释放了光降解产物[47]。研究人员又进一步将多毛细管柱气相色谱(multicapillary GC column, MCC)与 IMIS 检测器相结合,以提高爆炸物、化学战剂和药物的检测限,据报道可卡因的检测限为 0.001 pg/mL[48]。与未配置有 DMS 的手持式 MS 相比,两者的结合可使尿中地西泮的 LOD 提高 3 倍(至 50 ng/mL)[49]。

表 14.1 列出了处方药和违禁药物的约化迁移率值。值得注意的是,最近出版文献中报道的约化迁移率值与表中所列早先测定的值吻合得很好。例如,IMS 通过热解吸和熔融石英传输管路确定的几种常见违禁药物的约化迁移率值与 20 年前测得的值相差不到 0.02 cm²/(V·s)。表 14.1 所列值与 NIST 测量的精确值[50]之间的一致性也非常好。不同研究人员对同一化合物测得的约化迁移率值之间的差异,主要是由于在测量中使用了不同的实验条件,从而使得产物离子发生了微小变化。尽管在时间和空间上相距甚远的测量结果以及使用不同仪器得到的测量结果之间也存在很好的一致性,但迁移率之间的差异在某些情况下是很明显的,如表 14.1 所示。

表 14.1　常见滥用毒品和药品的约化迁移率(同本书第二版)

违禁品名称	$K_0[\text{cm}^2/(\text{V}\cdot\text{s})]$	实验参数
对乙酰氨基酚	1.70, 1.76, 1.97	Air, 220 ℃, 皮肤/cart
N-乙酰苯丙胺	1.53	Air, 220 ℃, sol/wire
乙酰可待因	1.09, 1.21	Air, 220 ℃, sol/wire
阿普唑仑	1.15	Air, 220 ℃, sol/wire
阿米替林	1.19	Air, 220 ℃, 皮肤/cart
阿莫巴比妥	1.36, 1.53	N₂, 230 ℃, sol/GC
安非他命	1.66	Air, 220 ℃, sol/wire
约巴比妥	1.39, 1.56, 1.75	N₂, 230 ℃, sol/GC
巴比妥	0.99, 1.50	N₂, 230 ℃, sol/GC
溴西泮	1.24	Air, 220 ℃, sol
丁巴比妥	1.28, 1.35	N₂, 230 ℃, sol/GC

（续表）

违禁品名称	$K_0[\text{cm}^2/(\text{V}\cdot\text{s})]$	实验参数
大麻酚	1.06	Air, 220 ℃, sol/wire
CDA	1.18	Air, 220 ℃, sol/wire
可卡因	1.16	Air, 220 ℃, sol/wire
可待因	1.18, 1.21	Air, 220 ℃, sol/wire
地西泮	1.21	Air, 220 ℃, sol/wire
氟西泮	1.03	Air, 220 ℃, sol/wire
海洛因	1.04, 1.14	Air, 220 ℃, sol/wire
麦角酸二乙基酰胺	1.085	
劳拉西泮	1.19, 1.22	Air, 220 ℃, sol/cart
MDA	1.49	Air, 220 ℃, sol/wire
MDMA	1.47	
甲巴比妥	1.63, 1.81	N_2, 230 ℃, sol/GC
甲基苯丙胺	1.63	Air, 220 ℃, sol/wire
甲氧普兰	1.52	Air, 220 ℃, sol/wire
吗啡	1.22, 1.26	Air, 220 ℃, sol/wire
尼古丁	1.57	
硝西泮	1.22	Air, 220 ℃, sol/wire
OMAM	1.13, 1.26	Air, 220 ℃, sol/wire
鸦片	1.55	Air, 250 ℃, wire
奥沙西泮	1.23, 1.28	Air, 220 ℃, sol/wire
PCP	1.27	
戊巴比妥	1.38	N_2, 230 ℃, sol/GC
苯巴比妥	1.44	N_2, 230 ℃, sol/GC
苯环啶	1.27, 1.63, 2.01, 2.23	Air, 220 ℃, sol/wire
普鲁卡因	1.31	
司可巴比妥	1.31, 1.48	N_2, 230 ℃, sol/GC
THC	1.05	Air, 220 ℃, sol/wire
特莱恩	1.14	Air, 220 ℃, sol/wire
三唑仑	1.13	Air, 220 ℃, sol/wire

资料来源：DeTulleo-Smith, A. M., Methamphetamine vs. nicotine detection on the Barringer ion mobility spectrometer, IMS meeting, Jackson Hole, WY, August 20-22, 1996; Lawrence, A.H., Detection of drug residues on the hands of subjects by surface sampling and ion mobility spectrometry, *Forens. Sci. Int.* 1987, 34, 73-83.

注：air 表示迁移气、流经电离源的气体和样品蒸气的载气是空气；wire 表示分析时将附有样品蒸气或溶液（sol）的金属丝插入进样口

PCP 表示苯环利定；cart 表示 SPE 柱；MDMA 表示 3,4-亚甲二氧基-N-甲基苯丙胺

研究人员采用双模 ITMS 对一组违禁药物进行了检测[51]，即所谓的俱乐部毒品、强奸毒品或派对毒品，报道了氯胺酮、GHB(-羟基丁酸盐)、麻黄素、氟硝西泮、甲氨苄胺、MDA(3,4-methylenedioxyamphetamine，3,4-甲二氧安非他命)、安非他命、硫酸安芬和 MDMA 的约化迁移率，并且指出了优选的检测方式。

在峰重叠的情况下，使用不同的漂移气体可以检测到分开的峰，解决了峰重叠的问题。

14.5 标准与校准

传统上，主要有两种用于定量测定低挥发性化合物的标准物的制备方法，以确定 IMS 或其他分析仪的检测极限。一种方法是制备一种浓度已知的化合物稀溶液，并将已知体积的溶液注入 IMS 入口。因此，将浓度乘以注入体积即可得到注入分析物的量。进一步稀释溶液或减小注入体积，并监测信号强度，最终将得到 LOD。在另一种方法中，将已知体积的稀溶液沉积在合适的材料上(通常是滤纸)，当溶剂蒸发后，将滤纸插入进气口(通常是被加热的)，滤纸中蒸发出来的气体将被引入分析仪。

现代技术可用于获得高度可重复的标准用来校准分析仪器。由 NIST 科学家开发的一项技术是以基于点阵打印机原理来沉积用量可控的分析物，点阵打印机不使用油墨，而是注入分析物的溶液，例如文献中提到的对爆炸物的分析[52]。这项技术不能用于具有高蒸气压的材料，但非常适用于大多数非法药物和低挥发性炸药。针对挥发性化合物的测试材料或标准品，使其具有较长保存期限的方法是使用封装技术，将分析物引入明胶基材中[53]。通过聚合物渗透来控制起始物质 MDMA 和气味剂胡椒醛的释放，这是比较犬类(释放速率为 100 ng/s时 LOD 为 1 ng)和 SPME-IMS 系统(静态封闭系统 LOD 为 2 ng)灵敏性的基础[54]。利用真空吸尘器对犯罪材料取样，通过 IMS 方法检测微量可卡因和海洛因的验证研究已发表[55]。据报告，可卡因和海洛因在衣物上的检测限分别为 250 和 1 000 ng。将 8 种受控物质和其他辅料混合后进行定性测量，研究人员对其测量可靠性进行了细致的分析，发现几种常用药物约化迁移率的不确定性降低到 0.001 cm²/(V·s) 以下[50]。这将大大缩小检测窗口，从而增加测定的可靠性，如表 14.2 所示，1 ng 物质的相对信号强度也在表中列出[50]。然而这种方法并不能完全排除来自其他化合物重叠峰的假阳性反应。

表 14.2 1 ng 受控物质和辅料的相对强度(任意单位)和约化迁移率值

化合物(IMS 报警开)	1 ng 样品的强度(任意单位)		K_0[cm²/(V·s)]		
	平均值	1 相对偏差	平均值	1 相对偏差	n
冰毒(1)	496	60	1.642 8	0.000 9	42
MDMA(2)	352	33	1.471 8	0.000 4	34
氢可酮(3)	138	37	1.184 4	0.000 4	6
羟考酮(4)	170	39	1.170 9	0.000 3	10

（续表）

化合物（IMS 报警开）	1 ng 样品的强度（任意单位）		$K_0[cm^2/(V \cdot s)]$		
	平均值	1 相对偏差	平均值	1 相对偏差	n
可卡因（5）	151	36	1.164 4	0.000 6	41
阿普唑仑（6）	0*		1.153 6	0.000 3	6
芬太尼（7）	181	48	1.055 0	0.000 4	12
海洛因（8）	20	12	1.046 3	0.000 6	27
安非他命	89	49	1.675 3	0.000 4	
MDA	70	34	1.501 8	0.000 8	
THC	20	9	1.050 0	0.000 4	
麻黄碱	208	61	1.582 4	0.000 4	
伪麻黄碱	106	41	1.583 8	0.000 2	
普鲁卡因	540	111	1.311 7	0.001 0	
苯海拉明	252	54	1.233 9	0.000 3	
扑尔敏	446	124	1.217 5	0.000 6	

资料来源：Dussy et al.，Validation of an ion mobility spectrometry（IMS）method for the detection of heroin and cocaine on incriminated material，*Forens. Sci. Int.* 2008，177，105-111.

* 10 ng＝95 au（1 SD＝20 au）时的强度。

14.6 药物数据

由于预浓缩技术的可变性，我们很难对不同方法和仪器的 LOD 进行总结。14.4 节中给出了几个示例。一般情况下，大多数系统都可以得到纳克量级的检测限。然而过度敏感的系统可能导致许多假阳性反应，特别是考虑到诸如纸币上也可能含有几微克非法药物的情况存在。

参考文献

[1] Karasek, F.W.；Hill, H.H., Jr.；Kim, S.H., Plasma chromatography of heroin and cocaine with mass-identified mobility spectra, *J. Chromatogr.* 1976，117，327-336.

[2] Ithakissios, D.S., Plasmagram spectra of some barbiturates, *J. Chromatogr. Sci.* 1980，18，88-92.

[3] Eatherton, R.L.；Siems, W.F.；Hill, H.H., Jr., Fourier transform ion mobility spectrometry of barbiturates after capillary gas chromatography, *J. High Resolut. Chromatogr. Commun.* 1986，9，44-48.

[4] Kanu, A.B.；Wu, C.；Hill, H.H., Rapid preseparation of interferences for ion mobility spectrometry, *Anal. Chim. Acta* 2008，610，125-134.

[5] Orzechowska, G.E.；Poziomek, E.J.；Tersol, V., Use of solid-phase micro-extraction（SPME）with

ion mobility spectrometry, *Anal. Lett.*, 1997, 30, 1437-1444.

[6] Liu, X.; Nacosn, S.; Grigoriev, A.; Lynds, P.; Pawliszyn, J., A new thermal desorption solid-phase microextraction system for hand-held ion mobility spectrometry, *Anal. Chim. Acta* 2006, 559, 159-165.

[7] Lai, H.; Guerra, P.; Joshi, M.; Almirall, J.R., Analysis of volatile components of drugs and explosives by solid phase microextraction-ion mobility spectrometry, *J. Sep. Sci.* 2008, 31, 402-412.

[8] Guerra, P.; Lai, H.; Almirall, J.R., Analysis of the volatile chemical markers of explosives using novel solid phase microextraction coupled to ion mobility spectrometry, *Sep. Sci.* 2008, 31, 2891-2898.

[9] Lai, H.; Corbin, I.; Almirall, J.R., Headspace sampling and detection of cocaine, MDMA, and marijuana via volatile markers in the presence of potential interferences by solid phase microextraction-ion mobility spectrometry (SPME-IMS), *Anal. Bioanal. Chem.* 2008, 392, 105-113.

[10] Gura, S.; Guerra-Diaz, P.; Lai, H.; Almirall, J.R., Enhancement in sample collection for the detection of MDMA using a novel planar SPME (PSPME) device coupled to ion mobility spectrometry (IMS), *Drug Test. Anal.* 2009, 1, 355-362.

[11] Guerra-Diaz, P.; Gura, S.; Almirall, J.R., Dynamic planar solid phase microextraction-ion mobility spectrometry for rapid field air sampling and analysis of illicit drugs and explosives, *Anal. Chem.* 2010, 82, 2826-2835.

[12] McCooeye, M.A.; Mester, Z.; Ells, B.; Barnett, D.A.; Purves, R.W.; Guevremont, R., Quantitation of amphetamine, methamphetamine, and their methylenedioxy derivatives in urine by solid-phase microextraction coupled with electrospray ionization high-field asymmetric ion mobility spectrometry-mass spectrometry, *Anal. Chem.* 2002, 74, 3071-3075.

[13] Lu, Y.; O'Donnell, R.M.; Harrington, P.B., Detection of cocaine and its metabolites in urine using solid phase extraction-ion mobility spectrometry with alternating least squares, *Forensic Sci. Int.* 2009, 189, 54-59.

[14] Lokhnauth, J.K.; Snow, N.H., Solid-phase micro-extraction coupled with ion mobility spectrometry for the analysis of ephedrine in urine, *J. Sep. Sci.* 2005, 28, 612-618.

[15] Alizadeh, N.; Mohammadi, A.; Tabrizchi, M., Rapid screening of methamphetamines in human serum by headspace solid-phase microextraction using a dodecylsulfate-doped polypyrrole film coupled to ion mobility spectrometry, *J. Chromatogr. A* 2008, 1183, 21-28.

[16] Ochoa, M.L.; Harrington, P.B., Detection of methamphetamine in the presence of nicotine using in situ chemical derivatization and ion mobility spectrometry, *Anal. Chem.* 2004, 76, 985-991.

[17] Kanu, A.B.; Hill, H.H., Identity confirmation of drugs and explosives in ion mobility spectrometry using a secondary drift gas, *Talanta* 2007, 73, 692-699.

[18] Lawrence, A.H.; Elias, L., Application of air sampling and ion-mobility spectrometry to narcotics detection: a feasibility study, *Bull. Narc.* 1985, 37, 3-16.

[19] Lawrence, A.H., Ion mobility spectrometry/mass spectrometry of some prescription and illicit drugs, *Anal. Chem.* 1986, 58, 1269-1272.

[20] Lawrence, A.H., Detection of drug residues on the hands of subjects by surface sampling and ion

mobility spectrometry, *Forensic Sci. Int.* 1987, 34, 73-83.

[21] Nanji, A.A.; Lawrence, A.H.; Mikhael, N.Z., Use of skin sampling and ion mobility spectrometry as a preliminary screening method for drug detection in an emergency room, *J. Toxicol. Clin. Toxicol.* 1987, 25, 501-515.

[22] Lawrence, A.H.; Nanji, A.A., Ion mobility spectrometry and ion mobility spectrometry/mass spectrometric characterization of dimenhydrinate, *Biomed. Environ. Mass Spectrom.* 1988, 16, 345-347.

[23] Lawrence, A.H.; Nanji, A.A.; Taverner, J., Skin-sniffing ion mobility spectrometric analysis: a potential screening method in clinical toxicology, *J. Clin. Lab. Anal.* 1988, 2, 101-107.

[24] Lawrence, A.H., Characterization of benzodiazepine drugs by ion mobility spectrometry, *Anal. Chem.* 1989, 61, 343-349.

[25] Chauhan, M.; Harnois, J.; Kovar, J.; Pilon, P., Trace analysis of cocaine and heroin in different customs scenarios using a custom-built ion mobility spectrometer, *J. Can. Soc. Forensic* 1991, 24, 4349.

[26] Eiceman, G.A.; Blyth, D.A.; Shoff, D.B.; Snyder, A.P., Screening of solid commercial pharmaceuticals using ion mobility spectrometry, *Anal. Chem.* 1990, 62, 1374-1379.

[27] Fetterolf, D.D.; Donnelly, B.; Lasswell, L.D., Detection of heroin and cocaine residues by ion mobility spectrometry, 39th Conference American Society of Mass Spectrometry, Nashville, TN, 1991.

[28] Su, C.-W.; Babcock, K.; Rigdon, S., The detection of cocaine on petroleum contaminated samples utilizing ion mobility spectrometry, *Int. J. Ion Mobility Spectrom.* 1998, 1, 15-27.

[29] Su, C.-W.; Babcock, K.; deFur, P.; Noble, T.; Rigdon, S., Column-less GC/IMS (II)—a novel on-line separation technique for IONSCAN analysis, *Int. J. Ion Mobility Spectrom.* 2002, 5, 160-174.

[30] DeTulleo, A.M.; Galat, P.B.; Gay, M.E., Detecting heroin in the presence of cocaine using ion mobility spectrometry, *Int. J. Ion Mobility Spectrom.* 2000, 3, 38-42.

[31] Miki, A.; Keller, T.; Regenscheit, P.; Bernhard, W.; Tatsuno, M.; Katagi, M., Determination of internal and external methylamphetamine in human hair by ion mobility spectrometry, *Jpn. J. Toxicol. Environ. Health* 1997, 43, 15-24.

[32] Miki, A.; Keller, T.; Regenscheit, P.; Dirnhofer, M.; Tatsuno, M.; Katagi, M., Application of ion mobility spectrometry to the rapid screening of methylamphetamine incorporated in hair, *J. Chromatogr. B Biomed. Appl.* 1997, 692, 319-328.

[33] Keller, T.; Miki, A.; Regenscheit, P.; Dirnhofer, R.; Schneider, A.; Tsuchihashi, H., Detection of designer drugs in human hair by ion mobility spectrometry (IMS), *Forensic Sci. Int.* 1998, 94, 55-63.

[34] Keller, T.; Schneider, A.; Regenscheit, P.; Dirnhofer, R.; Rucker, T.; Jaspers, J.; Kisser, W., Analysis of psilocybin and psilocin in *Psilocybe subcubensis* Guzman by ion mobility spectrometry and gas chromatography-mass spectrometry, *Forensic Sci. Int.* 1999, 99, 93-105.

[35] Keller, T.; Schneider, A.; Tutsch-Bauer, E.; Jaspers, J.; Aderjan, A.; Skopp, G., Ion mobility spectrometry for the detection of drugs in cases of forensic and criminalistic relevance, *Int. J. Ion*

Mobility Spectrom. 1999, 2, 22-34.

[36] Keller, T.; Miki, A.; Regenscheit, P.; Dirnhofer, R.; Schneider, A.; Tsuchihashi, H., Detection of methamphetamine, MDMA and MDEA in human hair by means of ion mobility spectrometry (IMS), *Int. J. Ion Mobility Spectrom.* 1998, 1, 38-42.

[37] Kudriavtseva, S.; Carey, C.; Ribiero, K.; Wu, C., Detection of drugs of abuse in sweat using ion trap mobility spectrometry, *Int. J. Ion Mobility Spectrom.* 2004, 7, 44-51.

[38] McCooeye, M. A.; Ells, B.; Barnett, D. A.; Purves, R. W.; Guevremont, R., Quantitation of morphine and codeine in human urine using high-field asymmetric waveform ion mobility spectrometry (FAIMS) with mass spectrometric detection, *J. Anal. Toxicol.* 2001, 25, 81-87.

[39] Matz, L.M.; Hill, H.H., Jr., Evaluating the separation of amphetamines by electrospray ionization ion mobility spectrometry/MS and charge competition within the ESI process, *Anal. Chem.* 2002, 74, 420-427.

[40] Matz, L.M.; Hill, H.H., Jr., Separation of benzodiazepines by electrospray ionization ion mobility spectrometry-mass spectrometry, *Anal. Chim. Acta* 2002, 457, 235-245.

[41] Reese, E. S.; Harrington, P. B., The analysis of methamphetamine hydrochloride by thermal desorption ion mobility spectrometry and SIMPLISMA, *J. Forensic Sci.* 1999, 44, 68-76.

[42] Shaw, L. A.; Harrington, P.D., Seeing through the smoke with dynamic data analysis: detection of methamphetamine in forensic samples contaminated with nicotine, *Spectroscopy* 2000, 15, 40-45.

[43] Dunn, J.D.; Gryniewicz-Ruzicka, C.M.; Kauffman, J.F.; Westenberger, B.J.; Buhse, L.F., Using a portable ion mobility spectrometer to screen dietary supplements for sibutramine, *J. Pharm. Biomed. Anal.* 2011, 54, 469-474.

[44] Armenta, S.; de la Guardia, M., Analytical methods to determine cocaine contamination of banknotes from around the world, *Trends Anal. Chem.* 2008, 27, 344-351.

[45] Choi, S.-S., Kim, Y.-K.; Kim, O.-B.; An, S. G.; Shin, M.-W.; Maeng, S.-J.; Choi, G. S., Comparison of cocaine detections in corona discharge ionization-ion mobility spectrometry and in atmospheric pressure chemical ionization-mass spectrometry, *Bull. Kor. Chem. Soc.* 2010, 31, 2382-2385.

[46] Buryakov, I.A.; Baldin, M.N., Comparison of negative and positive modes of ion-mobility increment spectrometry in the detection of heroin vapors, *J. Anal. Chem.* 2008, 63, 787-791.

[47] Kolomiets, Y.N.; Pervukhin, V.V., Effect of UV irradiation on detection of cocaine hydrochloride and crack vapors by IMIS and API-MS methods, *Talanta* 2009, 78, 542-547.

[48] Buryakov, I.A., Express analysis of explosives, chemical warfare agents and drugs with multicapillary column gas chromatography and ion mobility increment spectrometry, *J. Chromatogr. B: Anal. Technol. Biomed. Life Sci.* 2004, 800, 75-82.

[49] Tadjimukhamedov, F.K.; Jackson, A.U.; Nazarov, E.G.; Ouyang, Z.; Cooks, R.G., Evaluation of a differential mobility spectrometer/miniature mass spectrometer system, *J. Am. Soc. Mass Spectrom.* 2010, 21, 1477-1481.

[50] Verkouteren, J.R.; Staymates, J.L., Reliability of ion mobility spectrometry for qualitative analysis of complex, multicomponent illicit drug samples, *Forensic Sci. Int.* 2011, 206, 190-196.

267

[51] Geraghty, E.; Wu, C.; McGann, W., Effective screening for "club drugs" with dual mode ion trap mobility spectrometry, *Int. J. Ion Mobility Spectrom.* 2002, 5, 41-44.

[52] Windsor, E.; Najarro, M.; Bloom, A.; Benner, B.; Fletcher, R.; Lareau, R.; Gillen, G., Application of inkjet printing technology to produce test materials of 1, 3, 5-trinitro - 1, 3, 5 triazcyclohexane for trace explosive analysis, *Anal. Chem.* 2010, 82, 8519-8524.

[53] Staymates, J. L.; Gillen, G., Fabrication and characterization of gelatin-based test materials for verification of trace contraband vapor detectors, *Analyst* 2010, 135, 2573-2578.

[54] Macias, M.S.; Guerra-Diaz, P.; Almirall, J.R.; Furton, K.G., Detection of piperonal emitted from polymer controlled odor mimic permeation systems utilizing *Canis familiaris* and solid phase microextraction-ion mobility spectrometry, *Forensic Sci. Int.* 2010, 195, 132-138.

[55] Dussy, F.E.; Berchtold, C.; Briellmann, T.A.; Lang, C.; Steiger, R.; Bovens, M., Validation of an ion mobility spectrometry (IMS) method for the detection of heroin and cocaine on incriminated material, *Forensic Sci. Int.* 2008, 177, 105-111.

[56] DeTulleo-Smith, A. M., Methamphetamine vs. nicotine detection on the Barringer ion mobility spectrometer, IMS Meeting, Jackson Hole, WY, 1996.

第 15 章
制　药

15.1　引言

　　IMS 的传统应用主要围绕安全和安保行业。但快速响应、高灵敏度和高选择性的特点同样为它应用于其他分析领域创造了机会[1]。制药行业是 IMS 很有前景的目标应用领域。与环境和生物样品不同,药物混合物通常有明确的定义而且不复杂。此外,许多药物在分子上有产生高质子亲和力的基本位点,因此,它们对正模式 IMS 中使用的离子分子电离源有良好的响应。目前在制药行业中使用的分析方法,不管是液相色谱法还是气相色谱法,通常都分析速度慢且造价昂贵。针对药物样品的常规、重复和快速分析,IMS 提供了一种独特而有效的色谱替代方法。

15.2　化合物鉴定

　　自 1970 年代以来,用于非法药物分析的 IMS 已广为人知(见第 14 章),但向药物行业的拓展进展缓慢,目前仍处于被该行业接受的初期。使用 ^{63}Ni 或 SESI 可以分析挥发性或半挥发性药物化合物,而 ESI-IMS 的发展拓宽了该技术在制药行业中的检测目标。虽然 IMS 已被用于评估响应和测量单个药物标准品迁移率,但仍须开发针对制药行业的实际分析应用程序,目前也正在开发中。

　　IMS 已因其低廉的价格替代了 HPLC,可针对非处方药和饮料进行简单、重复和快速的分析[2]。在这项研究中,人们确定了药物制剂中的许多活性成分,包括对乙酰氨基酚、阿斯巴甜、比沙可啶、咖啡因、右美沙芬、苯海拉明、法莫替丁、氨基葡萄糖、愈创木酚甘油醚、氯雷他定、烟酸、苯肾上腺素、吡哆醇、硫胺素和四氢唑啉;在多种饮料中快速检测出了阿斯巴甜和咖啡因,而在 14 种非处方药中还检测到其他成分。IMS 相对于 HPLC 的主要优点是高分辨力、快速分析和高灵敏度,缺点则在于适用于 IMS 的分离介质非常有限。例如,在 HPLC 中,可以通过改变流动相和固定相以实现目标分析物的最佳分离。此外,HPLC 还可以进行分析物的梯度洗脱(以速度为代价)。

15.3　配方验证

　　在许多外用医药产品中作为防腐剂使用的对羟基苯甲酸酯类,显示出与乳腺癌相关的雌激素效应[3,4],因此要求对其进行快速定量检测。传统的分析方法缓慢冗长。在气相色谱法中需要先将其衍生为硅基或氟乙酰衍生物,然后进行萃取和样品净化,过程比较复杂;而液相色谱法需要萃取,色谱运行时间也较长。为了提高速度并降低操作的复杂性,研究人员采用 SPME-IMS 对制剂中对羟基苯甲酸酯的含量进行了测定[5]。

分析时,将 50 mg 的外用制剂溶解在水中,并将 SPME 纤维直接暴露于样品中。经过一段时间后,将 SPME 纤维放入 IMS 解吸界面,如图 15.1 所示,样品就被解吸到 IMS 中。

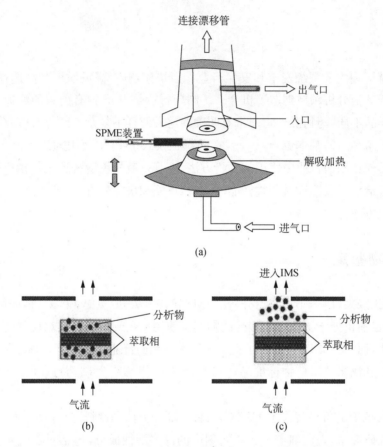

图 15.1 (a)SPME-IMS 连接示意图,显示 SPME 装置的位置;(b)解吸过程的动力学:纤维涂层中的分析物;(c)解吸过程的动力学:分析物从纤维涂料中蒸发并进入气流。请注意,与传统的 SPME-GC 不同,纤维的方向与气流方向成 90°角。(摘自 Lokhnauth and Snow, Determination of parabens in pharmaceutical formulations by solid-phase microextraction-ion mobility spectrometry, *Anal. Chem.* 2005, 77, 5938-5946.经允许)

在本研究中使用的 IMS 仪器是 Smiths IONSCAN,工作在负极性模式下,以净化空气作为缓冲气体。在电离区掺杂六氯乙烷以抑制干扰,用 4-硝基苯甲腈校准仪器。解吸和入口温度为 270 ℃,缓冲气体温度控制在 115 ℃。气流为 400 mL/min,栅门开门时间为 0.2 ms,扫描时间为 30 ms。样品解吸时间为 30 s。图 15.2 显示了 SPME-IMS 测定标准样品、空白样品和对羟基苯甲酸酯样品的结果。

已报道的应用于药物或相关样品的其他 SPME-IMS 方法包括应用于分析尿液中的麻

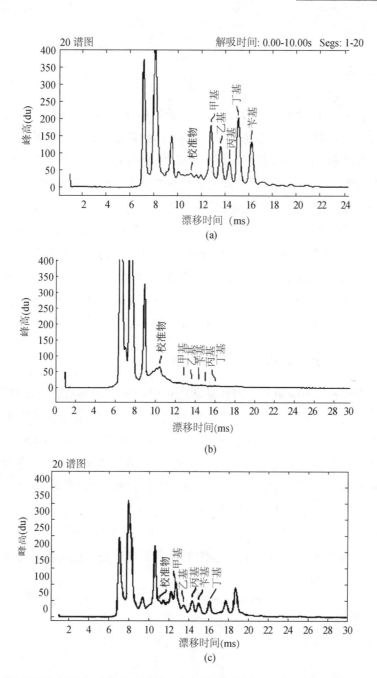

图 15.2 (a)对羟基苯甲酸甲酯、对羟基苯甲酸乙酯、对羟基苯甲酸丙酯、对羟基苯甲酸丁酯和对羟基苯甲酸苄酯标准溶液的离子迁移率谱;(b)空白样品的 IMS 谱;(c)羟基苯甲酸酯含量约 1 mg/g 的外用乳膏的 IMS 谱图。(摘自 Lokhnauth and Snow, Determination of parabens in pharmaceutical formulations by solid-phase microextraction-ion mobility spectrometry, *Anal. Chem.* 2005, 77, 5938-5946.经允许)

黄碱[6]、人血清中的甲基苯丙胺[7]以及人血浆和药物制剂中的阿托普利[8]的方法。采用类似于 SPME-IMS 的方法,用分子印迹聚合物可从尿液中收集睾酮并解吸到 IMS 中。该方法已经 HPLC 验证,其检测限为 0.9 ng/mL,线性动态范围为 10~250 ng/mL[9]。

15.4　清洁验证

在制药工业中，药品是分批生产的，同一台设备可以用来生产不同类型的药品。因此，在生产不同批次药物时，必须对设备进行清洗。**清洁验证**是一家公司确保批次之间没有污染的正式流程。具体来说，需要提供书面证据来证明设施内采用的清洗方法能将产品（包括中间产物和杂质）、清洗剂和外来物质的残留量始终控制在设定水平以下[10]。

目前，有许多分析方法用于清洁验证，采用何种合适的分析工具取决于诸多因素。当生产设备切换生产不同药物需要清洁时，快速分析方法将有助于提高准备效率。由于 IMS 对许多药物敏感，具有比较理想的分析速度和分辨力，因此它成为了清洁验证中最有前景的技术之一[11]。清洁评估常用两种取样方法：拭子取样法和漂洗取样法[12]。现成的商用仪器（基本上采用棉签，对其进行热解吸和爆炸物检测）都可以采用拭子取样的方法完成对药物的清洗验证；如采用漂洗取样法，则可以使用 ESI-IMS 验证。

15.4.1　用热脱附离子迁移谱进行清洁评估

拭子取样方法的另一项应用是检测药品欣百达中的活性药物成分——盐酸度洛西汀。此外，还可以通过检测制造过程中使用的清洁剂的表面活性剂组分来评估设备的清洁程度[13]。这项研究使用的是离子阱迁移谱仪，热解吸温度为 249 ℃，IMS 漂移管工作在205 ℃。经过甲醇浸湿的拭子在不锈钢设备上擦拭，然后将其插入 249 ℃ 的热解吸器。产生的蒸气被引入离子阱迁移谱仪的电离区。图 15.3 显示了 25 μg 度洛西汀和 100 μg 专用表面活性剂的混合物的离子迁移谱。用 R 标记的 2 个离子峰是反应离子，用 D 标记的峰是度洛西汀，用 S 标记的 4 个峰是表面活性剂。该谱图证明了 IMS 在清洁验证水平下检测度洛西汀的能力，并且清洁过程中使用的表面活性剂不会干扰检测。该方法对度洛西汀的动态检测范围为每 25 cm^2 表面上 5～100 μg。

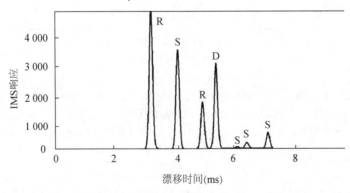

图 15.3　25 μg 欣百达和 100 μg 表面活性剂的混合物的离子迁移谱。R 标记的离子峰是反应离子，D 标记的是度洛西汀，S 标记的是表面活性剂。（摘自 Strege et al., At-line quantitative ion mobility spectrometry for direct analysis of swabs for pharmaceutical manufacturing equipment cleaning verification, *Anal. Chem.* 2008，80，3040-3044.经允许）

　　研究人员还报告了清洁验证的其他示例,由于专利保护不能公开具体的化合物成分[14],但对残留在设备表面的活性药物成分和中间体的定量测定过程进行了详细描述。其中一种目标化合物的线性动态范围为 0.1~1.0 μg/mL,另一种为 1~10 μg/mL。利用 IMS 技术,他们能够在不到 2 h 内评估 30 个样本。在另一项研究中,使用 HPLC 需要 15~30 min/样品,而 IMS 分析只需要 0.5 min/样品[15]。

　　利用拭子进行 IMS 的总残留分析已被开发用于清洁验证[16]。在该方法中,拭子是 2 cm×5 cm 的聚酰亚胺纤维材料条,可在污染表面擦拭。图 15.4 显示的是空白拭子和含有 50 μg 度洛西汀药品拭子的热脱附离子迁移谱。图 15.4(a)是空白拭子的测试结果,谱图中只有 ^{63}Ni 源产生的反应离子。图 15.4(b)显示了欣百达中活性成分度洛西汀的检测结果。检测限为 5 μg 度洛西汀。当存在大量分析物时[如图 15.4(b)所示],可以在样品中观察到质子结合二聚体。二聚体的定量测定可扩大分析动态范围。目前测定度洛西汀的方法是选择性和分析速度都稍逊于 IMS 的 UV 吸收法,其动态范围为 5~100 μg。

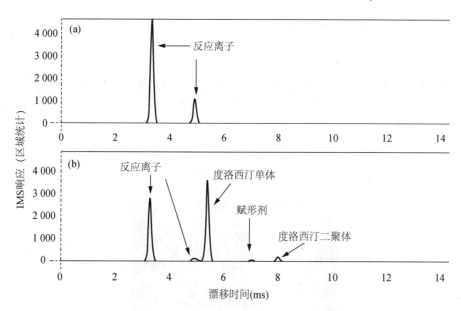

图 15.4　50 μg 欣百达药物热解进入 ^{63}Ni 源 IMS 的离子迁移谱。(a)显示了反应离子的空白拭子的谱图;(b)在被污染的表面上擦拭后的拭子的谱图。(摘自 Strege, Total residue analysis of swabs by ion mobility spectrometry, *Anal. Chem.* 2009, 81, 4576-4580.经允许)

　　如上所述,通常用于机场和海关爆炸物和药物检测的热解吸 IMS 系统同样也适用于清洁验证,前提是目标药物或残留活性药物成分是挥发性或半挥发性的。对于离子型、高分子量型和热不稳定型化合物,热解吸不是最佳选择。根据经验,如果目标分子可以用气相色谱法分析,则可以选择热解吸 IMS;如果目标分子需要液相色谱或离子色谱法分析,则应使用 ESI-IMS 进行清洗验证[17, 18]。

　　图 15.5 显示的是采用热解吸 IMS 仪器检测获得的伊立替康(一种热不稳定的药物,分子量为 586.7 Da)的离子迁移谱。谱图很复杂,包含了具有不同迁移率的多种热分解产物。

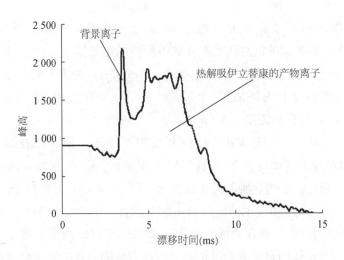

图 15.5　采用^{63}Ni 电离源、通过热解吸进样方法获得的伊立替康的离子迁移谱图。（来自 Excellims 公司）

15.4.2　用 ESI-IMS 进行清洁评估

图 15.6 是一台商用的 ESI-IMS 仪。它由一个正交的电喷雾装置组成，样品通过在气相色谱仪中作为进样使用的注射器针头进行电喷雾。在 ESI-IMS 中，针头内填充样品并放置在 IMS 的进样口。进样口实质上是一个注射泵，当它与针头电接触时即产生带电喷雾，以恒定和可控的速率按压注射器柱塞会产生 0.1～10 μL/min 的样品电喷雾。如前几章所述，IMS 在几毫秒内即可完成迁移谱采集，但根据灵敏度要求，通常需要取 100～3 000 次扫描的平均值，因此完成一次分析只需要一分钟或更短的时间。

图 15.6　商用的 ESI-IMS 系统，Excellims 公司。

图 15.7 显示的是与图 15.5 相同的化合物测定，其中用 ESI 代替热解吸电离。为了获得具有尖锐、清晰迁移率峰的单个分子离子，就需要使用 ESI。

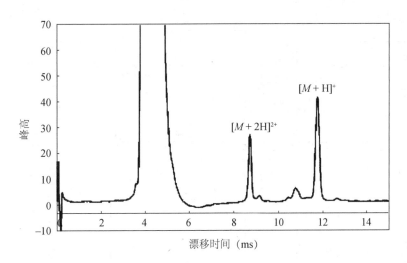

图 15.7 0.1 μg/μL 盐酸伊立替康溶解于 80/20 的甲醇/水溶液中,在正极性模式下使用电喷雾对其进行电离得到的离子迁移谱。(来自 Excellims 公司)

　　基于电喷雾的谱图具有许多有意思的特性。与其他电离源的 IMS 谱一样,x 轴代表离子群的到达时间(以毫秒为单位),y 轴代表在任何时间点到达的离子所产生的信号强度。强度定量表示为离子电流,单位为安培,但通常如图 15.6 所示,以任意单位表示。漂移时间约为 4.5 ms 的大离子团是溶剂离子团。在正极性模式下,电喷雾电离形成的溶剂离子取决于电喷雾溶剂的组成。在本实例中,电喷雾溶剂只是水和甲醇;因此,溶剂离子主要是 $(H_2O)_n(CH_3OH)_mH^+$,其中 n 取 0~3,m 取 0~1。

　　在谱图末端约 11.9 ms 处有一个清晰的大尖峰。该峰是由发生在样品被电喷雾进入 IMS 之前的电离反应 $M+H_3O^+ \rightarrow MH^+ + H_2O$ 所产生的准分子离子产物(MH^+),反应时的样品处于液态。除此之外,在漂移时间约为 8.9 ms 处还有另一个清晰的离子峰。与 MS 相似,在 IMS 中分子量大于 500 Da 的二元化合物在 ESI 后可包含两个电荷。电场施加在双电荷离子上的力是作用在单电荷离子上的力的两倍,因此离子以更快的速度行进,比单电荷离子更快到达法拉第盘。而在 8.9 ms 处出现的离子群就是伊立替康的双质子化离子(MH_2^{2+})。谱图中也存在一些未被识别的小离子峰,这显然是由于设备表面的污染物所致。电喷雾 IMS 能使高分子量或热不稳定性化合物产生尖锐、清晰的离子峰——尽管有时会产生带多重电荷的离子峰。

　　无论应用场景需要的是热解吸还是电喷雾方法,IMS 都是清洁验证的比较理想的选择。IMS 最适用于对灵敏度和分析时间有要求的简单混合物的重复分析。

15.5 反应监测

　　快速响应的 IMS 结合能够方便地处理液体样品的 ESI,使得无须投入太多资金的药物反应实时监测成为可能。许多制药公司花费大量资源在复杂的设备上,用以取样和监控生产过

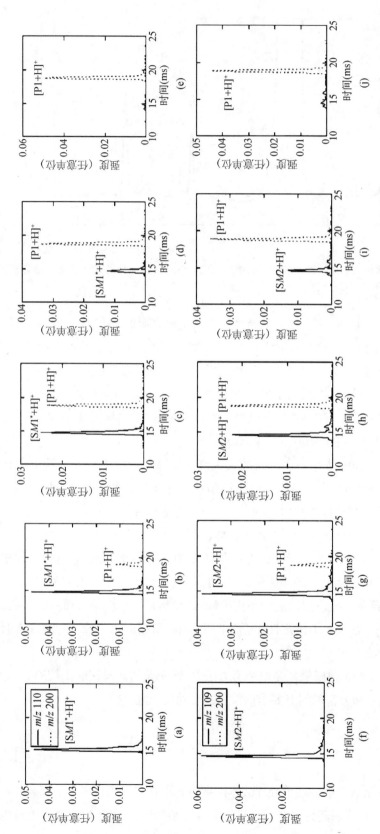

图 15.8 两个组分的质量选择离子迁移谱，揭示了反应过程。（a）到（e）显示了原料 1 的消失和产物离子的出现；（f）到（j）显示了原料 2 的消失和产物离子的出现。（摘自 Roscioli et al., Real time pharmaceutical reaction monitoring by ion mobility-mass spectrometry, *Anal. Chem.* 2012.经允许）

程。IMS 在该领域的初步研究已经证明了通过批量采样进行快速分析的可行性[19]。本例中，在向衣康酸二甲酯中添加环己乙胺的过程中发生了两步反应，即 Michael 加成和分子间环化。该反应的产物和中间产物需要连续监测 72 h。在反应过程中，中间产物离子峰在反应初期出现，然后消失；而在反应后期，产物离子出现并占主导地位，形成一个稳定的峰。研究人员等份取出反应过程中的样品，然后立即将其电喷雾到 IMS 中。在使用 IMS 监测反应过程的第二个示例中，研究人员在用氢氧化钠水溶液对 7-氟-6-羟基-2-甲基吲哚去质子化后的 60、80、160 和 200 min 以及 24 h 和 7 d 之后，对样品进行等份取样测试[20]。

在第三个示例中，制药工业中通常使用的一种反应是还原胺化，例如仲胺的生产[21]。而监测此类反应颇具挑战，因为亚胺中间体容易水解，使得采用 HPLC 等离线分析方法变得困难。

图 15.8 显示了 IMS 与 TOFMS 耦合得到一系列谱图。所示为原料 1、原料 2 和产物的质量选择迁移谱图。图 15.8(a) 至 15.8(e) 显示了作为原料 1 监测信号的 SM1＋H$^+$(110 Da) 离子的消失以及产物 P＋H$^+$(200 Da) 离子的出现。图 15.8(f) 至 15.8(j) 显示了作为原料 2 监测信号的 SM2＋H$^+$(109 Da) 离子的消失以及产物离子信号慢慢增强。应该注意的是，由于上述反应太快，无法像之前一样在反应过程中等份取样。因此，图 15.8 表明，可以同时测量这些化合物，但它们不是在可以反应的条件下。为了对快速反应实现实时监测，该示例中设计了直接从反应区连接到电喷雾头的探针。

图 15.9 显示了前 300 s 反应的实时监控谱图。在连续监测反应过程中对谱图进行了 50 s 的平均。即，谱图(a)的 IMS 谱是前 50 s 取平均，谱图(b)是随后 50 s 取平均，以此类推，最后，谱图(f)是 250 s～300 s 的平均。可从连续监测中看出，中间产物在反应的前 50 s 内出现。随着反应的进行，产物在第二个 50 s 出现并持续增长。该示例表明 IMS，特别是 IM-MS 可以监测快速反应，而 HPLC 无法做到。研究得到其中一种原料 4-吡啶薄荷醇的检测限为 1.5 ng，线性动态范围超过两个数量级。

15.6　生物样本监测

对于不太复杂的样品或目标化合物具有高电离效率的样品，IMS 可以替代 HPLC 为生物样品中的麻醉品和药物做快速、灵敏和高分辨率的分析。第一个例子是同时测定咖啡因和茶碱，这两种化合物具有高质子亲和力[22]。研究人员采用分子印迹聚合物固相吸附柱收集和浓缩绿茶和人血清样本中的化合物。目标化合物从萃取柱中洗脱，并电喷雾到独立的 IMS 中进行分析。样本中的咖啡因和茶碱可同时定量，检测限分别为 0.2 $\mu g/mL$ 和 0.3 $\mu g/mL$，动态范围约为两个数量级。IMS 应用于人体血清检测的另一个例子是快速分析卡托普利。在此应用中，采用基于聚吡咯膜的 SPME 收集并浓缩血清上方的卡托普利，之后进入 IMS 检测[7, 8]。

目前已开发了几种方法测定尿液中药物和类似化合物。麻黄碱是一种用于治疗哮喘、过敏和鼻窦问题的兴奋剂，也被用作食欲抑制剂或运动员的（被禁止的）兴奋剂。世界反兴

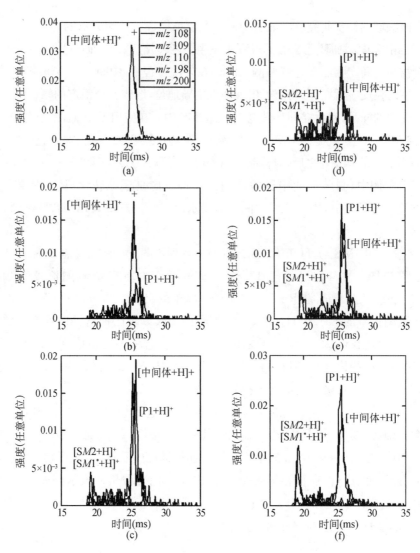

图 15.9 实时监控还原胺化反应的示例。连续监测反应 300 s。谱图中的变化发生在前 50 s。（摘自 Roscioli et al.，Real time pharmaceutical reaction monitoring by ion mobility-mass spectrometry，*Anal. Chem.* 2012.经允许）

奋剂组织将尿液中麻黄碱浓度达到 10 μg/mL 确定为非法使用兴奋剂。定量 SPME 与 IMS 联用可将尿中麻黄碱的检测限提高到 50 ng/mL。使用 SPME 直接从尿液样本中提取麻黄碱；SPME 纤维被 IMS 解吸装置加热，其中的分析物蒸发进入漂移管。总的来说，SPME-IMS 与其他测定尿液中麻黄碱的分析方法相比，效果更好，分析速度更快[6]。类似地，研究人员使用 SPME/FAIMS/MS 测定了尿液中的安非他命、甲基苯丙胺及其甲氧基衍生物[23]。此外，还使用分子印迹固相萃取和电晕放电 IMS 测定了人尿液中的睾酮[9]。

另一个对制药工业很重要的有趣应用是测量皮肤对药物的吸收情况[24]。这一应用通常使用 Franz 扩散池（Franz diffusion cell，FDC）完成，并利用 HPLC 来定量[24]。当进行布洛芬的透皮分析时，IMS 方法比 HPLC 更快。IMS 法测定的皮肤渗透系数为 0.013 cm/h，与 HPLC 法测定结果相符。

当 IMS 与 MS 耦合时,可以分析更复杂的样品。一个示例是 Synapt TW-IMS 在来氟米特(leflunomide,LEF)和对乙酰氨基酚(acetaminophen,APAP)的代谢物分析中的应用[25]。与定量(quantitative,Q)TOFMS 和 Q-TRAP-MS 相比,Synapt TW-IM-MS 具有 MS^2 的迁移率分离能力,产生如 MS^3 的碎片,显示了其潜在的分析能力。IMS 结合 MS^2 和 MS^3 实验用于鉴定对乙酰氨基酚的微粒体代谢物。

15.7　小结和结论

IMS 拓展应用于药物分析,是其在应用于非法药物检测之后自然发展的结果。许多药品化合物是碱性的,质子亲和力强,因此在 ^{63}Ni 电离源或电晕放电电离源中都具有较好的灵敏度和选择性。此外,独立 ESI-IMS 的发展为非挥发性药物(例如高分子量、离子性或在高温下才可能分解的药物)分析提供了一种有效的样品注入和电离方法。

IMS 在制药工业中的应用是多方面的,从简单的分子结构表征到实时监测药物反应,均有涉及。有关离子碰撞截面的药物数据库正在开发中,可与分子模型一起用于确定分子结构。IMS 技术快速和操作简单的特点,促使针对常规过程监测和快速检查药物配方准确性协议的制定。IMS 还被证明可用于尿液、皮肤和血液等生物基质中靶向药物、代谢物和活性药物成分的常规定量分析。

IMS 最成功的应用是清洁验证,在该应用中,所需的分析方法必须确保在开始新一轮生产之前,设备不留有先前制造过程产生的污染。分析工具的准确度和速度直接影响制造厂的高效运行。最后,虽然 IMS 用于药物合成的实时监测尚处于起步阶段,但 IMS 具有实时控制反应温度和调整试剂浓度以优化反应速率和产率的能力,使其在制药行业的持续发展非常令人期待。

本章给出的大量示例得出的结论与 IMS 应用的其他章节类似:IMS 以其多种形式为传统色谱分析方法提供了一种可行的替代分析方法,尤其是在需要重点考虑成本、速度和灵敏度的状况下。当样品很复杂时,如用于药物分析的代谢组学,IMS 可以方便地与色谱和 MS 结合,实现强大的二维和三维分离。

参考文献

[1] Cottingham, K., Ion mobility spectrometry rediscovered, *Anal. Chem.* 2003, October, 435A-439A.

[2] Fernandez-Maestre, R.; Hill, H.H., Jr., Ion mobility spectrometry for the rapid analysis of over-the-counter drugs and beverages, *Int. J. Ion Mobil. Spectrom.* 2009, 12, 91-102.

[3] Routledge, E.J.; Parker, J.; Odum, J.; Ashby, J.; Sumpter, J.P., Some alkyl hydroxy benzoate preservatives (parabens) are estrogenic, *Toxicol. Appl. Pharmacol.* 1998, 153, 12-19.

[4] Harvey, P.W., Parabens, oestrogenicity, underarm cosmetics and breast cancer: a perspective on a hypothesis, *J. Appl. Toxicol.* 2003, 23, 285-288.

［5］Lokhnauth, J.K.; Snow, N.H., Determination of parabens in pharmaceutical formulations by solid-phase microextraction-ion mobility spectrometry, *Anal. Chem.* 2005, 77, 5938-5946.

［6］Lokhnauth, J.K.; Snow, N.H., Solid phase micro-extraction coupled with ion mobility spectrometry for the analysis of ephedrine in urine, *J. Sep. Sci.* 2005, 28, 612-618.

［7］Alizadeh, N.; Mohammadi, A.; Tabrizchi, M., Rapid screening of methamphetamines in human serum by headspace solid-phase microextraction using a dodecylsulfate-doped polypyrrole film coupled to ion mobility spectrometry, *J. Chromatogr. A* 2008, 1183, 21-28.

［8］Karimi, A.; Alizadeh, N., Rapid analysis of captopril in human plasma and pharmaceutical preparations by headspace solid phase microextraction based on polypyrrole film coupled to ion mobility spectrometry, *Talanta* 2009, 79, 479-485.

［9］Mirmahdieh, S.; Mardihallaj, A.; Hashemian, Z.; Razavizadeh, J.; Ghaziaskar, H.; Khayamian, T., Analysis of testosterone in human urine using molecularly imprinted solid-phase extraction and corona discharge ion mobility spectrometry, *J. Sep. Sci.* 2011, 34,107-112.

［10］Active Pharmaceutical Ingredients Committee, Cleaning validation in active pharmaceutical ingredient manufacturing plants, report, APIC, Washington, DC, 1999.

［11］Cottengham, K., Ion mobility spectrometry rediscovered, *Anal. Chem.* 2003, October 1, 2003, 439 A.

［12］Prabu, S. L.; Suriyaprukash, T. N. K., Cleaning validation and its importance in pharmaceutical industry, *Pharma Times* 2010, 42(7), 21-25.

［13］Strege, M.A.; Kozerski, J.; Juarbe, N.; Mahoney, P., At-line quantitative ion mobility spectrometry for direct analysis of swabs for pharmaceutical manufacturing equipment cleaning verification, *Anal. Chem.* 2008, 80, 3040-3044.

［14］Qin, C.; Granger, A.; Papov, V.; McCaffrey, J.; Norwood, D.J., Quantitative determination of residual active pharmaceutical ingredients and intermediates on equipment surfaces by ion mobility spectrometry, *J. Pharm. Biomed. Anal.* 2010, 51, 107-113.

［15］Walia, G.; Davis, M.; Stefanou, S.; Debono, R., Using ion mobility spectrometry for cleaning verification in pharmaceutical manufacturing, *Pharm. Technol.* April 2003, 72-78.

［16］Strege, M.A., Total residue analysis of swabs by ion mobility spectrometry, *Anal. Chem.* 2009, 81, 4576-4580.

［17］Krueger, C.A.; Hilton, C.K.; Osgood, M.; Wu, J.; Wu, C., High resolution electrospray ionization ion mobility spectrometry, *Int. J. Ion Mobil. Spectrom.* 2009, 12, 22-37.

［18］Wu, C., Electrospray ionization-high performance ion mobility spectrometry for rapid on-site cleaning validation in pharmaceutical manufacturing, Application Notes 2010, IMS-2010-02A, Excellims Corporation, 1-5.

［19］Wu, C., Excellims Corporation: Application Notes, 2010.

［20］Harry, E.L.; Bristow, A.W.T.; Wilson, I.D.; Creaser, C., Real-time reaction monitoring using ion mobility-mass spectrometry, *Analyst* 2011, 136, 1728.

［21］Roscioli, K.M.; Zhang, X.; Shelly, X.L.; Goetz, G.H.; Cheng, G; Zhang, Z.; Siems, W.F.; Hill, H.H., Jr., Real time pharmaceutical reaction monitoring by ion mobility-mass spectrometry, *Anal.*

Chem. 2012.

[22] Jafari, M. T.; Rezaei, B.; Javaheri, M., A new method based on electrospray ionization ion mobility spectrometry 1 (ESI-IMS) for simultaneous determination of caffeine and theophylline, *Food Chem.* 2010.

[23] McCooeye, M. A.; Mester, Z.; Ells, B.; Barnett, D. A.; Purves, R. W.; Guevremont, R., Quantitation of amphetamine, methamphetamine, and their methylenedioxy derivative in urine by solid-phase microextraction coupled with electrospray ionization-high-field asymmetric waveform ion mobility spectrometry-mass spectrometry, *Anal. Chem.* 2002, 74, 3071-3075.

[24] Baert, B.; Van Steelandt, S.; De Spiegeleer, B., Ion mobility spectrometry as a high-throughput technique for in vitro transdermal Franz diffusion cell experiments, *J. Pharm. Biomed. Anal.* 2011, 55, 472-478.

[25] Chan, E. C. Y.; New, L. S.; Yap, C. W.; Goh, L. T., Pharmaceutical metabolite profiling using quadrupole/ion mobility spectrometry/time-of-flight mass spectrometry, *Rapid Commun. Mass Spectrom.* 2009, 23, 384-394.

第16章
工业应用

16.1　引言

IMS在工业上得到了广泛的应用，其快速、低成本和特征定性分析被视为此分析法的强大优势，这些特点在工业过程监控中显得尤为重要。IMS分析仪的低成本和便于连续测量的特点使其可以作为组件集成到大系统中使用，例如可集成到水电站的高压开关中。另外，常压电离IMS分析仪的低检测限的性能使其可在某些特殊的场合下使用，例如在对洁净度要求很高的生产车间中监测空气质量；将IMS仪器的过程监视功能应用于工业用途的另一个例子是工业排放监测，这也属于环境应用的一部分。

现场快速分析测量是IMS应用于传统工业的主要优势，即用于分析原料纯度与产品成分——尽管目前不能测量所有的数量和种类。这一概念的拓展应用是监测食品和饮料生产的过程或进行阶段检测。在此类应用中，IMS仪对气味或香料的测量被认为是客观的，监测系统可以是自动化的，也可以集成到连续的自动过程控制中。

16.2　工业过程

16.2.1　高压开关中六氟化硫的监测

在对高压变电站气体绝缘开关（gas insulated switch，GIS）中的气体纯度进行持续监测时，没有一种技术可以在成本、尺寸和分析响应等方面与迁移谱仪相匹敌[1-3]。SF_6气体在GIS的金属表面起绝缘作用，但由于老化或局部放电，此气体会发生化学降解，形成低浓度的腐蚀性杂质。随着使用时间的增加，杂质累积最终可导致开关的意外故障，损坏开关以及变电站，对电力公司及其用户造成巨大的经济损失和麻烦。

如果可以监测累积的杂质，并对GIS即将发生的故障发出警报，维修人员就可以关闭涡轮机，保护整个变电站免受危害。SF_6中形成的降解产物浓度的变化可以反映杂质含量的多少，这可以通过监测过程中漂移时间的变化来发现。如果监测仪结构简单、价格便宜，则每个开关可以配备一个漂移管。在一项比较试验中，迁移谱分析仪的性能比标准比色检测管高出2~4倍，并具有自动、高速响应功能，MDL为20 ppm，足以检测在GIS中产生的杂质[2]。目前，离子迁移谱仪的这一应用已有超过12年的使用记录。

16.2.2　微电路生产环境中周围空气的不洁净度监测

由于氨和1-甲基-2-吡咯烷酮会影响光刻胶成分的酸催化作用,因此在半导体工厂内环境空气中的氨水平至关重要,尤其是在需要进行深紫外(deep ultraviolet,DUV)光刻胶和光刻过程的"清洁区域"中。离子迁移谱法提供了必要的检测能力,可以在十亿分之一低含量水平监测这两种化合物。与GC相比,离子迁移谱仪测量所需要的时间明显短于热脱附所需要的10 min[4-5]。

16.2.3　合成反应程度的监测

利用离子迁移谱仪,可以通过监测醋酸乙烯酯聚合过程中顶空蒸气中未反应或残留单体气体含量来观察反应进程[6]。聚合物乳胶的最终重量取决于包括易挥发的残余单体量在内的几个参数。因此,可以通过监测残余单体量是否达到一个较低水平来控制气味,但何时达到这个水平是个问题。目前,人们只在实验室中对最终产品样品进行分析,而在线监测将有助于提升测量和生产效率。在一项初步的研究中,为了证明IMS适于监测乳化液反应,研究人员在1 L的实验室反应器中聚合醋酸乙烯酯。每30 min对反应过程进行一次重量测量,并在注入催化剂后使用IMS分析仪跟踪单体浓度是否降低。即使将它们混合,醋酸乙烯酯、醋酸丁酯和甲基丙烯酸甲酯等单体都可根据其各自的迁移率系数被区分。在第一项应用中,生产过程中的胶状液通过旁路泵送。研究人员提出对装有混合反应物的反应器进行直接顶空采样,以取代目前间隔一段时间监测一次反应器的方法。

16.2.4　药膏片生产过程中的泄漏监测

由于IMS对具有良好电离特性的化学药品反应强烈,因此可以直接监控这些化合物而不受样品基质中潜在干扰的影响。在用于治疗尼古丁戒断的经皮系统(即皮肤贴剂)生产现场对尼古丁排放的评估中这种优势体现得尤为明显[7]。尼古丁贴剂是通过将尼古丁液滴沉积在吸附层上制成的,而吸附层是使用机器将阻隔膜和黏合剂层与尼古丁层层压在一起并冲孔成一定尺寸。现有的空气采样和分析方法无法确定尼古丁排放的确切来源或排放的变化量,机器的操作员无疑会在生产贴片期间吸入泄漏到空气中的尼古丁蒸气。当时的职业安全和健康管理局(Occupational Safety and Health Administration,OSHA)对尼古丁的连续泄漏标准为 0.5 mg/m^3,这个剂量只有使用吸附阱和空气采样泵对样品进行预富集才能被检测。富集取样导致了样品发生混合,丢失了任何样品浓度的峰值信息,也不利于生产现场的快速检测。在一项试验中,CAM被放在生产机器旁的操作员附近连续运行;在另一项试验中,在生产机器的零件和表面用CAM进行几秒钟的扫描来监测尼古丁蒸气,检测仪在15 min内即可测出尼古丁的排放量。

CAM显示的是接近瞬时的响应,检测限为 0.006 mg/m^3,当蒸气浓度为 $0.01 \sim 0.25 \text{ mg/m}^3$ 时,中位相对标准偏差为3.1%。CAM对生产机器附近的空气进行连续监测,使用沾有酒精的湿布擦拭特定表面的污染物后,检测到异丙醇浓度瞬时升高,人们通过这种方式确定了生产机器的 4 个部位会释放尼古丁蒸气。在短短几个小时内尼古丁蒸气的来源就被确认了，而使用传统的测量方法在几个月内都毫无成效。

16.2.5　烟囱排放物的酸性气体监测

在铝精炼、陶瓷制造、煤燃烧和塑料垃圾焚烧等工业过程中会排放出酸性气体，特别是 HCl、HF、ClO_2 和溴气等酸性气体[8-10]。由于酸性气体的毒性和腐蚀性，工厂内会存在安全隐患，也对周边环境造成污染。联邦、州和地方机构要求对上述工业过程产生的空气排放物进行监测，并配置了迁移谱仪作为过程监测仪设备。

Gordon 等人使用 IMS 分析仪研究 ClO_2 的排放和挥发率，并预测暴露于环境空气中 ClO_2 的含量[9]。手持式分析仪显示，装有浓缩溶液（$<200\sim860$ ppm）的大型混合罐上空 2 m 的 ClO_2 蒸气浓度为 1.4 ppmv。在 4 m 上空的蒸气浓度降到了 0.6 ppmv，并在约 7 m 时降至 OSHA 允许标准之下。该应用以及溴排放的应用很好地体现了现有 IMS 仪器的定量响应。

使用 IMS 测定 HF 是基于 HF 的电子亲和力，但由于 HF 的产物离子峰与反应物离子峰（通常为 O_2^-）重叠，谱峰变得复杂。采用水杨酸甲酯为反应气体可解决这一问题。水杨酸甲酯与 O_2^- 形成加合离子，从而使反应物离子峰的漂移时间大于 HF[10]。产物离子峰为 $(HF)_3F^-$，可以与上述的加合物峰很好地分离。HF 不仅在职业卫生和环境保护领域需要监测，其作为化学战剂的生产前体，在反恐领域同样受重视。

腐蚀性酸性气体与放射性金属箔（^{63}Ni）之间可能会发生化学反应，导致金属箔表面形成卤化镍。这些盐在机械上是不稳定的，可能会雾化并在漂移管中扩散。它们还可能随着来自漂移管的未经过滤的废气排放到周围环境中。为了防止发生上述化学反应，监测酸性气体的漂移管中会用净化的空气或氮气吹扫放射性金属箔，从而阻止酸性气体与放射源的接触。反应物离子沿着电压梯度的方向随着净化气流进入含有样品气体的反应区。所有样品蒸气从漂移管被排出，不会进入漂移区或接触电离源。此类仪器应配备联锁装置，当净化气体流量出现故障时，可停止样品进样。

16.2.6　其他工业排放监测

甲苯二异氰酸酯（toluene diisocyanate，TDI）用于生产柔性聚氨酯泡沫，它有两种位置异构体（2,4-TDI 和2,6-TDI），以及它们的混合物 80/20TDI。暴露于高浓度 2,4-TDI 会对皮肤、眼睛和鼻子造成严重刺激，并引起恶心和呕吐；吸入低剂量 2,4-TDI 会引起喘息、呼吸困难和支气管收缩等类似哮喘的反应，这些特征经常出现于工业工人中。

在涉及氨基甲酸酯的各类工业生产环境中，人们使用带有膜入口的手持式迁移率分析仪（CAM 进化版）对空气中的 TDI 蒸气含量进行监测[11]。仪器的响应范围为 1~50 ppb，几乎不受过量的胺和锡催化剂、发泡剂和表面活性剂的影响。CAM 对相对湿度为 0~68% 空气中的 2,4-TDI、2,6-TDI 和 80/20TDI 样品敏感。当暴露于低蒸气浓度时，仪器数秒后即可恢复到原始响应;但当暴露于 48 ppb 时则需要一分钟恢复。这与进样口和膜的材料和温度有关。在湿度为 0% 时响应受到抑制。尽管 IMS 的分析能力很具有吸引力,但它还未被纳入工业的职业性监测中。将便携式 IMS 分析仪应用于该领域的最大阻碍可能是移动放射性电离源的监管问题,这并非是离子迁移谱仪固有的问题。另一个研究小组证明了非放射性脉冲电离源适用于工业场所的 TDI 测定[12]。脉冲电离源提供了离子形成和样品离子进入漂移管的动力学控制。

以色列一家化工厂还监测了环境空气中的溴和一些溴的化合物[13-14]。在 IMS 漂移管中,溴离子(Br^-)通常是有机溴化合物唯一稳定的负极性离子。但当溴的浓度升高时,Br_2 会与 Br^- 形成加合离子 Br_3^-。生产工厂储藏室中进行的测量显示溴浓度低于 10 ppb,证明了生产区域蒸气浓度是可测量的,且测量受到反应物附近气流的影响。尽管如此,空气中的溴蒸气含量低于 30 ppb,远低于 8 h 内的平均泄漏阈值 100 ppb。与之前描述尼古丁的例子一样,本研究也采用了离子化学检测,诸如水之类的干扰作用可以忽略。由于 IMS 中溴的谱图与浓度有关,且具有 3 个产物离子峰,因此可利用神经网络方法对空气中溴蒸气含量进行定量测定[14]。

最后,IMS 也被应用于陶瓷行业,用于对瓷砖烘烤过程中产生的 VOC 进行现场监测[15]。该仪器通过气流渗透的方式用一组参考化合物进行校准,包括乙酸乙酯、乙醇、乙二醇、二甘醇、乙醛、甲醛、2-甲基-1,3-二氧环烷、2,2-二甲基-1,以及使用气流渗透的 3-二氧环烷、1,3-二氧环烷、1,4-二氧环烷、苯、甲苯、环己烷、丙酮和乙酸等。研究人员使用实验室规模的窑和瓷砖进行测试,这些瓷砖是用选定的乙二醇和树脂基添加剂制成的。所有实验测量结果与 SPME/GC/MS 测定结果进行了比较。该方法还应用于意大利摩德纳的两个陶瓷加工区的工业排放检测,以此评估 IMS 作为陶瓷行业排放实时监测设备的可行性[15]。

16.3　工业原料及产品

16.3.1　气体纯度的检测

在工业生产中,乙烯、氢气和其他轻烃中的氨含量过低会导致下游催化中毒,因此研究人员采用检测限为 1 ppb 的 IMS 系统来监测烃类化合物中的 NH_3 含量[8]。他们测试了一系列生产流程,没有检测到任何共存化合物的明显干扰。在另一份研究报告中,研究人员利用 IMS 测定了乙烯中的 NH_3 含量,该 IMS 仪装有硅烷聚合物膜,电离源为 ^{63}Ni 电离源,反应离子为 $H^+(H_2O)_n$,漂移管及电离源的支持气体为氮气[16]。由于乙烯对分析结果没有明显影响,因此不需要预富集或预分离。检测仪内的氮气环境也使乙烯的可燃性变得不重要。仪器对浓度在 200～1 500 ppb 范围内的 NH_3 响应几乎是线性的,计算得到最低检测限为 25 ppb。

研究人员使用以氩气为漂移气体的漂移管测定了氮气中的微量氧——因为氩气在传统的 IMS 分析仪(不论是正极性还是负极性 IMS)中都不会发生化学反应[17]。通常,IMS 对

N_2 中 O_2 的检测限和准确性会受限于离子峰分辨率。然而在氩气中，化学电离形成的氧的产物离子可在迁移谱中被解析和定量测定。迁移谱中任何离子峰的出现都表明这些重要的工业气体中存在杂质[17-18]。根据漂移时间和峰面积，人们对纯气体中存在的杂质离子及其含量进行了鉴定和量化。

16.3.2 半导体制造业中的表面污染检测

20 世纪 90 年代末，Siemens 公司的 Budde 小组[19-23]和其他人[24-26]报道了 IMS 技术应用于半导体工业的情况。在一项研究中，IMS-MS 联用仪用于检测从存储和运输晶圆的箱子中释放或泄漏的挥发性物质[19]。这些挥发性气体被鉴定为增塑剂——一种箱子材料中的聚合物添加剂。不同储存箱中挥发性气体释放量的变化可达 4 个数量级，这也是为什么要在电子元件制造中做好质量控制的原因。另外，人们还从使用过的容器和工艺介质中发现光致抗蚀剂溶剂和其他挥发性气体。在后续研究中，人们对聚丙烯、聚碳酸酯、聚四氟乙烯、全氟烷氧基聚合物、聚偏二氟乙烯和丙烯腈-丁二烯-苯乙烯共聚物等进行了高温下的增强应力测试[19]。在电子元件的制造中，污染可能有多种来源，这表明常规检测非常必要。Budde 对来自晶圆盒、晶圆载体、晶圆荚、洁净室空气过滤器和过滤框架、洁净室纸张、密封箔和其他聚合材料的有机污染进行了检测，结果也证明了常规检测的必要性。

Seng 还描述了通过 IMS 测量检查表面污染，他关注表面膜固化的质量控制过程[24-25]。研究人员使用 IMS 分析仪检测了在 UV 辐射固化过程中分散各处的痕量涂料和油墨成分[26]。

16.3.3 木材中的防腐剂和疾病的直接快速检测

16.3.3.1 防腐剂

自 20 世纪 30 年代以来，3~5 种氯代苯酚被用作杀菌剂和除草剂，其中，五氯苯酚在全球范围内被用作木材防腐剂，以预防霉菌、真菌和白蚁。在五氯苯酚中有 5%~10% 是四氯苯酚——尽管四氯苯酚也单独使用，有时也作为五氯苯酚的替代品。这些防腐剂可通过压力/真空工艺确保木材长期保存，也可喷涂、浸渍或刷涂在木材表面。尽管蒸气压低，但五氯苯酚不易分解，具有持久性，较易挥发。然而，木材制品中氯代苯酚的存在是一个令人担忧的问题，因为它们作为污染物会在室内空气中积聚。另外，这些防腐剂存在于木材中，也会使安全回收或燃烧木材变得复杂。IMS 对氯代酚类物质具有独特的响应，且检测限很低；可与采用 ECD 的 GC 或 GC-MS 相匹敌[27]。可对木条进行简易热解吸的 IMS 虽然具有很好的定量响应，而且与 GC-MS（一种更复杂的测量方法）相比可靠性相当，但选择 IMS 最主要的原因还是它的快速检测（<1 min）能力。

人们使用 IMS 也检测了丙环唑和戊唑醇等其他防腐剂，例如，采用带有直接固相解吸入口的 IONSCAN 测定了樟子松中的上述防腐剂[28]。研究结果证明，直接热解吸 IMS 能够很容易地检测和区分木材防腐剂和处理过的刨花。该方法不需要额外的样品制备和木材样品提取,且易于应用于小的木材样品。

16.3.3.2 木材疾病

与用化学药剂作为杀虫剂处理过的木材不同的另一种情况是真菌生长的木材。由于在封闭的空间中真菌的生长会对人体健康产生影响,因此这也是一个工业问题。真菌能产生具有特征性 VOC 的代谢气体,它们能有效表征真菌的生长——即使在真菌生长不明显的情况下。研究人员利用 IMS 仪对建筑材料的室内空气、干腐真菌定植的琼脂培养基上的松材边材样品以及 6 种霉菌的混合物进行了长达 6 个月的检测[29],使用在培养过程中发生变化的真菌的主成分分析(principal component analysis,PCA)对来自 IMS 分析仪的迁移谱进行计算处理。受感染的木材显示出区别于未受感染木材的独特结果。另外,研究人员还发现随着真菌的生长,其释放的气体也会发生变化。文章最后还推荐 IMS 作为一种快速、灵敏的现场检测方法用以测定木材中生长活跃的真菌。

细菌感染的木材在木材工业中被称为湿木,会导致木材干燥缺陷,带来严重的加工问题。这些缺陷表现为表面瑕疵过多、过深、蜂窝裂、塌陷和环分离,导致木材原料损失。仅橡木木材一项,湿木造成的浪费就多达 5 亿英尺板材,每年损失超过 2 500 万美元。识别北方红橡木(北美红栎)湿材的一个方法是在加工之前对其进行快速鉴定并重新裁切。为此,人们开发了一种 IMS 方法,在该方法中,木条被快速加热到 200 ℃[30],产生的蒸气被送入离子迁移谱进行测量分析。在湿材中能检出间苯二酚,而在正常红橡木中未能检出,以此区分普通木材和湿材。这个应用例子说明了工业(此处是非化学工业)中对目标物进行快速、低价测量是有效益的。

16.4 食品生产

味觉和嗅觉的结合会影响人类口感的喜好和接受程度,这也是食品和饮料的共同特点,因此可能带来巨大的经济效益。从草莓到调味品生产,食品工业已经通过分析顶空蒸气实现质量控制,而化学测量是现代企业在食品生产和研究过程中不可或缺的一部分。一直以来采用的检测技术是以 MS 作为检测仪的 GC,它们可提供关于顶空 VOC 中有机化合物组成的丰富信息。但完整的谱图信息是以单位时间内测量样本少和每次测量的成本高为代价的。如果食品质量或生产过程是受目标化合物或某些物质种类决定的,当不需要获得样品的全部信息时,迁移谱仪已被证明能提供可靠的检测结果,其成本仅为 GC-MS 的一小部分。在某些情况下,考虑到顶空蒸气的化学复杂性,也为了提高对预分馏样品的测量可靠性,人们会使用 GC 作为 IMS 的进样口。通过 GC 的物质流速变阻分离通常足以在 IMS 检测器之前提供必要的分辨力。

16.4.1 饮料

16.4.1.1 啤酒

在啤酒发酵过程中,啤酒厂会通过监测啤酒原浆顶空蒸气中的二乙酰和 2,3-戊二酮的浓度来判断是否要进入下一个生产过程。这些挥发性戊二酮是啤酒中气味变化的指示物，通常采用传统的 GC-MS 方法进行非连续测定[31]。由于 IMS 可以连续监测，当上述物质超过阈值时，仪器就会发出警报，通知酿酒师停止发酵，从而提高生产效率，节省发酵费用。在线监测采用的是以光电放电灯为电离源的 GC-IMS 仪。将发酵罐中的少量麦汁引入取样容器，加热几分钟，再对顶空蒸气进行取样和分析。仪器每隔 10～15 min 会自动测定分析物的浓度，间隔时间有时还会更短。人们对相同的样品采用啤酒厂的标准方法（即 GC-MS）进行对比，结果验证了 GC-IMS 方法的可行性。

以上测量的目标化学物质虽然只有二乙酰及 2,3-戊二酮两种（它们还与过量饮酒有关），但 GC-IMS 还可以在离子强度、保留时间和漂移时间三者的关系图谱中提供 VOC 的完整信息。IMS 技术的低成本和对生产效率的提高很有价值，整个啤酒生产过程都可以从过程监控中受益。此外，可以用类似的方法通过测量酒精含量和二乙酰及 2,3-戊二酮前体来分析不同类型的啤酒。从发酵罐中提取液体样品被认为太复杂，因此另一个小组使用有膜入口的迁移谱仪从顶空蒸气中取样[32]。测量的目标化学物质是乙醇，以实现在线测量酵母发酵度。

16.4.1.2　葡萄酒

葡萄酒行业和国际食品服务业面临的两大难题是生产或到消费者手里的葡萄酒的质量，以及库存量的控制。虽然口感与口味对一款葡萄酒来说很重要，口感不好也很容易辨别，但人们通过肉眼判断葡萄酒的优劣被认为太复杂又没有说服力。考虑到葡萄酒的化学复杂性和人类嗅觉对气味记忆的易变性，人们很自然会想到采用迁移谱仪分析葡萄酒的顶空气体。研究人员使用了 Owlstone 纳米技术公司的 FAIMS 分析仪特别分析了"增加了葡萄酒醇度、浓度和口感度"的乙酸乙酯[33]。过量的乙酸乙酯（浓度超过 200 mg/L）挥发到空气中会产生令人不快的气味，此时葡萄酒被认为已变质，应该丢弃。尽管 FAIMS 对乙酸乙酯的响应阈值比人类高 30 倍，但纯正葡萄酒中的乙醇蒸气会使仪器响应饱和，因此，有必要使用 GC 先把乙酸乙酯从乙醇中分离开来再分析其含量。

使 IMS 对探测物质具有选择性的一种方法是更换电离源，将基于质子离子化学的辐射电离源替换为基于选择性响应原理的电离源。UV 电离源可以实现这种选择性，因为酮和醛会优先被电离，所以研究人员采用具有气相分离器的连续流系统进行采样[34]，将样品制备和气体电离方式相结合，用于分析各种白葡萄酒。该研究获得了每种葡萄酒的特征曲线，并使用化学计量工具进行分类。研究人员选取 4 种葡萄酒进行研究，采用 PCA 降低数据维度，再用线性判别分析（linear discriminant analysis，LDA）和 k 最近邻分类算法（k-nearest neighbor，kNN）对葡萄酒分类，最后得到了 95% 置信度水平下 92% 独立验证集的分类率。他们还采用带有火焰电离检测器的气相色谱（GC with a flame ionization detector，GC-FID）分析了同一批白葡萄酒，并进行了与上文类似的数据处理，得到的结果与 IMS 方法相似，但技术更复杂且分析时间更长。

顶空采样的 IMS 分析与无监督神经计算相结合，可以实现对发酵过程和其他微生物过程的在线监控[34]。试验使用了一种啤酒酵母(酿酒酵母类)和一个台式发酵罐,对其中排放的气体进行分析。这种基于气相分析的检测结果证明酵母有 5 个生长阶段。具有特征谱峰的离子迁移谱还能提示酵母发酵过程中是否存在受污染的培养物,这体现了该方法在小规模的示范中也同样具有价值[35]。

在带有软木塞的葡萄酒瓶中,2,4,6-三氯甲苯(2,4,6-trichloroanisole, 2,4,6-TCA)被提出作为葡萄酒异味的化学标志物。在一种方法中[36],研究人员使用一滴咪唑基离子液体将分析物从液体样品中提取。之后加热离子液体,将 2,4,6-TCA 解吸释放到负极性 IMS 中。仪器的检测限和定量限分别为 0.2 ng/L 和 0.66 ng/L,据报道,10 ng/L 的精确度为 1.4%(重复性,$n=5$)和 2.2%(重现性,$n=5$,在 3 天内)。

在一项相关的研究中,研究人员使用 IMS 描述了在大气压下气相电离源中 2,4,6-TCA 的电离化学特性[37]。在正极性下,质子化单体离子的强度最大,其约化迁移率 K_0 值为 1.58 cm^2/(V·s),并报道存在少量的质子结合二聚体,其 K_0 值为 1.20 cm^2/(V·s)。在负极性下,暂时认为是以下两种产物离子:$K_0=1.64$ cm^2/(V·s)的三氯酚氧化物,以及 TCA 的氯化物附加加成物 MCl^- 和 M_2Cl^-,其约化迁移率分别为 $K_0=1.48$ cm^2/(V·s)和 1.13 cm^2/(V·s)。溶于二氯甲烷并沉积在滤纸上的 2,4,6-TCA 的检测限为 2.1 μg,气相状态检测限为 1.7 ppm。建议实际应用中对葡萄酒样品进行预浓缩和预分离后进行分析。

16.4.1.3 橄榄油

市场上高价值或昂贵的产品很可能被掺假或打虚假广告,而通过化学分析可证明产品的质量和来源,因此很需要快速、可靠的分析方法。以下研究的目标是橄榄油质量及其来源。研究人员采用装有光放电灯(UV)的 IMS 和带有氚电离源的 GC-IMS 分析了初榨橄榄油、橄榄油和浮石橄榄油的顶空蒸气[38],用离子强度、保留时间和漂移时间曲线对 3 个等级的橄榄油进行了表征,用各种化学计量学工具对样本进行了分类。在由紫外光电离源和 IMS 漂移管组成的 IMS 分析仪中,独立验证集的分类率为 86.1%,而在 GC-IMS 分析仪中分类率达到 100%。

在一项采用类似技术的相关工作中,研究人员从顶空蒸气中检查了 3 类初榨橄榄油[39]。其中初榨橄榄油和特级初榨橄榄油具有相似的特性,很难用标准分析方法加以区分。之后采用化学计量学方法对 3 个类别 98 份样品进行了重复分析,并按感官质量进行分类。分类成功率为 97%。

最后,研究人员使用 Tenax TA 公司的吸附阱采集碳数在 3~6 的挥发性醛,可以改善橄榄油顶空蒸气的测量效果[40]。该方法取消了之前方法中使用的 GC,简化了测量方法和技术,仅采用吸附阱自身的热解吸以及 IMS 的蒸气分析。灵敏度随着预浓缩步骤的增加而提高,并通过改变程序设计的热解吸温度实现对样品的选择性分析。检测限低于 0.3 mg/kg,而相对标准偏差优于 10%。基于目标醛峰高的单因子方差分析(analysis of variance,ANOVA)化学测量表明不同橄榄油等级之间存在显著差异。

16.4.2 食品腐坏和生物胺

食品在制备后或在储存期间在酶和微生物作用下会变质，形成挥发性物质，特别是通过脱羧反应使氨基酸降解形成生物胺。这些胺存在于多种食品中，包括鱼和其他海鲜、肉制品、奶制品等。由于胺类物质在大气压电离源中具有良好的电离化学特性和特征迁移谱，因此，监测肌肉食品顶空蒸气中的挥发性生物胺可能可以反映其变质程度[41]。样品制备最简化，仅加入了几滴碱性溶液。TMA 的检测限为 2 ng，分析时间小于 2 min，短期和长期重现性分别为 15% 和 25%。正如预料的那样，在室温下随着时间的推移变质加剧，如图 16.1 所示，另外，研究人员还发现 IMS 结果与微生物的种群相关。研究还提出将生物胺作为食品变质或新鲜程度的指标。

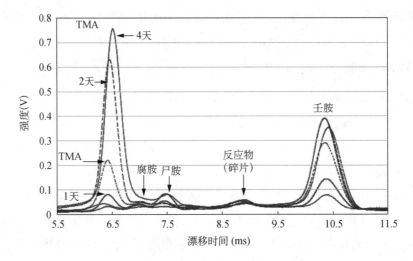

图 16.1 室温下鸡肉的腐败过程可见于生物胺的生长。将新鲜磨碎鸡肉的肉汤样品稀释 10 倍，并在 1、2 和 4 天后进行测量。背景谱和 TMA 校准谱一同显示在谱图中。4 天后，TMA 从新鲜样品中的 1.1 ng/g 增加到 41 ng/g，相应的细菌数量从 10^3 上升到 10^9。

研究人员对鸡肉汁中 TMA 的 IMS 定量测定化学计量学方法进行了改进，用以衡量食品的变质程度[42]。鸡肉汁 TMA 的最低检测限为 0.6 ± 0.2 ng。他们使用偏最小二乘法（partial least squares，PLS）和模糊规则建立专家系统（fuzzy rule-building expert system，FuRES）处理数据，发现腐败日期与 TMA 浓度相关。其他研究人员尝试采用 IMS 直接测定熟肉和生肉中的大肠杆菌[43]。该方法源自基于酶的反应方法，通过细胞外酶与底物 O-硝基苯基-β-D-葡糖醛酸苷反应产生 O-硝基苯酚（ONP）蒸气；并使用负极性的 IMS 检测 ONP 蒸气，可在 9 h 内检测到大肠杆菌。

16.4.3 食物上的污染物

在 IMS 的研究中表现出对两类食品质量的关注：水果表面的农药残留和坚果中的霉菌毒素。在这两种应用中，IMS 被认为适合于目标化合物的确定，而不适合对所有物质进行化学表征。水果特别是橘子上残留的农药被认为存在潜在危害,尤其是那些在北美禁用、通过进口进入市场的农药。研究人员用一块特氟隆或玻璃纤维片擦拭样品表面,然后使用 GC IONSCAN(著名的爆炸物/麻醉品检测商用仪器的衍生仪器)进行分析[44]。大多数农药的测定采用负极性模式。擦拭外表面不是一种有效的取样方法,使用特氟隆片对硫磷和六氯环己烷的提取率分别为 1% 和 5.9%,相应地,使用玻璃纤维过滤膜的提取率为 4.1% 和 2.8%。但该方法在速度、成本、简单性和最终效果等方面颇为有效。人们在当地超市购买的未经染色的橙皮上发现了 γ-六氯化苯的残留,对该农药的检测限范围为 10～300 pg,线性范围为 10～6 000 pg。

在同类出版物中,研究人员采用激光对农药进行采样,解吸后的蒸气被送入 DMS[45-46],快速检测了苹果、葡萄、西红柿和辣椒上的农药,检测限在纳克范围内。对于常压光电离源,研究人员使用苯、苯甲醚、氯苯等掺杂剂改进了 DMS 中农药的检测效果。改进后检测限提高了两个数量级,特征峰的 CV 发生了偏移,与在修饰气体环境中预期的情况一致。

IMS 应用于食品质量的最后一个例子是开心果样品中黄曲霉毒素 B1 和 B2 的测定,研究人员将样品的甲醇提取物引入配备有非放射性电晕放电电离源的 IMS 中[47]。黄曲霉毒素的响应阈值满足筛选目的,线性范围约为 100,相对标准偏差小于等于 10%,两种黄曲霉毒素的检测限均为 0.25 ng。当使用氨作为掺杂剂时检测限提高了 2.5 倍。在实际检测开心果样品的过程中没有遇到任何困难。

16.5　结论

与之前对 IMS 在工业中的应用所进行的总结相比,本章主要展现的是近 10 年来的广泛应用。此外,IMS 方法不仅解决标准实验室中的问题,也在实际在线过程控制、烟囱监测、环境空气监测和真实样品测量中应用,这显示出其具有深远的发展意义。从所监测化学品的范围、复杂的样品基质以及作为仪器须满足的诸多要求等方面,已经证明了 IMS 的多功能性和能力。IMS 的优点是可靠、可定量、响应速度快、样品处理时间短和检测限低。当样品太复杂,导致电离源中的竞争性反应过于复杂时,可采用快速 GC 或对吸附阱进行阶梯升温解吸等措施解决。

参考文献

[1] Pilzecker, P.; Baumbach, J.I.; Kurte, R., Detection of decomposition products in SF₆: a comparison of colorimetric detector tubes and ion mobility spectrometry, *Proceedings of the Conference on Electrical Insulation and Dielectric Phenomena*, 2002, 865 - 868; DOI 10.1109/CEIDP.2002. 1048932.

[2] Baumbach, J.I.; Pilzecker, P.; Trindade, E., Monitoring of circuit breakers using ion mobility spectrometry to detect SF₆-decomposition, *Int. J. Ion Mobil. Spectrom.* 1999, 2, 35-39.

[3] Soppart, O.; Pilzecker, P.; Baumbach, J.I.; Klockow, D.; Trindade, E., Ion mobility spectrometry

for on-site sensing of SF_6 decomposition, *IEEE Trans. Dielectr. Electr. Insul.* 2000, 7, 229-233.

［4］ Dean, K. R.; Carpio, R. A., Real-time detection of airborne contaminants in DUV lithographic processing environments, *Proc. IES* 1995, 41, 9-17.

［5］ Vigil, J. C.; Barrick, M. W.; Grafe, T. H., Contamination control for processing DUV chemically amplified photoresists, *Proc. SPIE Int. Soc. Opt. Eng.* 1995, 2438, 626-643, Adv. Resist Technol. Proc. XII, Editor Allen, R.D.

［6］ Vautz, W.; Mauntz, W.; Engell, S.; Baumbach, J. I., Monitoring of emulsion polymerisation processes using ion mobility spectrometry—a pilot study, *Macromol. React. Eng.* 2009, 3(2-3), 85-90.

［7］ Eiceman, G. A.; Sowa, S.; Lin, S.; Bell, S. E., Ion mobility spectrometry for continuous on-site monitoring of nicotine vapors in air during the manufacture of transdermal systems, *J. Hazard. Mater.* 1995, 43, 13-30.

［8］ Bacon, T.; Weber, K., PPB level process monitoring by ion mobility spectroscopy (IMS), and hydrogen chloride and hydrogen fluoride continuous emission monitoring, brochure, Molecular Analytics, Sparks, MD, http://www.ionpro.com.

［9］ Gordon, G.; Pacey, G.; Bubnis, B.; Laszewski, S.; Gaines, J., Safety in the workplace: ambient chlorine dioxide measurements in the presence of chlorine, *Chem. Oxidation* 1997,4, 23-30.

［10］ Spangler G. E.; Epstein, J., Detection of HF using atmospheric pressure ionization (API) and ion mobility spectrometry (IMS), 38th ASMS Conference on Mass Spectrometry and Allied Topics, Tucson, AZ, June 1990.

［11］ Brokenshire, J. L.; Dharmarajan, V.; Coyne, L. B.; Keller, J., Near real time monitoring of TDI vapour using ion mobility spectrometry (IMS), *J. Cell. Plastics* 1990, 26, 123-142

［12］ Baether, W.; Zimmermann, S.; Gunzer, F., Pulsed ion mobility spectrometer for the detection of toluene 2,4-diisocyanate (TDI) in ambient, *Sensors J. IEEE* 2012, 12, 1748-1754.

［13］ Karpas, Z.; Pollevoy, Y.; Melloul, S., Determination of bromine in air by ion mobility spectrometry, *Anal. Chim. Acta* 1991, 249, 503-507.

［14］ Boger, Z.; Karpas, Z., Use of neural networks for quantitative measurements in ion mobility spectrometry (IMS), *J. Chem. Inf. Comp. Sci.* 1994, 34(3), 576-580.

［15］ Pozzi, R.; Bocchini, P.; Pinelli, F.; Galletti, G.C., Rapid analysis of tile industry gaseous emissions by ion mobility spectrometry and comparison with solid phase micro-extraction/gas chromatography/ mass spectrometry, *J. Environ. Monit.* 2006, 8(12), 1219-1226.

［16］ Cross, J. H.; Limero, T. F.; Lane, J.L.; Wang, F., Determination of ammonia in ethylene using ion mobility spectrometry, *Talanta* 1997, 45, 19-23.

［17］ Dheandhanoo, S.; Ketkar, S.N., Improvement in analysis of O_2 in N_2 by using Ar drift gas in an ion mobility spectrometer, *Anal. Chem.* 2003, 75, 698-700.

［18］ Pusterla, L.; Succi, M.; Bonucci, A.; Stimac, R., A method for measuring the concentration of impurities in helium by ion mobility spectrometry, PCT Int. Appl. 2002. Application number: 10/601, 383. Publication number: US 2004/0053420A1. Filing date: Jun 23, 2003.

［19］ Budde, K. J., Determination of organic contamination from polymeric construction materials for semiconductor technology, *Mater. Res. Soc. Symp.*, *Proc. Ultraclean Semiconductor Processing Technology and Surface Chemical Cleaning and Passivation*, 1995, 386, 165-176.

[20] Budde, K. J.; Holzapfel, W. J.; Beyer, M. M., Detection of volatile organic contaminants in semiconductor technology—a comparison of investigations by gas chromatography and by ion mobility, *Proc. 39th Annu. Tech. Meeting IES*, *Las Vegas*, *NV* April 1993, p. 366.

[21] Budde, K. J., Organic surface analysis in semiconductor technology by ion mobility spectrometry, *Proc. Electrochem. Soc.* 1995, 95-30, 281-296.

[22] Budde, K. J.; Holzapfel, W. J.; Beyer, M. M., Application of ion mobility spectrometry to semiconductor technology: outgassings of advanced polymers under thermal stress, *J. Electrochem. Soc.* 1995, 142, 888-897.

[23] Budde, K. J.; Holzapfel, W. J., Organic contamination analysis in semiconductor silicon technology detrimental " cleanliness " in cleanrooms, in H. R. Huff, U. Gosele, and H. Tsuya (Eds.) *Semiconductor Silicon*, Volume 2, Electrochemical Society, Pennington, NJ, 1998, pp. 1496-1510.

[24] Carr, T. W., Analysis of surface contaminants by plasma chromatography-mass spectroscopy, *Thin Solid Films* 1977, 45(1), 115-122.

[25] Seng, H.P., Controlling method for UV-curing processes. A method for the end user, *Eur. Coat. J.* 1998, 11, 838-841.

[26] Dean, K.R.; Miller, D.A.; Carpio, R.A.; Petersen, J.S.; Rich, G.K., Effects of airborne molecular contamination on DUV photoresists, *Photopolym. Sci. Technol.* 1997, 10, 425-444.

[27] Schröoder, W.; Matz, G.; Kübler, J., Fast detection of preservatives on waste wood with GC/MS, GC-ECD and ion mobility spectrometry, *Field Anal. Chem. Tech.* 1998, 2(5), 287-297.

[28] Rasmussen, J. S.; Felby, C.; Prasad S.; Schmidt H.; Eiceman, G. A., Rapid detection of propiconazole and tebuconazole in wood by solid phase desorption ion mobility spectrometry, *Wood Sci. Technol.* 2001, 45(2), 205-214.

[29] Hübert, T.; Tiebe, C.; Stephan, I., Detection of fungal infestations of wood by ion mobility spectrometry, *Int. Biodeterior. Biodegradation* 2011, 65(5), 675-681.

[30] Pettersen, R.J.; Ward, J.C.; Lawrence, A.H., Detection of northern red oak wetwood by fast heating and ion mobility spectrometric analysis, *Holzforschung* 1993, 47, 513-552.

[31] Vautz, W.; Baumbach, J.I.; Jung, J., Beer fermentation control using ion mobility spectrometry — results of a pilot study, *J. Institute Brewing*, 2006, 112(2), 157-164.

[32] Tarkiainen, V.; Kotiaho, T.; Mattila, I.; Virkajarvi, I.; Aristidou, A.; Ketola, R. A., On-line monitoring of continuous beer fermentation process using automatic membrane inlet mass spectrometric system, *Talanta* 2005, 65, 1254-1263.

[33] Morris, A.K.R.; Rush, M.; Parris, R.; Sheridan, S.; Ringrose, T.; Wright, I.P.; Morgan, G.H., Quantification of ethyl acetate using FAIMS, Analytical Research Forum, Loughborough, UK, July 26-28 2010.

[34] Garrido-Delgado, R.; Arce, L.; Guaman, A. V.; Pardo, A.; Marco, S.; Valcarcel, M., Direct coupling of a gas-liquid separator to an ion mobility spectrometer for the classification of different white wines using chemometrics tools, *Talanta* 2011, 84, 471-479.

[35] Kolehmainen, M.; Rönkkö, P.; Raatikainen, O., Monitoring of yeast fermentation by ion mobility spectrometry measurement and data visualisation with self-organizing maps, *Anal. Chim. Acta* 484 (1), 93-100.

[36] Marquez-Sillero, I.; Aguilera-Herrador, E.; Cardenas, S.; Valcarcel, M., Determination of 2,4,6-tricholoroanisole in water and wine samples by ionic liquid-based single-drop microextraction and ion mobility spectrometry, *Chim. Acta* 2011, 702(2), 199-204.

[37] Karpas, Z.; Guamán, A.V.; Calvob, D.; Pardo, A.; Marco, S., The potential of ion mobility spectrometry (IMS) for detection of 2,4,6-trichloroanisole (2,4,6-TCA) in wine, *Talanta* 2012, 93, 200-205.

[38] Garrido-Delgado, R.; Mercader-Trejo, F.; Sielemann, S.; de Bruyn, W.; Arce, L.; Valcárcel, M., Direct classification of olive oils by using two types of ion mobility spectrometers, *Anal. Chim. Acta* 2011, 696(1-2), 108-115.

[39] Garrido-Delgado, R.; Arce, L.; Valcarcel, M., Multi-capillary column-ion mobility spectrometry: a potential screening system to differentiate virgin olive oils, *Anal. Bioanal. Chem.* 2011; 402(1), 489-498.

[40] Garrido-Delgado, R.; Mercader-Trejo, F.; Arce, L.; Valcarcel, M., Enhancing sensitivity and selectivity in the determination of aldehydes in olive oil by use of a Tenax TA trap coupled to a UV-ion mobility spectrometer, *J. Chromatogr. A* 2011, 42, 7543-7549.

[41] Karpas, Z.; Tilman, B.; Gdalevsky, R.; Lorber, A., Determination of volatile biogenic amines in muscle food products by ion mobility spectrometry (IMS), *Anal. Chim. Acta* 2002, 463, 155-163.

[42] Bota, G.M.; Harrington, P.B., Direct detection of trimethylamine in meat food products using ion mobility spectrometry, *Talanta* 2006, 68, 629-635.

[43] Ogden, I.D.; Strachan, N.J.C., Enumeration of *Escherichia coli* in cooked and raw meats by ion mobility spectrometry, *J. Appl. Microbiol.* 1993, 74, 402-405.

[44] DeBono, R.; Grigoriev, A.; Jackson, R.; James, R.; Kuja, F.; Loveless, A.; Le, T.; Nacson, S.; Rudolph, A.; Yin, S., Rapid analysis of pesticides on imported fruits by GC-IONSCAN, *Int. J. Ion Mobil. Spectrom.* 2001, 4, 16-19.

[45] Borsdorf, H.; Roetering, S.; Nazarov, E.G.; Weickhardt, C., Rapid screening of pesticides from fruit surfaces: preliminary examinations using a laser desorption-differential mobility spectrometry coupling, *Int. J. Ion Mobil. Spectrom.* 2009, 12, 15-22.

[46] Roetering, S.; Nazarov, E.G.; Borsdorf, H.; Weickhardt, C., Effect of dopants on the analysis of pesticides by means of differential mobility spectrometry with atmospheric pressure photoionization, *Int. J. Ion Mobil. Spectrom.* 2010, 13, 47-54.

[47] Tabrizchi, M.; Ghaziaskar, H.S.; Sheibani, A., Determination of aflatoxins B1 and B2 using ion mobility spectrometry, *Talanta* 2008, 75, 233-238.

第17章
环 境 监 测

17.1 引言

从1980年代开始,环境科学测量的一个趋势是将分析仪放置在现场,并尽可能靠近测试地点。这样就无须使用设备在现场取样后送到中心实验室检验,可以快速得到结果、降低成本,还可能会提高准确性和精密度。如果有一种技术可以走出实验室并在实际场所(其中一些是恶劣的环境)使用而不影响分析性能,那将很有优势。然而,由于现场使用对重量、功率和尺寸有要求,使得实验室仪器在被改造成便携式或移动式设备时不得不折衷设计。由于IMS分析仪诞生于对使用有苛刻要求的军事和安全领域,因此现有的IMS技术非常符合现场环境测量的发展趋势。军方之所以选择离子迁移谱法,是因为考虑到该技术可以在常压下使用,无需液体试剂或溶液,使用简单和可靠。

在IMS或GC-IMS联用的应用重点已经明确地指向挥发性或半挥发性物质,现在的仪器包括从小型、简单的aIMS(Environics Oy公司设计)到大型、复杂的集成仪器,如VOA。目前的应用现状是:用户可以很容易获得并使用手持式的、坚固耐用的IMS——虽然这些设备可能没有针对特定用途进行优化配置。因此用户可能会不太满意,但这种技术对用户培训的要求是最低的,这是可以在军队里广泛推广的一大优势。在本章中,我们最关注的是实际的或现场监测方面的报道,将环境监测和工业或其他应用严格区分开。本章将按照媒介、重要的监测研究和化学类别进行分类讨论。

值得注意的是,人们对环境监测以及对现场或现场分析仪的兴趣和关注遵循着一种模式,即1985—1995年,该类仪器的市场蓬勃发展;而在1990年代中期之后,人们对此类检测的兴趣骤然下降。随着私人和政府在检测技术方面投入资金的紧缩,全球范围内环境监测企业正在减少。不同于医药、临床甚至工业应用,IMS在环境应用方面的进展不管是从应用的数量还是从市场信心上来看都是滞后的。令人惊讶的是,最近出现了一篇关于环境分析中IMS应用的综述,它表明世界范围内对环境分析的兴趣一直在持续,而且IMS已作为工具在多种研究中被涉及和讨论[1]。

17.2 空气中的气化物

17.2.1 环境空气监测和空气采样

用于气体监测的手持式IMS分析监测仪经历了相对较长的发展历史,从最初的CAM,

到后来的 RAID、ACADA、JUNO 和 LCD，人们期望在这个发展历程中会有大量关于空气采样或监测研究的记录。但由于硬件设备不容易获得，这种记录只能在军事机构内找到。但也有例外，一项关于切萨皮克湾附近草地上点源的蒸气羽流漂移的研究展示了 IMS 作为持续监测手段的便利性[2]。该研究表明，在实时监测周围大气中的蒸气浓度时，羽流动力学非常复杂，点传感器的摆放位置与风向、风速以及是否靠近气源等因素相比并不重要。

10 年后，研究者采用配备有光致电离源的 DMS 对环境空气进行连续监测，揭示了城市环境中 BTEX 蒸气水平的昼夜变化[3]。建筑物内的气体浓度变化规律与建筑物附近的道路交通有关。州际公路附近的蒸气浓度与汽车和卡车内燃机的排量存在定量相关性。这项研究结合前面提到的工作，表明通过持续监测建筑物内部和开放环境中的空气，可以获得定量信息并对其进行解析。以上两种情况下由于蒸气含量丰富，对蒸气的探测都不具有挑战性。因为空气中蒸气污染物的含量（体积比从十亿分之几到百万分之几）大大超过该仪器的检测限，在这种情况下就可以连续取样，而且取样也很简单。否则，就需要使用预浓缩器，其中有一些专为 IMS 分析仪串联使用而设计[4]。

17.2.2　特殊的化学研究

在 1970 年代末，使用 β 源的 IMS 仪器以探测痕量浓度下的多种化合物而闻名（第 2 章）。通过选取合适的电离源和仪器参数，几乎任何挥发性物质都能在正极性或负极性下获得响应；然而，实际监测事件数量相对较少。显然，这些研究的重点是对环境或毒理学有强烈影响的化学物质。

17.2.2.1　氯碳化合物

在实验室条件下，研究人员使用 GC-IMS 对氯乙烯进行检测，结果显示检测限为 2 ppbv，当将 1 L 的空气样本浓缩在吸附器上时，检测限低至 0.02 ppbv[5]。高温迁移率检测器提高了对氯乙烯的响应，可以生成负极性和正极性的产物离子。在负极性离子迁移谱中，通过电子捕获和解离机制形成氯离子并被观察到。另一项 GC-IMS 对氯乙烯的研究显示检测限达到了 7 pg/s。GC-IMS 还通过监测 IMS 中的特定离子提供只针对氯化物和溴化物的特异性探测。保留时间和简化的电离化学为测量提供了更多的分析价值。该研究报道了 18 种环境保护署（Environmental Protection Agency，EPA）优先控制污染物和 34 种其他挥发性有机化合物的检测结果，其中，对 34 种化合物中的 30 种进行了非选择性正离子检测，对另外 29 种进行了基于电子捕获的选择性检测。

一种新型的、通过捕获准热能电子的光电发射电子源被开发用于 IMS[6]，它能选择性地电离化合物。不同封装里的闪光灯或激光器发出的脉冲 UV 照射在金属层上会发射电子，因此不需要门控。这些电子首先被空气中的氧分子捕获，形成 O_2^- 离子，随后被转移到如卤代烃和硝基化合物等具有高电子亲和力的分子上。通过 IMS 对负离子进行表征，得到氯化物样品的实时检测限低于百万分之一（体积比）。研究人员分别利用 DMS[7] 和 IMS[8] 对氯碳化合物进行了可行性研究。

17.2.2.2 杀虫剂

伊朗的一个研究小组在两份报告中检查了正极性 IMS 对几种化学物质的响应,并给出了西维因、双甲脒和甲霜灵的检测限分别为 5.3×10^{-10}、5.8×10^{-10} 和 $4.5 \times 10^{-10}\,\mathrm{g}$[9]。这些化合物的动态响应范围约为 3 个数量级,在 $5\,\mu\mathrm{g/mL}$ 水平下重复性的 RSD 均低于 14%。类似的分析响应研究也应用于马拉硫磷、乙基硫磷和二氯磷等有机磷农药[10],它们的定量限(limit of quantification,LOQ)分别为 1.0×10^{-9}、1.0×10^{-9} 和 $5.0 \times 10^{-9}\,\mathrm{g}$。动态响应范围约为 3 个数量级,在 $5\,\mu\mathrm{g/mL}$ 水平下重复性的 RSD 均低于 15%。文中没有进行实际的环境研究。该研究发现,三价磷原子分子具有比膦酸酯异构体更高的迁移率,这与较早的一份报告[11]一致。用氯取代烷氧基对质量与迁移率的相关性影响很小。最后介绍一项用于农药监测的 aIMS 的开发工作,该 aIMS 对重嗪农、阿地卡、乐果和对硫磷等农药检测的灵敏度依次减小。吸气迁移方法的主要优点是"响应快、灵敏度高、蒸气实时监测、维护简单、成本低。此外,该探测单元对高浓度的化学物质耐受,并且能快速恢复"[12]。

在吸入暴露期间,对拟除虫菊酯进行了实地研究;研究人员将几种商业杀虫剂以气溶胶的形式每隔 $10 \sim 15\,\mathrm{s}$ 向 $100\,\mathrm{m}^3$ 的房间内喷洒一次,监测室内空气。通过使用聚四氟乙烯过滤器和 $3\,\mathrm{L/min}$ 小容量采样器进行气体采样,在 $1\,\mathrm{min}$ 内捕获富集空气。聚四氟乙烯贴片中氯菊酯的浓度范围为 $16.8 \sim 196.4\,\mathrm{ng/cm}^2$ 或 $2.0 \sim 31.1\,\mu\mathrm{g/(cm}^2 \cdot \mathrm{h})$,人体中高浓度区域是胸部、手臂和头部的暴露部位(图 17.1)。使用家用杀虫剂后的空气中氯菊酯和胺菊酯的蒸气浓度分别为 $25 \sim 51\,\mu\mathrm{g/m}^3$ 和 $63 \sim 81\,\mu\mathrm{g/m}^3$。相比之下,溴氰菊酯的含量在 $15 \sim 25\,\mu\mathrm{g/m}^3$。作者的结论是:"快速的检测时间、低检测限以及持续高通量的能力使 IMS 成为皮肤和呼吸性职业暴露评估中最快和最灵敏的分析方法之一。"[13]

17.2.2.3 甲醛

甲醛因为具有很强的反应活性和表面吸附性,而成为一个长期的分析难题。尽管如此,我们仍然需要对建筑物和载人航天飞行中的甲醛蒸气进行监测。研究人员通过对甲醛进行衍生化处理,使得带有吸气阱/热解吸入口的 GC-IMS 在技术上可以测定甲醛[14]。在此之前,这种方法已经被 GC-MS 证明是可行的[15];将一根涂覆了 2-羟甲基哌啶的扩散管连接到一个装有 Tenax TA 吸附剂的吸附采样器上。形成的挥发性衍生物六氢恶唑洛[3,4-a]吡啶会被保留在吸附阱上,之后进行热脱附并用 GC-MS 测定。

17.2.2.4 含有微生物的气溶胶

Snyder 等人[16-19]开展了一项苛刻且不同寻常的空气监测应用,他们将气溶胶采样器与高温热解(pyrolysis,Py)-气相色谱-离子迁移谱(Py-GC-IMS)相结合,用于对空气中生物气溶胶进行独立的连续分析。他们在加拿大艾伯塔省苏菲尔德的国防研究机构进行了 42 项现场试验,在每项试验中都喷洒生物气溶胶。在其中的 30 项试验中(71%),简单的数据分析与生物气溶胶挑战相关,在另外 7 项试验中,气溶胶的生物来源被确定。另外 2 项喷洒白水的试验没有明显的、明确的生物反应。使用气溶胶富集器在 $2.2\,\mathrm{min}$ 内对 $2\,000\,\mathrm{L}$ 的样品进行采样,检测限为每升空气中低于 0.5 个细菌分析物颗粒。Snyder 总结道:"在操作员不知

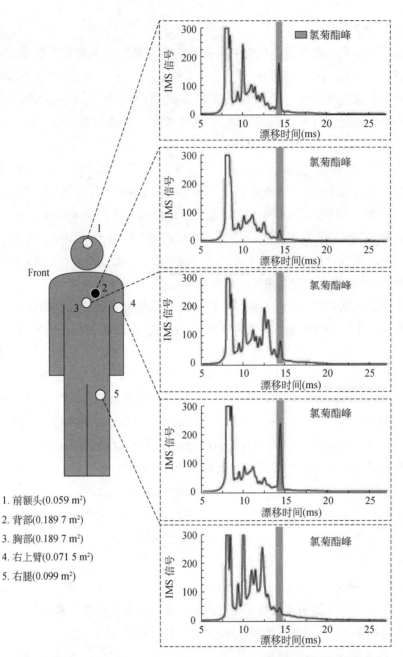

1. 前额头(0.059 m²)

2. 背部(0.189 7 m²)

3. 胸部(0.189 7 m²)

4. 右上臂(0.071 5 m²)

5. 右腿(0.099 m²)

图 17.1 图中的离子迁移谱可以通过在一个 100 m³ 的密闭房间内手动喷洒农药，从人体表面的贴片上快速获得，就像在实际的农药监测应用中一样。在 10 min 内每隔 15～30 s 喷洒一次。IMS 分析仪无需样品制备即可提供直接结果。(摘自 Armenta and Blanco, Ion mobility spectrometry as a high-throughput analytical tool in occupational pyrethroid exposure, *Anal. Bioanal. Chem.* 2012, 404(3), 635-648.)

道传播时间的情况下, Py-GC-IMS 可以提供比生物或非生物分析更具体的气溶胶信息。"[17] 此外, Py-GC-IMS 测量可以区分革兰氏阳性芽孢、革兰氏阴性细菌和蛋白质的气溶胶。

在利用 GC-DMS 技术对细菌热解后的气体进行的一系列研究中[20-23], 人们开发了迁移率方法,该方法至少可以提供生物学的触发点,最佳时还可以识别空气中或表面样本中的细菌种类。细菌的生长周期、养分来源和生长温度被认为是热解的基础,而测试结果依赖于这些因素,这种依赖性限制了很多研究的开展,这在类似的 GC-MS 研究中也有报道。通过对离子强度、保留时间和补偿电压三者关系图中的冗余化学信息进行计算处理,可以解决此问题。在后续发展中,API 的软电离方式被认为是一种重要的电离方式,因为经它电离后的离子很简单,不会像采用电子轰击离子源的 GC-MS 那样产生复杂的谱图。但由于热解步骤效率太低,得到的化学信息量不够,该方法无法在菌株水平上区分细菌。

17.2.3 再循环空气的质量

在再循环空气环境中,如潜艇、国际空间站和现已退役的美国航天飞机中,需要不间断地供应固定的空气,同时去除 CO_2,补充 O_2。IMS 分析仪并不是直接监测这些轻质大气气体,而是监测由于没有被空气净化系统彻底清除而在空气中积累的其他一些物质,例如代谢物。另外,在偶发或突发的危险事件(如火灾或鱼雷泄漏)中可能会释放毒物,因此具有现场连续监测空气的能力是非常有价值的,在某些情况下还可能拯救生命。

与空气净化相关的气体需要特别关注,单乙醇胺(monoethanolamine,MEA)被用于潜艇上的空气净化系统,以去除环境空气中的二氧化碳。MEA 的水平必须保持在明确规定的暴露限度之下,MEA 的蒸气浓度需要进行持续监测,而且监测设备必须便于操作、校准和维护。此外,易耗品、尺寸、重量和成本都应尽量最小化。最后,在分析响应和结构的可靠性方面,仪器必须能承受潜艇大气中的高湿度水平。英国的一个小组[24]开发了一种 IMS 监测器,用于测量空气中接近最大允许浓度极限的 MEA 水平,他们连续监测了 90 天。酮类作为反应气体和修饰剂被添加到漂移气体中[25, 26],以改进在含有柴油烟雾、氟利昂 22 和氨的大气中对 MEA 的检测。MEA 的最低检测限为 5 ppb,且在存在干扰的情况下可进行选择性响应。该方法被证实也可用于空气蒸气中烷烃胺的检测[27]。

国际空间站的大气是循环利用的,空气质量通过环境控制和生命支持系统(Environment Control and Life Support System,ECLSS)来维持,该系统从循环利用的大气中去除名义上的污染物。令人担忧的是,ECLSS 不能立即清除所有的泄漏或溢出的气体,以及小火燃烧产生的物质,而当人类持续暴露在一些污染物环境中时,即使含量较低,健康也会收到危害。因此,VOA 这种 GC-IMS 系统在 1990 年代被开发出来,为大约 25 种挥发性有机化合物(包括醇类、醛类、芳香族化合物和卤烃)提供鉴别和定量检测。VOA 由两个独立的 GC-IMS 分析仪组成,其电路和流量控制系统集成在一起[28-30]。该设计包括了一个富集阱入口,GC 色谱柱的温度可由程序控制。2001 年 9 月,VOA 在国际空间站安装,这是近几十年来唯一的工业制造的 GC-IMS 仪器,也是唯一的集成设计。VOA 于 2010 年春季退役。

17.3 水

水样品可以通过顶空蒸气间接进样,或直接使用电喷雾电离源引入离子迁移谱分析仪。

或者,采用膜界面提取或分离溶解在水溶液中的有机化合物,之后随样品气流进入 IMS。SPME 提取和浓缩物质的顺序方法也被证明用于水样物质分析,尽管到目前为止人们对将迁移谱仪与液体萃取相结合的兴趣不大。IMS 在水测量中最有价值的应用是监测地下水中的氯代烃和汽油等物质,离子迁移谱仪大小合适,坚固耐用,因此不管是对现场连续监测还是井下监测,都很有吸引力。

17.3.1　地下水监测

17.3.1.1　汽油相关污染

10 年前,由于 BTEX 对地下水产生了污染,人们才关注到没有衬里的燃料储罐的泄漏问题。使用管状硅胶膜接口的便携式 IMS 在水中能检测到这些物质[31]。在净化水中浓度为 0.101 mg/L 的甲苯蒸气从水中通过膜转移后被检测到,相当于 2.75 $\mu g/m^3$ 的静态采样浓度。如果膜界面处于高湿度水平,则甲苯的检测限达不到以上水平。在现场研究中,人们确定了河水中痕量汽油成分的响应时间为几秒。

甲基叔丁基醚(methyl-tert-butylether, MTBE)是一种具有很强环保价值的汽油添加剂,它是一种含氧剂,用于提高汽油的辛烷值。本品与苯、甲苯和间二甲苯(BTX)的水样[32]使用了两种电离源进行表征,一种是放射性 ^{63}Ni 源,另一种是带有硅胶膜的接口和 GC 入口的 UV 光电离源。这些物质具有不同的保留时间和漂移时间,可以被显著区分。该方法中 MTBE 在氮气中的检测限:使用 UV 电离源为 2 $\mu g/L$,使用 ^{63}Ni 电离源为 30 pg/L。MTBE 水样的检测结果为:20 mg/L(UV)和 1 $\mu g/L$(^{63}Ni),RSD 在 2.9%～9%。该方法总分析时间小于 90 s,适用于近实时监测。

在不使用气相色谱柱的情况下,对水中 MTBE 的现场检测是通过使用吸附剂(EXtrelut)色谱柱进行顶空蒸气采样来分离 MTBE[33]。当水中 MTBE 浓度超过 30 $\mu g/L$ 时,其质子结合二聚体峰用于测定 MTBE,约化迁移率为 1.50 $cm^2/(V \cdot s)$。碳氢化合物(烷烃、烯烃和环烷烃)的干扰是可以忽略的,因为它们的质子亲和力相对于 MTBE 较低。测定 MTBE(包括样品制备)所需的时间约为 5 min。虽然检测限比前面描述的有了很大的改善,但将 MTBE 从基质的主成分中分离出来的步骤增加了时间和材料成本。另一种替代方法具有多组分检测的优势,它使用多毛细管柱进行预分离,并利用 UV 放电电离源改善电离化学[34]。除了顶空蒸气取样和膜萃取以外,研究人员还描述了几种基于提取或富集的样品制备方法。SPME 是一种公认的被广泛采用的从各种气体和液体基质中提取有机化合物的方法。研究人员采用十二烷基硫酸钠掺杂的聚吡啶包覆纤维 SPME 对水样的顶空蒸气进行持续 30 min 的萃取,之后用 IMS 方法来测定 MTBE[35]。在一条校准曲线上,线性范围为 2～17 ng/mL,检测限为 0.7 ng/mL。水样中 3 个重复样品的 RSD 小于 10%。该方法被应用于伊朗德黑兰中心区一个加油站内的 3 个地下水样品和常规无铅汽油中 MTBE 的分析。

另一种提取方法是使用一滴 1-甲基-3-辛基-六氟磷酸咪唑的离子液体从水中提取 BTEX[36]。苯的检测限为 20 ng/L,邻二甲苯的检测限为 91 ng/L。该方法在 $n=5$ 时对邻二甲苯的重复性为 3.0%,对甲苯的重复性为 5.2%。

17.3.1.2　氯碳化合物相关污染

氯碳化合物由于在环境中不易分解、在生物体内缺乏代谢净化途径,以及具有高脂肪溶解性而备受关注。由此,该化合物会在食物链中积累,对健康和环境产生不明确或有害的影响。在本节中,氯碳化合物仅包括氯化苯或苯酚,以及氯化烷烃或烯烃,不包括杀虫剂(见单独的章节)。研究人员采用 CD 电离源 IMS 对水中挥发性有机物进行了测定[37],在 5 min 内测定出 3~30 mg/L 的氯苯,这种方法被认为非常适合在复原现场用于现场测量。

研究人员使用安装在 51 mm 直径不锈钢探头中的 IMS 和辅助电子设备对测试井中的地下土壤气体进行采样[38]。二叔丁基过氧化物的分辨力为 38,四氯乙烯或全氯乙烯(perchloroethylene, PCE)的分辨力为 31。该仪器已在受 PCE 污染的地方投入使用。在 EPA 认证的实验室中,通过 GC-MS 分析气体样品来证实 PCE 的存在。这证明了在井下使用基于 IMS 的分析仪的可行性。

IMS 采用螺旋中空 PDMS 膜进行水采样,可以在单个步骤中完成就地采样和对水中痕量氯代烃进行分析的过程[39]。水性污染物透过膜渗透到气流中,穿过膜管进入特制的 IMS 分析仪。对于负极性和正极性反应物离子,IMS 分析仪的分辨力分别为 33 和 41,PCE 的负极性检测限为 80 μg/L,三氯乙烯(trichloroethylene, TCE)为 74 μg/L。理论研究及实验验证了在不同浓度、膜管长度和流速下 TCE 的时间依赖性响应。研究结果显示使用膜萃取技术 IMS 分析仪对水中氯代烃类进行连续监测是可行的。

17.3.2　特殊的化学研究

17.3.2.1　水中的氨

基于水合质子离子化学的离子迁移谱仪对氨非常敏感,两个团队正试图设计基于 IMS 的水中氨分析仪器[40, 41]。在早期的研究中[40],通过热吹扫渗透硅胶膜得到的氨的检测限为 1.2 mg/L。该膜没有记忆效应,pH 值可控,可以测定铵离子浓度。该系统经过精心设计,可避免生物污染。

在后来的研究中[41],离子迁移谱仪采用电晕放电电离源,并将吡啶作为替代反应气体,用来提高对河流和自来水样品中氨氮的测定选择性和灵敏度。其检测限约为 9.2 × 10^{-3} μg/mL,线性动态范围为 0.03~2.00 μg/mL。RSD 约为 11%,实际环境样品的分析结果与 Nessler 方法相比并不逊色。

17.3.2.2　杀虫剂

尽管农药在常规放射性电离源 IMS 分析仪中显示出良好的响应,但其响应程度会受湿蒸气样品中的高含量水分的影响,因此,人们设计开发了 ESI 高分辨力 IMS 漂移管,作为检测和鉴定水性样品中磺酰脲类(sulfonylurea, SU)除草剂混合物的现场分析方法[42]。这些除草剂被频繁使用,显示出不易降解性和对农作物的潜在危害。因此,急需一种快速的环境分析方法。研究人员根据可获得性和使用程度选择了 8 种除草剂,使用 ESI-IM-MS 对这些除草剂进行了评估。其产物离子均具有特征约化迁移率值；砜嘧磺隆、甲磺隆、氟磺隆、甲嘧磺隆、苯磺隆、氟嘧磺隆的混合物响应良好。

17.3.2.3　消毒阴离子

电喷雾电离源扩大了 IMS、FAIMS 或 DMS 的可分析物范围，ESI-FAIMS-MS 用于测定水基卤乙酸，这是一类受 EPA 监管的消毒副产物[43]。ESI-FAIMS 方法可以有效鉴别含卤乙酸的自来水溶液电喷雾产生的背景离子，简化了质谱响应。在 9∶1 甲醇/自来水中，ESI-MS 的选择性被提高，6 种卤乙酸检测限降低至 0.5～4 ng/mL（原自来水样品中为 5～40 ng/mL）。这是在分析前没有经过预浓缩、衍生化或色谱分离的情况下实现的。

同样的 ESI-FAIMS-MS 方法也被用于纳摩尔级的高氯酸盐的测定，该分析方法通常情况下还消除了干扰[44]。例如，FAIMS 分离离子之后，消除了硫酸氢盐和磷酸二氢盐与高氯酸盐的峰重叠。在 9∶1 甲醇/水的溶剂中加入 0.2 mM 醋酸铵和 10 μM 的硫酸盐，ESI-FAIMS-MS 显示高氯酸盐的检测限为 1 nM（≈0.1 ppb）。此方法还被扩展应用于 9 种氯化和溴化卤代乙酸混合物的测定[45]。在氮气环境中检测到单卤代酸、二卤代酸和三卤代酸中的 3 种脱羧阴离子。尽管在 −3 400 V 的分离电压条件下未能观察到溴二氯乙酸（bromodichloroacetic acid，BDCAA）信号，但在氮气中添加少量二氧化碳后检测到了假分子三卤乙酸根阴离子（包括 BDCA⁻），而且三卤代物的检测灵敏度显著提高。二氧化碳的加入对单卤代、二卤代阴离子的测定几乎没有影响。在含有 0.2 mM 醋酸铵的 9∶1 甲醇/水溶液中，9 种卤乙酸的流动注射分析显示其检测限在 5 和 36 ppt 之间。

研究人员使用传统 IMS 和 ESI 电离源测定阴离子，包括砷酸盐、磷酸盐、硫酸盐、硝酸盐、亚硝酸盐、氯化物、甲酸盐和乙酸盐[46]。每种阴离子都观察到了明显的峰谱图和约化迁移率常数。在真实的水样中测定硝酸盐和亚硝酸盐，证明了使用 ESI-IMS 作为监测水系统中硝酸盐和亚硝酸盐的快速分析方法的可行性。该方法以氮气替代空气作为漂移气体进行现场测量，降低了复杂性。其线性动态范围为 1 000，硝酸盐检测限为 10 ppb，亚硝酸盐检测限为 40 ppb。

17.3.2.4　溶液中的金属

正如 ESI 扩大了阴离子测量的可能性，同样，阳离子探测也成为可能，这让人想起在迁移谱的早期发展阶段（1900—1935 年），金属离子（通常是碱阳离子）已被用于迁移率研究。在当时，除了几篇关于金属有机化合物的文章外，针对金属离子的分析研究从未见发表。直到 2001 年，第一份有关金属离子的研究报告表明可以使用 ESI-IMS 测定水溶液中的无机阳离子[47, 48]。该研究显示，硫酸铝、氯化镧、氯化锶、乙酸铀酰、硝酸铀酰和硫酸锌等物质产生了单个迁移峰，硝酸铝和醋酸锌则具有多重峰。阳离子检测限为 0.16～13 ng/L，尽管未对离子种类进行质量鉴定，但根据 MS 文献推断，离子可能是带正电荷的阳离子-溶剂或阳离子-溶剂-阴离子的复合物。这些研究揭示的一个结果是抗衡离子或阴离子对离子峰漂移时间的影响，这表明离子种类是 $M_n X_m{}^+$ 的形式，其中 n 和 m 值尚未确定。

17.4 土壤

在 IMS 方法的发展和应用过程中,研究最少的环境介质是土壤。在过去的 40 年里,人们仅发表了 5～10 篇期刊文章。所测定的化合物或物质族群包括 2,4-二氯苯氧乙酸(2,4-dichlorohenoxyacetic acid,2,4-D)[49, 50]、芳香烃[51]、PAH[52]、多氯联苯(polychlorinated biphenyls,PCB)[53]和炸药[54]。

第一篇与土壤有关的 IMS 的文章是土壤中 2,4-D 残留量的测定。在该方法中,样品在三氟化硼催化剂作用下用甲醇酯化并提取,通过毛细管气相色谱法以 IMS 作为检测器进行分析[49]。IMS 分析仪采用了双栅门设计选择特定迁移率的离子。使用这种选择性监测 2,4-D 甲醇酯化形成的产物离子的方式,就可以直接分析 2,4-D 衍生化的提取物,而无须对其进行进一步制备。在加标土壤中,50 ppb 的 2,4-D 的恢复率为 93%。之后的一项研究用超临界流体色谱法取代了 GC[50],无须对土壤萃取物进行衍生化即可进行测量。2,4-D 的检出限为 500 ppb。

汽油污染的土壤与地下储罐泄漏造成的环境污染的复杂性一样,研究人员使用光放电灯 IMS 分析仪来区分常见的石化燃料,包括含铅汽油、无铅汽油、煤油和柴油燃料[51]。对样品的顶空蒸气进行采样,在常压空气中得到的 3～5 个正极性离子迁移谱峰初步确定为苯、烷基化苯、萘和烷基化萘。使用放电灯作为电离源的光电离 IMS,可以在很宽的气体浓度范围内区分燃料混合物中的无铅汽油和柴油燃料。在土壤样品进行制备和分析后,单个组分的重现性为 10%～60%RSD,而甲苯的重现性为 5%RSD。水蒸气对燃料蒸气的响应没有影响,但土壤含水量的增加使响应增强。IMS 在天然气储备坑钻井泥浆中的应用,证明了 IMS 可以用于水饱和样品的检测。土壤和地下水中燃料的风化和其他环境变化对传感器灵敏度的影响有待探索。

当分析物无法通过热解吸从固体表面蒸发时,可以利用激光束对准、聚焦或散焦于固体表面,使表面的化合物在大气压力下蒸发和电离。激光 IMS 在环境分析中的一项应用是对受石油产品污染的土壤进行 PAH 检测[52]。在该应用中,激光照射在土壤上以气化 PAH。这为土壤分析提供了一种直接、快速、无须萃取的方法。

PCB 主要用作变压器油,由于其潜在的毒性而具有重要的环境意义。Ritchie 等人[53]使用负极性 IMS 检测器,通过将含 5 个或 5 个以上氯原子的 PCB 异构体(酒类芳香物)萃取到异辛烷溶液中,确定其检测水平为 35 ng。尽管抗氧化剂 BHT(2,6-二叔丁基-4-甲基苯酚)的存在抑制了变压器油 Aroclors 的检测,多达 4 个 PCB 同系物的混合物仍显示出多个特征峰。

土壤中的炸药可以通过长期的光化学和生物化学反应而降解,特别是 TNT,它可以通过生物化学降解为 2-氨基-4,6-二硝基甲苯(2-amino-4,6-dinitrotoluene,2-ADNT),也可以通过光化学降解为 1,3,5 三硝基苯(trinitrobenzene,TNB)。这些炸药和降解产物是全球环境修复现场关注的问题。滤纸在干土上简单的擦拭即可产生足够的采样量,可快速地进行污染场所的土壤 IMS 测量。一些环境残留物，如 2,4-D 和 2,4-二氯酚（dichlorophenol，DCP），具有与 TNT 降解产物相同的 IMS 响应。此外，氯离子作为一种反应物离子，在解决分析物和干扰物的峰重叠方面并不总是成功的。Cl^- 与 Br^- 的交换可使分析物的峰与干扰物的峰分离[54]。另外，通过降低 IMS 分析仪的温度可以提高加合物离子的稳定性。

17.5 结论

作为一种现代的分析方法，迁移谱仪从一诞生就被用于野外测量，但初期它被应用于战场，而非棕色地带、河口或水处理厂。IMS 方法具有现场环境分析的所有必要优势，但它也存在一个巨大的缺点（直到最近）：仪器内含有放射源。IMS 分析仪设计中一贯采用的常规密封源严重限制了分析仪的合法可携带性和可运输性。因此，非放射源的激增是否表征 IMS 技术进入新阶段，它会在环境测量领域被重新使用吗？环境监测在未来的几年或几十年里会变得越来越重要吗？快速的现场分析仪会再次成为实验室测量的可行的替代方法吗？相比于现有 IMS 仪器的能力，这些问题的答案将更能决定 IMS 是否能在环境分析中发挥重要作用。

参考文献

[1] Márquez-Sillero, I.; Aguilera-Herrador, E.; Cárdenas, S.; Valcárcel, M., Ion-mobility spectrometry for environmental analysis, *Trends Anal. Chem.* 2011, 30, 677-690.

[2] Eiceman, G.A.; Snyder, A.P.; Blyth, D.A., Monitoring of airborne organic vapors using ion mobility spectrometry, *Int. J. Environ. Anal. Chem.* 1990, 38, 415-425.

[3] Eiceman, G.A.; Nazarov, E.G.; Tadjikov, B.; Miller, R.A., Monitoring volatile organic compounds in ambient air inside and outside buildings with the use of a radio-frequency-based ion-mobility analyzer with a micromachined drift tube, *Field Anal. Chem. Tech.* 2000,4, 297-308.

[4] Martin, M.; Crain, M.; Walsh, K.; McGill, R.A.; Houser, E.; Stepnowski, J.; Stepnowski, S.; Wu, H.D.; Ross, S., Microfabricated vapor preconcentrator for portable ion mobility spectroscopy, *Sens. Actuators B Chem.* 2007, 126, 447-454.

[5] Simpson, G.; Klasmeier, M.; Hill, H.; Atkinson, D.; Radolovich, G.; Lopez Avila, V.; Jones, T. L., Evaluation of gas chromatography coupled with ion mobility spectrometry for monitoring vinyl chloride and other chlorinated and aromatic compounds in air samples, *J. High Resolut. Chromatogr.* 1996, 19, 301-312.

[6] Walls, C.J.; Swenson, O.F.; Gillispie, G.D., Real-time monitoring of chlorinated aliphatic compounds in air using ion mobility spectrometry with photoemissive electron sources, *Proc. SPIE Int. Soc. Optical Eng.* 1999, 3534, 290-298.

[7] Eiceman, G. A.; Krylov, E. V.; Tadjikov, B.; Ewing, R. G.; Nazarov, E. G.; Miller, R. A., Differential mobility spectrometry of chlorocarbons with a micro-fabricated drift tube, *Analyst* 2004, 129, 297-304.

［8］Sielemann，S.；Baumbach，J.I.；Pilzecker，P.；Walendzik，G.，Detection of trans-1,2-dichloroethene，trichloroethene and tetrachloroethene using multi-capillary columns coupled to ion mobility spectrometers with UV-ionisation sources，*Int. J. Ion Mobil. Spectrom.* 1999，2，15-21.

［9］Jafari，M.T.；Azimi，M.，Analysis of sevin，amitraz，and metalaxyl pesticides using ion mobility spectrometry，*Anal. Lett.* 2006，39，2061-2071.

［10］Jafari，M.T.，Determination and identification of malathion，ethion and dichlorovos using ion mobility spectrometry，*Talanta* 2006，69，1054-1058.

［11］Karpas，K.；Pollevoy，Y.，Ion mobility spectrometric studies of organophosphorus compounds，*Anal. Chim. Acta* 1992，259，333-338.

［12］Tuovinen，K.；Paakkanen，H.；Hänninen，O.，Detection of pesticides from liquid matrices by ion mobility spectrometry，*Anal. Chim. Acta* 2000，404，7-17.

［13］Armenta，S.；Blanco，M.，Ion mobility spectrometry as a high-throughput analytical tool in occupational pyrethroid exposure，*Anal. Bioanal. Chem.* 2012，404(3)，635-648.

［14］Veasey，C.；Thomas，C.P.；Limero，T.，The determination of formaldehyde using thermal desorption-ion mobility spectrometry，SAE Technical Paper 2001 - 01 - 2197，SAE International，Warrendale，PA，2001.

［15］Thomas，C.L.P.；McGill，C.D.；Towill，R.，Determination of formaldehyde by conversion to hexahydrooxazolo[3,4-a]pyridine in a denuder tube with recovery by thermal desorption，and analysis by gas chromatography-mass spectrometry，*Analyst* 1997，122，1471-1476.

［16］Snyder，A.P.；Dworzanski，J.P.；Tripathi，A.；Maswadeh，W.M.；Wick，C.H.，Correlation of mass spectrometry identified bacterial biomarkers from a fielded pyrolysis-gas chromatography-ion mobility spectrometry biodetector with the microbiological gram stain classification scheme，*Anal. Chem.* 2004，76，6492-6499.

［17］Snyder，A.P.；Maswadeh，W.M.；Parsons，J.A.；Tripathi，A.；Meuzelaar，H.L.C.；Dworzanski，J.P.；Kim，M.-G.，Field detection of bacillus spore aerosols with stand-alone pyrolysis-gas chromatography-ion mobility spectrometry，*Field Anal. Chem. Technol.* 1999,3，315-326.

［18］Snyder，A.P.；Tripathi，A.；Maswadeh，W.M.；Ho，J.；Spence，M.，Field detection and identification of a bioaerosol suite by pyrolysis-gas chromatography-ion mobility spectrometry，*Field Anal. Chem. Technol.* 2001，5，190-204.

［19］Snyder，A.P.；Tripathi，A.；Maswadeh，W.M.；Eversole，J.；Ho，J.；Spence，M.，Orthogonal analysis of mass and spectral based technologies for the field detection of bioaerosols，*Anal. Chim. Acta* 2004，513，365-377.

［20］Prasad，S.；Schmidt，H.；Lampen，P.；Wang，M.；Güth，R.；Rao，J.V.；Smith，G.B.；Eiceman，G.A.，Analysis of bacterial strains with pyrolysis-gas chromatography/differential mobility spectrometry，*Analyst* 2006，131，1216-1225.

［21］Prasad，S.；Pierce，K.M.；Schmidt，H.；Rao，J.V.；Guth，R.；Bader，S.；Synovec，R.E.；Smith，G.B.；Eiceman，G.A.，Analysis of bacteria by pyrolysis gas chromatography-differential mobility spectrometry and isolation of chemical components with a dependence on growth temperature，*Analyst* 2007，132，1031-1039.

305

[22] Prasad, S.; Pierce, K.M.; Schmidt, H.; Rao, J.V.; Guth, R.; Bader, S.; Synovec, R.E.; Smith, G. B.; Eiceman, G. A., Constituents with independence from growth temperature for bacteria using pyrolysis-gas chromatography/differential mobility spectrometry with analysis of variance and principal component analysis, *Analyst* 2008, 133, 760-767.

[23] Prasad, S., Detection and classification of bacteria through gas chromatography differential mobility spectrometry, PhD thesis, New Mexico State University, Las Cruces, May 2008.

[24] Bollan, H.R.; West, D.J.; Brokenshire, J.L., Assessment of ion mobility spectrometry for monitoring monoethanolamine in recycled atmospheres, *Int. J. Ion Mobil. Spectrom.* 1998, 1, 48-53.

[25] Bollan, H.; Eiceman, G.A.; Brokenshire, J.L.; Rodriguez, J.E.; Stone, J., Ion chemistry of hydrazines with ketone reagent chemicals in ion mobility spectrometry, *J. Am. Soc. Mass Spectrom.* 2007, 18(5), 940-951.

[26] Bollan, H.R., The detection of hydrazine and related materials by ion mobility spectrometry, DPHL thesis, Sheffield Hallam University, Sheffield, UK, March 1998.

[27] Gan, T.H.; Corino, G., Selective detection of alkanolamine vapors by ion mobility spectrometry with ketone reagent gases, *Anal. Chem.* 2000, 72, 807-815.

[28] Limero, T.; Brokenshire, J.; Cummings, C.; Overton, E.; Carney, K.; Cross, J.; Eiceman, G.; James, J., A volatile organic analyzer for space station: description and evaluation of a gas chromatography/ion mobility spectrometer, *International Conference on Environmental Systems 921385*, July 1, 1992, Seattle, WA.

[29] Limero, T.; Martin, M.; Reese, E., Validation of the Volatile Organic Analyzer (VOS) for ISS operations, *Int. J. Ion Mobil. Spectrom.* 2003, 6, 5-10.

[30] Limero, T.; Reese, E., First operational use of the ISS VOA in a potential contingency event, *Int. J. Ion Mobil. Spectrom.* 2002, 5(3), 27-30.

[31] Wan, C.; Harrington, P.B.; Davis, D.M., Trace analysis of BTEX compounds in water with a membrane interfaced ion mobility spectrometer, *Talanta* 1998, 46, 1169-1179.

[32] Baumbach, J.I.; Sielemann, S.; Xie, Z.; Schmidt, H., Detection of the gasoline components methyl tert-butyl ether, benzene, toluene, and m-xylene using ion mobility spectrometers with a radioactive and UV ionization source, *Anal. Chem.* 2003, 75, 1483-1490.

[33] Stach, J.; Arthen-Engeland, T.; Flachowsky, J.; Borsdorf, H., A simple field method for determination of MTBE in water using hand held ion mobility (IMS), *Int. J. Ion Mobil. Spectrom.* 2002, 5, 82-86.

[34] Sielemann, S.; Baumbach, J. I.; Schmidt, H.; Pilzecker, P., Quantitative analysis of benzene, toluene, and m-xylene with the use of a UV-ion mobility spectrometer, *Field Anal. Chem. Technol.* 2000, 4, 157-169.

[35] Alizadeh, N.; Jafari, M.; Mohammadi, A., Headspace-solid-phase microextraction using a dodecylsulfate-doped polypyrrole film coupled to ion mobility spectrometry for analysis methyl tert-butyl ether in water and gasoline, *J. Hazard. Mater.* 2009, 169, 861-867.

[36] Aguilera-Herrador, E.; Lucena, R.; Cardenas, S.; Valcarcel, M., Ionic liquid-based single-drop microextraction/gas chromatographic/mass spectrometric determination of benzene, toluene,

ethylbenzene and xylene isomers in waters, *J. Chromatogr. A* 2008, 1201, 106-111.

[37] Borsdorf, H.; Rammler, A.; Schulze, D.; Boadu, K. O.; Feist, B.; Weiss, H., Rapid on-site determination of chlorobenzene in water samples using ion mobility spectrometry, *Anal. Chim. Acta* 2001, 440, 63-70.

[38] Kanu, A. B.; Hill, H. H.; Gribb, M. M.; Walters, R. N., A small subsurface ion mobility spectrometer sensor for detecting environmental soil-gas contaminants, *J. Environ. Monitor.* 2007, 9, 51-60.

[39] Du, Y.Z.; Zhang, W.; Whitten, W.; Li, H.Y.; Watson, D.B.; Xu, J., Membrane-extraction ion mobility spectrometry for in situ detection of chlorinated hydrocarbons in water, *Anal. Chem.* 2010, 82, 4089-4096.

[40] Przybylko, A.R.M.; Thomas, C.L.P.; Anstice, P.J.; Fielden, P.R.; Brokenshire, J.; Irons, F., The determination of aqueous ammonia by ion mobility spectrometry, *Anal. Chim. Acta* 1995, 311, 77-83.

[41] Jafari, M.T.; Khayamian, T., Direct determination of ammoniacal nitrogen in water samples using corona discharge ion mobility spectrometry, *Talanta* 2008, 76, 1189-1193.

[42] Clowers, B.H.; Steiner, W.E.; Dion, H.M.; Matz, L.M.; Tam, M.; Tarver, E.E.; Hill, H.H., Evaluation of sulfonylurea herbicides using high resolution electrospray ionization ion mobility quadrupole mass spectrometry, *Field Anal. Chem. Technol.* 2001, 5, 302-312.

[43] Ells, B.; Barnett, D.A.; Froese, K.; Purves, R.W.; Hrudey, S.; Guevremont, R., Detection of chlorinated and brominated byproducts of drinking water disinfection using electrospray ionization-high-field asymmetric waveform ion mobility spectrometry-mass spectrometry, *Anal. Chem.* 1999, 71, 4747-4752.

[44] Handy, R.; Barnett, D. A.; Purves, R. W.; Horlick, G.; Guevremont, R., Determination of nanomolar levels of perchlorate in water using ESI-FAIMS-MS, *J. Anal. At. Spectrom.* 2000, 15, 907-911.

[45] Ells, B.; Barnett, D. A.; Purves, R. W.; Guevremont, R., Detection of nine chlorinated and brominated haloacetic acids at part-per-trillion levels using ESI-FAIMS-MS, *Anal. Chem.* 2000, 72, 4555-4559.

[46] Dwivedi, P.; Matz, L.M.; Atkinson, D.A.; Hill, H.H., Jr., Electrospray ionization ion mobility spectrometry: a rapid analytical method for aqueous nitrate and nitrite analysis, *Analyst* 2004, 129, 139-144.

[47] Dion, H. M.; Ackerman, L. K.; Hill, H. H., Initial study of electrospray ionization-ion mobility spectrometry for the detection of metal cations, *Int. J. Ion Mobil. Spectrom.* 2001, 4, 31-33.

[48] Dion, H.M.; Ackerman, L.K.; Hill, H.H., Detection of inorganic ions from water by electrospray ionization-ion mobility spectrometry, *Talanta* 2002, 57, 1161-1171.

[49] Baim, M.A.; Hill, H.H., Jr., Determination of 2,4-dichlorohenoxyacetic acid in soils by capillary gas chromatography with ion mobility detection, *J. Chromatogr.* 1983, 279, 631-642.

[50] Morrissey, M.A.; Hill, H.H., Jr., Selective detection of underivatized 2,4-dichlorophen-oxyacetic acid in soil by supercritical fluid chromatography with ion mobility detection, *J. Chromatogr. Sci.*

1988, 27, 529-533.

[51] Eiceman, G. A.; Fleischer, M. E.; Leasure, C. S., Sensing of petrochemical fuels in soils using headspace analysis with photoionization-ion mobility spectrometry, *Int. J. Environ. Anal. Chem.* 1987, 28, 279-296.

[52] Roch, T.; Baumbach, J. I., Laser-based ion mobility spectrometry as an analytical tool for soil analysis, *Int. J. Ion Mobil. Spectrom.* 1998, 1, 43-47.

[53] Ritchie, R. K.; Rudolph, A., Environmental applications for ion mobility spectrometry, Third International Workshop on Ion Mobility Spectrometry, Galveston, TX, October 16-19, 1994.

[54] Daum, K. A.; Atkinson, D. A.; Ewing, R. G.; Knighton, W. B.; Grimsrud, E. P., Resolving interferences in negative mode ion mobility spectrometry using selective reactant ion chemistry, *Talanta* 2001, 54, 299-306.

第 18 章
IMS 在生物和医学中的应用

18.1　生物与医学应用简介和概论

　　如第 3 章所述,IMS 漂移管进样方式的发展,拓展了 IMS 技术的应用范围,检测对象不再局限于气体、蒸气、挥发性和半挥发性化合物。过去 10 年里,人们对之前从未使用 IMS 技术测定过的肽、蛋白质和碳水化合物等分子和样品进行了 IMS 研究,这在医学研究或临床应用上具有十分重要的意义。这类研究之所以成为可能,在很大程度上是由于采用和改进了过去 20 年来 MS 成功开创的样品传递和电离方法。如第 3 章所介绍,包括可用于水溶液样品分析的 ESI 和 nESI、可用于固体样品分析的 MALDI,这些方法在化学科学中的重要性获得了认可,2002 年诺贝尔化学奖授予 Fenn[1] 和 Tanaka[2] 以表彰他们分别开发了 ESI 和 MALDI 技术。在一些简单的生物学研究中,离子迁移谱仪可以用来取代质谱仪;在另一些情况下,迁移谱仪可以作为过滤器去除 MS 测量中的干扰信号,甚至为 MS 测量提供一种分离异构离子和获取结构信息的分析模式。这些系统或被称为 IM-MS,已有改装的仪器用于大分子的实验室研究(请参阅第 9 章)。相较于质谱仪,离子迁移谱仪是一种低成本、便携、高灵敏度、低功耗的分析仪器。离子迁移谱仪的低成本和便携性弥补了其信息密度低的不足。

　　过去 10 年里发表了多篇有关 IMS 技术在生物系统[3-6]、食品安全和生物过程控制[7, 8]以及化学生物战剂检测[9]中作用的综述性文章。除了仍然作为实验室仪器或研究工具以外,IMS 分析仪已被开发用于临床应用研究,如疾病诊断或暴露于麻醉气体的测量。可以使用 IMS 通过产生挥发性或半挥发性化合物的快速样品制备方法来进行细菌检测。另有一种方法是对细菌进行热分解使其产生挥发性化合物,这种方法可用于测定空气中的细菌。本章将介绍这类 IMS 研究中的一些例子,以说明某些应用可能会在接下来的几十年里改变人们对于 IMS 的认识和 IMS 的价值。这里不会对 IMS 技术展开详尽的综述,只是尽可能对这些方法和应用都有所述及。总体来说,不同于惰性气体减压操作的实验室或研究用漂移管(通常用于 IM-MS 仪器),常压 IMS 漂移管的实际应用具有很大的商业潜力(请参阅第 9 章)。

　　IMS 技术在这些生物学应用中所基于的化学原理与本书其他章节中详细描述的原理非常相似。也就是说,质子转移反应是产生正离子的主要途径。但有一点不同,即通常在大气压下小分子只有一个单一位点可以形成稳定的质子化物质,但生物大分子,特别是在气压只有几毫巴的氦气中,可能会有多个位点导致多电荷离子物质的形成。此外,在以上条件下一些大分子还会接受碱离子,如锂或钠,这将导致锂离子或钠离子的形成。在生物研究中,以正离子或负离子模式形成簇状离子也是一种合适的离子形成机制——尽管在大多数情况下只有正离子模式才具有实际意义。

通常，IMS 根据离子的迁移率而不是仅根据质量来分离离子，因此它能够根据构象或三维（3D）结构来区分异构离子。这在生物研究中是有用的，因为在生物研究中大分子的活性很大程度上取决于其结构特性，例如，折叠的蛋白质和展开的蛋白质的生物活性不同。利用离子迁移率研究复杂生物系统的另一个优势是：IMS 仅产生少量的几个峰，所有信息都包含在这几个峰中。因此，IMS 的响应最多只能提供生物系统的部分信息，但可以避免许多可能掩盖系统重要信息的干扰因素。例如，在诊断变质的食品时只要适当控制电离过程，就只有表示食品变质程度的生物胺才能被观测到。在样品中存在的许多其他化合物并不会干扰测量。

在那些仅需要获得少量化合物有限信息的医疗和生物应用中，IMS 可以作为独立仪器运行。离子迁移率分离技术可在质谱分析前用于预分离或过滤干扰化合物，或用于区分具有结构差异性的异构体。如上所述，迁移率数据还可以用于确定大分子的立体构象，因此可以用作评估其生物活性的手段。

18.2 用 IMS 进行医疗诊断

自古以来，人体尿液散发的蒸气或者呼吸产生的气味被认为能够反映疾病状态。例如，甜果味可能与糖尿病或饥饿有关，而氨气味则表明可能是尿毒症[10]。20 世纪 60 年代以来，人们就已经尝试使用包括 GC-MS 在内的先进的分析仪器，利用它们精确的化学测量方法取代了人类的感官判断[10]。在过去的 10 多年中，这一概念扩展到了 GC-MS 和迁移谱，测量对象不仅限于生理性气体，还包括来自霉菌、细菌和某些医学上使用的气体，如麻醉剂。

18.2.1 呼吸分析

在 20 世纪 80 年代末，人们对使用 IMS 检测、识别和监测手术中用作麻醉气体的挥发性化合物（如氟烷、安氟醚和异氟醚）的可能性进行了研究[11, 12]。当吸入少量上述化合物气体后，直接对着手持 IMS 分析仪呼气，在呼出的气体中就可以监测到这些化合物及其浓度。在负离子漂移管下，生成的主要是氯的加合离子，随着麻醉气体浓度的增加，会形成氯的二聚体。通常即使在麻醉处理超过 1 h 后，仍可检测到残留的低浓度的麻醉气体。实时监测呼吸中的这些物质可以客观地测量麻醉深度，以补充现有临床观察结果。另外，在麻醉开始几分钟后，会从皮肤表面散发出气体，这些气体可以证实曾进行过麻醉，如图 18.1 所示[11]。

在德国（Vautz 和 Baumbach）和英国（Thomas 和 Creaser）研究团队的努力下，基于 IMS 和 GC-IMS 的呼吸分析病理诊断技术正快速发展。从原理上讲，受试者吸入的挥发性化合物能通过从皮肤表面散发或呼出的气体被监测到，这是一种麻醉气体暴露程度的无创评估手段。肺部疾病可以通过患病者呼出气体中 VOC 化学成分的变化来辨别。初步研究表明，

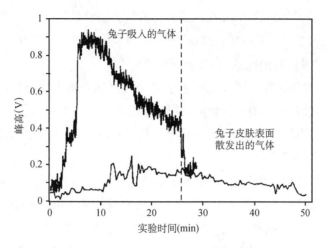

图18.1 一只兔子吸入了含有异氟醚的气体,用IMS测定该气体中的异氟醚,以及从兔子皮肤表面散发出的气体中的安氟醚,分别得到了两种情况下异氟醚产物离子峰强度曲线。图中虚线处是从吸入室取出异氟醚的时刻。被吸入的气体和散发的气体都是使用负离子极性军用化学试剂监测仪测定的。(摘自 Eiceman et al., Ion mobility spectrometry of halothane, enflurane and isoflurane anesthetics in air and respired gases, *Anal. Chem.* 1989,61,1093-1099.经允许)

通过GC-IMS分析,特别是MCC分析,肺损伤患者和正常受试者的迁移谱是不同的[13-18]。基本假设是通过肺部气体交换后呼出的VOC气体的含量反映其在血液中的浓度。在该研究中,作为疾病标志的11种物质(主要是酮、烷烃和二酮)在室温下约化迁移率值在1.08~1.97 cm²/(V·s)。解决成分之间相互干扰的首选方法是采用某些预分离技术,但10.6 eV的光电放电灯提供了一定程度的选择性。在该小组进行的另一项研究中,将高速毛细柱管与带UV电离源的IMS漂移管进行连接,可测定人体因疾病或职业原因产生的VOC。这些化合物包括一些常见的酮、苯和一些取代苯[14]。研究人员还通过对比测量在房间内有人和无人的情况下呼吸产生的生物标记物的含量,研究了消除室内空气中可能存在的背景化学物质干扰的重要性[16]。

另一项研究使用膜提取组件、吸附阱和带双重检测器的GC(火焰离子化检测器和迁移谱仪),检查了呼吸气体中的丙酮的存在。该实验对呼气气流的最后0.25L进行了分析,因为这部分可以更好地反映肺组织中挥发性化合物的含量。薄膜可以除去呼出气体中的大量水分,从而防止它们对分析产生干扰[17]。

近年来,基于利用吸收阱收集样品的GC-DMS(差分式离子迁移谱)的呼吸分析侧重于对特定疾病的诊断,例如慢性阻塞性肺疾病(chronic obstructive pulmonary disease, COPD)[18]。在一项大规模研究中,人们通过MCC-IMS对呼吸气体检测诊断出COPD患者和肺癌患者,该研究包括132名COPD患者、肺癌患者和健康志愿者[19]。在该研究中,使用主成分分析法对谱图进行分类,阳性预测值达到95%,环己烷被认为在组间鉴别中起主要作用[19]。另有研究者还使用MCC-IMS对肺癌和呼吸道感染进行了调查,并确定了患病者特有的挥发性代谢物[18, 20, 21]。还有研究人员探讨了应用MCC-IMS诊断结节病的可行性,该病组可以与纵隔淋巴结肿大组进行区分[22-24]。另一种可将呼吸分析作为诊断手段的疾病是烟曲霉[25]。研究人员采用包含 IMS 在内的多种分析方法验证了 2-戊基呋喃可作为该疾病的标记物[25]。另有研究人员用 MCC-IMS 监测了 13 例麻醉病人呼气中异丙酚的含量,并与血清 GC-MS 分析结果进行了比较,偏差为－10.5%[26]。

在某种程度上,现代这种对呼吸或呼吸空气中有机化合物进行分析的客观科学的分析技术,与传统医学的数百年经验是一致的,并得到了这些经验的支持。作为诊断气体的实例包括由糖尿病产生的丙酮、肺损伤生成的异戊二烯,以及由癌症导致的苯乙烯、2-甲基正庚烷、丙基烷、癸烷和十一烷[27]。

前面提到的不断扩大的研究群体和不断增长的研究报告,以及其他侧重于仪器[28]、分析方法[29-34]或信号处理技术的相关报道,反映了人们对使用 IMS、DMS 或 GC 进行呼吸分析的兴趣与日俱增[35, 36]。因此,鉴于 IMS 分析仪对此类化合物的敏感性和特异性,通过分析呼出空气中的 VOC 诊断疾病的方法正在商业开发中。当然,这取决于合适的仪器配置,很可能需要快速 GC-IMS 这样的联用分析仪。

18.2.2　阴道感染的诊断

蛋白质、肽和氨基酸的降解会生成一些例如生物胺的低分子化合物。生物胺是一类化合物的总称,包括单胺、双胺、三胺和四胺,对应的例子是 TMA、腐胺(1,4-丁二胺)和尸胺(1,5-戊二胺)、亚精胺及精胺。由于胺的高质子亲和性,这些化合物和其他几种化合物,如组胺、酪氨酸(2-氨基-3-对羟苯基丙酸)、粪臭素(甲基吲哚)和其他胺,特别适合于 IMS 测定。这些化合物蒸气可能通过几种降解途径产生,包括化学反应、酶促反应和微生物降解过程等。例如,赖氨酸(2,6-二氨基己酸)脱羧可生成尸胺,而组氨酸中的 CO_2 损失可生成组胺,如式(18.1)和(18.2)所示:

$$赖氨酸 \longrightarrow 尸胺 + CO_2 \tag{18.1}$$

$$组氨酸 \longrightarrow 组胺 + CO_2 \tag{18.2}$$

细菌性阴道病(bacterial vaginosis, BV)就是胺类化合物指示疾病的一个例子,这是最常见的一种阴道感染疾病,折磨着所有年龄、种族和社会阶层的女性[37]。鱼腥味是细菌性阴道炎的典型症状,它是由于存在 TMA 引起的[38]。当阴道乳酸杆菌(一种分泌乳酸和过氧化物的微生物,可以使阴道分泌物保持在低 pH 值,3.8～4.2)和致病微生物之间的微妙平衡被打乱时,就可能导致 BV 的发生。出现这种情况的原因可能是由于外部和内部多方面因素的影响,例如服用药物(特别是抗生素类药物,抑制乳酸杆菌的生长,减少了乳酸菌的数量)、个人卫生习惯(清洗太少或不够充分)和过敏症等多种原因。生物胺,尤其是 TMA 和腐胺的增多是 BV 的症状之一。Q SCENT 公司(现为 3QBD 公司)在美国和以色列对此进行了广泛的研究[39-41]。

实际操作中,医生在常规妇科检查或在患者的要求下用拭子采集阴道分泌物,并将其放入瓶中密封。在样品中加入碱性溶液,即使在室温下也能促进胺的挥发,若顶空蒸气中含有挥发性胺,则将其转移至 IMS 分析仪进行定量测定。拭子可被迅速加热,仅需大约 10 s,在某些情况下也可以用几滴稀酸溶液对样品进行处理,随后即可采样顶空蒸气中的其他挥发性胺。为了尽可能减少干扰,可以选用正壬胺(或其他具有高质子亲和力化合物)作为掺杂剂气体。

在来自 BV 感染患者的样本中,最初挥发的是 TMA,当样品被加热后能检测到腐胺。在对 BV 感染患者的样本进行测量时,出现的动态过程是 TMA 的峰面积逐渐增大,同时反应物离子的峰面积逐渐减小;随后 TMA 的峰面积减小,而腐胺的峰面积则开始增大(见图18.2)。从健康人身上采集样本得到的谱图中只含有反应离子峰,而没有生物胺峰。在其他如念珠菌病(酵母菌感染)和阴道滴虫病等常见的阴道感染病例中,也会检测到腐胺、尸胺和其他生物胺水平的升高,但 TMA 的含量很少甚至没有。与其他 BV 筛查方法相比,该分析方法速度快(每次检测 1 min)、灵敏度高、特异性强(总体检测精度大于 95%,假阴性和假阳性低)、方法简单且价格便宜。因此,基于 IMS 的测试可代替传统的诊断程序(即 Amsel 试

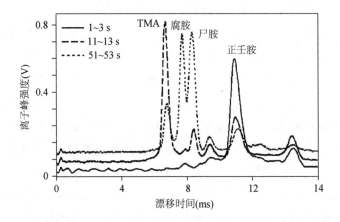

图 18.2 引入样品后延时采样得到的离子迁移谱。每个谱图都是对细菌性阴道炎患者的样本进行 3 次扫描后得到的平均结果。图中实线为背景谱图,短划线为挥发性 TMA 进入漂移管后的谱图,点划线为半挥发性胺成为主峰时的谱图。所用的气体试剂为壬胺,分析的胺类化合物有 TMA、腐胺(putrescine, PUT)和尸胺(cadaverine, CAD)。(摘自 Amsel et al., Nonspecific vaginitis: Diagnostic criteria and microbial and epidemiologic associations, *Am. J. Med.* 1983, 74(1): 14-22.经允许)

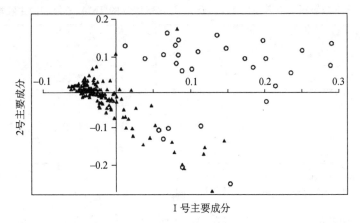

图 18.3 基于主成分分析的阴道排出液中的生物胺测量方法概述。"○"和"▲"分别表明在 Amsel 试验中为 BV 阳性和 BV 阴性的样本。(摘自 Amsel et al.. Nonspecific vaginitis: Diagnostic criteria and microbial and epidemiologic associations, *Am. J. Med.* 1983, 74(1): 14-22.经允许)

验[42]，如图 18.3 所示，是一种很好的分类方法）和其他感染的诊断方法。这种方法很快就可以投入商用，并可能成为临床应用中独立使用离子迁移谱仪的首批成功案例之一。

18.3　食品新鲜度、霉菌和气味检测

18.3.1　肉类食物的新鲜度

正如之前在介绍阴道感染的诊断时所述，通过酶和细菌对蛋白质和氨基酸进行作用，所有包含肌肉组织的食物（家畜、家禽和鱼）都可以生成生物胺[43]。例如，胆碱逐步降解为甜菜碱，然后再降解为 TMA，如式（18.3）所示：

$$胆碱 \longrightarrow 甜菜碱 \longrightarrow TMA \tag{18.3}$$

尽管其他化合物也可能产生腐烂鱼的难闻气味（与 BV 相同），但这种气味主要是由 TMA 产生的[38]。研究人员使用手持式 GC-IMS 分析仪对鱼在腐烂过程中所释放的气味进行测定，结果在这种气味中发现了 TMA[44]。然而，直到对家畜、家禽和鱼类的腐败变质情况进行了系统调查之后，这项研究工作才得以进一步开展[45]。不同肉类食品产生的生物胺含量与储存温度和储存时间有关。胺浓度与通过标准培养生长技术生成的 6 种类型的微生物数量有关（表 18.1）。为了提高对半挥发性化合物的测定灵敏度，研究人员使用了先前介绍的用于诊断阴道感染时的进样方法。图 18.4 给出了不同类型肉类食品在室温下放置几天后分析得到的离子迁移谱图。生物胺的生成总量取决于肉的种类、储存时间和储存温度。将食物进行深度冷冻（−18 ℃）会减缓降解过程，实际上在几个月内都不会发生分解。在室温下，肉中的生物胺迅速产生，并在 24 h 内保持高浓度。以上研究结果表明，IMS 检测仪可用作食品新鲜度或食品变质测定的诊断工具。在另一项 IMS 研究中，研究人员使用多变量建模作为食物的新鲜度指标[46]。

表 18.1　在室温下放置新鲜家养鸡肉 1、2、4 天后用 IMS 测量的 TMA、总胺和微生物培养计数结果

鸡肉样品	TMA（ng/g）	总胺（任意单位）	1	2	3	4	5	6
新鲜肉	1.1±0.3	1.2±0.1	3.8E3	8.4E3	2.3E2	2.3E2	4.5E2	4.5E2
存放 1 天	3.7±1.0	2.1±0.5	7.4E6	1.0E7	1.3E5	8.6E3	1.5E5	1.9E5
存放 2 天	32.8±8.0	11.3±3.0	3.9E8	4.7E8	6.6E5	4.2E6	4.7E6	6.3E6
存放 4 天	41.0±8.0	143.0±4.0	1.4E9	1.9E9	5.9E4	1.0E7	7.8E6	7.5E6

来源：摘自 Karpas et al.，Determination of volatile biogenic amines in muscle food products by ion mobility spectrometry，*Anal. Chim. Acta* 2002，463(2)：155-163.经允许

另一种筛选细菌的方法是基于细菌分泌的细胞外酶，该酶存在于细胞壁外表面。这些酶与合适的基质反应将产生挥发性物质，可使用离子迁移谱仪进行检测。该方法已通过测试并与一种自动采样系统相结合，可自动筛选食物中与食品安全相关的细菌[47, 48]。尽管该

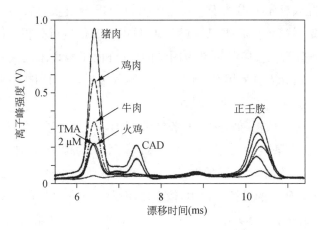

图 18.4 猪肉、火鸡肉、牛肉、鸡肉样品在室温下放置一天后分析得到的离子迁移谱图,谱图表明这些样品已经变质并生成了挥发性胺。谱图测定时使用了 2 ng TMA 进行了校准。每种肉类样品测定迁移谱图中都能明显观察到 TMA 和 CAD 的峰值。反应物为正壬胺。(摘自 Karpas et al.,Determination of volatile biogenic amines in muscle food products by ion mobility spectrometry,*Anal. Chim. Acta* 2002,463(2):155-163.经允许)

方法快速、灵敏、有效,但细胞外酶分泌量一定程度上取决于细菌的健康状况和近期病史。一种具有更高特异性和准确性的方法是免疫测定方法,将在第 18.5 节中讨论。

　　研究人员利用 IMS 直接探测鸡肉汁中 TMA 的含量,数据处理采用 PLS 和 FuRES,其检测限可以达到 0.6±0.2 ng[49]。另有研究将带热解吸的 GC 分离和差分离子迁移谱联用,通过顶空进样来测定鸡肉汁中的腐胺和尸胺含量[50]。

　　研究人员以磷酸三乙酯(triethylphosphate,TEP)为掺杂剂,采用 IMS 方法对食用金枪鱼后唾液中 TMA 的变化情况进行测定[51]。实验研究了两种金枪鱼罐头:油浸金枪鱼罐头和水浸金枪鱼罐头。由于生物胺(包括 TMA)具有亲水性,在水浸金枪鱼罐头中水里的 TMA 含量很高(约 0.5 mg/mL),而油浸金枪鱼罐头中的 TMA 被保留在金枪鱼块中。随后,食用油浸金枪鱼肉后唾液中 TMA 含量显著高于食用水浸金枪鱼肉后唾液中 TMA 含量。然而,在食用两种不同罐头金枪鱼 20 min 后,从唾液中检测的 TMA 含量均恢复至食用之前的水平[51]。

18.3.2　霉菌和霉菌毒素

　　霉菌毒素是由霉菌(真菌或酵母菌)产生并释放的有毒代谢产物,它们通常在密闭的环境繁殖,尤其是在黑暗、潮湿的地方。良性霉菌可以出现在食品中并增加其风味,就如某些类型的奶酪。但这些生物或其代谢所释放的化学物质(霉菌毒素)可能会引起头痛、过敏反应、对呼吸道和皮肤的刺激以及其他健康问题,这些症状主要出现在哮喘或敏感人群中[52, 53]。一些被认为是霉菌和真菌代谢副产物的化学物质,主要是酮和醇类化合物,已通过采用 UV 光放电灯和 ^{63}Ni 电离源的 IMS 仪器进行了表征[52]。^{63}Ni 电离源的检测限比 UV 光放电灯高一个数量级。结果表明,IMS 分析仪能够监测亚临床浓度下室内空气中这些化学物质的含量。研究人员先采用基于[63]Ni 电离源的 IMS 分析仪直接对面包霉菌培养物中的化学物质进行测定，然后经 SPME 后再用 GC-UV-IMS 仪进行分析。因为样品中存在多种化学物质，用 IMS 分析仪直接测量是很困难的，另外由于醇离子的大量裂解使得离子迁移谱变得更加复杂。研究人员采用 SPME 对顶空蒸气采样，并利用热解吸技术对样品进行色谱分离，再由 IMS 检测，从而优化了测量结果[53]。

黄曲霉毒素是一种与植物（如花生、玉米）相关的真菌毒素，它们会对人类身体健康产生不良影响，在某些情况下甚至会致癌。研究人员以氨水作为掺杂剂，使用电晕放电 IMS 仪测量了含有 B1 和 B2 黄曲霉毒素的开心果甲醇提取物，两种黄曲霉毒素的检测限为 0.1 ng[54]。在同一小组研究的后续工作中，他们使用反向 IMS 对甘草根中赭曲霉毒素 A 含量进行测定，在最佳条件下 LOD 为 0.01 ng[55]。另有研究人员利用高电场不对称 IMS-MS 仪对玉米霉菌毒素中赤霉烯酮及其代谢产物进行了分析，LOD 为 0.4～3 ng/mL[56]。还有研究人员使用 IMS 仪对作为霉菌指示物的气体代谢物进行了研究，并通过 GC-MS 对其进行鉴定[57]。该实验还记录了不同微生物种类在不同条件下产生的顶空蒸气的特征谱图[57]。在另一项研究中，人们使用吸气式 IMS 仪和半导体传感器检验和监测微生物标本产生的 VOC，并将实验结果与无菌样品进行比较[58]。

18.3.3　IMS 在食品行业中的其他应用

近年来，部分文献对 IMS 技术在食品质量和食品安全[8]，以及生物过程[7]中的应用进行了综述。研究人员采用 GC-IMS 仪连续监测啤酒发酵过程中二乙酰和 2,3-戊烷二酮的浓度，在其浓度超过气味阈值前停止发酵[59]。该技术可以代替实验室中需要每天进行一次的传统离线分析，并确保酿造质量。通过对伊比利亚猪油样品加热后释放的顶空挥发性化合物进行迁移谱分析，可区分饲养方式为自由放养或圈养，以此来验证饲养方式[60]。化学统计学显示 65 个样本中出现错误分类的情况仅为 2.3%。研究人员采用 IM-MS 仪对加标食品和饮料样品中的痕量化学战剂及其水解产物进行了检测，检测限在十亿分之一量级（食品中为纳克/克，饮料中为纳克/毫升）[61]；采用 SPE 的电晕放电 IMS 仪测定了 3 种兽药（呋喃唑酮、氯霉素和恩诺沙星）在鸡肉中的残留量，通过加标样品进行校准，检测限为纳克/克[62]；使用 IMS 仪对鸡肉汁样品中 TMA 进行定量测量，以此来评估产品降解程度[63]。PLS 和 FuRES 两种化学统计方法用于对变质程度进行分类。

18.4　大分子：生物分子和生物聚合物

直到 2005 年，美国只有少数几个研究小组，即 Hill、Bowers、Russell、Jarrold、Clemmer 和 Guevremont（加拿大）等人，开展了利用 IMS 仪分离、检测或鉴定蛋白质、肽和氨基酸的方法研究。这些研究小组都采用了相同的样品处理方法：通过 ESI 以液体形式或通过 MALDI 以固体形式引入漂移管。在大多数情况下，使用质谱仪检测和鉴定离子，使用离子迁移谱仪对成分进行预分离并获得离子的约化迁移率(有关 IM-MS 仪器的详细信息,请参阅第 9 章)。人们对使用基于离子迁移的方法来研究复杂生物系统的兴趣日渐浓厚,这可从图 18.5 中看出,该图显示了 2001—2010 年间涉及蛋白质和 IMS 技术的出版物数量(来自 SciFinder 搜索)。

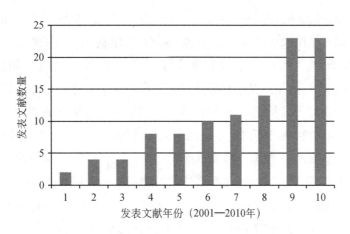

图 18.5 2001—2010 年间,涉及蛋白质和离子迁移谱的出版物数量(基于 SciFinder 搜索结果)。

这些研究的核心是通过分子模型与 K_0 值得到的碰撞截面推演得到由这些大分子形成的气相离子的结构。对于具有多个官能团的大分子形成的气相离子,通常在环境压力下使用 ESI 可以观察到多电荷离子。因此,来自诸如蛋白质和寡核苷酸(以及其合成聚合物)之类物质的单一化合物的迁移谱将显示出不同电荷状态下的多个谱峰。即使是简单的生物分子混合物,也会形成分辨率很差甚至无法分辨的非常复杂的谱峰。这种混合物的质谱峰也相当复杂,无法解读。这些研究项目中使用的仪器包括高场非对称波形 IM-MS[64-66] 和 IMS 与 TOFMS 联用仪,以用于复杂混合物的多维分离[67-73]。所研究的化合物包括由胰蛋白酶消化肽和肽库[67, 72, 75-79]、缓激肽(bradykinin, BK)[65, 80]、聚甘氨酸和聚丙氨酸[81]、碳水化合物[69]、泛素[82]、化学修饰的 DNA 寡核苷酸(长度高达 8 个碱基)[71]、蛋白质[81]、缬霉素[83] 和其他物质形成的混合物[84]。

迁移谱的大分子研究应用可分为 3 类:单一化合物结构研究,IM-MS 联用仪测定离子混合物,以及将迁移谱作为 MS 的前置离子过滤器。某些情况下,离子迁移谱仪使用氦气或氩气作为漂移气体,在低于 100 Torr(通常为 3 Torr)的减压条件下工作。尽管这些并不属于 IMS 的严格分析应用,但在这些应用中离子迁移谱测量与其他技术结合所获得的信息是通过其他方式很难获得的。用于获取大型生物分子结构信息的迁移率测量须运行在减压下,通常使用氦气作为漂移气体。尽管这些仪器不被视为"经典"的 IMS 分析仪,但这些研究仍然是围绕离子迁移率的原理展开的,是一种改进的迁移率实验。

最近发表的一些综述性论文,讨论了离子迁移率和 IM-MS 测量在大分子研究方面的应用[3, 5, 85, 86]。研究人员将 MALDI 和 IM-MS 结合,讨论了该技术在无溶剂条件下,在结构研究、测序和蛋白质鉴定中的应用[3]。迁移率测量为生物分子的分析提供了一个新的维度,因为分离是基于离子的大小和形状，而不仅仅是基于质量[85]。基于 ESI-IM-MS 实验，研究人员分析了多维组装和聚合在正常细胞过程和在疾病中的作用[86]。

18.4.1　构象研究

当离子通过漂移气体时，离子与漂移气体的中性分子之间会发生几种相互作用（请参见第 10 章）。这些相互作用取决于离子的特性（大小、总电荷、离子内部的电荷分布，以及形状）和漂移气体分子的特性（大小、偶极和四极矩，以及极化率）。相互作用强弱决定了离子的漂移速度，即迁移率。这是通过迁移率测量来鉴定离子结构或构象的基础，并已应用于对苯胺[87]、二胺[88]等小离子以及质子化聚甘氨酸、聚丙氨酸等大离子的结构鉴定[81]。

在最近的一些出版物中已经讨论了蛋白质晶体结构与通过气相离子迁移率测量确定的碰撞截面之间的关系[89, 90]。根据一篇文章所述，蛋白质的气相构象在多数情况下与液相结构有关。由 TW-IMS 测定获得的迁移率值计算得到横截面的估计值，并与由 X 射线晶体分析法和核磁共振（nuclear magnetic resonance，NMR）谱获得的横截面值进行比较，发现它们之间吻合良好。气相迁移率测量可以获得不同电荷态相对稳定性的信息——因为蛋白质的迁移率及横截面会反映电荷态的变化[89]。

Clemmer 小组利用 IMS 开展了溶剂组成和毛细管温度对 ESI 过程中形成的泛素离子（+6～+13）气相构象的影响研究，并证明了 IMS 在该项工作中具有独特优势[82]。研究人员观察到 3 种常见的构象类型：紧凑折叠形式（倾向于+6 和+7 电荷态）；部分折叠异构体（倾向于+8 和+9 离子）；展开的构象异构体（倾向于+10～+13 电荷态）。不同构象异构体的分布对溶剂组成和 ESI 毛细管温度高度敏感。迁移率和离子横截面与离子上的电荷数有关；电荷数增加导致库仑斥力增强，离子展开。自然地，折叠紧凑型构象异构体的漂移时间要短于具有较大碰撞截面的未折叠构象异构体。除 IMS 之外，其他任何测量技术都很难获得气相中离子的截面。

随着 TW-IMS 的出现，人们对大分子截面开展了更多的测量以获得更多的结构信息[89, 91-94]。研究人员通过使用具有已知截面的、相对较小的分子和离子（例如寡甘氨酸肽）对系统进行校准，将结果与理论计算值进行比较，并通过在两种漂移气体（氦气和氮气）中进行重复测量来验证结果[91]。因此，离子迁移谱仪可以将亮氨酸和异亮氨酸分离，并能区分不被 MS 分辨的其他结构异构体[91]。使用四极杆-IMS-TOFMS 这样的联用质谱仪可获得蛋白质碰撞截面的大数据集[92]。研究人员在氦气和氮气环境中对变性肽和蛋白质、天然蛋白和多肽的截面进行了测量，大分子物质在两种漂移气中的测量结果有很好的相关性，但是对于较小的离子存在着显著的差异[92]。

研究人员通过与氩的碰撞活化来诱导气相中的蛋白质离子展开，测量了展开构象的横截面，并与更紧密、更稳定的折叠构象进行了比较[93]。在另一份文献中，研究人员利用 TW-IMS-MS 来测量横截面，结果表明，不论是在重组蛋白还是在溶剂破坏蛋白中都保留了蛋白质的溶液构象[94]。还有研究人员用 TW-IMS-MS 研究了与不同离子结合的牛碳酸酐酶的形态,结果表明,跟与酶结合较弱的离子相比,与酶结合较强的离子(Zn^{2+}和Cu^{2+})对酶结构的修饰作用更强[95]。

18.4.2　生物分子的碱金属离子的研究

除质子化的离子外,其他离子(例如Na^+和Li^+)也可能附着在生物大分子上,并且可以在ES/IMS/MS实验中很容易观察到。Hill研究小组推测出了质子化和钠化(钠取代了单电荷和双电荷肽离子中的质子)的BK和激酶底物肽中最可能的电荷位置结构信息。这些结构信息是由使用离子迁移谱仪测定的横截面推演得到的[78]。研究人员观察到质子化和钠化离子的迁移率是不同的,双电荷钠化肽的碰撞截面似乎比双电荷质子化肽小,从而得出结论:由于分子内相互作用不同,这些离子的气相构象也不同。图18.6中,显示了异构肽混合物的迁移谱图。图示的上半部分是具有反向氨基酸序列的2个异构五肽,图示的下半部分是分别具有N末端氨基酸和第四氨基酸的2个异构六肽。

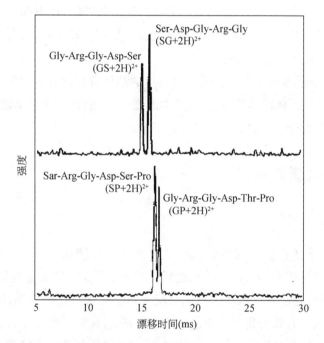

图18.6　异构肽混合物的离子迁移谱。上面的框图是具有反向氨基酸序列的2个异构五肽,下面的框图是分别具有N末端氨基酸和第四氨基酸的2个异构六肽。这是使用氮气作为漂移气体、在250 ℃温度和环境大气压下获得的谱图。质谱仪采用单离子监测模式,质荷比为246(上图)和302(下图),仅显示多肽中的双电荷气相离子。(摘自Wu et al., Separation of isomeric peptides using electrospray ionization/high-resolution ion mobility spectrometry, *Anal. Chem.* 2000,72,391-395.经允许)

Bowers小组的研究结果显示,质子化和钠化的离子也可能在MALDI实验中形成[80]。他们指出,气态BK生成了多种阳离子化物质,包括质子化离子(BKH^+)、钠化离子($BKNa^+$)和$(BK-H+2Na)^+$。这3个物质的横截面相近,均为(245 ± 3) Å^2,并且在$300\sim600$ K范围内不随温度变化。他们得出的结论是:BK将自身围绕电荷中心包裹成球形,在

600 K 以下时间平均尺度内其结构几乎没有发生变化。在该小组的另一篇文献报道中,研究人员利用 MALDI,在以 3 Torr 氦气为漂移气体的短漂移管中测得缬氨霉素-碱金属离子络合物(Li、Na、K、Rb 和 Cs)的离子迁移率,并推导得到其碰撞横截面[83]。碰撞横截面随离子大小系统性增加,这表明环状缬霉素分子的骨架折叠结构依赖于碱离子的大小。

18.4.3　对大分子的更进一步的研究

Cook 的研究小组在 1994 年注意到,在 ESI/串联 MS 仪中,带正电荷的马心脏肌红蛋白(分子量 16 951 Da)以两种形式出现:一种是高电荷状态,其分布以$(M+20H)^{20+}$为中心,另一种分布以$(M+10H)^{10+}$为中心,前者在低气压下占主导,后者在高气压下占主导[84]。这两种不同的电荷态分布被理解为高电荷态的开放构象和低电荷态的折叠构象。占主导电荷态的形成取决于目标气体的性质、压力以及蛋白质的性质,可以通过控制碰撞气体的压力来选择构象异构体,从而有利于形成其中的一种构象。在中等压力下可以观察到双峰分布,但在所研究的大多数情况下,这两种分布之间存在间隔,没有被其他电荷状态填充满。硬球碰撞计算表明,两种构象态的碰撞频率和相应的动能损失存在较大差异,并证明了可以通过弹性碰撞来解释所观察到的电荷态选择性[84]。

研究人员利用迁移谱和 MS 不同组合对多肽的结构特征进行了研究[67, 72, 74-77, 96-99]。一种新的方法是将离子迁移技术应用于组织中的蛋白质成像[100]和绘制蛋白质组谱图[101]。DMS 与 MS 联用在大分子的研究中也越来越受欢迎[56, 61, 64-66, 102, 103]。

18.5　细菌的检测和判定

18.5.1　热解 GC-IMS 法

由于便携式离子迁移谱在武装部队中被广泛接受和使用,人们开始探索使用手持式 CAM 来检测细胞外酶细菌的可能性[104],之后又采用了下文所述的免疫分析方法[105]进行研究。以上方法不适合在没有可取代试剂的情况下对空气进行连续监测,因此采用热解方法作为替代,将生物物质有效转化为化学信息。尽管如此,保留一种用于检测化学和生物试剂的通用分析方法还是很有吸引力的,美国陆军 Snyder 团队及其同事已率先提出将热解方法与 GC-IMS 联用。如第 6 章所述[106],该技术是 CAM 漂移管的衍生技术,通过增加热解进样口[107]使其可以采集包含细菌的空气样品。研究人员使大量空气流经玻璃管以检测环境空气中的细菌气溶胶。在完成采集后,将样品迅速加热至 300 ℃(即热解)。使用高速气相色谱柱和 IMS 检测器(Py-GC-IMS)对热解产物进行表征[108-112]。结果与同时期使用 GC-MS 得到的实验结果一致[113]。在特定的 GC 保留时间和漂移时间下,研究人员测定了孢子和细菌热解产生的化合物。某些化合物表征芽孢杆菌孢子,被认为是生物标记物,也就是说无论细菌的历史或生命阶段如何,其生物体内始终存在这些化合物。例如,革兰氏阳性孢子中的枯草芽孢杆菌变种球形芽孢杆菌(*Bacillus subitilis var. globigii*, BG)孢子含有 5%～

18％的标记物吡啶二羧酸钙,可热解为吡啶二羧酸(dipicolinic acid,DPA)、吡啶甲酸(picolinic acid,PA)和吡啶。PA 具有高质子亲和力,检测灵敏度很高,可以通过常规 IMS 分析仪进行识别。与其他细菌热解产物相比,PA 在 GC-IMS 谱图数据区域中的位置很独特。研究人员在 Py-GC-IMS 仪器上安装了一个 1 000：1 的空气对空气气溶胶浓缩器,用于对有控制地释放到空气中的孢子气体进行测试。在进行的 21 次 BG 试验中,Py-GC-IMS 仪出现了 2 次真阴性,无假阳性,并在一次试验中发生了软件故障。剩下的 18 次试验对生物释放后环境空气中 BG 气溶胶的存在给出了真实的阳性结果。Py-GC-IMS 仪器的检测限推测约为含 3 300 个 BG 孢子的气溶胶颗粒[108]。

　　在后来的一些文献中,Py-GC-IMS 方法被证明能够区分革兰氏阳性孢子(BG)、革兰氏阴性细菌(*Erwinia herbicola*,EH)和蛋白质(卵清蛋白)的气溶胶,如图 18.7 所示[109]。研究人员通过热重分析(thermogravimetric analysis,TGA)和差示热重分析(differential thermogravimetry,DTG)研究了生物物质(芽孢杆菌革兰氏阳性孢子)的热分解动力学,并通过 Py-GC-IMS 仪对其排放气体进行监测以比较其热分解特性[110];使用 Py-GC-MS 仪对从含有炭疽芽孢杆菌的热解样品中释放的生物标记物 2-吡啶羧酰胺进行了表征,该标记物可追溯为细胞壁中的化合物[111]。

321

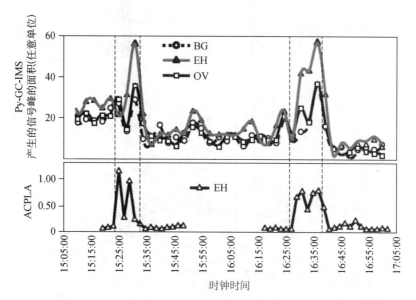

图 18.7　用 Py-GC-IMS 仪监测释放在环境空气中的生物气溶胶的结果。上半部分图示显示了仪器对革兰氏阳性变种枯草芽孢杆菌的孢子(BG)、革兰氏阴性欧文氏草(EH)和卵清蛋白(ovalbumin protein,OV)的信号响应。垂直虚线表示气溶胶释放的时间分界线。下半部分图示显示了在琼脂培养皿中生长的细菌样本的分析结果,以 ACPLA 为单位,即每升空气中包含的颗粒数(气溶胶的活菌成分)。(摘自 Snyder et al., Field detection and identification of a bio-aerosol suite by pyrolysis-gas chromatography-ion mobility spectrometry, *Field Anal. Chem. Technol.* 2001,5, 190-204.)

　　Py-GC-IMS 的最新扩展是在 GC-DMS 前使用热解,这与 Snyder 等人采用的方法很相似。在 Eiceman 等人[114]的这项研究中,DMS 检测器同时获取了正、负模式的差分迁移率谱图。如图 18.8 所示，离子强度、补偿电压和保留时间的三维图显示出独特性，能够基于此对革兰氏阳性、革兰氏阴性和孢子型细菌进行分类。Py-GC-DMS 仪器除了具有连续离子分析的基本测量功能外，其最大的吸引力在于它采用了微型漂移管，由此在尺寸、重量、功率等影响实用性方面具有优势。人们对该方法进行了定量研究，用微升注射器将含有细菌的溶液直接注射到热解带上；使用未优化的进样口对 6 000 个细菌进行检测，定量精度的相对标准偏差约为 10%。在一系列研究中，通过对来自 Py-GC-DMS 仪的数据集进行计算处理，实现了在不考虑生长时间和温度的情况下对细菌进行分类，而这两个条件一直是用热解方法对细菌进行分类的障碍。

在另一项研究中，人们使用 Py-GC-DMS 仪对属于芽孢杆菌属的 3 株菌株进行了研究，并在 60 天内使用苏格兰威士忌质量控制系统来评估仪器的长期可重复性[115]。数据使用两种方法进行预处理：相关优化偏移（correlation optimized warping，COW）和非对称最小二乘（asymmetric least squares，ALS）。通过主成分分析法很容易区分枯草芽孢杆菌和巨大芽孢杆菌，但是区分枯草芽孢杆菌的两个菌株需要用到监督学习的方法[115]。

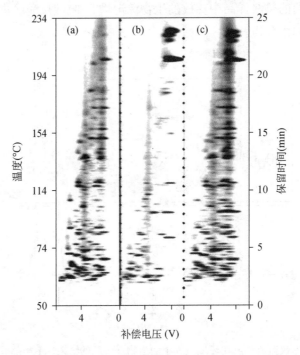

图 18.8 Py-GC-DMS 仪中大肠杆菌(a)、黄体微球菌(b)和巨型芽孢杆菌(c)的补偿电压和保留时间的热力图。强度刻度从 0.9 V(白)到 2.5 V(黑)，步长为 0.1 V。(摘自 Schmidt et al., Microfabricated differential mo bility spectrometry with pyrolysis gas chromatography for chemical characterization of bacteria, *Anal. Chem.* 2004，76，5208-5217.经允许)

研究人员使用商用迁移率谱仪展示了另一种细菌热处理方法：将微克量级细菌细胞放置于加热的砧座上进行热解吸，之后在手持 IMS 分析仪中产生了复杂的正负离子迁移谱图[116]。该谱图对于不同的菌株和物种以及不同的生长条件具有可重复的差异性，可用于分类和区分特定菌株和细菌（包括病原体）。这提供了一种无需专门的测试试剂盒或反应试剂，即可在一分钟内检测细菌细胞特定成分并鉴定和分类细菌的方法。文中还介绍了一种改善检测离子峰的方法，即在温度逐步升高（程序升温）的过程中对样品进行解吸。

可以采用 Itemiser IMS 检测仪的热解吸和化学计量学模型来表征和区分全细胞型细菌。研究人员使用原位水解和甲基化的方法来鉴别在离子迁移谱中无法区分的大肠杆菌菌株[117]；用带 MALDI 和 ESI 源的 IM-TOFMS 对大肠杆菌的代谢特征进行了表征[118, 119]。离子迁移谱仪提供的预分离技术使得质量低于 1 800 Da 的代谢物的分离成为可能。ESI-IMS 还用于表征完整的病毒颗粒，并且发现二十面体病毒颗粒在气相中保留了其结构[120]。

DMS 可以检测热解后的枯草芽孢杆菌（一种炭疽芽孢杆菌的刺激剂）孢子——即使这些孢子悬浮在水中[121]。要产生显著低于 10 kDa 的孢子碎片颗粒，孢子必须加热到相当高的温度（至少在 550 ℃ 以上保持大于 10 s 的时间）。

18.5.2　基于酶免疫分析 IMS

IMS 仪已成为细菌测定和酶联免疫吸附测定（enzyme-linked immunosorbent assays，ELISA）等成熟方法的检测器。在 ELISA 方法中，一级抗体附着在细菌胞壁的表位上。每一个抗体的结构中都含有许多抗原表位，此表位又可与二级抗体相结合。二级抗体上也有一个酶的活性区域。这个酶活性区域能够与相应的底物反应使之分解出有色的或具有挥发性的产物，前者可以用分光光度计进行测定，后者可以通过顶空采样进行分析。在由 Snyder 等人[105]创立并由 Smith 等人[117]定量研究的方法中，免疫试验的最终产物在用离子迁移谱测定时产生了一个独特的负产物离子峰。这项工作是由广泛部署的军用级 CAM 在未对其进行任何改动和调试的情况下完成的。这一结果表明，只要配备相应的试剂盒和进样接口，CAM 就有可能作为细菌分析仪来使用。

实际操作时，首先将含有杆状菌的样品放入一个小瓶中，此时细菌会吸附在小瓶的内壁上，可以通过洗涤除去样品中的杂质。然后分批加入试剂清洗样品以建立一级和二级抗体结构。最后，在样品中加入邻-硝基苯基-β-D-半乳糖苷（ortho-nitrophenyl-β-D-galactoside，ONPG），它将与二级抗体上的 β-半乳糖苷酶发生反应。反应的产物是挥发性化合物 ONP，它可以被热解吸到 IMS 分析仪中。将信号与用传统的分光光度法得到的信号进行比较，两种检测技术均产生了具有免疫分析实验特征的 S 型曲线。在 8 min 的分析时间内，IMS 的细菌检测限估计低于 1 000 个细胞。IMS 与 ELISA 联用的唯一优势是离子迁移谱仪比分光光度法具有更好的检测限。这有利于减少检测时间或在反应时间固定时提高检测限。然后，可能由于现有的 ELISA 法能够满足目前的需求，ELISA 的供应商尚未接受与 IMS 联用。

18.6　其他生物学应用

长期以来，人们一直在寻求用化学仪器代替香水和香料行业中基于嗅觉检测专家的评判方案,最近,称为"人工鼻"或"电子鼻"的简单、廉价的传感器阵列被提起。然而,由于这些传感器信号基于聚合物气体的溶解度原理,因此设备的响应缺乏特异性。IMS 技术自 20 世纪 60 年代后期问世以来就已被用于检测各种气味,如香料这类令人愉悦的气味或腐烂的肉类这类令人厌恶的气味。利用离子迁移谱和 PCA 可以对香料、花卉和山艾属植物进行鉴别[122]。在另一项测试中,研究人员使用配备有光电离源的 GC-IMS 分析仪分析了涂有白色和橙色印刷品的铝膜散发出的气体[123],观察到每种涂层都有不同的谱图;对比一种用于食品包装的透明膜在有涂层(其中一种涂层有臭味)和没有涂层时的迁移谱,发现两者的响应存在差异,并且带有臭味的有涂层透明膜更易于检测。因为许多化合物迁移率的数据很相似,所以使用 GC 对它们进行预分离处理就显得尤为重要。IMS 方法,特别是 GC-IMS 仪在此类应用中的潜力才刚刚开始显现。

已经有人建议使用手持 IMS 仪器协助搜救小组寻找埋在倒塌建筑物下的人[124, 125]。有一项研究着重检测希腊斋戒僧侣呼出空气中的 VOC,目的是模拟因地震等事件被困在倒塌建筑物下的人所呼出的气体;实际上,研究人员使用便携式 GC-IMS 发现气体中丙酮含量提高了 30 倍[124]。在另一项研究中,人们通过检测从人体尿液中散发出的气体(主要是丙酮),以确认是否还有人被压在残骸下[125]。

IMS 仪器也被应用于不同目的的动物研究[126-128]。一项可行性研究证明 IMS 在动物(甚至是小鼠)呼吸气体分析中具有应用潜力[126]。在对 20 只 Sprague-Dawley 大鼠呼出气体的 IMS 分析中,研究人员观察到健康大鼠与脓毒症大鼠呼出气体的谱图存在差异,并通过 GC-MS 分析证实了这一结果[127]。除了通过测量生物胺来诊断女性阴道炎外(参见第 18.2.2 节),类似的方法也被成功地用于诊断母猪和奶牛等家畜的阴道感染[128]。由于生物胺具有潜在的医学应用价值,针对生物胺的检测、鉴定和监测近来受到了一些关注[129-131]。研究人员使用正壬胺作为迁移率校准物,用带有电晕放电源的 IMS 漂移管测量了生物胺的约化迁移率,但由于峰值分配错误,迁移率数值被估算过高[129]。之后,研究人员重新测量、评估并报道了 TMA、腐胺、尸胺、亚精胺和精胺的约化迁移率[130];研究了湿度对胺含量测量的影响及其对灵敏度的影响[131];使用 MALDI 电离源的 IM(TOF)MS 测定了几种氨基酸和其他小生物分子的约化迁移率[132]。

最后,相关研究人员还发表了采用选择性膜萃取法和 GC-DMS 检测器研究人唾液中酒精含量的文献[133],以及基于 ESI-IM-MS 的毛发快速分析方法的文献[134]。

18.7　结论

尽管离子迁移谱仪通常被认为是气体分析仪,但过去 10 年的研究记录表明,高分子量和低挥发性的大分子物质同样可以通过它们的气相迁移率进行表征。这种测量方法并非取代 MS,而是提供分子(现在是离子)的详细信息,这些信息是通过其他测量方法或原理无法获得的。迁移谱仪可以以独特的视角观察大分子的结构和性质。这些方法目前仅作为研究工具。相比之下,以电喷雾电离源为进样装置、以离子迁移谱(特别是场离子谱分析仪)为前级过滤器的质谱仪是具有市场前景的,作为前级过滤器的 IMS 可以降低质谱在测定大分子时的化学噪声。利用迁移谱技术(包括上述方法在内)开展的生物研究是否会继续或进一步发展仍是未知的。诸如热解 GC-IMS 或 GC-DMS,以及 ELISA 与 IMS 联用等分析方法都已经被证明具有实用性,有待于制造商或有需求人员进一步开发。与以往 IMS 技术在医学上的应用不同,IMS 分析仪在诊断细菌感染(如 BV)方面的临床应用可能会成为一个巨大的市场。这当然也有待商业开发,无论成功或失败都将在未来 10 年见分晓。

参考文献

［1］ Fenn, J.B., Electrospray wings for molecular elephants (Nobel lecture), *Angew. Chem.* 2003, 42, 3871-3894.

［2］ Tanaka, K., The origin of macromolecule ionization by laser irradiation (Nobel lecture), *Angew. Chem.* 2003, 42, 3861-3870.

［3］ McLean, J.A.; Ruotolo, B.T.; Gillig, K.J.; Russell, D.H., Ion mobility-mass spectrometry: a new paradigm for proteomics, *Int. J. Mass Spectrom.* 2005, 240, 301-318.

［4］ Bohrer, B.C.; Merenbloom, S. I.; Koeniger, S.L.; Hilderbrand, A.E.; Clemmer, D. E., Biomolecule analysis by ion mobility spectrometry, *Annu. Rev. Anal. Chem.* 2008, 1, 10.1-10.35.

［5］ Guharay, S.K.; Dwivedi, P.; Hill, H.H., Ion mobility spectrometry: ion source development and applications in physical and biological sciences, *IEEE Trans. Plasma Sci.* 2008, 36 (4, Pt. 2), 1458-1470.

［6］ Uetrecht, C.; Rose, R.J.; van Duijn, E.; Lorenzen, K.; Heck, A.J.R., Ion mobility mass spectrometry of proteins and protein assemblies, *Chem. Soc. Rev.* 2010, 39, 1633-1655.

［7］ Vautz, W.; Baumbach, J.I., Analysis of bio-processes using ion mobility spectrometry, *Eng. Life Sci.* 2008, 8, 19-25.

［8］ Vautz, W.; Zimmermann, D.; Hartmann, M.; Baumbach, J.I.; Nolte, J.; Jung, J., Ion mobility spectrometry for food quality and safety, *Food Addit. Contam.* 2006, 23, 1064-1073.

［9］ Seto, Y.; Kanamori-Kataoka, M.; Tsuge, K.; Ohsawa, I.; Maruko, H.; Sekiguchi, H.; Sano, Y.; Yamashiro, S.; Matsushita, K.; Sekiguchi, H., Development of an on-site detection method for chemical and biological warfare agents, *Toxin Rev.* 2007, 26, 299-312.

［10］ Manoli, A., The diagnostic potential of breath analysis, *Clin. Chem.* 1983, 29, 5-18.

［11］ Eiceman, G.A.; Shoff, D.B.; Harden, C.S.; Snyder, A.P.; Martinez, P.M.; Fleischer, M.E; Watkins, M.L., Ion mobility spectrometry of halothane, enflurane and isoflurane anesthetics in air and respired gases, *Anal. Chem.* 1989, 61, 1093-1099.

［12］ Martinez-Sandoval, P., Atmospheric pressure ion chemistry and physiological respiration of halogenated anesthetic gases, MS thesis, New Mexico State University, Las Cruces, May 1991.

［13］ Ruzsanyi, V.; Sielemann, S.; Baumbach, J.I., Determination of VOCs in human breath using IMS, *Int. J. Ion Mobil. Spectrom.* 2002, 5, 45-48.

［14］ Xie, Z.; Sielemann, S.; Schmidt, H.; Li, F.; Baumbach, J.I., Determination of acetone, 2-butanone, diethyl ketone and BTX using HSCC-UV-IMS, *Anal. Bioanal. Chem.* 2002, 372, 606-610.

[15] Baumbach, J. I., Ion mobility spectrometry coupled with multi-capillary columns for metabolic profiling of human breath, *J. Breath Res.* 2009, 3, 034001/1–034001/16.

[16] Bodeker, B.; Davies, A. N.; Maddula, S.; Baumbach, J. I., Biomarker validation—room air variation during human breath investigations, *Int. J. Ion Mobil. Spectrom.* 2010, 13, 177–184.

[17] Lord, H.; Yu, Y. F.; Segal, A.; Pawliszyn, J., Breath analysis and monitoring by membrane extraction with sorbent interface, *Anal. Chem.* 2002, 74, 5650–5657.

[18] Basanta, M.; Jarvis, R. M.; Xu, Y.; Blackburn, G.; Tal-Singer, R.; Woodcock, A.; Singh, D.; Goodacre, R.; Thomas, C. L. P.; Fowler, S. J., Non-invasive metabolomic analysis of breath using differential mobility spectrometry in patients with chronic obstructive pulmonary disease and healthy smokers, *Analyst*, 2010, 135, 318–320.

[19] Westhoff, M.; Litterst, P.; Maddula, S.; Boedeker, B.; Rahmann, S.; Davies, A.; Baumbach, J. I., Differentiation of chronic obstructive pulmonary disease (COPD) including lung cancer from healthy control group by breath analysis using ion mobility spectrometry, *Int. J. Ion Mobil. Spectrom.* 2010, 13, 131–139.

[20] Baumbach, J. I.; Westhoff, M., Ion mobility spectrometry to detect lung cancer and airway infections, *Spectrosc. Eur.* 2006, 18, 22–27.

[21] Westhoff, M.; Litterst, P.; Freitag, L.; Urfer, W.; Bader, S.; Baumbach, J. I., Ion mobility spectrometry for the detection of volatile organic compounds in exhaled breath of patients with lung cancer: results of a pilot study, *Thorax* 2009, 64, 744–748.

[22] Bunkowski, A.; Boedeker, B.; Bader, S.; Westhoff, M.; Litterst, P.; Baumbach, J. I., MCC/IMS signals in human breath related to sarcoidosis — results of a feasibility study using an automated peak finding procedure, *J. Breath Res.* 2009, 3, 046001/1–046001/10.

[23] Bunkowski, A.; Boedeker, B.; Bader, S.; Westhoff, M.; Litterst, P.; Baumbach, J. I., Signals in human breath related to Sarcoidosis. Results of a feasibility study using MCC/IMS, *Int. J. Ion Mobil. Spectrom.* 2009, 12, 73–79.

[24] Westhoff, M.; Litterst, P.; Freitag, L.; Baumbach, J. I., Ion mobility spectrometry in the diagnosis of sarcoidosis: results of a feasibility study, *J. Physiol. Pharmacol.* 2007, 58 Suppl 5(Pt 2), 739–751.

[25] Chambers, S. T.; Bhandari, S.; Scott-Thomas, A.; Syhre, M., Novel diagnostics: progress toward a breath test for invasive *Aspergillus* fumigates, *Med. Mycol.* 2011, 49, S54–S61.

[26] Perl, T.; Carstens, E.; Hirn, A.; Quintel, M.; Vautz, W.; Nolte, J.; Juenger, M., Determination of serum propofol concentrations by breath analysis using ion mobility spectrometry, *Br. J. Anesth.* 2009, 103, 822–827.

[27] Miekisch, W.; Schubert, J. K.; Vagts, D. A.; Geiger, K., Analysis of volatile disease markers in blood, *Clin. Chem.* 2001, 47, 1053–1060.

[28] Molina, M. A.; Zhao, W.; Sankaran, S.; Schivo, M.; Kenyon, N. J.; Davis, C. E., Design-of-experiment optimization of exhaled breath condensate analysis using a miniature differential mobility spectrometry (DMS), *Anal. Chim. Acta* 2008, 628, 185–161.

[29] Bunkowski, A.; Maddula, S.; Davies, A. N.; Westhoff, M.; Litterst, P.; Boedeker, B.; Baumbach,

J.I., One-year time series of investigations of analytes within human breath using ion mobility spectrometry, *Int. J. Ion Mobil. Spectrom.* 2010, 13, 141–148.

[30] Ruzsanyi, V.; Baumbach, J.I.; Sielemann, S.; Litterst, P.; Westhoff, M.; Freitag, L., Detection of human metabolites using multi-capillary columns coupled to ion mobility spectrometers, *J. Chromatogr. A* 2005, 1084, 145–181.

[31] Ulanowska, A.; Ligor, M.; Amann, A.; Buszewski, B., Determination of volatile organic compounds in exhaled breath by ion mobility spectrometry, *Chem. Analityczna* 2008, 53,953–965.

[32] Vautz, W.; Baumbach, J.I., Exemplar application of multi-capillary column ion mobility spectrometry for biological and medical purpose, *Int. J. Ion Mobil. Spectrom.* 2008, 11, 35–41.

[33] Vautz, W.; Baumbach, J.I.; Westhoff, M.; Zuechner, K.; Carstens, E.T.H.; Perl, T., Breath sampling control for medical application, *Int. J. Ion Mobil. Spectrom.* 2010, 13, 41–46.

[34] Vautz, W.; Nolte, J.; Fobbe, R.; Baumbach, J.I., Breath analysis — performance and potential of ion mobility spectrometry, *J. Breath Res.* 2009, 3, 036004/1–036004/8.

[35] Boedeker, B.; Vautz, W.; Baumbach, J.I., Peak comparison in MCC/IMS-data-searching for potential biomarkers in human breath data, *Int. J. Ion Mobil. Spectrom.* 2008, 11, 89–93.

[36] Perl, T.; Boedeker, B.; Juenger, M.; Nolte, J.; Vautz, W., Alignment of retention time obtained from multicapillary column gas chromatography used for VOC analysis with ion mobility spectrometry, *Anal. Bioanal. Chem.* 2010, 397, 2385–2394.

[37] Sobel, J.D., Vaginitis, *N. Engl. J. Med.* 1997, 37, 1896–1903.

[38] Brand, J.M.; Galask, R.P., Trimethylamine: the substance mainly responsible for the fishy odor often associated with bacterial vaginosis, *Obstet. Gynecol.* 1986, 63, 682–685.

[39] Karpas, Z.; Chaim, W.; Tilman, B.; Gdalevsky, R.; Lorber, A., Diagnosis of vaginal infections by ion mobility spectrometry, *Int. J. Ion Mobil. Spectrom.* 2002, 5, 49–54.

[40] Karpas, Z.; Chaim, W.; Gdalevsky, R.; Tilman, B.; Lorber, A., A novel application for ion mobility spectrometry: diagnosing vaginal infections, *Anal. Chim. Acta* 2002, 474, 118–123.

[41] Chaim, W.; Karpas, Z., Lorber, A., New technology for diagnosis of bacterial vaginosis, *Eur. J. Obstet. Gynecol. Reprod. Biol.* 2003, 111, 83–87.

[42] Amsel, R., Nonspecific vaginitis: diagnostic criteria and microbial and epidemiological associations, *Am. J. Med.* 1983, 74, 14–22.

[43] Karovicova, J.; Kohajdova, Z., Biogenic amines in food, *Chem. Pap.* 2005, 59, 70–79.

[44] Snyder, A.P.; Harden, C.S.; Davis, D.M.; Shoff, D.B.; Maswadeh, W.M., Hand portable gas-chromatography ion mobility spectrometer for the determination of the freshness of fish, 3rd International Workshop on Ion Mobility Spectrometry, Galveston, TX, October 16–19, 1994, pp. 146–166.

[45] Karpas, Z.; Tilman, B.; Gdalevsky, R.; Lorber, A., Determination of volatile biogenic amines in muscle food by ion mobility spectrometry (IMS), *Anal. Chim. Acta* 2002, 463, 185–163.

[46] Raatikainen, O.; Reinikainen, V.; Minkkinen, P.; Ritvanen, T.; Muje, P.; Pursiainen, J.; Hiltunen, T.; Hyvoenen, P.; von Wright, A.; Reinikainen, S., Multivariate modeling of fish freshness index based on ion mobility spectrometry measurements, *Anal. Chim Acta* 2005, 544,

128-134.

[47] Strachan, N.J.C.; Nicholson, F.J.; Ogden, I.D., An automated sampling system using ion mobility spectrometry for the rapid detection of bacteria, *Anal. Chim. Acta* 1995, 313, 63-67.

[48] Ogden, I.D.; Strachan, N.J.C., Applications of ion mobility spectrometry for food analysis, Special publication—Royal Society of Chemistry, *Biosensors for Food Analysis*, 1998, 167-162.

[49] Bota, G.M.; Harrington, P.B., Direct detection of trimethylamine in meat food products using ion mobility spectrometry, *Talanta* 2006, 68, 629-635.

[50] Awana, M.A.; Fleet, I.; Thomas, C.L.P., Optimising cell temperature and dispersion field strength for the screening for putrescine and cadaverine with thermal desorption-gas chromatography-differential mobility spectrometry, *Anal. Chim. Acta* 2008, 611, 226-232.

[51] Barnard, G.; Atweh, E.; Cohen, G.; Golan, M.; Karpas, Z., Clearance of biogenic amines from saliva following the consumption of tuna in water and in oil, *Int. J. Ion Mobil. Spectrom.* 2011, 14, 207-211.

[52] Ruzsanyi, V.; Sielemann, S.; Baumbach, J.I., Determination of microbial volatile organic compounds MVOC using IMS with different ionization sources, *Int. J. Ion Mobil. Spectrom.* 2002, 5, 138-142.

[53] Ruzsanyi, V.; Baumbach, J.I.; Eiceman, G.A., Detection of the mold markers using ion mobility spectrometry, *Int. J. Ion Mobil. Spectrom.* 2003, 6, 53-57.

[54] Sheibani A.; Tabrizchi, M.; Ghaziaskar, H.S., Determination of aflatoxins B1 and B2 using ion mobility spectrometry, *Talanta* 2008, 18, 233-238.

[55] Khales, M.; Zeinoddin, M.S.; Tabrizchi, M., Determination of ochratoxin A in licorice root using inverse ion mobility spectrometry, *Talanta* 2011, 83, 988-993.

[56] McCooeye, M.; Kolakowski, B.; Boison, J.; Mester, Z., Evaluation of high-field asymmetric waveform ion mobility spectrometry mass spectrometry for the analysis of the mycotoxin zearalenone, *Anal. Chim. Acta* 2008, 627, 112-116.

[57] Tiebe, C.; Hubert, T.; Koch, B.; Ritter, U.; Stephan, I., Investigation of gaseous metabolites from moulds by ion mobility spectrometry (IMS) with gas chromatography-mass spectrometry (GC-MS), *Int. J. Ion Mobil. Spectrom.* 2010, 13, 17-24.

[58] Rasanen, R.M.; Hakansson, M.; Viljanen, M., Differentiation of air samples with and without microbial volatile organic compounds by aspiration ion mobility spectrometry and semiconductor sensors, *Build. Environ.* 2010, 45, 2184-2191.

[59] Vautz, W.; Baumbach, J.I.; Jung, J., Continuous monitoring of the fermentation of beer by ion mobility spectrometry, *Int. J. Ion Mobil. Spectrom.* 2004, 7, 1-3.

[60] Alonso, R.; Rodriguez-Estevez, V.; Dominguez-Vidal, A.; Ayora-Canada, M.J.; Arce, L.; Valcarcel, M., Ion mobility spectrometry of volatile compounds from Iberian pig fat for fast feeding regime authentication, *Talanta* 2008, 76, 591-596.

[61] Kolakowski, B.M.; D'Agostino, P.A.; Chenier, C.; Mester, Z., Analysis of chemical warfare agents in food products by atmospheric pressure ionization-high field asymmetric waveform ion mobility spectrometry-mass spectrometry, *Anal. Chem.* 2007, 79, 8257-8265.

[62] Jafari, M.T.; Khayamian, T.; Shaer, V.; Zarei, N., Determination of veterinary drug residues in chicken

328

meat using corona discharge ion mobility spectrometry, *Anal. Chim. Acta* 2007, 581, 147-183.

[63] Bota, G.M.; Harrington, P.B., Direct detection of trimethylamine in meat food products using ion mobility spectrometry, *Talanta* 2006, 68, 629-635.

[64] Purves, R.W.; Guevremont, R., Electrospray-ionization high-field asymmetric waveform ion mobility spectrometry-mass spectrometry, *Anal. Chem.* 1999, 71, 2346-2357.

[65] Purves, R.W.; Barnett, D.A.; Ells, B.; Guevremont, R., Gas-phase conformers of the $[M+2H]^{2+}$ ion of bradykinin investigated by combining high-field asymmetric wave-form ion mobility spectrometry, hydrogen/deuterium exchange, and energy-loss measurements, *Rapid Commun. Mass Spectrom.* 2001, 18, 1453-1456.

[66] Gabryelski, W.; Froese, K.L., Rapid and sensitive differentiation of anomers, linkage, and position isomers of disaccharides using high-field asymmetric waveform ion mobility spectrometry FAIMS, *J. Am. Soc. Mass Spectrom.* 2003, 14, 265-277.

[67] Valentine, S.J.; Kulchania, M.; Barnes, C.A.S.; Clemmer, D.E., Multidimensional separations of complex peptide mixtures—a combined high-performance liquid chromatography/ion mobility/time-of-flight mass-spectrometry approach, *Int. J. Mass Spectrom.* 2001, 212, 97-109.

[68] Hoaglund, C.S.; Valentine, S.J.; Clemmer, D.E., An ion-trap interface for ESI-ion mobility experiments, *Anal. Chem.* 1997, 69, 4186-4161.

[69] Lee, D.S.; Wu, C.; Hill, H.H., Detection of carbohydrates by electrospray ionization ion mobility spectrometry following microbore high-performance liquid-chromatography, *J. Chromatogr. A* 1998, 822, 1-9.

[70] Hoaglund, C.S.; Valentine, S.J.; Sporleder, C.R.; Reilly, J.P.; Clemmer, D.E., 3-Dimensional ion mobility TOFMS analysis of electro sprayed biomolecules, *Anal. Chem.* 1998, 70, 2236-2242.

[71] Koomen, J.M.; Ruotolo, B.T.; Gillig, K.J.; McLean, J.A.; Russell, D.H.; Kang, M.J.; Dunbar, K.R.; Fuhrer, K.; Gonin, M.; Schultz, J.A., Oligonucleotide analysis with MALDI-ion-mobility-TOFMS, *Anal. Bioanal. Chem.* 2002, 373, 612-617.

[72] Srebalus, C.A.; Clemmer, D.E., Assessment of purity and screening of peptide libraries by nested ion mobility TOFMS—identification of RNase S-protein binders, *Anal. Chem.* 2001, 73, 424-433.

[73] Wyttenbach, T.; Kemper, P.R.; Bowers, M.T., Design of a new electrospray ion mobility mass spectrometer, *Int. J. Mass Spectrom.* 2001, 212, 13-23.

[74] Counterman, A.E.; Clemmer, D.E., *Cis-trans* signatures of proline-containing tryptic peptides in the gas-phase, *Anal. Chem.* 2002, 74, 1946-1951.

[75] Srebalus, C.A.; Li, J.W.; Marshall, W.S.; Clemmer, D.E., Gas-phase separations of electro sprayed peptide libraries, *Anal. Chem.* 1999, 71, 3918-3927.

[76] Hudgins, R.R., Conformations of $Gly_n H^+$ and $Ala_n H^+$ peptides in the gas phase, *Biophys. J.* 1999, 76, 1891-1897.

[77] Beegle, L.W.; Kanik, I.; Matz, L.; Hill, H.H., Effects of drift-gas polarizability on glycine peptides in ion mobility spectrometry, *Int. J. Mass Spectrom.* 2002, 216, 257-268.

[78] Wu, C.; Siems, W.F.; Klasmeier, J.; Hill, H.H., Separation of isomeric peptides using electrospray ionization/high-resolution ion mobility spectrometry, *Anal. Chem.* 2000, 72, 391-395.

[79] Wu, C.; Klasmeier, J.; Hill, H.H., Atmospheric-pressure ion mobility spectrometry of protonated and sodiated peptides, *Rapid Commun. Mass Spectrom.* 1999, 13, 1138-1142.

[80] Wyttenbach, T.; Vonhelden, G.; Bowers, M.T., Gas-phase conformation of biological molecules—bradykinin, *J. Am. Chem. Soc.* 1996, 118, 8355-8364.

[81] Hudgins, R.R.; Woenckhaus, J.; Jarrold, M.F., High-resolution ion mobility measurements for gas-phase proteins—correlation between solution-phase and gas phase conformations, *Int. J. Mass Spectrom.* 1997, 165, 497-507.

[82] Li, J.W.; Taraszka, J.A.; Counterman, A.E.; Clemmer, D.E., Influence of solvent composition and capillary temperature on the conformations of electro sprayed ions—unfolding of compact ubiquitin conformers from pseudo native and denatured solutions, *Int. J. Mass Spectrom.* 1999, 187, 37-47.

[83] Wyttenbach, T.; Batka, J.J.; Gidden, J.; Bowers, M.T., Host/guest conformation of biological systems: valinomycin/alkali ions, *Int. J. Mass Spectrom.* 1999, 193, 143-182.

[84] Cox, K.A.; Julian, R.K.; Cooks, R.G.; Kaiser, R.E., Conformer selection of protein ions by ion mobility in a triple quadrupole mass spectrometer, *J. Am. Soc. Mass Spectrom.* 1994, 5, 127-136.

[85] Uetrecht, C.; Rose, R.J.; van Duijn, E.; Lorenzen, K.; Heck, A.J.R., Ion mobility mass spectrometry of proteins and protein assemblies, *Chem. Soc. Rev.* 2010, 39, 1633-1655.

[86] Kaddis, C.S.; Loo, J.A., Native protein MS and ion mobility: large flying proteins with ESI, *Anal. Chem.* 2007, 79, 1778-1784.

[87] Karpas, Z.; Berant, Z.; Stimac, R.M., An IMS/MS study of the site of protonation in anilines, *Struct. Chem.* 1990, 1, 201-204.

[88] Karpas, Z., Evidence of proton-induced cyclization of α, ω-diamines from mobility measurements, *Int. J. Mass Spectrom. Ion Proc.* 1989, 93, 237-242.

[89] Scarff, C.A.; Thalassinos, K.; Hilton, G.R.; Scrivens, J.H., Travelling wave ion mobility mass spectrometry studies of protein structure: biological significance and comparison with X-ray crystallography and nuclear magnetic resonance spectroscopy measurements, *Rapid Commun. Mass Spectrom.* 2008, 22, 3297-3304.

[90] Jurneczko, E.; Barran, P.E., How useful is ion mobility mass spectrometry for structural biology? The relationship between protein crystal structures and their collision cross sections in gas phase, *Analyst* 2011, 136, 20-28.

[91] Knapman, T.W.; Berryman, J.T.; Campuzano, I.; Harris, S.A.; Ashcroft, A.E., Considerations in experimental and theoretical collision cross-section measurements of small molecules using travelling wave ion mobility spectrometry-mass spectrometry, *Int. J. Mass Spectrom.* 2010, 298, 17-23.

[92] Bush, M.F.; Hall, Z.; Giles, K.; Hoyes, J.; Robinson, C.V.; Ruotolo, B.T., Collision cross sections of proteins and their complexes: a calibration framework and database for gas-phase structural biology, *Anal. Chem.* 2010, 82, 9557-9565.

[93] Hopper, J.T.S.; Oldham, N.J., Collision induced unfolding of protein ions in the gas phase studied by ion mobility-mass spectrometry: the effect of ligand binding on conformational stability, *J. Am. Soc. Mass Spectrom.* 2009, 20, 1851-1858.

[94] Leary, J.A.; Schenauer, M.R.; Stefanescu, R.; Andaya, A.; Ruotolo, B.T.; Robinson, C.V.;

Thalassinos, K.; Scrivens, J. H.; Sokabe, M.; Hershey, J. W. B., Methodology for measuring conformation of solvent-disrupted protein subunits using T-WAVE ion mobility MS: an investigation into eukaryotic initiation factors, *J. Am. Soc. Mass Spectrom.* 2009, 20, 1699-1706.

[95] Pessoa, G.S.; Pilau, E.J.; Gozzo, F.C.; Arruda, M.A.Z., Ion mobility mass spectrometry: an elegant alternative focusing on speciation studies, *J. Anal. At. Spectrom.* 2011, 26, 201-206.

[96] Fenn, L. S.; Kliman, M.; Mahsut, A.; Zhao, S.R.; McLean, J.A., Characterizing ion mobility-mass spectrometry conformation space for the analysis of complex biological samples, *Anal. Bioanal. Chem.* 2009, 394, 235-244.

[97] Slaton, J. G.; Sawyer, H. A.; Russell, D. H., Low-pressure ion mobility-time-of-flight mass spectrometry for methalated peptide ion structural characterization: tyrosine-containing tripeptides and homologous septapeptides, *Int. J. Ion Mobil. Spectrom.* 2005, 8, 13-18.

[98] Zhou, P.; Tian, F.; Li, Z., Quantitative structure-property relationship studies for collision cross sections of 579 singly protonated peptides based on a novel descriptor as molecular graph fingerprint (MoGF), *Anal. Chim. Acta* 2007, 597, 214-222.

[99] Ruotolo, B.T.; McLean, J.A.; Gillig, K.J.; Russell, D.H., The influence and utility of varying field strength for the separation of tryptic peptides by ion mobility-mass spectrometry, *J. Am. Soc. Mass Spectrom.* 2005, 16, 158-165.

[100] Stauber, J.; MacAleese, L.; Franck, J.; Claude, E.; Snel, M.; Kaletas, B. K.; Wiel, I.; Wisztorski, M.; Fournier, I.; Heeren, R. M. A., On-tissue protein identification and imaging by MALDI-ion mobility mass spectrometry, *J. Am. Soc. Mass Spectrom.* 2010, 21, 338-347.

[101] Liu, X.; Valentine, S.J.; Plasencia, M.D.; Trimpin, S.; Naylor, S.; Clemmer, D.E., Mapping the human plasma proteome by SCX-LC-IMS-MS, *J. Am. Soc. Mass Spectrom.* 2007, 18, 1249-1264.

[102] Shvartsburg, A.A.; Bryskiewicz, T.; Purves, R.; Tang, K.; Guevremont, R.; Smith, R.D., New directions for FAIMS and IMS opened by dipole alignment of macro ions in strong electric fields, *Int. J. Ion Mobil. Spectrom.* 2006, 9, 6-7.

[103] Li, J.; Purves, R.W.; Richards, J.C., Coupling capillary electrophoresis and high-field asymmetric waveform ion mobility spectrometry mass spectrometry for the analysis of complex lipopolysaccharides, *Anal. Chem.* 2004, 76, 4676-4683.

[104] Snyder, A.P.; Shoff, D.B.; Eiceman, G.A.; Blyth, D.A.; Parsons, J.A., Detection of bacteria by ion mobility spectrometry, *Anal. Chem.* 1991, 63, 526-529.

[105] Snyder, A.P.; Blyth, D.A.; Parsons, J.A., Ion mobility spectrometry as an immunoassay detection technique, *J. Microbiol. Methods* 1996, 27, 81-88.

[106] Snyder, A.P.; Harden, C.S.; Brittain, A.H.; Kim, M.G.; Arnold, N.S.; Meuzelaar, H.L.C., Portable hand-held gas chromatography/ion mobility spectrometry device, *Anal. Chem.* 1993, 65, 299-306.

[107] Tripathi, A.; Maswadeh, W.M.; Snyder, A.P., Optimization of quartz tube pyrolysis atmospheric-pressure ionization mass spectrometry for the generation of bacterial biomarkers, *Rapid Commun. Mass Spectrom.* 2001, 18, 1672-1680.

[108] Snyder, A.P.; Maswadeh, W.M.; Parsons, J.A.; Tripathi, A.; Meuzelaar, H.L.C.; Dworzanski, J.

P.; Kim, M. G., Field detection of bacillus spore aerosols with stand-alone pyrolysis-gas chromatography-ion mobility spectrometry, *Field Anal. Chem. Technol.* 1999, 3, 318-326.

[109] Snyder, A. P.; Tripathi, A.; Maswadeh, W. M.; Ho, J.; Spence, M., Field detection and identification of a bioaerosol suite by pyrolysis-gas chromatography-ion mobility spectrometry, *Field Anal. Chem. Technol.* 2001, 5, 190-204.

[110] Snyder, A.P.; Maswadeh, W. M.; Wick, C.H.; Dworzanski, J.P.; Tripathi, A., Comparison of the kinetics of thermal decomposition of biological substances between thermogravimetry and a fielded pyrolysis bioaerosol detector, *Thermochim. Acta* 2005, 437, 87-99.

[111] Snyder, A.P.; Dworzanski, J.P.; Tripathi, A.; Maswadeh, W.M.; Wick, C.H., Correlation of mass spectrometry identified bacterial biomarkers from a fielded pyrolysis-gas chromatography-ion mobility spectrometry biodetector with the microbiological gram stain classification scheme, *Anal. Chem.* 2004, 76, 6492-6499.

[112] Snyder, A. P.; Maswadeh, W. M.; Tripathi, A.; Dworzanski, J. P., Detection of gram-negative *Erwinia-Herbicola* outdoor aerosols with pyrolysis-gas chromatography-ion mobility spectrometry, *Field Anal. Chem. Technol.* 2000, 4, 111-126.

[113] Snyder, A. P.; Maswadeh, W. M.; Tripathi, A.; Eversole, J.; Ho, J.; Spence, M., Orthogonal analysis of mass- and spectral-based technologies for the field detection of bioaerosols, *Anal. Chim. Acta* 2004, 513, 365-377.

[114] Schmidt, H.; Tadjimukhamedov, F.; Mohrentz, I. V.; Smith, G. B.; Eiceman, G. A., Microfabricated differential mobility spectrometry with pyrolysis gas chromatography for chemical characterization of bacteria, *Anal. Chem.* 2004, 76, 5208-5217.

[115] Cheung, W.; Xu, Y; Thomas, C.L.P.; Goodacre, R., Discrimination of bacteria using pyrolysis-gas chromatography-differential mobility spectrometry (Py-GC-DMS) and chemometrics, *Analyst* 2009, 134, 557-563.

[116] Vinopal, R.T.; Jadamec, J.R.; Defur, P.; Demars, A.L.; Jakubielski, S.; Green, C.; Anderson, C. P.; Dugas, J.E.; Debono, R.F., Fingerprinting bacterial strains using ion mobility spectrometry, *Anal. Chim. Acta* 2002, 457, 83-95.

[117] Smith, G.B.; Eiceman, G.A.; Walsh, M.K.; Critz, S.A.; Andazola, E.; Ortega, E.; Cadena, F., Detection of *Salmonella typhimurium* by hand-held ion mobility spectrometer: a quantitative assessment of response characteristics, *Field Anal. Chem. Technol.* 1997, 4, 213-226.

[118] Ochoa, M.L.; Harrington, P.B., Chemometric studies for the characterization and differentiation of microorganisms using in situ derivatization and thermal desorption ion mobility spectrometry, *Anal. Chem.* 2005, 77, 854-863.

[119] Dwivedi, P.; Puzon, G.; Tam, M.; Langlais, D.; Jackson, S.; Kaplan, K.; Siems, W.F.J.; Schultz, A.J.; Xun, L.; Woods, A.; Hill, H.H., Metabolic profiling of *Escherichia coli* by ion mobility-mass spectrometry with MALDI ion source, *J. Mass. Spectrom.* 2010, 45, 1383-1393.

[120] Thomas, J.J.; Bothner, B.; Traina, J.; Benner, W.H.; Siuzdak, G., Electrospray ion mobility spectrometry of intact viruses, *Spectroscopy* 2004, 18, 31-36.

[121] Krebs, M.D.; Zapata, A.M.; Nazarov, E.G.; Miller, R.A.; Costa, I.S.; Sonenshein, A.L.; Davis,

C.E., Detection of biological and chemical agents using differential mobility spectrometry (DMS) technology, *IEEE Sens. J.* 2005, 5, 696-703.

[122] Clark, J.M.; Daum, K.A.; Kalivas, J.H., Demonstrated potential of ion mobility spectrometry for detection of adulterated perfumes and plant speciation, *Anal. Lett.* 2003, 36, 218-244.

[123] Vautz, W.; Sielemann, S.; Baumbach, J.I., Qualitative detection of odours using ion mobility spectrometry, 12th International Conference on Ion Mobility Spectrometry, July 27 - 31, 2003, Umea, Sweden.

[124] Statheropoulos, M.; Agapiou, A.; Georgiadou, A., Analysis of expired air of fasting male monks at Mount Athos, *J. Chromatogr. B: Analytical Technologies in the Biomedical and Life Sciences* 2006, 832, 274-279.

[125] Rudnicka, J.; Mochalski, P.; Agapiou, A.; Statheropoulos, M.; Amann, A.; Buszewski, B., Application of ion mobility spectrometry for the detection of human urine, *Anal. Bioanal. Chem.* 2010, 398, 2031-2038.

[126] Vautz, W.; Nolte, J.; Bufe, A.; Baumbach, J.I.; Peters, M., Analyses of mouse breath with ion mobility spectrometry: a feasibility study, *J. Appl. Physiol.* 2010, 108, 697-704.

[127] Guamán, A.V.; Carreras, A.; Calvo, D.; AgudoI, I.; Navajas, D.; Pardo, A.; Marco, S.; Farre, R., Rapid detection of sepsis in rats through volatile organic compounds in breath, *J. Chromatogr. B. Anal. Technol. Biomed. Life Sci.* 2012, 881-882, 76-82.

[128] Marcus, S.; Menda, A.; Shore, L.; Cohen, G.; Atweh, E.; Friedman, N.; Karpas, Z., A novel method for the diagnosis of bacterial contamination in the anterior vagina of sows based on measurement of biogenic amines by ion mobility spectrometry: a field trial, *Theriogenology* April 26, 2012 [Epub ahead of print].

[129] Hashemian, Z.; Mardihallaj, A.; Khayamian, T., Analysis of biogenic amines using corona discharge ion mobility spectrometry, *Talanta* 2010, 81, 1081-1087.

[130] Karpas, Z.; Litvin, O.; Cohen, G.; Mishin, J.; Atweh, E.; Burlakov, A., The reduced mobility of the biogenic amines: trimethylamine, putrescine, cadaverine, spermidine and spermine, *Int. J. Ion Mobil. Spectrom.* 2011, 14, 3-6.

[131] Mäkinen, M.; Sillanpää, M.; Viitanen, A.K.; Knap, A.; Mäkelä, J.M.; Puton, J., The effect of humidity on sensitivity of amine detection in ion mobility spectrometry, *Talanta* 2011, 84, 116-121.

[132] Steiner, W.E.; Clowers, B.H.; English, W. A.; Hill, H.H., Atmospheric pressure matrix-assisted laser desorption/ionization with analysis by ion mobility time-of-flight mass spectrometry, *Rapid Commun. Mass Spectrom.* 2004, 18, 882-888.

[133] Bocos-Bintintan, V.; Moll, V.H.; Flanagan, R.J.; Thomas, C.L.P., Rapid determination of alcohols in human saliva by gas chromatography differential mobility spectrometry following selective membrane extraction, *Int. J. Ion Mobil. Spectrom.* 2010, 13, 55-63.

[134] Dwivedi, P.; Hill, H.H., A rapid analytical method for hair analysis using ambient pressure ion mobility mass spectrometry with electrospray ionization (ESI-IMMS), *Int. J. Ion Mobil. Spectrom.* 2008, 11, 61-69.

第 19 章
IMS 的研究现状与发展趋势

19.1 IMS 的科技现状

19.1.1 IMS 时代来临

如今，IMS 和相关的迁移方法被认为是一项很有用的技术，并在包括分析科学、军事机构、安全组织在内的多个领域，以及包括生物分子研究人员、临床医生和药物研究人员在内的多个群体中被广泛接受。当今 IMS(包括商业、研究和其他应用程序)的发展是真正的全球性活动，在过去 5 年里，IMS 相关的出版物数量急剧增加，且每年都有超过 200 份出版物发表，这体现了 IMS 相关研究非常活跃。

与本书的前几版不同，IMS 研究的活跃性也体现在蓬勃发展的相关团体中，包括仪器制造商、成熟的小型初创企业、政府雇员(比如研究人员、用户、管理人员)、学术研究团队以及寻求 IMS 解决方案的行业。在 ISIMS 和美国质谱学会的年度会议和各自的出版物中，包括 ISIMS 和 Springer 的最新排版，都体现出了这种创新的氛围。离子迁移率的研究进展现在已被收录在 6 本书中，这 6 本书分别为:《等离子体色谱法》、《离子迁移谱》(第一、二、三版)、《场不对称 IMS 法》和《离子迁移率质谱法》[1-5]。其中 4 本是在过去 10 年内出版的。

经过 30 多年的发展，IMS 技术已经广泛应用于军事和安全领域，而在最近 10 年中，在全美以及全球范围内逐渐达成了一种共识，即通过在军事防备、航空安全和爆炸物探测中的应用，IMS 分析仪已经成为应对日益增长的针对平民的非常规战争的核心技术。加之 IM-MS 的成功商业化以及在药物和临床应用的开发，IMS 在科学事业中的地位也发生了改变。

19.1.2 技术评估

IMS 技术很特殊，虽然该技术沿用数十年并且已趋成熟，然而，不同于 GC 等其他可能被认为是成熟的分析方法，它在工程改进、原理理解和方法论等各个方面仍在进行不断创新。IMS 是一种通用性很强的技术，其主要优势在于具有多种操作模式，可以实现广泛的应用。在环境压力下运行的电离源增强了 IMS 方法的实用性，提高了其应用价值。另一方面，IMS 可以在大气压下工作这一事实也促使各种符合 IMS 接口的样品引入技术得到发展。因此，IMS 能够直接分析来自各种基质的气体、蒸气、气溶胶、液体和固体样品。只要能从样品中获得稳定的气相离子，就可以进行迁移率测量。IMS 技术因其大小、形状、方法和电离源存在诸多选择而看似复杂,但是实际上迁移率的测量并没有那么复杂,其简易性、尺寸和功率需求等特性确保了 IMS 在现场分析技术中仍将占有重要一席,反观其他方法如 MS 则需要满足真空的要求。

差分迁移谱正交技术和吸气式 IMS 的发展令人期待,基于行波的 IMS 取得了惊人的成功,这些都补充了经典的线性漂移管迁移谱仪的不足,丰富了仪器种类,扩展了测量的可能性。有趣的是,只有 DMS 实现了与 GC 和 IMS 的联用,在尚未出现可用于 GC 或 LC 的先进的 GC 检测器(除了 IM-MS 联用仪之外)之前,DMS 一度被视为 MS 的廉价替代品。

虽然小型漂移管在 2004 年便已经诞生(如本书最后一版所述),现有产品仍在朝着符合消费类电子产品的标准进行进一步的小型化和制造工艺的改进。Smiths 检测公司开发的 LCD,具有袖珍、不引人注目、轻巧的特点。同样,台式爆炸物检测器现在也可作为手持式仪器使用。Owlstone 纳米技术公司的 FAIMS 似乎已经达到了极限尺寸,但是迁移率漂移管的极限尺寸似乎仍有改进的可能性。十几年前,曾经就职于 Graseby 动力公司,现就职于 Bulstrode 技术公司的 Bradshaw 提出,实际操作时的尺寸限制来自交互界面,他注意到便携式仪表小型化程度受限于设备使用者的手指和眼力,而不是电子设备或工艺器件。我们是不是可以期待迁移率分析仪的进一步小型化,期待将其集成到互联网或其他大众传媒? 迁移谱仪又能否进军家庭空气质量监测的消费品市场呢?

19.1.3　尚待开发的应用领域:环境监测

迁移谱方法推广的一大障碍是辐射性电离源的存在,而现在基于放射源的设计和使用模式已经改变。微型脉冲电晕放电、光放电、电喷雾电离甚至是纸喷雾这些可替代放射源的电离源的出现,将消除之前 IMS 设备因装有放射性箔片而在成本和物流上带来的限制,使其应用更加广泛。尽管 IMS 在操作模式、适用性和分析特性等方面的优势使其成为现场分析化学领域的佼佼者,但在过去 10 年中,专门研究该方法的期刊已经停刊,而且该方法在环境监测领域的知名度很低,且没有已知的正在进行的应用。当然,在 EPA 认证的测试方法中也没有关于 IMS 的描述。隶属于内华达州一个团队的机构在经过一段时间的研究之后,也没有取得什么新的进展——尽管第 17 章中有一些应用。用基于性能的技术取代受法律协议驱动的监管举措,这种机构理念的转变是否会带来在环境方面的广泛应用?

19.1.4　评估对离子迁移率测量原理的理解

在 1994 年本书第一版出版时,人们还没有建立起漂移管中离子化学或离子行为的完整的科学模型。现在,人们已经能够很好地描述动力学和离子行为对迁移谱的影响,并接受了这一理论。尽管如此,当需要对 K_0 的含义(反映碰撞截面的平均值)和离子结构或形状的细节进行更深入的理解时,新的挑战就会出现。对测量原理的理解尚不全面,并且还处于依赖计算模型的水平。谱图库如今也是可用的——尽管还没有完全公开,不能在可以搜索到的用户友好的软件包中获取。

最后,在本书的这一版本中,迁移谱和 MS 的结合被看作一种非常明显的趋势,这种趋势在上一版本中几乎看不到。这无疑会给当今 IMS 技术带来变革性的影响，两种离子测量方法结合的效果远远大于两者独立工作的效果。我们相信，质谱技术的进步将主要发生在真空室之外，以及离子制备和处理过程中。迁移谱仪是环境压力电离源和质谱之间的理想接口，而在环境压力电离源中电离样品可能会产生复杂的混合离子。

19.2　下一代离子迁移谱方法

19.2.1　环境压力下 IMS 的一些基本约束

在环境压力下测量离子迁移率值具有非常多的优点，此处重点提及遇到的挑战。环境压力下离子的产生是与碰撞频率、基于众所周知的反应化学原理的电荷交换以及灵敏度相关的。在某些情况下，当目标分析物具有良好的电离特性，IMS 测量就具有强大优势。例如，一直以来 IMS 都被用于化学战剂和毒品的检测，在这些应用中，人们就不太关注基质干扰问题。而当分析电离特性较差的物质时，其响应往往很差，并且如果在样品进入分析仪之前没有进行预分离，那么可能检测不到信号。IMS 测量的复杂性就在于此，因此在实际测量以及电离源和样品导入系统的工程化设计方面还有很多进步和发展空间。

目前，IMS 在一些能够成功完成检测、但接受程度不如其他检测技术（如火焰电离检测器或 MS 等）的应用中，其定量响应是可以接受的。定量响应受限于响应曲线中低浓度时的离子形成动力学和高浓度时的电离源饱和，以及基质效应。其他技术，如电子捕获检测器和离子阱质谱仪也有类似的发展历史，但是在设计上没有上述限制。到目前为止，IMS 还没在突破上述限制中取得进展。

自 IMS 作为一种现代分析方法诞生以来，法拉第盘检测器就是 IMS 中的主流检测技术，对于现场仪器它非常可靠，同时在探测小离子信号时又非常有效。但是，法拉第盘检测器也存在低增益和对微音噪声敏感的缺点。或许这些缺点与提高分辨力的根本障碍相比微不足道，而提高分辨力的根本障碍是离子栅门。BN 或 TP 栅门在可预见的将来肯定是 IMS 分析仪的首选离子注入方法。离子注入方法的选择受到约束是因为 IMS 工作在环境压力下。基于场迁移的离子注入方法有很大的局限性，但目前还没有改进方案。

19.2.2　IMS 在 1～10 Torr 时的一些基本约束

过去 10 年与之前研究的一个很大的不同，是出现了漂移管可以在低于 1 Torr 压力下工作的迁移谱分析仪，压力通常在 1～10 Torr。这些方法通常面临着技术或操作上的挑战，比如当压力超过几托，离子会发生散射导致离子信号丢失。同样地，这些方法仅依赖于离子通过非团簇气体的迁移率。因此，离子分离完全是物理性的，缺少使用试剂或掺杂剂改性漂移气体带来的好处。

19.2.3　IMS 的实验方法说明

气体中离子的迁移率对湿度、气体温度、分析物浓度和离子停留时间（由电场、漂移管长度和压力控制)等因素很敏感。这些强烈影响着样品电离这个初始过程以及样品离子在漂移管内的行为。尽管现在这些因素的重要性已被广泛理解和接受,但是对它们的标准条件没有达成一致,也没有任何记录或报告报道公认值。现代分析IMS中对实验参数的随意控制可能与测量精度有关。也就是说,当约化迁移率值为3位有效数字时,它对于常用参数的可使用范围非常不敏感,在这些范围内,仪器都可以可靠地运行。一旦需要对测量和仪器建立新标准,即 K_0 值需要精确到4位或5位有效数字,实验参数的不一致就会是个很大的障碍。一个中间的解决方案,就是根据化学标准校准仪器,这方面的工作早已开展。

化学标准品用于测试在军事野战部队中使用的探测仪的响应情况,NIST最近也在积极制订爆炸物检测器的校准程序。研究小组已经提出了可以为计算 K_0 值提供参照的物质。这些会被整合到IMS仪器或方法中吗?离子在漂移管或分析仪中的停留时间会被广泛认为是影响迁移谱的因素吗?我们怎么知道我们的离子种类是相同的?对于建议的下一代仪器,是否可以控制并充分了解离子种类,从而可以将迁移率视为气体离子的一个固有参数?在此之前,实验变量控制不好,迁移谱测量方法就会受到极大限制。

19.2.4 其他一些思考

在某种层面上看,离子迁移率的分析价值仅在于其分析结果是否揭示了对用户有用的样品的组成细节。如今,将被分析物的生物活性和计算模型相结合,就可通过测量生物分子的迁移率来推演离子结构。研究漂移时间和离子碰撞截面与物质结构之间的关系,除了须了解溶液中的分子与由该分子产生的气相离子之间的关系外,必须从了解原理概念开始,并通过实践和实例验证理论模型。

目前,实验室之间或仪器之间迁移率结果的比较不受控制,这推动了之前所述的化学标准的发展。建立国际协议,并对这些协议进行定性和定量的适用性测试,是这一代离子迁移谱用户或开发者对未来的期待。

最后,离子迁移谱仪作为固定点传感器所带来的局限性,可以通过在某个地区、区域或运动机载平台上配置多台分析仪来解决。Harden及其同事所进行的基于UAV上的工作已表明了其可行性,并且还可以通过减小IMS分析仪和UAV的尺寸,降低其成本,使这种方法得到进一步发展。

19.3 IMS 的发展方向

19.3.1 军事、执法部门的爆炸物检测和应用

我们预计,在未来10年中,迁移谱仪的功能将得到进一步扩展,以检测爆炸物、麻醉剂和化学武器。这可能是因为改进了漂移管技术(如微加工漂移管),或者改进进样口和电离源同样也会转变IMS的应用方向。此外,大量已经部署在野外应用的分析仪器将继续服役,但恐怖组织的行为将对爆炸物检测提出新的挑战。这在最近持续出现的各类威胁中已

经非常明显：恐怖分子研制出了新材料爆炸物——目前是基于过氧化物、液体和二元混合物的简易炸药，还开发了穿越安检防线的新方法——之前是利用"鞋子炸弹"和"爆炸内衣"，现在已经出现了看似无害的液体。在未来，预期会使用其他类型的设备。因此，爆炸检测器，特别是以 IMS 为基础的仪器，将需要不断升级以应对这些新的挑战。

在过去 20 年中，小型质谱仪良好的发展前景使其成为爆炸物和化学战剂现场分析仪的有力竞争者，并且此类小型分析仪已经得到开发和试用。所有现场用分析仪器都需要满足一些现场约束条件，例如维护成本低（理想情况下不需要用户的过多关注）、设备尺寸小和功耗低。虽然质谱仪的体积已经减小，但在对真空的要求和真空技术方面还没有取得突破性进展；同时，迁移谱仪的尺寸也在进一步减小，集成液晶显示屏后还可达到袖珍大小。在 2001 年 9 月 11 日纽约世贸中心遭到袭击之后，人们对整个基础设施中的漏洞进行了评估，并努力为 TIC 提供化学检测器，这可能成为遏制恐怖袭击的一道关卡。适用于检测 TIC 的 IMS 设备已经投入测试和开发，并可能会出现专用于检测上述化学品、更坚固耐用的下一代产品——尽管这些努力都无法保证恐怖袭击不会继续发生。

19.3.2　离子迁移质谱

如今，质谱仪已成为有史以来最复杂、最完善的分析仪器之一，可以认为其真空室部分的技术发展已经很成熟，几乎没有部件需要改进。但与环境压力下运行的电离源之间的连接部分是有创新和改善空间的，这部分的改进将提高质谱分析仪的应用和价值。我们相信，可以通过装置 IMS 仪器实现电离源和质谱仪真空法兰之间的连接，由此产生在环境压力下基于 IM-MS 方法运行的迁移率仪器。虽然大多数 IMS 仪器不会专门连接质谱仪，但大多数质谱仪将会对接 IMS 使其成为样品预分离装置。

19.3.3　环境压力下串联 IMS 仪器

IMS 仪器相对较小且足够简单，因此可以在不需要产生额外费用的情况下轻松地串接两个或多个仪器。离子迁移谱仪串接很像二维 GC 或 GC-GC，但却没有 GC 与 GC 连接的限制。由于 aIMS、DMS 和 IMS 仪器的分辨率低，人们已经着手进行 IMS-IMS 的探索性研究和演示了。事实上，DHS 已经将一种串联离子迁移率分析仪，即 DMS-IMS^2 仪器，列为其技术发展计划的一部分。

19.3.4　新兴应用

如果大部分质谱仪都配备迁移谱入口，那么我们是否可以期望这些仪器将与质谱一样具有广阔的应用前景？尽管这一期望不一定成真，IMS 仍有可能成为未来测量科学中的日常性课题。MS 一旦与 IMS 联用，就获得了气体中的迁移率，同时电场中离子表征的所有方面都发生了改变。如果这种情况没有发生，或者 IM-MS 确实发展起来了，我们仍然希望离子迁移方法进一步发展，并能够以较低的成本作为独立的仪器用于其他方面。

今天，由几个团队首创的诊断学中的代谢组学，是 IMS 有可能服务于医疗或临床检测的最重要的方向,这非常令人激动。IMS已经在德国的肺部诊所中得到应用,一旦被临床医生接受并且当该特定应用的技术成熟时,它可能会成为主流诊断技术。肺部疾病的诊断和治疗只是临床用途中的一种,其他应用也正在开发中。下面的应用同样具有吸引力:现场快速诊断,因此可以在护理时给予药物治疗。这样病人就可以得到迅速而恰当的治疗,无须重复就诊,因此可以节省医疗费用,这一点对病人来说很重要。还有一些应用涉及农业,包括保护动物健康等方面。

19.4　最后的联想

我们无法预测诸如世贸中心遭受袭击等意外事件的发生,也无法预料这些事件对监测技术和IMS技术的巨大影响。IMS在此类事件之后得到快速推广,是因为IMS技术为其提供了独特的,或者说比替代方案更实用的解决方案,并且该技术恰巧发展到了能满足技术要求的水平(恰巧具有满足技术要求的适当成熟度)。一些可能导致人类灾难的环境事故的发生,例如1984年印度波弗尔的异氰酸甲酯泄漏事件,可能会衍生出现场实时监测有毒物质的需求,而这个需求IMS技术就能满足。基于IMS的仪器能够分析许多不同类型的样本并在几秒钟内给出结果,并且对在复杂基质中的某类化合物具有很高的敏感性和特异性,这种设备的大量存在可以被看作"发现(更多)潜在威胁的手段"。人们希望一旦出现某种需求,IMS技术研究人员和制造商就能够及时地提供实用的、有竞争力的解决方案。

将本专著与以前的版本进行比较,可以发现IMS技术正在为更多的、超出之前了解和预期的领域服务。这在很大程度上是研究人员和使用人员在两个完全不同的测量领域共同努力的结果。我们预计离子迁移谱方法将不仅是一系列技术,而且作为测量科学的通用原理被理解和接受。Karasek曾在30多年前强调:"等离子体色谱还有很多有待发现和发展的地方。"在进入现代分析IMS的第四个10年之际,他的话在今天和当时一样正确,IMS前景光明,具有可以帮助人类在科学探索过程中发现和解决问题的潜力。

参考文献

[1] Carr, T.W., *Plasma Chromatography*, Plenum Press, New York, 1984.

[2] Eiceman, G.A.; Karpas, Z., *Ion Mobility Spectrometry*, CRC Press, Boca Raton, FL, 1994.

[3] Eiceman, G.A.; Karpas, Z., *Ion Mobility Spectrometry*, 2nd edition, CRC Press, Boca Raton, FL, 2005.

[4] Shvartsburg, A.A., *Differential Ion Mobility Spectrometry*, CRC Press, Boca Raton, FL, 2008.

[5] Trimpin, S.; Wilkins, C.L., *Ion Mobility Spectrometry-Mass Spectrometry*, Taylor & Francis, Boca Raton, FL, 2010.

图书在版编目(CIP)数据

离子迁移谱：第三版/(美)加里·A·艾希曼(Gary A. Eiceman)，(以)泽夫·卡尔帕斯(Zeev Karpas)，(美)小赫伯特·H·希尔(Herbert H. Hill, Jr.)著；金洁，尤晓明主译.—上海：复旦大学出版社，2021.1(2022.10 重印)
书名原文：Ion Mobility Spectrometry, 3rd Edition
ISBN 978-7-309-15446-7

Ⅰ.①离…　Ⅱ.①加…②泽…③小…④金…⑤尤…　Ⅲ.①离子迁移率　Ⅳ.①O461.1

中国版本图书馆 CIP 数据核字(2020)第 271118 号

Ion Mobility Spectrometry 3rd Edition/by G. A. Eiceman, Z. Karpas, and H. H. Hill, Jr. /ISBN:
1-4398-5997-1

上海市版权局著作权合同登记号：图字 09-2020-340

离子迁移谱（第三版）
(美)加里·A·艾希曼(Gary A. Eiceman)
(以)泽夫·卡尔帕斯(Zeev Karpas)　　　　　著
(美)小赫伯特·H·希尔(Herbert H. Hill, Jr.)
金　洁　尤晓明　主译
责任编辑/陆俊杰

复旦大学出版社有限公司出版发行
上海市国权路 579 号　邮编：200433
网址：fupnet@fudanpress.com　http://www.fudanpress.com
门市零售：86-21-65102580　　团体订购：86-21-65104505
出版部电话：86-21-65642845
上海华业装潢印刷厂有限公司

开本 787×1092　1/16　印张 22.25　字数 500 千
2021 年 1 月第 1 版
2022 年 10 月第 1 版第 2 次印刷

ISBN 978-7-309-15446-7/O·695
定价：80.00 元

如有印装质量问题，请向复旦大学出版社有限公司出版部调换。
版权所有　　侵权必究